现代畜牧业生产实用新技术丛书

丛书主编　樊航奇　丁伯良

规模化肉鸡场生产与经营管理手册

张　敬　马吉飞　主　编

中国农业出版社

内容提要

本书以图文并茂的形式介绍有关规模化肉鸡养殖的各个技术环节。主要内容有肉鸡场建设、肉鸡品种与孵化、饲料配制与质量控制、肉鸡的饲养管理、肉鸡场生物安全管理体系、疾病防治、粪污处理及肉鸡场经营管理。在编写过程中注重理论紧密结合生产实际，关注肉鸡业的发展方向，文字通俗易懂。本书适合规模化肉鸡养殖从业者和有关的管理人员与技术人员使用，也可作为农业院校相关专业师生的参考书。

丛书编委会

CONGSHU BIANWEIHUI

本书编审人员

BENSHU BIANSHEN RENYUAN

主　编　张　敬　马吉飞

副主编　梁智选　郭　宏

编　者　张　敬　马吉飞

　　　　梁智选　郭　宏

　　　　陈敏政　张盛南

　　　　王玉舜　安德义

　　　　张建斌　边　艳

　　　　王东源　刘　婷

　　　　申艳玲　赵　润

主　审　王瑞久

序言 XUYAN

中国共产党第十八次全国代表大会提出了城乡居民人均收入翻番和美丽乡村建设目标，令人鼓舞，催人奋进。农业是实现这一宏伟目标的关键环节，而现代畜牧业作为农业的支柱产业之一，在农民增收和美丽乡村建设中肩负着非常重要的任务。

进入21世纪以来，我国畜牧业现代化建设步伐明显加快，成效显著，为保证畜产品有效供给和质量安全，增加农民收入等做出了巨大的贡献。但随着现代畜牧业的快速发展，资源短缺、环境约束、成本增加、疫病防控、食品安全等诸多挑战日益突出。如何依靠科技创新迎接挑战，加快现代畜牧业发展，是广大畜牧兽医工作者神圣的历史使命。

近年来，我国大中型城市周围涌现出一批现代畜牧业龙头企业，他们用现代市场理念经营，用信息化和智能化手段管理，用现代设施设备武装，用高新科技支撑，实行规模化集约化经营、标准化生产、产业化发展，走出了一条具有中国特色的畜牧业现代化发展之路，为全国畜牧业现代化提供了标杆，发挥了示范先导作用。为全面、系统地总结和推广近年来现代畜牧生产中成功的技术模式和管理经验，加速畜牧业现代化建设，进一步增加农民收入，2012年天津市畜牧兽医局、天津市畜牧兽医学会组织全市（包括中央驻津科研单位）长期工作在畜牧兽医科研、教学、生产、管理一线，具有多年丰富实践经验的专家、教授、企业家和技术骨干，策划、编写了《现代畜牧业生产实用新技术丛书》，丛书共包括生猪、奶牛、蛋鸡、肉鸡和肉羊5个分册。

本套丛书的编写力求体现以下特点：

一、突出技术的先进性和措施的经济实用性。丛书筛选常年摸爬滚打在生产一线、具有多年丰富生产经营实践经验的专家及专家型企业家担任主编，组织编写团队，并在编写过程中结合近年国内外发达地区和天津都市型现代畜牧业建设的理论和实践经验，以天津嘉立荷牧业有限公司、天津宝迪农业科技（集团）股份有限公司、天津市宁河原种猪场、天津奥群牧业有限公司、大成万达（天津）有限公司、天津市梦得牧业发展有限公司等国内一流的现代企业为模板，以现代的管理理念、现代的生产技术、现代的设施装备、现代的生态环境为追求，系统挖掘、整理、提炼养殖企业最需要、最实用、最经济的饲养和管理新技术、新工艺、新设备，从而在内容上确保技术的先进性和措施的经济实用性。

二、突出技术的可操作性。本套丛书在编写风格上进行了新的探索。在编写内容上，抛弃以往小而全、理论叙述多的写作模式，突出养殖场最关键的技术措施，写实、写细、写得可操作。同时，对每项技术措施主要描述如何做，不写或少写为什么要这么做，并力求以朴实的语言、简练的文字、通俗易懂的表述方式，让读者易学、易懂、易做。因此，丛书适合不同层次的畜牧兽医专业技术人员学习使用，也可作为新型职业农民和饲养场（户）从业人员实用技术培训的参考书。

三、突出使用的便捷性。为方便读者使用，丛书根据生产流程需要，在力保内容完整的同时，对相关内容进行了适当集中和压缩融合。同时，各分册编者按照手册的编写方式，汇集自己多年的工作经验，将生产者需要经常了解和使用的数据、图表、标准和规程等各种资料进行了集成和合理的安排，便于读者查阅。

期待本套丛书的出版，能为推进我国畜牧业规模化、标准化、规范化、现代化建设，提高养殖者的收入和促进美丽乡村建设，推进畜牧业持续健康发展和党的十八大宏伟目标的实现做出贡献！

天津市畜牧兽医局局长

2014年3月

前言

肉鸡饲养在中国是一个非常重要的基础性传统产业。改革开放以来，我国的畜牧业取得了举世瞩目的发展，其中家禽养殖业发展速度最快，群体生产规模最大，社会贡献率最高，肉鸡饲养是家禽养殖中最具代表性的产业之一。

我国真正意义上的肉鸡产业化发展起始于20世纪80年代中期，经过30多年的快速发展，年均增长率为9%左右，已初步实现了从传统产业到现代产业的转变，现已成为世界第二大鸡肉生产国。

从我国整个畜牧行业的发展来讲，肉鸡产业是增长最快的行业，同时也是畜牧业所有行业中市场化最迅速、市场化和规模化程度最高的行业。我国肉鸡产业的发展，从初始就以市场为导向，受计划经济体制的影响较小。目前，我国肉鸡产业已初具规模，已形成良种繁育、商品生产、产品加工和市场销售等完整的产业链条，具备了较好的发展基础。

规模化肉鸡养殖技术是一个动态概念，其内涵和外延也要随社会的发展、科技的进步、新材料与新技术的应用、人类对安全食品的需求变化而与时俱进。规模化肉鸡养殖在现阶段是指在无污染的养殖环境条件下，采用先进的科学技术和手段，选用优质健康的鸡种，饲喂安全放心的饲料，加以科学的饲养管理，在疫病防治上严格遵守国家的有关规定，从而获得质量优、产量高的鸡产品，实现养殖生态体系平衡，最终达到稳定、持续、发展的肉鸡养殖模式。其核心内容是：鸡产品健康卫生、资源合理利用、养殖环境科学管理、营养全价平衡、饲料安全卫生、有效疫病防控和合理饲养密度及饲养管理等。

目前，实行肉鸡规模化养殖的条件已初步具备，产业地位提升为肉鸡规模化养殖创造了难得契机，政策体系扶持的初步形成为肉鸡规模化养殖注入活力，综合生产能力不断提升为肉鸡规模化养殖打下了坚实基础，新材料与新技术的应用为肉鸡规模化养殖提供了技术保障，调控手段日趋成熟为肉鸡规模化养殖开辟了新路，各种发展模式的涌现为肉鸡规模化养殖积累了经验。

本书立足于我国的具体国情，较为系统地阐述了肉鸡规模化养殖技术。在编写的过程中，注重了理论与生产实际的结合，与国内外科研成果结合。力争做到一看就懂、一学就会、便于操作，适合肉鸡从业者及有关技术人员阅读。但囿于我们资料收集不尽完善、水平有限，难免有错误与疏漏之处，恳请同行和读者们批评指正。

编　者

2014年3月

MULU

目　录

第一章

肉鸡场建设

第一节 选址与布局

一、场址选择

（一）选址原则

1. 符合防疫原则 必须符合肉鸡生产中防疫措施（如全进全出、区域隔离、安全距离等）的全部要求。

2. 坚持农牧结合、种养平衡的原则 根据本场区周边土地对鸡粪便的消纳能力，配套具有相应加工处理能力的粪便污水处理设施或处理机制，以达国家或区域对污染物排放必须达标的要求（《畜禽养殖业污染物排放标准》(GB 18596—2001))。

3. 符合禁养区的规定

▲县级人民政府依法划定的禁养区域，国家或地方法律、法规规定需特殊保护的其他区域为禁养区。

▲在禁养区域附近建肉鸡场的，应设在规定的禁建区域常年主导风向的下风向或侧风向处，场界与禁建区域边界的最小距离不得小于500米。

4. 节俭原则 争取鸡场建设投资的经济效益最佳，尽可能节省资金。

（二）选址要求

1. 地势与地质

▲地势要高燥，易于排水，这点非常重要。因为鸡场废水很多，如排水不畅，容易造成疫病在场内循环污染。

▲地下水位在地面下2米左右为宜，这样有利于排水。

▲要选向阳通风处，如必须在山坡、丘陵处建鸡场，应建在南坡，场区内山坡坡度不能超过25°，同一建筑物内坡度不能超过2°。南、北坡总辐射热要

相差15%，南坡温度高，水分蒸发量大，湿度低，利于养鸡，又能在冬季防止寒风的侵袭。

（1）*沙壤土* 这种土壤排水良好，导热性小，微生物不易繁殖，土壤的透水透气良好，可保持干燥，适宜植被生长和建筑鸡舍。

（2）*混有砂砾或纯沙土的土壤* 这种土壤透气透水良好，但热容量小，温度变化快，昼夜温差大，会使鸡舍内温度波动不稳，且作为建筑用地抗压性弱，使建筑投资增大，并且这种土壤上植被的生长也不会太好。

（3）*黏性土壤* 黏性土壤下雨后排水能力差，潮湿易积水，有机质分解缓慢，易产生有害气体，污染空气，并利于微生物繁殖，使寄生虫病或某种传染病得以流行，这种土质也不适宜于建鸡场。

▲土壤对鸡的直接影响：土壤中的微量元素、重金属、有机污染物（主要是农药残毒）和土壤中的微生物与鸡的健康有关。土壤中的有毒有害物质不但对鸡有直接影响，而且还会对鸡场的水源造成污染。如果土壤中的有毒有害物质超过标准，当这类物质被鸡直接食入后或与鸡的体表发生接触后，将会直接威胁鸡的健康，并且所生产的鸡肉也会因某些有害物质的富集或残留，达不到安全食品标准的要求。所以要了解鸡场当地的农药化肥使用情况，要对土壤样品的汞、镉、铬、铅、砷、硒、六六六、滴滴涕等有机污染物进行检测。

▲尽可能少占用可耕地，如土地不便于处理或处理需投资过大，应放弃，再重新选址。

2. 卫生防疫条件

▲肉鸡场不宜选择在人烟稠密的居民住宅区或工业集中区附近，应远离铁路、交通要道、车辆来往频繁的地方。

▲鸡场不得建在饮用水源、食品厂上游，应选择在居民区的下风向和饮用水源的下游。

▲适宜的肉鸡场应建在离大城市20～50千米，离主要居民区15千米以上，一般应与居民区有3千米以上的距离。饲养规模越大的鸡场，离居民生活区就应越远。

▲饲养代次高的种鸡场（祖代或父母代）就更应远离居民生活区。鸡场周围3千米内无畜禽养殖场、畜产品加工厂、动物交易市场等畜牧场污染源和化工厂等。这样的地方鸡不易受疫病传染，有利于防疫。

▲鸡场与次要交通干线相距1 000米以上。商品代鸡场与屠宰加工厂距离不要太远。

3. 水源与排水 供水及排水要统一考虑。

▲水源要充足、清洁卫生。

▲使用前进行水质检验，地面水易受污染，水质变化大，一般不宜作为鸡场用水，最好能利用公共供水系统或自打深井。

▲鸡场污水的处理也是重要的，处理后的鸡场污水最好与农田灌溉系统结合。

▲水对鸡的重要性及具体的水质要求见表 1-1、表 1-2 与表 1-3。

表 1-1　水对鸡的重要性

鸡体内的含水量	水对鸡体的重要作用	鸡所需水的主要来源
出壳雏鸡 85%左右 出栏肉鸡 65%左右	参与鸡体内生化反应 体内重要的溶剂 各种消化液的组成成分 调节体内渗透压 调节体温 润滑作用 鸡体内缺水 10%将导致其代谢紊乱 鸡体内缺水超过 20%可引起鸡的死亡	约 70%来源于饮水

表 1-2　禽饮用水标准

项　目		标准
感官性状及一般化学指标	色度（铂钴色度单位）	不超过 15
	浑浊度（散射浊度单位）	不超过 3
	臭和味	无异臭、异味
	肉眼可见物	无
	总硬度（以 $CaCO_3$ 计，毫克/升）	≤450
	pH	6.5～8.5
	溶解性总固体（毫克/升）	≤1 000
	氯化钠（以 Cl^- 计，毫克/升）	≤250
	硫酸盐（以 SO_4^{2-} 计，毫克/升）	≤250
细菌学指标	大肠菌群数	10 个/升
毒理学指标	氟化物（以 F^- 计，毫克/升）	≤1.0
	氰化物（毫克/升）	≤0.05
	总砷（毫克/升）	≤0.01
	总汞（毫克/升）	≤0.001
	铅（毫克/升）	≤0.01
	铬（六价，毫克/升）	≤0.05
	镉（毫克/升）	≤0.005
	硝酸盐（以 N 计，毫克/升）	≤20

表 1-3　禽饮用水中农药残值限量标准（毫克/升）

项目	限值	项目	限值
马拉硫磷	0.25	林丹	0.004
内吸磷	0.03	百菌清	0.01
甲基对硫磷	0.02	甲萘威	0.05
对硫磷	0.003	2，4-D	0.1
乐果	0.08		

4. 电力供应保障　养鸡场离不开电，特别是孵化场的电力供应一刻也不能中断，鸡舍夏季通风也必须用电，内部的照明也需电力，饲料生产也需电力，所以可靠的电力供应必不可少。大型肉鸡场都必须具备双电源条件，正常时靠国家电网供电，特殊情况时用自备发电机发电应急，保证场内供电的稳定性与可靠性。

5. 交通

▲与交通要道要有一定距离，但考虑运输成本又不能离得太远，鸡场应远离交通要道至少 2.5 千米以上，利于防病。

▲距次级公路 100～200 米，以方便交通，便于饲料、垫料、出栏鸡、生产生活用品和垃圾（如粪便等）的运输。路面要平整，雨后无泥泞。

▲在交通不便地点建场，要事先考虑因大雨或大雪造成道路阻断、供应中断等问题。自建公路应直达场内，以便运输原料和产品。

（三）空气质量要求

为保证肉鸡安全生产的饲养环境，应保证场区的空气质量最低符合《环境空气质量标准》（GB 3095—2012）的要求，其内容见表 1-4。

表 1-4　大气质量三级标准下污染物浓度限值（毫克/米^3）

污染物	总悬浮颗粒物	可吸入颗粒物	二氧化硫	氮氧化物	一氧化碳
日平均	0.30	0.15	0.25	0.15	6.00
1 小时平均	0.50	0.25	0.70	0.30	20.00

工厂排放的废气、废水和废渣中，可能含有重金属及有毒有害成分，烟尘及其他微细粒子也大量存在于空气中，鸡群长期处于这些公害严重的环境中，鸡体内会蓄积有害物质，食用这类鸡产品会危害人体。

（四）其他需要考虑的事项

1. 饲养规模及对象

▲对商品代肉鸡场，场区隔离与交通便利同等重要，因商品代几周就是一

个生产循环，要运输大量的饲料、垫料和产品。饲养商品代鸡还可对现有房屋加以改造利用，如不用的厂房、空闲的仓库等，加以改造维修后，便可养商品鸡。

▲对父母代种鸡场，场区隔离比交通便利重要，因为父母代种鸡是为饲养商品代肉鸡生产鸡源，卫生防疫与场区隔离是搞好生产工作的一个基础条件。养种鸡特别是养祖代种鸡，建议新建鸡舍，合理布局，为种鸡创造良好的生活生产环境。

2. 掌握水文气象资料 建鸡场前对该地的水文气象情况应了解清楚，作为鸡舍选型、房屋走向、场内布局设计的参考，应收集掌握的资料有：

▲该地区主导风向及风量与风向玫瑰图。

▲年降水总量，冬季积雪深度，土壤冬季冻土深度。

▲年平均气温，夏季最高气温与持续天数，冬季最低气温与持续天数。

▲发生水淹、泥石流的可能性及概率。

二、规划布局

（一）布局原则

1. 以人为本，便于防疫 首先要考虑饲养人员的工作和生活环境，使其尽量不受饲料粉尘、粪便气味和其他废弃物的污染；其次要注意鸡群的防疫卫生，尽量杜绝污染源对鸡场环境的污染。

▲生产区和生活区要分开，非生产人员不得随便进入生产区，生活区地势要高于生产区，与生产区保持一定的距离，以保证空气清新。

▲按人、鸡、污的顺序，按主导风向、地势高低及水流方向依次排列为生活区、行政区、辅助生产区、生产区和隔离及粪污处理区。如地势与风向不一致，以风向为主；风向与水流方向不一致，也以风向为主（图 1-1）。

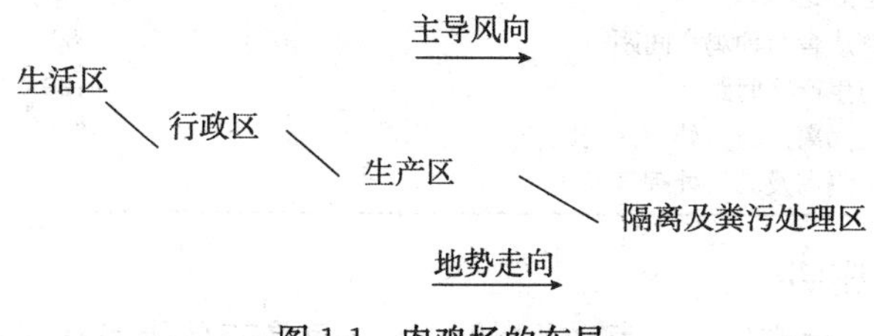

图 1-1　肉鸡场的布局

2. 合理布局，便于生产管理 进行鸡场布局时，各功能区应界线分明、联系方便。鸡舍排列应整齐，使饲料、出栏鸡、粪便与废弃物等的运输直线往返，减少拐弯。

3. 长远规划，尽可能节约资金 鸡场内的道路、管线设计要科学，各建筑物之间的距离在符合防疫要求的前提下，应尽量缩短距离，以减少修建道路和管线的资金。布局要紧凑、合理，在节约土地、满足当前生产需要的同时，还应综合考虑将来扩建和改建的可能性。

（二）布局要求

目前，我国各地的鸡场布局没有统一的规定，根据功能的不同，一般划分为5个区，即职工生活区、行政管理区、辅助生产区、鸡群饲养区（生产区）、病鸡隔离和粪污处理区。

▲鸡场内生活区和行政管理区与生产区应严格分开并相隔一定距离，生活区和行政管理区在风向上与生产区相平行。

▲有条件时，生活区和行政管理区可设置于鸡场外，把鸡场变成一个独立的生产机构，这样既便于信息交流及商品销售，又利于对传染病的控制。

▲生产区是鸡场布局中的主体，应慎重对待。最好能做到同一鸡场仅饲养同一批次的同日龄鸡只。如条件不允许，最低限度是同一鸡舍内仅饲养同一批次的同日龄鸡只。

▲生产区内应按规模大小、饲养批次、鸡只日龄将鸡群分成数个饲养小区，区与区之间应有一定的隔离距离，各区间应有隔离措施，如隔离栏、绿化带、沟壕等。各鸡舍、功能区间最小距离见表1-5。

表1-5 各鸡舍、功能区最小间距（米）

间距名称	距离
肉鸡舍间距	15
肉种鸡育雏、育成舍间距	50
肉种鸡舍间距	30
育雏、育成舍与种鸡舍间距	80
生活区与生产区间距	120
生活区与隔离及粪污处理区间距	250
生产区与隔离及粪污处理区间距	130

（三）具体布局

1. 生产区 生产区是鸡场布局的主体，饲养商品代肉鸡尽可能做到全场全进全出。若不具备条件，也要实行分区管理全进全出。

▲对肉种鸡实行两阶段饲养的鸡场，即育雏育成为一个阶段，产蛋鸡为另

一个阶段，应将鸡场划分为育雏育成区和产蛋鸡区。育雏育成区应在上风向，然后是产蛋鸡区。各鸡舍之间既要联系方便，又要有一定的隔离措施。

▲生产区与其他各区之间应设置严格的隔离措施，如果隔离措施不合理，会造成防疫的重大失误，使各种疫病不断发生，导致养鸡失败。

▲生产区的入口处应有消毒池，便于进入生产区的人员和车辆按有关防疫制度进行消毒。

2. 辅助生产区 包括饲料库、垫料库、锅炉房、配电室及车库等。辅助生产区应接近生产区，要求交通方便，但又与生产区有一定的距离，以利于防疫。

3. 非生产区 职工生活区和行政管理区统称为非生产区，与外界接触较多，应设主大门，并设消毒池。

▲生活区和行政区应设在常年主导风向上风处及地势较高处，在风向上与生产区相平行。

▲非生产区应与生产区严格分开，并有一定间隔距离和隔离屏障。

▲生活区和行政区应严格分开并相隔一定距离，通常生活区距行政区和生产区120米以上，有条件的养殖场生活区可设置于鸡场外。

4. 隔离区 主要包括兽医室、隔离鸡舍、病死鸡焚尸炉和粪便处理场，为防止相互污染，隔离区应设在场区下风向处及地势较低处，与外界接触要有专门的道路相通。

5. 场内物流

▲饲料与清洁垫料→鸡群（舍），此流程间联系最频繁，物流量最大。

▲鸡群（舍）→出栏鸡与粪污，其末端为宰杀厂、粪污处理场和焚尸炉。

▲饲料库（饲料生产车间）和垫料库及粪场均要靠近生产区，但不能在生产区内，因为它们均需与场外联系。饲料库（饲料生产车间）和垫料库与粪场为相反的两个末端，其平面位置也应是相反方向或偏角的位置。

6. 道路 场内道路应分为清洁道和脏污道。

▲清洁道专供进雏鸡、运输饲料、清洁垫料或转群使用。为了保证清洁道不受污染，在布置道路时可按梳状布置，道路末端直通鸡舍，不再延伸，更不可以与污道交叉相连接。

▲脏污道主要用于运输出栏鸡只、废弃垫料、死鸡及鸡舍内需要外出清洗的脏污设备。脏污道与出场后门相连。

▲清洁道和脏污道以草坪、池塘、沟渠或者果木林带相隔。

▲在设计道路时要考虑车辆转向与调头时需要的宽度或回车线。

7. 绿化

(1) 防护林带　以降低场区风速为目的，降低高温气流、风沙对场区、鸡舍的侵袭，有主林带和副林带之分。

▲主林带位于场内迎冬季主风边缘地段。主林带的宽度视当地的风力而定。株距1.5米，行距1.5米，呈品字形栽植。树种选择乔木与灌木，将高树和低树交叉栽植。

▲副林带多配置在非主林带地段的其他三个方向边缘地段。副林带的行数较少，其他方面与主林带相同。出于通风排污的需要，树木修剪时副林带的树冠应高些，树干保留在4～5米高。

(2) 隔离绿化　鸡场内部的各区之间和鸡场四周，应有隔离的绿化设施，包括防疫沟和树木、花草、灌木等，以绿篱的形式为好。

(3) 遮阳植物　鸡舍四周均需要植树种草，既要注意遮阳效果，又要注意不影响通风排污，开放型鸡舍更应注意不影响鸡舍的自然进风。遮阳植物以相邻两株树的树冠既相接又能透风为好。

第二节　肉鸡舍建筑及结构

一、建筑原则

▲建造鸡舍要因地制宜，根据生产目的选择建筑经济实用的鸡舍，以节约建材、降低造价。

▲鸡舍要能够满足鸡的生理需要、符合安全卫生防疫要求、冬季保温与夏季防暑性能良好、不漏雨、通风换气合理、便于进行彻底的冲洗和消毒，为肉鸡能充分表达其品种优势、发挥其生产潜能，提供一个良好的生活环境。

二、建筑要求

1. 鸡舍朝向　鸡舍朝向的选择主要是根据各个地区不同的太阳光照和主导风向两个主要因素确定的。

▲我国地处北半球，各地太阳高度角度因纬度与季节不同而异。冬季阳光斜射，利用光照取暖是冬季最廉价的取暖方式，冬季应充分利用太阳辐射的温热效应，所以鸡舍朝向以坐北朝南为最佳。夏季阳光直射，朝南鸡舍很少有阳光射入，有利于防暑降温。

▲我国大部分地区夏季行东南风，冬季多是西北风或东北风，朝南鸡舍在夏季防暑降温、冬季防寒保暖均比较有利，所以若地形上不受限制，要尽可能建成朝南鸡舍。

▲受地形限制，鸡舍朝南偏东或偏西 10°～20°。正确的朝向不仅与鸡舍采光、保温、通风和排污等效果有关，而且能够使整体布局紧凑，节约土地资源。

▲沿海大部分地区的鸡舍以朝南为主，以朝南偏东15°的朝向为最佳。有些地区鸡舍可朝南偏西，如大连、武汉。上海地区的鸡舍则以正南的朝向最为有利。

▲鸡舍朝向应根据本地区的特殊性加以调整。

2. 鸡舍间距 鸡舍的间距应考虑防疫、日照、防火、排污和节省占地面积等。

▲从防疫卫生的角度确定鸡舍间距时，应越远越好。采用全场全进全出制度的鸡舍，间距可以缩小。

▲从日照确定鸡舍间距时，主要考虑相邻鸡舍的遮光问题。

▲从节省占地面积考虑鸡舍间距，表 1-5 中已给出相应的数值。

▲鸡舍的间距一般应为鸡舍檐高的 5 倍左右，即可基本满足各方面的要求。

3. 鸡舍跨度、长度和高度 鸡舍的跨度视鸡舍屋顶的形式、鸡舍类型、通风换气条件和饲养量与饲养方式而定。

▲一般跨度为：开放式鸡舍 6～8 米，密闭式鸡舍 12～15 米。

▲鸡舍的长度可以根据容纳鸡的数量确定，长一些为好，但通常不要超过 120 米，太长的鸡舍通风换气有一定难度。

▲鸡舍的高度应根据饲养方式、清粪方法、跨度与气候条件而定。跨度不大、平养及夏季不太热的地区，鸡舍不必建得太高，一般鸡舍屋檐高度为 2.5～3.0 米。

三、鸡舍类型及特点

1. 开放式鸡舍 又称有窗鸡舍。在北方最常见的是四面有墙、南墙留大窗户、北墙留小窗户的有窗鸡舍。此类鸡舍基本上依靠自然通风，结合自然光照加人工补充光照。舍内温、湿度基本上随季节的变化而变。由于自然通风和光照有限，因此在生产管理中这类鸡舍常增设通风和光照设备，以弥补自然条件下通风和光照的不足。

此类鸡舍的优点是投资少、节约能源、原材料投入成本不高、适合较小规模的养殖。缺点是受自然条件的影响大、生产性能不稳定，同时不利于防疫。

（1）卷帘舍　在华北以南地区，规模化饲养肉鸡可采用卷帘式鸡舍。卷帘舍四壁可以开放，是一种可自然换气的鸡舍。

▲卷帘布分内、外两层，卷起方向相反，可在不同高度闭合、调节开放。可根据换气需要而打开全部卷帘或打开部分卷帘。卷帘布加入防老化剂后，理论上能用10年，实际上可用7～8年；不加防老化剂的卷帘布只能用2～3年。

▲采用自然通风的卷帘鸡舍宽度不宜超出8米。当鸡舍宽8米、檐高2米时，采用自然通风，风速2米/秒、每小时舍内换气约10次，风速3米/秒、每小时舍内换气15次，风速4米/秒、每小时舍内换气20次。

▲卷帘舍的屋顶一定要采用绝热材料，否则夏季舍内会形成高温。在选择绝热材料时，要考虑防水、保温性能和防火性能。

▲将卷帘舍做成遮黑舍则很适合肉种鸡的育成。

△在内外两层卷帘中加入一层不透光的黑色塑料膜就成为遮黑舍，鸡舍门口采用遮光帘，风机排风处进行遮黑处理。

△在白天光照最强时检查是否透光，发现后及时处理。

☞**经验：**用这种卷帘遮黑舍育成的肉种鸡效果很好，光刺激后，产蛋率上升很快，与密闭式鸡舍育成肉种鸡效果一致，并能节省大量费用。

（2）简易开放舍　我国南方由于炎热，有的地区开放式鸡舍只有简易的顶棚，而四壁全部敞开；还有的地区开放式鸡舍三面有墙，南向敞开。

☞**注意：**开放舍的所有开放部分都要安装护网，以防止飞鸟和野兽进入鸡舍。鸡舍内饲养鸡的品种、数量的多少，以及内部设备的安放方式等均会影响舍内通风效果、温（湿）度及有害气体的控制等。

2. 封闭式鸡舍　这种鸡舍建筑成本高，要求24小时提供稳定电力保障，技术条件要求较高。

▲封闭式鸡舍无窗、完全封闭，屋顶和四周墙壁隔热性能良好，舍内通风、光照、温度和湿度等都靠机械设备进行控制。

▲能给鸡群提供适宜的生长环境，基本不受外界自然环境条件的影响，但饲养商品肉鸡的成本相对较高，但能够获得较高的投资回报率。

▲封闭式鸡舍的机械化程度高，建筑成本高，维持正常运转的费用高，技术条件要求也较高，适用于大型规模化养鸡场。

☞**注意：**只有采用正压通风对进入空气进行过滤消毒的鸡舍，才能有效防止病原体的入侵。

3. 塑膜大棚鸡舍 是经济实用的鸡舍，特别适合资金有限、经济欠发达地区。

（1）大棚的规格 初次养鸡时大棚不要建造得太大，当积累相当经验与资金后，可再造大型大棚。一般棚宽7～8米，长度为30米，棚高为2.8～3米，棚两檐高度为1.2～1.5米，棚内可养2 500只肉鸡。

（2）棚内地面 地面的处理要根据实际情况而定。

▲在我国北方，因为冬季温度低、棚内湿度大，地面平养很潮湿，不利于鸡只发育，我们主张采用大棚内网上饲养，地面夯实即可。

▲如准备在地面垫料平养，可在地面铺一层砖，不养时拆大棚撤砖就可还为农田。

▲如在住宅附近建永久性大棚，进行长期养鸡，应做成水泥地面，但这时要考虑舍内冲洗后的排水，地面应有一定坡度。

（3）端墙 棚端墙的建造最好采用砖结构，中间留门便于人员进出，考虑舍内的排风问题，应在端墙上预留风机孔。如果采用装配式钢管大棚，也可不建端墙。

（4）棚架 棚框建造时要考虑棚宽，如7～8米宽大棚，可每行设6根立柱，两侧对称排列，最高柱为3～3.1米，中间柱为2.4～2.7米，最短柱为1.7～2.2米。立柱可用木杆、竹筒、水泥柱或钢材柱，每隔2米立1行（6根）立柱，埋入土中0.5米后夯实。用适当粗细的木杆或竹片，将每个立柱纵向连接好，用铁丝绑紧，从端墙望去共有6大排。再用3厘米粗竹竿或竹片等每隔30厘米做成拱形棚架，将每个点都紧固好后，一个大棚框架产生了。

（5）敷保温膜 在敷保温材料时，最好选用无滴膜，因为无滴膜透光性能好，不易产生雾气与大水滴。将无滴膜用电熨斗连接好，选一个无风日将其铺在棚架上，之后铺一层草帘或苇帘，上面再铺一层10～15厘米厚的麦秸，麦秸上再覆一层塑膜，外层塑膜上再加盖最后一层草帘或苇帘。冬季大棚上应有20厘米厚的保温材料。至此，一个防风、防雨、防晒、保温又隔温、经济又适用的塑膜大棚鸡舍建成了。

四、鸡舍结构

1. 屋顶形状及结构 鸡舍屋顶形状有单坡式、双坡式、双坡不对称式、拱式、平顶式、钟楼式和半钟楼式等。

▲根据当地的气候、建筑材料的价格、鸡场的规模和通风换气要求等因素来决定。

▲单坡式鸡舍一般跨度较小，适合小规模的养鸡场。

▲双坡式或平顶式鸡舍跨度较大，适合较大规模的养鸡场。

▲双坡不对称式鸡舍，采光和保温效果都好，适合我国北方地区。

▲在南方高热地区，屋顶可适当高些以利通风；北方寒冷地区，屋顶可适当矮些以利保温。

▲气温较高、雨量较大的地区，屋顶的坡度宜大些。

▲任何一种屋顶都要求具有防水、隔热功能和有一定强度的结构。

▲生产中大多数鸡舍采用三角形屋顶，坡度值一般为 25°～30°，顶部呈拱形或人字形。顶架最好是钢材或硬质的木材，可有力支撑上覆物。鸡舍屋顶材料现多采用隔热性能好的聚氨酯保温板，以利于夏季隔热和冬季保温。

2. 鸡舍墙壁和地面　鸡舍墙壁要求能防御外界风雨侵袭、隔热性能良好，为舍内的鸡只提供适宜环境。

▲墙壁的高矮和薄厚取决于当地的气候条件和鸡舍的类型。

▲墙壁的建材多用彩钢板结构，内墙设计上应做到能防潮和便于冲刷。

▲开放式鸡舍要求墙壁保温性能良好，并有一定数量可开启、密闭的窗户，以利于保温和通风。

▲饲养肉种鸡的育成鸡舍和种鸡舍的前、后墙壁有全敞开式、半敞开式和开窗式几种。

△敞开式一般敞开 1/3～1/2，敞开的程度取决于气候条件和鸡的品种类型。

△半敞开式鸡舍在前、后墙壁进行一定程度的敞开，但在敞开部位安装防护网后可加装玻璃窗，或沿纵向装尼龙布等耐用材料做成的卷帘。这些玻璃窗或卷帘可根据气候条件和通风要求随意开、关。

△开窗式鸡舍则是在前、后墙壁上安装一定数量的窗户，用来调节室内温度和通风。

▲鸡舍地面应高出舍外地面 0.3～0.5 米，舍内应设排水孔，中间地面与前后墙地面之间应有一定的坡度，以便舍内污水的顺利排出。永久性鸡舍最好为混凝土地面，保证地面结实、坚固，便于清洗、消毒。简易临时鸡舍考虑以后的土地复耕，也可以采用土地面或砖地面。在潮湿地区修建鸡舍时，混凝土地面下应铺设防水层，防止地下水的潮气上升，保持地面干燥。

3. 鸡舍门窗　门一般设在南向鸡舍的南面或两端。

▲一般单扇门高2米、宽1米；双扇门高2米、宽1.6米左右。门前不设门槛。

▲开放式鸡舍的窗户应设在前后墙上，前窗应宽大，离地面可较低，以便采光。后窗应小，为前窗面积的1/2～2/3，离地面可较高，以利夏季通风。密闭鸡舍不设普通窗户，只设应急窗和通风进出气孔。

第三节　配套设备

一、环境控制设备

（一）加温设施

肉鸡场的加温设施主要应用在育雏阶段和冬季。

1. 热量来源

（1）电供热　电供热是一种卫生方便的供温方式，使用中也很安全。应严格按用电操作规程去做。

▲电供热最大的优点是温度容易控制，可以人为任意设定所需的供温指标，并且可在很远的地方遥控，使用中对环境没有任何污染，这是其他供温方式无法比拟的。

▲电供热最大的缺点是成本高，且在环境温度低时无法保证供热效果。

（2）燃料供热　有清洁卫生的气体燃料和液体燃料；有最普通的煤炭燃料；还有到处可见的农家燃料。它们的供热效果不同，对环境造成的污染有轻有重，运转成本也大相径庭。

（3）地热　利用地热泵供热。它不产生环境污染，属于清洁能源，但有地热资源才可以利用。

（4）其他　如发电厂的余热、风能、太阳能等。

2. 供热方式

（1）电热保温伞供热　电热保温伞由电热源与伞部组成。

▲电热保温伞的热源可用电阻丝或电热管，也可以采用热效率较高的远红外电热板。伞多是镀锌铁板或铝板做成，不论用什么材料来做伞，其内部应为浅色，可涂一层白漆来增加热反射的效果。

▲伞的上部应有悬挂的绳索，通过调节绳索的长短来调节伞离地面的高度，一般开始育雏时伞应离地较低，随鸡日龄增大，伞可逐步调高。

▲伞的直径为1～2米，太大或太小管理上都不方便，一般直径1米的保

温伞用1.6千瓦电热能作为热源可育雏250只左右；直径为2米的保温伞用3千瓦电热能作为热源可育雏600～800只。

▲控温系统可采用控温仪，也可用一个控温仪通过电磁开关放大后控制多个保温伞，但这时要注意感温头的测温部位应具有一定的代表性。

▲电热保温伞育雏的优点是干净卫生，雏鸡在伞下可自由进出来寻找最适宜的温度区域，但在舍温低的环境条件下，单独使用电热保温伞育雏效果不好，并要耗费大量的电。

（2）红外线灯供热　在温暖地区或较温暖季节育雏时，可利用红外线灯来供热。

▲使用红外线灯时注意悬挂高度，一般在开始育雏时不宜低于30厘米，特别是与饮水器间有一定的空间距离，因为雏鸡在饮水时，会有甩头动作，一旦将水滴甩到灯泡上，灯泡将爆炸。要随鸡日龄增加，逐步降低育雏温度，即提高红外线灯泡的高度或减少灯泡的数量。

▲为增强红外线灯的供热效果，可用塑料薄膜将某一育雏区域罩上，形成小的供热空间。当环境温度低时，要多设置红外线灯数量。不同环境温度下红外线灯的育雏数量见表1-6。

表1-6　1盏250瓦红外线灯的育雏数量

环境温度（℃）	雏鸡数量（只）
30	110
24	100
18	90
12	80
6	70

▲采用红外线灯泡育雏供温稳定，室内清洁，垫料干燥，雏鸡可自由选择适宜的温度区域，育雏效果好。但它的缺点是耗电量大、电费高、灯泡易损坏，在电力供应不稳定地区不能采用。

（3）远红外电热板供热　这是通过电热丝产生热能，热能激发远红外涂层，使涂层发出人肉眼不能看见的远红外光波，而这种光波具有明显的温热效果。这种供热方式耗电量较大，但育雏效果较好。

▲利用远红外线所产生的热量来育雏，不仅可使室温高、空气流通、环境干燥，还具有杀菌作用，能促进鸡只的新陈代谢，增强抗病能力。

▲根据选用远红外电热板的功率不同，可将其放在地面，上面铺垫料育雏，也可将远红外电热板吊起来，使黑褐色辐射面向下来散热育雏，1块800瓦远红外电热板吊起2米左右，可辐射5米^{2}地面。在远红外线加热板之间安装一个小风扇，可使室内温度均匀。如配装温度控制系统，远红外电热板使用将更为理想。当黑色涂层老化变白后，可重新刷涂料，以保持原有发热性能。

（4）燃气供热　其基本原理同电热保温伞，只是热源采用一个燃气装置，而这个装置类似于家用燃气热水器。因为这种供温方式采用明火取暖，对舍内的防火措施与建筑材料有一定要求，使用中应加以注意。并且在冬季使用时，还要考虑由于燃烧造成的二氧化碳增多与氧气减少，应适当加大通风换气量。

（5）燃油供热　燃油供热是用燃油来带动锅炉，通过加热水或提供蒸汽对舍内进行加温，即通常所说的暖器装置。还可用燃油式暖风机供热，采用强制性散热措施对舍内加温。也有用燃油式热风炉供热，用加热空气的方式对舍内加温。

（6）燃煤供热

①锅炉　规模化肉鸡场多数自备锅炉，采用锅炉供暖系统，但从锅炉至散热器一般有较长距离，会散失部分热量，热利用率相对要低。

▲大多数场采用水暖方式，用水作介质来传递热量，水暖方式受冻后会因冰的体积膨胀，对设备造成重大损失。采用蒸汽作为介质来传递热量的气暖，效率低，并且温度变化剧烈，但它的最大优点是冬季不怕冻。

▲暖器供热时，一次性投资大，要有锅炉、供热管道与散热片。用常用的暖器片散热，散热效率低。采用强制性散热的暖风机散热器，它能强制性吹出大量热量，效率更高。

▲无论采用水暖或气暖方式来育雏，效果都很好。暖器供热优点是无温度滞后性，供热的舍内无空气污染。但缺点就是一次性投资费用大，成本高，并且燃煤易造成环境污染。

▲可利用锅炉热水在地面下铺设水管来供热育雏，管与管之间有一个温度变化梯度。雏鸡可根据各自需要，选择适宜温度区域。由于地面下供热，雏鸡脚与腹部温和，有利于蛋黄的吸收与雏鸡生长。

②热风炉　利用燃煤的热风炉，供热育雏也是一种较好的选择。

▲热风炉产生的热风在风机的作用下，强行吹入舍内，搅动了舍内空气的原始流动分布状态，加速了气体对流，降低了舍内温度梯度，使舍内温度尽可

能保持一致。

▲一般热风炉的散热管在靠近炉体部分为铁质管，后半部为布质管，管上有事先设计好的大小不等的散热孔，以确保舍内供热均匀一致。

▲它的优点是费用低，有效利用舍内空间，育雏效果好。

③普通煤炉　不具备条件肉鸡场也可用普通炉子供热，为防止升温、降温过于频繁，可将炉子用泥或砖在炉内及炉外再套一层，这样热量散发过程就会减慢。

(7) 农家燃料供热　很多农作物的秸秆及杂草、树枝等可作为燃料，有些地方利用草炭作燃料。可通过火炉、火炕、烟道等来利用农家燃料。使用这些燃料供热成本非常低廉，但供热效果差，温度滞后性大，空气中粉尘多，在冬季易诱发呼吸道系统疾病，并且采用明火供热有发生火灾的潜在可能。

3. 混合供热　为经济有效地利用能源，有时可采用多种方式混合供热。特别是在北方冬季育雏，单一的供热形式无法满足要求时，混合供热是必须采取的措施。最常见的混合供热形式是用煤等燃料将舍温升至25℃左右，再利用电热进一步提升小环境内温度，以满足雏鸡生长发育的需要。

（二）通风与降温设备

1. 通风

(1) 通风方式

①正压通风　通过风机将舍外新鲜空气送入鸡舍内，污浊空气通过排气口排出舍外。

▲正压通风优点是使新鲜空气有效地进入鸡舍，并对进入鸡舍的空气进行加热、降温、净化、消毒、除尘过滤等处理。

▲其存在造价高，设计、管理复杂，不易消灭通风死角等缺点，一般不采用。

②负压通风　通过风机将舍内污浊空气抽出。

▲负压通风比较简单，投资小，管理费用也比较低，我国绝大多数肉鸡场采用负压通风。

▲负压通风根据气流在舍内流动方式分为横向通风和纵向通风。

▲横向通风的风速和效果不如纵向通风，但在寒冷季节使用时效果好。

▲纵向通风可向舍内提供新鲜空气，消除死角，还可提高风速，减少耗电和投资。主要缺点是冬季鸡舍两端寒冷，而鸡舍中间常因通风量不足而使空气质量下降。

③联合式通风　正压通风与负压通风联合使用，一般用于跨度大、内部结构复杂的鸡舍。

（2）夏季通风　在炎热的夏天，当气温超过 28℃后，肉鸡会感到极不舒适，肉仔鸡的生长发育和种鸡的产蛋性能会严重受阻，此时除了采取其他抗热应激和降温措施之外，加强舍内通风是主要的手段之一。

（3）通风量　在本书第四章的表 4-2 中提供了肉鸡不同季节的通风量。

（4）通风设备　通风设备一般有轴流式风机、离心式风机、吊扇和圆周扇。这些设备应安放在能使鸡舍内空气纵向流动的位置，这样通风效果才最好。

▲目前，在各类鸡舍都推荐使用大流量、低压头、低能耗、低噪声的轴流风机，它的叶片设计采用了空间扭曲的挠曲叶片，抗静压，每立方米排气量的电耗比普通工业风机（5 号风机）节电近 80%。表 1-7 列出了该系列风机的参数。

表 1-7　轴流风机参数

型　号		9FJ-140	9FJ-125	9FJ-90	9FJ-63	备　注
叶轮直径（毫米）		1 400	1 250	900	630	
转速（转/分）		310	325	450	720	
不同静压下风机流量（米^3/小时）	0 帕	60 750	43 900	21 700	13 230	使用电源为三相 380 伏，风机噪声≤70 分贝（A 级）
	12 帕	58 270	42 100	20 520	12 670	
	25 帕	55 980	40 450	19 000	12 290	
	32 帕	54 550	39 420	18 160	11 920	
	38 帕	52 940	35 910	17 530	11 540	
	45 帕	51 040	32 000	15 800	11 170	
	55 帕	46 410	26 250	15 700	10 630	
电机功率（千瓦）		1.1～1.5	0.75～1.1	0.45～0.55	0.25～0.37	八级电动机
风机重量（千克）		133	105	76	40	
皮带型号		B1753	B1524	A1143	无皮带	
外型尺寸（毫米）		1 550×1 550	1 400×1 400	1 068×1 068	750×750	

▲普通的民用换气扇是单相，功率小，一般为 50～60 瓦，当空气的抵抗力稍强时，其旋转次数急剧减少，换气量明显下降。当静压值为 0 帕时，通风量为 30～40 米^3/分；若静压值增至 30 帕时，通风量仅是原来的 70%，即20～

30米^3/分。所以在静压值为30～50帕的负压通风鸡舍内，使用普通民用换气扇效果不好。不要使用工业上用的离心风机，它也存在不抗静压、耗电大的情况。

（5）通风计算案例　风扇安装可根据风扇的排风量、鸡只体重大小和数量的多少、季节不同来进行计算得出。根据本书表4-2提供的数据，以一个数量为20 000只、平均体重为2千克的肉鸡群为例介绍如下。

▲在寒冷季节，其舍内最少通风量为0.031×20 000＝620（米^3/分），即37 200米^3/小时；当舍内静压值设定为25帕时，使用1台9FJ-125风机，37 200/40 450＝0.92，大约每小时需要有55分钟的通风时间（要靠定时器来控制）。当舍内静压值设定为12帕时，使用1台9FJ-125风机，37 200/42 100＝0.88，大约每小时需要有53分钟的通风时间。

▲在炎热季节，其所需舍内最大通风量为0.31×20 000＝6 200（米^3/分），即372 000米^3/小时。当舍内静压值设定为32帕时，使用9FJ-125风机372 000/39 420＝9.4，需要近10台风机连续不断的工作；当使用9FJ-140风机372 000/54 550＝6.8，需近7台9FJ-140风机连续通风。

2. 降温设备

（1）湿帘/风扇降温系统　通风设备可以用来降温，但夏季最重要的配套降温设备是湿帘风扇降温系统，它是利用水的蒸发降温原理来实现降温目的。

▲此种降温方式降温效果好，各鸡场多采用。

▲在湿度较低的条件下，可使舍温下降5～8℃。在极端酷热的条件时，这是最重要的降温手段。

▲系统由湿帘箱、循环水系统、轴流式风机和控制系统4部分组成。

（2）喷雾系统　低压喷雾系统的喷嘴安装在舍内的上方，以常规的压力进行喷雾降温。高压喷雾系统是由泵组、水箱、过滤器、输水管、喷头固定架组成，此种方法降温快。

（三）光照设备

1. 光照作用　光照的作用是保证肉仔鸡有充分的采食时间来进食饲料；并刺激肉种鸡的性腺发育、维持正常排卵。科学的光照时间和光照强度在肉鸡生产中起重要作用，鸡舍内必须安装光照设备。

2. 光照设备　光照设备包括照明灯、电线或电缆、光照自动控制器。

（1）光照自动控制器　光照自动控制器的特点是：

▲开与关的时间可任意设定，控时准确。

▲光照强度可以调整。

▲有测光控光装置，当白天光照达到一定强度后，灯泡停止光照，阴雨天或天黑后，光照程序处于需要补光时段，光控器就会自动控制开灯。

▲有渐明渐暗装置，防止鸡群受到惊吓而产生应激反应，并延长灯泡使用寿命。

▲停电后程序不错乱。

（2）光源　肉鸡对光照要求不是十分严格，原则上所有民用光源都可作为鸡舍光源。肉鸡舍多采用白炽灯、日光灯或节能灯作为光源。

▲国内多习惯用白炽灯照明。白炽灯初始安装费用低，但使用寿命短，光电转化率低。

▲国外多用日光灯照明。日光灯一次性安装费用高。但使用寿命长，光电转化率高。但当舍温过低时，日光灯启动有难度。

3. 光照管理　光照程序一经确定，就不要轻易改变。

▲生产中需要补光可采取早晨补光或晚上补光，或两者结合的方式。

▲密闭鸡舍所有透光部分都需要有遮光流板。

▲灯泡最好安装灯罩，每隔1～2周擦拭一次灯泡，因为脏灯泡比清洁灯泡光照效果降低1/3。

（四）加湿设备

在环境控制设备的降温设备中，喷雾系统可起加湿作用。

二、育雏设备

（一）雏鸡育雏笼

1. 基本结构　国内的育雏笼多采用电供热，国外有采用燃气供热的育雏笼。每层笼的下部有承粪盘，可定期对粪便进行清理，热源多是电热板，用温控器对其进行控制。需要加温时电热元件工作，温度达到要求后，电热元件停止工作。还可利用温控器进行温度调节，以适应不同鸡龄的鸡只对温度的需求。

2. 组装　饲槽安装于笼的一侧，水槽安装于笼的另一侧。饲槽水槽上有活动的调节板或调节网，可上下或左右进行调节。应定期对其进行调节，确保雏鸡采食与饮水时不跑到笼外。

▲育雏笼由三部分组成，即加热育雏笼、保温育雏笼与雏鸡活动笼，每一部分都是独立的整体，可根据需要进行组合。

▲通常情况下是1组加热笼、1组保温笼与4组活动笼配套。

▲采用全舍加温方式，可仅使用雏鸡活动笼。

▲在温度较低情况下，可适当减少雏鸡活动笼数而增加加热育雏笼与保温育雏笼数量。

3. 标准配置与容鸡密度 通常情况下，9YCH 电热育雏笼高为 172 厘米、长为 434 厘米、宽为 145 厘米，总耗电量为1 950瓦。

▲笼育开始时，其容鸡密度为 45 只/米^2，到 15 日龄时减为 25 只/米^2，夏季高温季节还应适当减少。育雏结束时每平方米可容雏鸡 18 只左右。

▲一般采用 3～4 层重叠式笼养。

▲网孔一般为长方形或正方形，底网孔径为 1.25 厘米×1.25 厘米，侧网与顶网的孔径为 2.5 厘米×2.5 厘米。

（二）育雏保温伞

应用育雏保温伞时，要求能保证舍温 24℃以上、伞下缘距地面高度 5 厘米处温度可达 35℃，雏鸡可以在伞下自由出入。

▲在开始使用育雏保温伞时，要配套有护围，防止雏鸡育雏开始时走失，不能返回热源；雏鸡 3 日龄后护围逐渐向外扩大，10 日龄后撤掉护围。

▲保温伞都配有自动控温装置，可按设立的温度来工作。

▲每个伞内还应有照明灯，以利雏鸡采食、饮水、休息。有关育雏保温伞的结构与使用，可见本章本节有关电热保温伞的说明。

☞**注意：**在北方冬季育雏，一般情况下仅用电热保温伞是不行的，还要与其他供热方式结合，实行联合供温。

（三）平面网上育雏设备

雏鸡饲养在鸡舍内离地面一定高度的平网上，平网可用金属、塑料或竹木制成，平网离地高度 80～100 厘米，网眼为 1.25 厘米×1.25 厘米。这种方式育雏雏鸡不与地面粪便接触，可减少疾病传播。其供热方式有多种，可见本章本节环境控制设备中的供热方式。

（四）烟道供温平面育雏

烟道供温平面育雏有地上水平烟道和地下烟道两种。

▲地上水平烟道是在育雏室墙外建一个炉灶，根据育雏室面积的大小，在室内相应用砖砌成 1 个或 2 个烟道，一端与炉灶相通，烟道排列形式因房舍而定。烟道另一端穿出对侧墙，沿墙外侧建一个较高的烟囱，烟囱应高出鸡舍屋顶 1 米左右，通过烟道对地面和育雏室空间加温。

▲地下烟道与地上烟道相比差异不大，区别在于地下烟道的炉灶和室内烟道建在地下。

▲烟道供温时室内空气新鲜，粪便干燥，可减少疾病感染，适用于小型鸡场。

▲在北方冬季育雏时，如果育雏舍内温度低，可在离地面 1 米高处用塑料薄膜进行隔断，形成一个小矮室，以提高育雏区域内温度。

☞**注意：**烟道供温应注意烟道不能漏烟，以防雏鸡一氧化碳中毒。

三、饲喂与饮水设备

（一）饲喂设备

料塔和供料输送装置是规模化肉鸡场必备设备。供料输送装置分为固定式的喂料机和移动式的给料车。喂料机有链片式、塞盘式、螺旋弹簧式等。给料车有骑跨式、行走式等。料槽、料盘既可用于机械化供料，也可用于人工供料。料桶只能用于人工供料。

1. 雏鸡开食盘 雏鸡的供料与中鸡、大鸡完全不同，一般多采用开食盘供料，很少有直接用料槽或料盘开食的。没有开食盘也可用纸板、牛皮纸、塑料薄膜等代替。笼育肉鸡也多用小开食盘开食，后转为小料槽，这是因为雏鸡刚刚出生身体矮小，对环境条件不熟悉，开食盘直观有利于雏鸡采食。

▲开食盘多是塑料制品，也有用镀锌铁板或玻璃钢制成。

▲开食盘形状多是圆形，也有方形的。一般平养时每个开食盘面积为 0.6～0.8 米^2，可供 200 只左右雏鸡采食。开食盘面积太大或太小都不便管理。

▲开食盘边缘应有 3 厘米左右高度，以防止饲料浪费。如采用的是铁制品，边缘一定要处理好，以防划伤雏鸡。

▲开食盘一般用到 5～7 日龄，以后应陆续用其他供料方式替代开食盘。

2. 料桶 料桶包括一个无底的圆桶和一个直径比圆桶大的下料盘，通过调节圆桶与料盘的间距来控制供料的快慢。当鸡采食料盘中的饲料后，圆桶中的饲料通过与料盘的间隙会自动补充到料盘中。如流动不畅时，用手抖动悬挂料桶的绳索，饲料就会流进料盘。圆桶中没有饲料时要人工添加。

▲料桶按照容量规格有 3 种：7 千克、10 千克、20 千克，可根据鸡日龄不同选用。

▲料桶多是塑料制品，也可以用镀锌铁板制成。要伴随肉鸡日龄增长，逐渐提升料桶的高度，原则是鸡背高度大约与料桶下料盘上缘相一致。如料桶悬挂太低，肉鸡采食时会挑食，造成饲料浪费；悬挂太高，鸡只采食不方便，生

长速度会受到影响。

▲加料过程中要注意避免饲料散落在垫料上。

▲料桶只适用于平养，其可盛颗粒料或干粉料。

3. 自动供料器 也称料线，在规模化肉鸡场采用螺旋式供料器与塞（索）盘式供料器的较多。

（1）螺旋式供料器 料管中有一个螺旋弹簧，转动时将饲料带向前方，在料管下方开口处饲料落入圆形料盘。

▲它可准确计算出供料量，送料长度可达150米。整个料线通过悬索悬挂于鸡舍间，高度可随日龄变化逐步调节，并上下左右都不固定，调节自如。在出栏时把料线调高，以方便运鸡车辆出入。

▲螺旋式送料器还可以与链片供料器结合，用于公、母种鸡分别饲喂时（平养）对公鸡的饲喂。

▲它的缺点是每一条供料线都要有一台电机与减速器，造价高。

（2）塞盘式供料器 也是有一根料管，料管中有一根钢丝绳，每隔一段距离钢丝绳上固定一个塑料盘，钢丝绳运动时，将料带入料管，再由料管开口处落于下面的料盘。

▲因为是钢丝绳在管内运动，它既可以水平供料也可以垂直供料。一栋平养鸡舍可由一台供料机供料，供料长度可达500米。

▲价格低是塞盘式供料机的最大优点，但钢丝绳上的塑料盘易滑脱、钢丝绳易断是它两个不易克服的缺点。

（3）行走式供料器 其一般在多层笼养鸡中采用，进行人工授精的肉种鸡采用笼养时，行走式供料器多见。它的主要原理是移动的料箱不断将饲料投向食槽，可同时向多条食槽投料。地面上设有导轨，也可在沿两墙空间上部设导轨，供料器在导轨上移动。可以让电机不动，由钢丝绳牵动供料箱，也可使用电缆让电机与供料箱同时移动。

（二）饮水设备

1. 饮水设备的要求与分类

（1）饮水设备的要求 鸡只饮水设备应达到的要求是：保证水质清洁不漏水，易于清洗消毒。鸡只饮水方便等。鸡舍内饮水设备的种类很多，发展趋势是以节水和利于防疫为主，可根据不同的饲养方式选择相适应的饮水设备。

（2）饮水设备的分类

▲按水量控制方式分有简易式与自动式。

▲按外形结构可分水槽式、水罐式、吊塔式、水杯式与乳头式。

▲按饮水在空气中暴露程度分开放式与封闭式。

2. 过滤器和减压装置 过滤器可滤去水中的杂质。鸡场一般使用水塔或压力泵供水，其水压为 51～408 千帕，适用于水槽或吊塔式饮水器供水，若使用乳头式或杯式饮水系统时，必须配套减压装置。减压装置常用的有水箱和减压阀两种。水箱结构简单，便于投药，生产中使用较普遍。

3. 水槽 原是较为普遍的饮水设备，因属于开放式供水系统，并且耗水量大，易传播疾病，近年逐渐被乳头饮水器替代。水槽分 V 形和 U 形两种，材料有镀锌板、塑料、玻璃钢、搪瓷等，深度为 50～60 毫米，上口宽 50 毫米，长度按需要而定。

4. 饮水器 常用的有水罐式、吊塔式、乳头式、杯式等多种，重点介绍一下乳头式饮水器。

(1) *乳头式饮水器的特点* 平养鸡舍多用水罐式和吊塔式或乳头式，其中乳头式饮水器具有明显的优点：

▲可保持供水的新鲜、洁净。

▲节约用水，水量充足，且无湿粪现象，减少了由于饮水外溅造成的垫料潮湿、传播疾病等一系列问题，改善了鸡舍的环境。

▲乳头式饮水器适于各种日龄鸡使用，是今后养鸡业饮水设备的主要发展方向。

(2) *乳头式饮水器的结构* 乳头式饮水器由阀芯与触杆组成，阀芯直接与水管相连，由于毛细管作用，触杆的端部经常悬着 1 滴水，每当鸡只需要饮水时，只要啄动触杆，水即流出，当鸡不再啄动触杆，触杆将水路封闭，水即停止外流。乳头式饮水器从开始的单封闭发展到现今的双封闭与三封闭。

(3) *乳头式饮水器的安装* 乳头式饮水器一定要安装在鸡的上方，让鸡抬头饮水。由于鸡没有软腭，不能像哺乳动物那样吸吮。细致观察鸡只饮水的过程，鸡先在盛水容器中用喙舀水，再抬头靠水的重力将水饮入。垂直安装的乳头正好符合了鸡只的饮水生理需要，要随鸡体型的变化逐步调高饮水器的高度。

(4) *减压水箱与加药器* 乳头式饮水器要求匹配的水压力低，必需配有减压水箱。

▲在减压水箱上可安装投药装置，达到自动、定量向水中投放各种水溶性药物或疫苗的目的。

▲自动投药的工作原理是利用减压水箱补水阀的间歇滞后性，将补水引

到混药箱中。补水时，混药箱中的药液阀门在补水冲击力下开启，药液与补水流入减压水箱。补水结束后，药液阀门在自重作用下关闭，从而保证减压水箱内的药液浓度。它较好地解决了使用乳头式饮水器投药困难的问题。

(5) 乳头式饮水器的选择与存在的问题　乳头式饮水器虽然一次性投资大，但使用后明显节省劳力，同时饮水卫生程度高，水的消耗量明显下降。

▲国内目前生产乳头式饮水器的厂家越来越多，选择时一定要注意产品的质量。使用乳头式饮水器，由于管理不当、乳头式饮水器质量不好，可造成鸡群均匀度不好、生长缓慢、成活率低等问题。

▲但也有人持不同意见，认为在肉种鸡中使用乳头饮水器会影响产蛋率和种蛋受精率。

(6) 饮水器的管理　目前，养鸡业无论肉鸡、蛋鸡、种鸡，平养或笼养，多数推荐使用乳头式饮水器，因为乳头式饮水器属于封闭式供水，与传统的开放式供水有本质上的不同。

▲所有饮水器在使用中，都要伴随鸡龄增大逐步调高位置，这一点非常重要。

▲要定期检查饮水器，有无断水、溢水现象，要查出原因，解决断水、溢水问题。

▲要定期清洗饮水器，特别是开放式饮水设备，清洗工作是必需的，乳头式饮水器使用一段时间后也要清洗。

四、其他设备

(一) 电源与自发电设备

1. 电源　电力供应是规模化饲养肉鸡的先决条件。

▲规模化肉鸡场应有专门的配电室。

▲超大型肉鸡联合体应有自己的变电站。

▲小型鸡场也最好自己独立使用一台变压器。

▲电压过高时照明灯泡消耗太快，电压过低有些电机电器无法使用。

▲对电力供应线路、变压器与配电柜要定期检修。

2. 自发电设备　规模化肉鸡企业要自备发电设备，特别是采用密闭舍的企业必须自备发电机。

▲发电机要定期试发电，绝对不能出现紧急时刻无法发电的现象。

▲启动发电机的蓄电池应定期充、放电，保持蓄电池在任何时刻都有电，蓄电池长期不充、放电，对蓄电池使用寿命也有影响。

▲自备发电机的功率有限，每次发电时要认真考虑什么项目是必须供电、什么项目可暂缓或间歇供电，不要让发电机超负荷运行，超负荷运行会损坏发电机或减少发电机使用寿命。

（二）清粪设备

1. 分类 鸡舍内的清粪方式有人工清粪和机械清粪两种。规模化肉鸡场多采用机械清粪，常用设备有牵引式刮板清粪机、传送带式清粪机。

▲牵引式刮板清粪机多用于笼养肉种鸡和网上平养肉鸡。

▲传送带式清粪机多用于叠层式笼养。

▲地面平养的商品肉鸡与肉种鸡都是一次性清粪，所以没有专门的清粪设备。

▲如果采用高床平养或阶梯笼饲养肉种鸡，鸡粪可直接落入深坑，在鸡只淘汰后一次清理。

2. 牵引式刮板清粪机 牵引式刮板清粪机由减速器、刮粪板、牵引绳组成。

▲鸡舍仅一端设有贮粪池，则刮粪机单向刮粪；若鸡舍两端都有贮粪池，刮粪机来回刮粪。

▲由于鸡粪的腐蚀性强，钢丝绳做牵引绳使用寿命短，现多采用镀塑（聚乙烯包裹）的钢丝绳、塑料绳或棕绳。

▲为保证刮粪机正常运行，地面要尽可能平滑。

▲牵引式刮板清粪机又分全程式与步进（步退）式两种，长距离的清粪应采用步进式清粪，避免一次刮粪量太多，导致牵引阻力加大、拉断牵引绳。

3. 传送带式清粪机 传送带式清粪机应有一个皮带张紧机构，不然时间一长皮带就会打滑丢转。在每一层鸡笼下面安装一个传送带，定时开启传送带，刮板将粪刮入横向粪沟，再由横向粪沟排出舍外。

4. 鸡粪保持干燥 清粪间隔时间长的鸡舍，应配备较强通风设备，以使鸡粪降低水分，干燥后的鸡粪不生蛆，也无有害气体的气味。

（三）消毒设施

1. 消毒池 鸡场入口应设有消毒池，消毒池长度为进场大型车车轮周长的1.5倍，宽与大门相适应，消毒池的深度能保证入场车辆所有车轮外缘充分浸在消毒液中。具体要求见本书第五章的内容。

2. 消毒器 肉鸡场使用各种消毒器，如火焰消毒器、喷雾消毒器、高压冲洗消毒器、自动喷雾器等，用于各种消毒目的和气雾免疫。

▲喷雾器是鸡场带鸡消毒、环境消毒必不可少的工具。

▲舍内安装固定管道消毒设施很实用，安装后每次带鸡消毒用的时间少，对鸡群应激小，特别在夏季还可对鸡舍进行喷雾降温，配套设备的高压泵（动力车）还可作为清舍时的高压水源。

（四）断喙器

1. 断喙器的原理 养肉种鸡必需断喙。国外对初生雏进行红外断喙，国内多采用高温热切，在断喙的过程中又进行了止血。

电热断喙器的原理是将220伏交流电变成0.6伏的交流电，电流强度为180～200安培，这种低电压的大电流在通过刀片时，刀片发出红色灼热，最高温度可达1 020℃。用变阻器调节输入电流的大小，可使刀片产生不同的温度，以适应不同日龄的鸡只断喙的需要。

2. 断喙器的结构 电热断喙器主要由调温器、变压器、上（动）刀片和下刀口组成。动刀片是断喙器的主要工作部件，刀片的红热程度直接影响到断喙的质量。

3. 断喙器的使用 当断喙鸡数达到一定后，断喙器刀片的红热程度有所下降，这时应关掉电源，将刀片卸下，用砂纸打磨刀片的接触部位，然后装紧刀片继续断喙。一定要保证上述操作时必须断电，因为带电操作不安全，并且带电紧螺丝极易将螺丝拧坏。一般讲，鸡的日龄越大，所需断喙温度越高，一个刀片可连续给5千只左右的鸡断喙。

（五）产蛋箱与集蛋

1. 产蛋箱 平养肉种鸡要有产蛋箱，多数产蛋箱是由多个产蛋位双层连体背对背组成，一般每个组合产蛋箱有12个或16个产蛋位。

▲产蛋箱位置的摆放要尽可能隐蔽一些。放置在离地30厘米高度以上安静避光处，上层产蛋位下部要设有踏板，以方便产蛋母鸡进入产蛋位。

▲采用一端搭放在棚架，另一端悬挂安置产蛋箱，对鸡舍使用面积、种鸡活动、繁殖行为及卫生都有利。

▲肉种鸡产蛋位可按长×宽×高为35厘米×30厘米×25厘米的尺寸设计。可每4～5只母鸡配备一个产蛋位。

▲笼养肉种鸡直接将蛋产在笼中，滚落在笼前。

2. 集蛋 垫料平养的鸡舍可在舍内空间固定一个导轨，推动一个行车来回集蛋。笼养肉种鸡可用地面行车来回集蛋。机械化的集蛋设备目前在国内肉种鸡饲养中应用不多。在国外，垫料平养肉种鸡很多都采用机械化集蛋方式，相信随着中国养鸡事业的发展，集蛋机械化会逐步普及。

（六）体重秤

养商品肉鸡与肉种鸡都离不开称重，建议采用弹簧圆盘挂秤来称重，其使用方便、示值准确。一般选用最大称量5千克、分度值20克的秤。

▲称鸡时使用一个环形绳套，双折做一个活套将两只鸡脚套住，另一端挂在秤钩上，就可读出体重表示数。

▲使用中要随时检查每次挂秤是否都归到零位。因为实测中有些鸡只挣扎，可能碰到调零螺丝。

▲挂秤的高度应与人的眼睛在同一水平位置上，不然会由于视角不同造成读数误差。

▲理论上称量弹簧可以使用10万次以上。

（七）捉鸡与装鸡工具

捉鸡工具是平养肉鸡所必备，每次称重、打疫苗等都要围鸡、捉鸡，常见的简易捉鸡工具是捕鸡兜、捕鸡笼、拦鸡网和捉鸡钩。

1. 捕鸡兜　捕鸡兜是一个直径30～40厘米的圆圈，固定在约1.5米高的手柄上，圆圈上有一个半封闭的线绳网兜或塑料网兜。使用时用网兜将鸡扣在地面，也可沿地面将鸡兜入网中。捕鸡兜适于户外捉鸡。

2. 捕鸡笼　捕鸡笼是铁丝、竹木或塑料制成的鸡笼，在笼子上面和侧壁开有门，捕鸡时将鸡笼侧壁门打开，对准鸡舍的出口，将鸡赶入笼中。取鸡则打开上面笼门。

3. 捉鸡钩　捉鸡钩用稍带钢性的8#铁丝做成，长度相当于人的体高，过长或过短的捉钩鸡使用时都不方便。将一端弯成手持的手柄，另一端弯成不对称的W弯曲，根据所捕捉鸡只胫骨的粗细调节W弯曲张开角度。捉鸡钩适合在平养大群中捉鸡，每次勾住鸡的一只脚，向上提起后拉，很容易就能捉到鸡只。

4. 拦鸡网　拦鸡网用木框或钢筋架和铁丝网制成，用高130厘米、宽150厘米的网片2～4片组成，网片间用铁丝、绳子或折页连在一起，使用时将鸡圈围在网中，人到网中捉鸡。

5. 鸡笼　盛鸡与运鸡的鸡笼要根据鸡体重的大小而定，一般在肉种鸡育雏结束开始用转群用的小鸡笼，笼子的网眼直径为1厘米左右，每笼装20～30只鸡；装出栏鸡的鸡笼，笼子网眼直径为3厘米左右，根据出栏体重不同，每笼装10～20只鸡。肉鸡场都要配备一定数量的鸡笼，多为塑料制品，使用中要防止过度碰撞，特别在冬季使用时要更加注意。

第四节　肉鸡场建设实例

一、工艺流程

肉鸡场建设整体工艺流程见图 1-2。

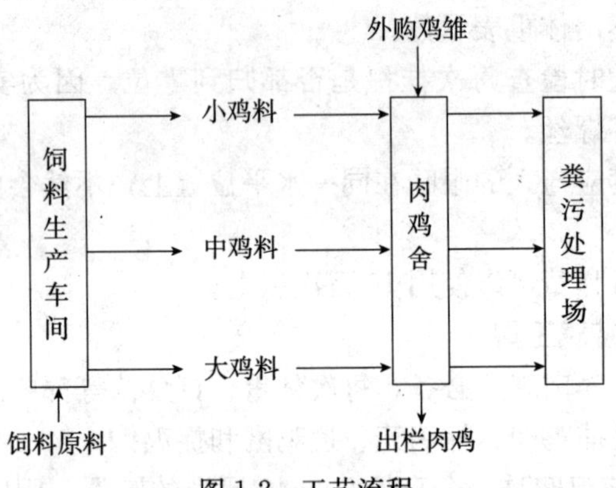

图 1-2　工艺流程

二、饲养流程

全进全出一段式地面平养。开始育雏时占用舍内 1/3 面积，随时间推移，逐渐扩群到全舍。0～21 日龄为小鸡阶段，22～35 日龄为中鸡阶段，36 日龄至出栏为大鸡阶段。出栏日龄根据市场需求和实际饲养情况在 45～55 日龄。每批肉鸡出栏后，最少需要 10 天以上的空舍期，最好空舍期能安排 2 周以上。全年可饲养 5～5.5 批肉鸡。

三、饲养规模

存栏 5 万只商品肉鸡、年出栏 25 万只以上商品肉鸡，场内分 6 栋肉鸡舍，每栋舍每批入舍肉鸡雏8 800羽。

四、平面布局图

肉鸡场平面布局见图 1-3。

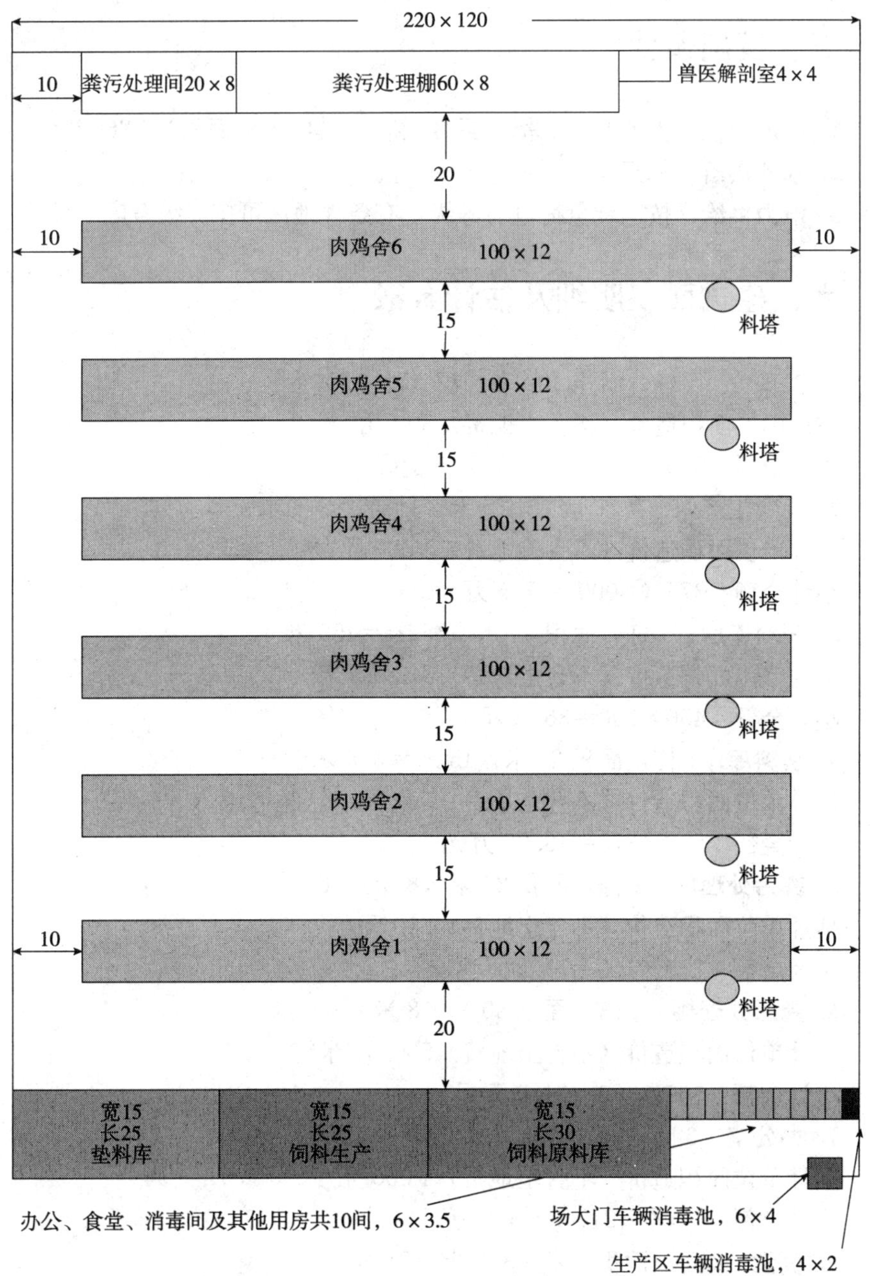
220×120
10
粪污处理间20×8
粪污处理棚60×8
兽医解剖室4×4
20
10
肉鸡舍6
100×12
10
料塔
15
肉鸡舍5
100×12
料塔
15
肉鸡舍4
100×12
料塔
15
肉鸡舍3
100×12
料塔
15
肉鸡舍2
100×12
料塔
15
10
肉鸡舍1
100×12
10
料塔
20
宽15
长25
垫料库
宽15
长25
饲料生产
宽15
长30
饲料原料库
办公、食堂、消毒间及其他用房共10间，6×3.5
场大门车辆消毒池，6×4
生产区车辆消毒池，4×2

图 1-3　平面布局（米）

五、基础条件

1. 占地面积　占地26 400米^2（约40亩），其中土建面积为9 266米^2。

2. 水源供给　每天需饮用水20～30吨。

3. 电力供给　按三级负荷电力等级，有条件地区可按二级考虑。

六、建筑面积明细及估计金额

1. 肉鸡舍　6栋，面积100米×12米＝1 200米^2

估计单位面积造价（不含土地费）800元/米^2

小计金额　800×1 200×6＝576.0万元

2. 饲料生产间　1栋，面积25米×15米＝375米^2

估计单位面积造价（不含土地费）1 000元/米^2

小计金额　375×1 000＝37.5万元

3. 饲料库房　1栋，面积30米×15米＝450米^2

估计单位面积造价（不含土地费）800元/米^2

小计金额　450×800＝36.0万元

4. 垫料库　1栋，面积25米×15米＝375米^2

估计单位面积造价（不含土地费）500元/米^2

小计金额　500×375＝18.75万元

5. 粪污处理间　1栋，面积20米×8米＝160米^2

估计单位面积造价（不含土地费）700元/米^2

小计金额　700×160＝11.2万元

6. 粪污处理棚　1栋，面积60米×8米＝480米^2

估计单位面积造价（不含土地费）500元/米^2

小计金额　500×480＝24.0万元

7. 办公室　3间，面积6米×3.5米＝21米^2

估计单位面积造价（不含土地费）1 000元/米^2

小计金额　1 000×21×3＝6.3万元

8. 食堂　2间，面积6米×3.5米＝21米^2

估计单位面积造价（不含土地费）800元/米^2

小计金额　800×21×2＝3.36万元

9. 其他用房（含消毒间等） 5间，面积6米×3.5米=21米^2

估计单位面积造价（不含土地费）800元/米^2

小计金额 800×21×5=8.4万元

10. 兽医解剖室 1间，面积4米×4米=16米^2

估计单位面积造价（不含土地费）1 000元/米^2

小计金额 1 000×16=1.6万元

11. 其他土建工程

（1）场外道路 面积200米×4.5米=900米^2

估计单位造价（不含土地费）250元/米^2

小计金额 900×250=22.5万元

（2）场内道路 面积550米×3米=1 650米^2

估计单位造价（不含土地费）180元/米^2

小计金额 1 650×180=29.7万元

（3）围墙 延长米=680米

估计单位造价（不含土地费）200元/延长米

小计金额 680×200=13.6万元

（4）车辆消毒池 2个，大的面积6米×4米=24米^2

小的面积4米×2米=8米^2

估计造价：（大）3万元，（小）1.2万元，合计4.2万元

（5）给水排水 估计造价（给水）3.5万元，（排水）15.5万元，合计19万元

土建总造价预估为812.11万元。

七、机械设备明细及估计金额

机械设备明细及估计金额见表1-8。

表1-8 机械设备及估计金额明细

设备名称	规格	数量	估价（元）	金额（万元）	备 注
盘式喂料系统	套	6	80 000	48	
料塔	个	6	7 000	4.2	
乳头供水系统	套	6	25 000	15	
风机	台	24	5 000	12	
湿帘系统	套	6	12 500	7.5	

（续）

设备名称	规格	数量	估价（元）	金额（万元）	备　注
育雏保温伞	个	120	700	8.4	按全场全进全出制计算
饲料加工机组	套	1	500 000	50	
地衡	套	1	50 000	5	
高压清洗泵	台	4	5 000	2	按全场全进全出制计算
热风炉	套	6	50 000	30	
粪污处理系统	套	1	200 000	20	
空调	台	2	3 000	0.6	
运料车	辆	1	80 000	8	
清粪车	辆	1	20 000	2	
小四轮拖拉机	辆	2	15 000	3	
供水系统	套	1	100 000	10	井与泵房
连续注射器	把	20	1 000	2	进口
合计				227.7	

八、鸡舍土建及内部建筑配置示例

以 1 栋肉鸡舍为例说明建筑设计参数。

1. 总体规划　地面平养或网上平养：入舍肉鸡鸡苗8 800羽，建筑面积1 200米^2，土建费用 96 万元左右，单价 800 元/米^2。

2. 鸡舍内部主要数据（表 1-9）

表 1-9　鸡舍内部主要数据

鸡舍长 100 米	鸡舍宽 12 米	墙高 2.5 米	脊高 1 米
窗户宽 1.2 米	窗户间距 3 米	窗户高 1.5 米	前窗 31 数个
后窗 31 个	鸡舍内平面高于室外地面 0.3 米	桁架数 32	屋顶形式：双坡

3. 鸡舍内部配置主要参数（表 1-10）

表 1-10　鸡舍内部配置主要参数

料线 3 条	水线 3 条	风机 4 个	风机规格 1.4 米×1.4 米
灯泡 3 列	灯泡 96 个	灯泡瓦数：9W	喂料：机械喂料
清粪：人工清粪	饮水：乳头式饮水	光照：自然＋人工	通风：自然＋机械
温控：冬季热风炉供暖；夏季湿帘降温，湿帘面积不少于 48 米^2			

注：▲料线、水线高度可调。

▲灯泡安装在距地面2.3米处，料线、水线上方，每隔3米安装1个，每列之间交叉安装。在装湿帘一侧每列2个灯，共6个灯，控制开关要单独设置。

▲湿帘装在相对风机另一侧的山墙和相邻前后墙上，山墙上安装10米（长）、2.4米（高）的湿帘，相邻前后墙上，各装5米（长）、2.4米（高）的湿帘。风机装在后山墙上，共4台，下缘距离舍内地面10厘米。

4. 建筑材料参数（表1-11）

表1-11　建筑材料参数

项目	要求	项目	要求
鸡舍墙壁材料	37砖墙＋内外抹灰	柁	工字钢＋钢筋
屋面板	100毫米双层彩钢板	檩条	100C型钢
窗户	塑钢	砖基础砌筑沙浆	M7.5
基础垫层	砼C15	墙体砌筑沙浆	M5
圈梁过梁砼柱	C25	地面	水泥沙浆面

第五节　信息化技术

一、信息化技术现状

（一）肉鸡场的信息化技术

1. 肉鸡场信息化技术的内容　以计算机及其网络技术和现代通信技术等为代表的技术称为现代信息技术。

▲现代信息技术的准确内涵是：微电子技术的加速发展，导致芯片高度密集化；信息的数字转换处理技术走向成熟，为大规模、多领域的信息产品的制造和信息服务创造了条件，软件技术的高速发展使网络高度智能化；数字化技术大大拓宽信息的应用范围。

▲肉鸡场信息化技术是将科学计算、数据分析、绘图处理、人工智能和自动化监控技术融为一体，建成一个可在单机或网络两种不同模式上运行的生产管理系统。

▲肉鸡场信息化技术将提高中国规模化肉鸡企业生产、科学饲养、鸡病防治水平，以及为专家咨询和早期预测的准确性提供可能；也为管理人员进行肉鸡生产动态管理及科学决策提供依据，为信息化技术在肉鸡产业的应用提供广阔的平台。

▲具体内容有：

△肉鸡生产中的鸡场日常管理系统。

△远程物联网生产控制。

△远程鸡病临床诊断多媒体专家系统。

△电脑最优化饲料配方。

△养鸡技术互联网交流。

△鸡场财务管理。

△电子商务。

△网络养鸡技术培训和企业网站建立等系列服务领域。

2. 肉鸡场信息化技术应用总体目标 构建统一、集中、实时、可以持续扩充发展的肉鸡信息管理系统，把全部生产与业务经营纳入到这个统一的信息平台之上，保证肉鸡各个生产与业务环节互联互通、紧密衔接，消除信息孤岛。

对肉鸡关键生产与业务环节进行管控，实现利用信息系统对肉鸡生产与业务协同管理，能够实现对运营进行灵敏控制，能够对市场做出快速反应，为肉鸡企业决策提供强有力的支持。

3. 肉鸡行业信息化技术动态 近年来，国内肉鸡行业的信息化技术应用正在如火如荼地进行。

▲正大集团、山东六和集团、大成集团、青岛万福、莱阳春雪、河南永达、河南大用等一大批肉鸡一条龙企业均加大对信息化建设的投入，陆续打造内部信息管理系统。

▲山东六和早期自己开发了一套业务管理系统，为适应快速扩张的需要，于2007年年初开始使用BWP公司软件第二代产品的分销系统。现在，分销系统已经在其近50多家子公司使用，使其30多个新工厂能够迅速复制样板工厂的业务流程和管理模式，为实现集中销售、分场管理提供了可参考的依据。

▲大成集团更是高度重视信息化建设，可以说大成集团的信息化建设是走在我国肉鸡行业的前端。大成集团2000年上线的SAP公司的信息管理系统，主导了信息管理的主线。为更好地解决商品鸡放养回收业务的问题，2007年大成集团开始使用BWP公司的系统，并且大成积极参与产品入库条码系统。

▲青岛万福、莱阳春雪、河南大用、河南永达等肉鸡行业，也纷纷采用了BWP软件的新业务系统。

4. 肉鸡信息管理系统的主要内容 肉鸡信息管理系统是一个大集成的系统，囊括肉鸡企业经营的人、财、物信息，包括业务系统、财务系统、人力资源系统、办公自动化系统。

▲业务系统是最基本也是最核心的系统。业务系统又由多个子系统组成，具体包括肉鸡养殖分析系统、饲料生产管理系统、孵化管理系统、放养（基地）管理系统、屠宰分割系统、食品深加工系统、熟食生产系统、物流配送系统、销售管理系统、采购管理系统、食品安全系统、肉鸡一条龙计划决策系统等。

▲业务系统是整个信息管理系统的核心，必须结合肉鸡养殖、屠宰、销售一条龙业务特点，反映父母代种鸡养殖、种蛋孵化、养殖户（基地）养殖、饲料生产、肉鸡屠宰、食品加工、物流配送和国内外销售等不同业务环节的需求。

▲要求各个子系统之间能够环环相扣，无缝衔接，使各部门负责人及企业高层管理者可以站在各自的立场，及时、准确地获取各自需要的经营管理信息，以便及时发现问题，并且对问题可以进行追溯，真正实现协同管理，快速应对市场、疫情、原料价格和产品价格的变化，使整个产业链条协调运转，相互配合，实现整个肉鸡全产业链的价值最大化，实现预期的经济效益和社会效益。

5. 信息管理系统的应用实例 在温氏集团的肉鸡放养管理中，管理者虽然见不到农户，但信息系统提供了全部情况，养殖户的一举一动，甚至包括收入状况，都融合到整个生产过程中。

▲信息系统已经深入到养殖生产过程中的每一步，帮助温氏集团把自己庞大数量的养殖户和物料体系管理起来。温氏集团在全国有 3 万多养殖户，养殖过程中养殖户要取饲料、疫苗等，不同阶段的鸡应该饲喂不同的饲料，而且用量都有严格规定。疫苗使用有很严格的规定，某养殖户哪一天该用什么苗？接种量应该多大；用了疫苗之后，隔多少天进行检测？是否能达到抗体水平；如果达不到应该怎么样？这一切由信息管理系统进行控制。

▲温氏集团的最基本单元是养殖户，对每一个养殖户每一次领饲料、疫苗，以及所发生的一切事情，在系统中都有完整的记录。每一个养殖户，并且是每一批次的鸡，都有完整的记录。

▲根据鸡群档案记录，对其整个生产过程做出相匹配的生产计划，需要什么型号的饲料？哪一天需要什么疫苗？哪一天有多少鸡可以上市？

▲利用信息管理系统对生产过程中异常情况进行监控。异常情况并非单纯

是指天灾人祸，或者出现疫情等情况；如有的养殖户喜欢按照自己的方法去饲喂，为了节省钱用其他品牌的饲料，或者嫌麻烦不进行必要疫苗接种等。这些问题都需要通过信息系统与标准的对比，在计算机中以警示状态标示出来，而加以处理。

（二）计算机在肉鸡生产中的应用

1. 生产报表 作为生产企业在生产过程中，必须要进行生产记录，其记录的内容是以生产报表的形式留存。

▲生产报表为管理者判断目前的生产状况，对比生产情况，进行宏观决策提供依据。单纯原始数据的本身意义并不大，仅反映出局部与暂时的情况。当人工进行生产统计时，由于人力与运算速度的限制，只能对少数主要生产指标做出及时处理，对管理者提供的信息是有限的。

▲计算机在生产报表的生成方面有重要的利用价值，它存储容量大，运算速度快，在特定软件的支持下，可迅速而准确地生成报表。通过网络，各部门负责人可及时了解生产情况。

▲每到周末、月末、季度末和年终，计算机可自动生成周报表、月报表、季报表和年报表。还可以通过计算机信息系统对日报表、周报表和月报表快速进行不同公司、不同场别、不同批次、不同栋舍之间的相同周龄段指标进行横向对比分析，也可以进行纵向连续性对比分析，其对比结果用曲线图、柱状图等方式展现出来，便于对比分析，查找差距，总结经验。

▲在肉鸡生产周期结束后，计算机还可生成批次生产成绩报表，所养批次可以和历史批次进行对比。利用计算机的查询功能，可以随时查阅以前存储的各项生产记录。

2. 财务管理 财务管理是计算机最早在企业生产经营中应用的领域，相应的软件种类较多如金蝶、用友、金算盘等，这些软件用起来得心应手，在财务管理中发挥重要作用。计算机财务管理系统可以进行详细的成本核算、收支平衡分析和利润分析。为企业的经营决策分析打下基础。在肉鸡生产中有很多类似财务管理的内容，如库房管理、鸡只保健档案、基地与放养户管理等许多方面都要应用。

3. 饲料配方 肉鸡生产的大部分成本是饲料，饲料配方是饲料生产的核心技术。

▲初期的配方技术主要有对角线法、代数法和试差法，单纯从营养的角度去考虑，这些方法能满足鸡只的营养需要，但无法涵盖饲料成本等经济因素，使肉鸡生产的经济效益受影响。

▲利用计算机进行线性规划、非线性规划和目标规划方法，可以有效解决饲料配方的优化问题，通过“影子价格”等方法，在满足鸡只营养需要的前提下，使饲料成本降到最低。

▲在整个畜牧业生产中，饲料生产部门是计算机应用最早、最普及，也是收益最大的部门。

4. 远程鸡病临床诊断多媒体专家系统 在人类医学中，很早就利用计算机辅助系统进行疾病诊断，这一系统对疑难病症病因的准确判断有作用，有助于尽早开展对症治疗，减少疾病带来的损失。肉鸡生产由于鸡病种类多、暴发快、危害大，采用远程鸡病临床诊断多媒体专家系统，对指导肉鸡生产具有较高的使用价值。特别是现今4G手机普遍具备拍摄和上网功能，可通过网络将病鸡的相关图像快速发给专家，使专家对病因做出准确判断。通过专家及时反馈的治疗信息，能使发病鸡群的损失减到最低。

5. 决策分析 企业管理的核心内容就是经营决策和生产管理，直白地讲就是干什么和怎样干。将计算机应用到现代决策理论中，形成计算机决策支持系统。这一系统可根据肉鸡生产报表和市场信息的数据，进行决策分析，为管理者提供决策服务。

该系统还可进行模拟决策。影响肉鸡生产和经营的因素很多，利用模拟决策功能，可以确定某一因素或因素组合的特定变化对肉鸡生产的影响，这样管理人员可以迅速发现对肉鸡生产影响最大或可利用潜力最大的因素，从而正确地指导肉鸡生产。

（三）微信

1. 新的信息传递载体 随着移动设备的普及，人们查询与传递信息呈现出了多样化，从2011年年初发布微信第一个版本后，微信用户增长率一路飙升。2012年3月微信用户突破1亿大关，而2013年11月腾讯微信宣布已达6亿用户，手机已不再是简单的通话设备，而是信息传递的载体。畜牧企业及相关企业和人士大批加入微信使用团队，二维码、开放平台、公众账号越来越被人们熟知与运用。

2. 微信扫描 微信的强大功能之一扫描，用摄像头对准二维码进行扫描，提示“已扫描，正在加载名片”后，可以加对方为好友或对产品的二维码进行识别。六和“速长鸡”，上海黄浦江“猪漂流”，让兽药行业走在舆论的风口浪尖，同时也让养鸡人不得不对饲料兽药产品进行追溯管理。有了微信，通过扫描二维码，一目了然地看到产品信息，商品名称、生产厂家、生产批次、法人代表、产品成分、产品规格。随时随地查询，产品更加公开化透明化，使不规范兽药脱离市场，正规厂家的竞争会从“卖点营销”转向真正的“产品研发”，从而使养殖市场更规范，养鸡人得到更大的利益。

3. 微信的公众平台 微信公众平台是主要面向名人、政府、媒体、企业等机构推出的合作推广业务，在这里可以通过渠道将品牌推广到平台上，其主要价值在于让企业的服务意识提升，在公众平台上，企业可以更好地提供服务。对于我们养鸡人士来说，其价值则体现在使我们更专业。我们可以通过添加自己熟知的企业账号，如与种鸡、兽药、饲料、设备、技术、管理、疾病等相关的企业公众账号，便可第一时间得到企业推广的新产品，获取行业的热点新闻，深入了解养鸡管理新技术、新方法，同时也可以与同行分享自己的经验，遇到的难题可以和大家一同讨论，不用急于去翻阅书海。养鸡是一门实践科学，临床积累的治疗经验要比文章更有价值，所以，通过微信公众平台的交流，得到及时的行业信息和新产品的研发使用，可以让我们养鸡人更专业。

4. 微信是免费的推广平台 微信的强大功能还可免费推广。企业的宣传网站只能是针对于电脑用户，而对于手机用户是无法得到更全面的展示，微信公众平台却能给企业网站一个互补，企业通过微信公众平台发布产品信息，让手机用户能更好地浏览所需要的信息。不仅如此，它还可以降低企业成本，这应是每个企业都要做的事，也是电子商务的本质。作为一个免费的推广平台，微信无疑是最受欢迎的！微信是集QQ与微博于一身，既可以作为聊天工具，又可以个人用户收听企业用户，获取自己所要的信息，养鸡企业也可以得到一些忠实的客户。所以，企业只要有粉丝、有产品、有信息、有文章，便可方便、免费地推广。

（四）物联网

1. 肉鸡生产中的应用

（1）环境控制　通过舍内传感器，实时获取温度、湿度、光照、风速、静压值、有害气体浓度等环境质量信息，回传至环境智能控制系统，将数据存储、计算、分析和对比，根据设定的参数值，智能控制系统对比后发出指令，对舍内环境进行智能控制。该过程还可通过网络，远程传至计算机及相关人员的手机或平板电脑中，以获取相关数据，这时也可发出人为指令，对舍内环境进行人为远程控制。

（2）生产管理　物联网技术还可通过采集舍内耗水量、耗电量、耗料量，结合获取鸡只体重和健康情况，进行数据存储、计算和分析，通过计算机处理，提出饲料配方与饲喂量的调整方案，开展精细化养殖；提出疫苗接种与药物防治方案。通过信息化管理系统，实施养殖全程质量可追溯。

(3) **报警** 对于肉鸡生产中出现的异常信息，物联网可及时报警。

▲系统可以设置鸡只死淘、饲料消耗、体重变化、抗体效价、药物使用等关键指标的正常范围，当超过正常范围时系统自动报警。

▲可以根据异常的严重程度设定报警级别，系统自动按设定的报警级别发送对象，自动发送系统消息或手机短信报警。如某批次、某栋舍鸡只的平均体重超过与标准之间允许的正负差异范围时，系统自动报警。

▲每次抗体监测结果出来后，如果不正常，系统可以立即向相应的兽医、专家、管理者发送系统消息或手机短信进行报警。

▲鸡舍温度过高或过低时，系统可以自动向指定的管理者发送手机短信报警。

2. 应用实例 点击鼠标就能实现生产管理和环境控制，大荷兰人公司的农业管理与控制系统（AMACS），就是物联网技术在肉鸡生产中应用的实例。

▲AMACS系统让鸡场经理点一点鼠标，就能轻易控制各种必要功能，如饲喂系统和舍内环境的控制。不论对于单栋鸡舍还是大型肉鸡场的多栋鸡舍，AMACS均能良好适用。

▲AMACS运行的基础是网络技术与现代通信技术的结合。

▲通过这套系统，鸡场经理可以实时地对每一栋100米×20米鸡舍进行连续的数据采集和监控。

▲可以在鸡舍现场进行直接控制，也可以通过遥控进行控制。如数据的录入可以在鸡场办公室里通过计算机来完成，也可以通过iPhone或黑莓手机来完成。此外，在必要情况下，大荷兰人公司的服务人员还可以从位于Calveslage的总部通过遥控来提供快捷的技术支持。

（五）电子商务

在肉鸡企业的电子商务中，生产者与消费者（使用者）利用互联网直接联系，彼此之间的联系快速、简便、高效，避免了任何中间环节，可以做到价格最优，市场稳定。

所谓的网络营销隶属于电子商务，充分发挥网络营销的作用，可为肉鸡企业带来广阔的销售空间。做好肉鸡企业的电子商务应把握以下3点原则：

▲做好产品的宣传工作，在相关的农业、畜牧业网站上发布信息介绍产品，让更多的人认识其产品的特点。

▲抓好产品的质量，使消费者满意，是生产企业的宗旨，绝不能做“一锤子买卖”。

▲注重服务体系建设，对客户反馈的意见及时回复，必要时售后服务人员

要上门进行技术指导。

二、管理软件

（一）鸡场生产管理系统（VPEM）

1. VPEM 功能简介 VPEM 是北京双登高科技发展有限公司开发的（金牧）软件，是种鸡场、蛋鸡场、肉鸡场及孵化厂进行统计分析、制作各种报表的专用工具。

▲用户只需输入原始的生产数据和收支数据，VPEM 就能自动统计并输出鸡场、鸡群或孵化的生产日报、周报和期报（月报、季报、年报等），以及收支日报、期报。

▲报表不仅能够反映鸡群的生产水平，而且能够反映出每天或某一阶段各鸡群的饲养效益。

▲VPEM 能够根据用户提供的饲养与防疫程序，自动安排每一天各鸡群的饲养或防疫工作日程。

▲VPEM 能够显示出当前每台孵化机的孵化进程、出雏日期和预计出雏数量。

▲VPEM 能够将所有统计报表数据自动转入到 Excel 软件中，充分发挥微软公司 Excel 软件的功能，对统计报表进行任意编辑或绘图（如产蛋曲线图）。

▲VPEM 有一个档案室，专门用于保存所有鸡群的生产、收支记录，查看与分析档案资料非常容易。其计算机界面见图 1-4。

2. VPEM 学习要点

（1）学会 将鸡群的生产、收支原始记录输入到 VPEM 中。

（2）知道 在何处及如何获取鸡场或鸡群的各类生产数据和收支数据。

（3）学会 设置报表内容、报表宽度。

（4）学会 将统计报表数据转入到 Excel 软件中。

（5）学会 输入孵化记录，如何获取孵化报表和当前的孵化进程。

（6）学会 设置鸡群的饲养日程，如何查看全场各鸡群的饲养日程表。

（7）学会 设置饲养标准，了解饲养标准在 VPEM 中的作用是什么。

（8）学会 在计算机档案中查看鸡群和统计分析结果。

（9）学会 给电脑中的数据做备份。

3. 适用范围 本系统适用于各类种鸡场、蛋鸡场、肉鸡场及孵化厂的生

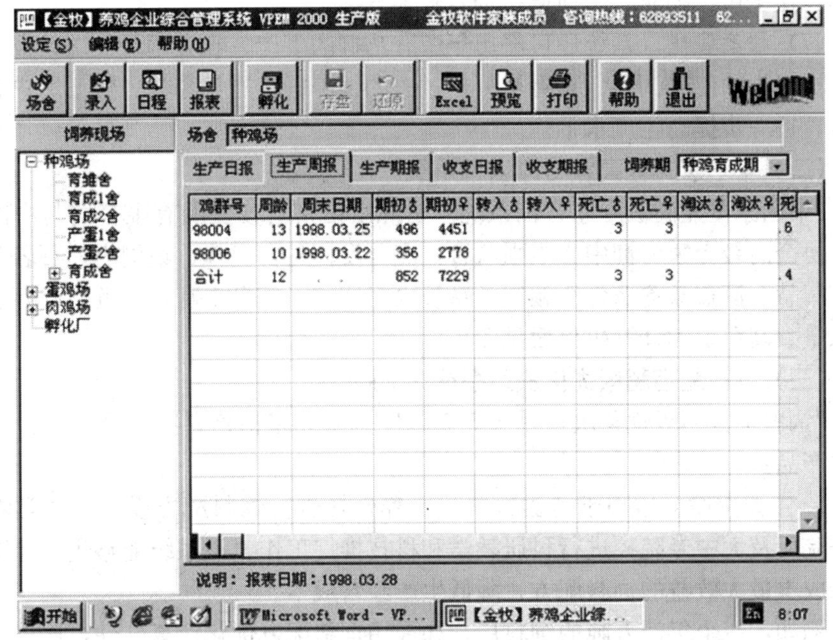

图 1-4 金牧软件计算机界面

产管理、工作计划安排，生产数据统计、分析、查询、汇总，并制作各种生产报表和图形的专用系统软件。用户使用时只需将原始生产记录、收入情况、支出情况输入计算机，系统就能自动统计并输出各鸡场、鸡群或孵化的生产日报、周报和期报（月报、季报、年报等），以及收支日报、期报。

4. 效果

（1）饲养效益　报表不仅能够准确统计和反映各鸡群的生产水平，而且能够反映出每天或某一阶段各鸡群的饲养效益。

（2）工作计划　工作计划模块能够根据用户预先设定的饲养与防疫程序，自动安排每一天或某一阶段各鸡群的饲养、转群或防疫工作日程。

（3）孵化　孵化管理模块能够显示出当前每台孵化机的孵化进程、工作日程、出雏日期和预计出雏量。可对孵化情况进行统计分析和报表输出。

（4）格式转换　系统能够将所有统计报表数据自动转为 EXCEL、HTML 或文本文件，方便用户使用数据或将统计报表进行进一步编辑。

（5）自定义　万能报表系统可使用户随时自定义报表的格式和内容，也可方便地将各种统计数据绘制成各种图形（折线图、直方图、圆饼图等）。

（6）饲养方案调整　系统提供各种常见品种鸡的饲养管理标准和饲养管理

日程，便于用户随时科学地调整饲养管理方案。

(7) 档案管理　系统还可将历年所有鸡群的生产、收支记录及统计报表存贮在档案中，使得调用、查看与分析过去的饲养资料非常容易，便于用户总结经验，近一步提高生产水平。

（二）中国家禽业高级专家咨询系统

“中国家禽业高级专家咨询系统”是北京佑格科技发展有限公司与中国家禽业协会高级专家咨询中心强强联合，充分发挥各自优势，集国内近百名养禽专家智慧，涵盖家禽业各个领域，系统内容翔实，信息丰富，有近 700 万字的信息量。其系统的计算机界面见图 1-5。

（三）饲料配方超级优化决策系统 5.0 版

“饲料配方超级优化决策系统 5.0 版”也是北京佑格科技发展有限公司研发的产品。

1. 主要用途　适用于各类饲料厂、养殖场进行饲料配方设计，各类农业科研院所及大中专院校进行科研教学和科技推广工作。该系统能够优化计算出最低成本最大效益的饲料配方，降低生产经营成本。

例如，一个年产万吨的饲料厂，如采用饲料配方优化计算软件，比采用手工计算配方每千克饲料可节约成本 2～4 分钱，每年节约成本可达 10 万元以上。适用于猪、鸡、鸭等各种畜禽、鱼虾、特种畜禽及实验动物的全价配合饲料、浓缩料和各种饲料添加剂预混料配方的设计。

2. 主要原理　采用现代运筹学中的线性规划、目标规划和模糊规划的数学方法，优化决策计算出符合一定限制条件（畜禽所需营养成分及部分原料的用量上下限）的最低成本配方，通过计算机可优化出最佳配比、配方营养成分分析、原料采购决策支持、限制因素的影子价格分析及各种图形方式的对比分析。

3. 功能简介　饲料配方超级优化决策系统 5.0 版是在经 10 年研制，不断吸取各种国内外配方软件的优势，不断改进的最新版本。它集配方设计、多配方管理和饲料营养知识于一体，适合于各种类型的饲料企业、预混料添加剂生产企业和养殖企业使用。系统支持多种网络环境。为适应饲料工业不断发展的要求，系统提供自动数据更新接口，每年免费对系统原料库和饲养标准库进行更新。全新的 Windows 窗口标准界面设计，使用户操作起来更加简洁方便，采集数据更加快捷准确。

4. 系统特点

(1) 广泛的适应性　适用于各种畜禽、鱼虾、特种畜禽及实验动物的饲料

育种与孵化

- 禽的构造与解剖生理
- 家禽的品种
- 家禽的育种
- 家禽的孵化

诊断指南

- 鸡体几种生理指标
- 临床症状与解剖图谱
- 实验室工作须知及简单操作方法

饲养管理

- 育雏期雏鸡的饲养管理
- 蛋鸡育成期的饲养管理
- 产蛋期母鸡的饲养管理
- 种鸡的饲养管理
- 种鸡的人工授精技术
- 蛋鸡的人工强制换羽
- 肉鸡的饲养管理
- 饲养管理学术报告
- 鹅的放牧饲养与管理
- 鸭的饲养与管理
- 特禽养殖
- 鸡的饲养管理综合技术

家禽常用药物

- 家禽药物基础知识
- 抗生素
- 磺胺类、抗菌增效剂和呋喃类
- 中枢兴奋药、安定药及醒抱药
- 抗寄生虫药
- 作用于消化系统的药物
- 喹诺酮类及喹噁啉类药物
- 环境消毒药及杀鼠药
- 解毒药
- 禽用中药

疫病防治

- 禽病总论
- 常见禽病的诊断与防治
- 常见禽病的模糊诊断
- 家禽普通疾病的防治
- 家禽少见疾病的诊断与防治

禽蛋品加工

- 肉鸡的加工
- 肉用仔鸡的手工屠宰加工工序
- 特禽加工
- 蛋的贮藏与加工

饲料配方

- 饲料营养成分及其功能
- 饲料配方
- 饲料配方实例
- 饲料加工
- 鸡的饲料营养及技术

饲料添加剂

- 美国禽用饲料添加剂要览
- 非营养性饲料添加剂
- 营养性饲料添加剂
- 饲料添加剂的鉴别及测定方法
- 添加剂预混料的配制

综合信息查询

- 水禽及特禽品种介绍
- 饲料行业动态
- 近年鸡病流行趋势
- 畜牧兽医科研机构

现代管理

- 鸡场的经营管理
- 养殖业生产中值得注意的几个问题

图 1-5　专家咨询系统的计算机界面

配方的设计；适用于各类全价配合饲料、浓缩料和各种饲料添加剂预混料的配方设计。

(2) 图文并茂，操作简便　系统采用了目前最为流行的 Windows 界面结构设计，全方位支持鼠标操作，操作极为简便，并独创了格式数据增、改、删系统，使系统使用起来十分方便。本系统独特设计的模板式配方设计方法，使配方设计十分简便快捷。

(3) 帮助详尽，无师自通　系统提供了详细的、图文并茂的辅助说明和帮助系统，并提供了详细的有关动物营养的咨询服务，使用人员可以在任何时候按 F1 键便得到相应详细的使用说明，在使用时可以无师自通。

(4) 多种优化方案可供选择　系统提供线性规划和目标规划两种优化方案，并可按氨基酸总量和有效氨基酸含量计算配方，并吸取了国外最新理想蛋白质模式配方技术，增强功能的多配方计算功能和原料宏替换功能，使用户能在短时间内快速运算和调整多个配方，从而使所设计的配方更加准确可靠、经济合理。

(5) 文档管理安全可靠　系统提供了密码设置、数据的自校验和文档数据存储功能，不同设计者使用不同的密码和目录，并可设置不同的生产厂家，方便用户安全使用。

(6) 数据分析详细清晰　计算配方可任意输出各种原料的价值分析和各种营养指标的影子价格，以各种图形方式分析和显示，并可根据需要，任意输出用户需要的各种图表。

三、相关网站

1. 法律、法规相关的网站

(1) 中华人民共和国农业部政府网站，中国农业信息网（http：//www.agri.gov.cn）。

(2) 中华人民共和国农业部畜牧兽医局和全国畜牧兽医总站联合主办的网站，中国畜牧兽医信息网（http：//www.cav.net.cn）。

(3) 中国兽医药品监察所和农业部畜牧兽医局药品药械管理处共同主办的公共信息网站，中国兽药信息网（http：//www.ivdc.gov.cn）。

(4) 中国兽医网（http：//www.cadc.gov.cn）。

(5) 中国动物防疫检疫网（http：//www.166caq.com）。

(6) 由地方畜牧兽医部门主办的网站，如天津畜牧兽医网（http：//

www. tjxusy. gov. cn)。

2. 肉鸡相关的网站

(1) 中国养鸡网 (http://www. zgyangzhi. com)。

(2) 养鸡专业网 (http://www. hayjzx. ccoo. cn)。

(3) 养鸡技术专业网 (http://www. jbzyw. cn)。

(4) 南方家禽网 (http://www. e-jiaqin. com)。

(5) 北方牧业网 (http://www. 100my. net)。

(6) 中国畜牧网 (http://www. xumu. com. cn)。

(7) 大众养殖网 (http://www. dzyzw. com)。

(8) 绿色农业网 (http://www. lvseny. com)。

(9) 全球养殖网 (http://yangzhi. net)。

(10) 中国养殖网 (http://www. chinabreed. com)。

(11) 中国兴农网 (http://www. cnan. gov. cn)。

(12) 养殖通 (http://www. yangzhitong. com)。

3. 养鸡设备相关的网站

(1) 中国养鸡设备网 (http://www. yjsbw. com)。

(2) 江苏牧羊集团 (http://www. muyang. com)。

(3) 江苏正昌集团 (http://www. zhengchang. com)。

(4) 中国养殖设备网 (http://www. aaabio. com)。

(5) 中国畜禽设备网 (http://www. xuqinw. com)。

4. 鸡病相关的网站

(1) 鸡病专业网 (http://www. jbzyw. com)。

(2) 鸡病疑难解答网站 (http://www. jbynjd. com)。

(3) 中国禽病论坛网 (http://www. qinbingluntan. com)。

(4) 中国禽病网 (http://www. qinbing. cn)。

(5) 鸡病网 (http://www. jbw8. cn)。

5. 鸡饲料及营养相关的网站

(1) 国家饲料网 (http://www. cfeed. net)。

(2) 中国绿色饲料网 (http://www. feed. danji. com. cn)。

(3) 中国饲料资源网 (http://www. zgslzy. com)。

(4) 中国饲料工业信息网 (http://www. feedchina. cn)。

(5) 中国饲料添加剂网 (http://www. cnfeedadd. com)。

6. 肉鸡及产品销售相关的网站

（1）中国家禽业信息网（http：//www. poultryinfo. com）。

（2）中国鸡苗网（http：//www. jimiao. com）。

（3）中国鸡肉网（http：//www. chinameat. cn）。

（4）中国种鸡种蛋网（http：//www. jimiao518. com）。

（5）神农信息网（http：//www. sn110. cn）。

（6）农业分类信息（http：//www. nyflw. cn）。

（7）中国农产品供求信息网（http：//www. agrisd. gov. cn）。

（8）中国畜牧业信息网（http：//www. caaa. cn）。

（9）中国农业商务网（http：//sw. ag365. com）。

（10）新农村商网（http：//nc. mofcom. gov. cn）。

7. 养鸡人才相关的网站

（1）中国畜牧兽医专业人才网（http：//www. xumurc. com）。

（2）中国农牧人才网（http：//www. rc2008. cn）。

（3）中国饲料兽药人才网（http：//www. 5ajob. cn）。

8. 国外养鸡相关的网站

（1）联合国粮农组织畜牧兽医网（http：//www. fao. org/waicent）。

（2）世界贸易组织网（http：//www. wto. org）。

（3）美国农业部网（http：//www. usda. gov）。

（4）世界动物卫生组织（http：//www. oie. int）。

（5）世界兽医协会（http：//www. world-vet. org）。

（6）国际兽医学生协会（http：//www. ivsa. org）。

（7）美国兽医协会（http：//www. avma. org）。

9. 养鸡相关的检索资源及数据库

（1）NCBI（http：//www. ncbi. nlm. nil. gov）。

（2）Ovid Technologies（http：//gateway. ovid. com）。

（3）OCLC First Search（http：//firstsearch. oclc. org）。

（4）PQDD（ProQuest Digital Dissertations）（http：//www. proqust. com）。

（5）Science Direct 数据库（http：//www. sciencedirect. com）。

（6）Wiley InterScience 全文期刊库（http：//www. interscience. wiley. com）。

（7）HighWire Press 电子期刊（http：//highwire. stanford. edu）。

（8）Springer-Link 全文电子期刊数据库（http：//www. springerlink. com）。

（9）国家科技图书文献中心（http：// www. nstl. gov. cn）。

（10）中国高等教育文献保障系统（http：//calis. edu. cn）。
（11）中国期刊全文数据库（http：//dlib. cnki. net）。
（12）维普中文科技期刊数据库（http：// www. cqvip. com）。
（13）万方数据库资源系统（http：//ln. wanfangdata. com. cn）。

第二章

品 种 与 孵 化

第一节　适宜规模化饲养的肉鸡品种

一、肉鸡品种的分类

按鸡肉产品的品质和肉鸡饲养期的不同，肉鸡品种分为快大型肉鸡与优质肉鸡。

1. 快大型肉鸡

(1) 特点

▲快大型肉鸡生长快、产肉多、饲养周期短（多数不超过55天）。

▲饲料转化率高，每千克增重饲料消耗在2千克左右，一般商品肉鸡6周龄体重在2千克以上。

▲胴体整齐，对肉质与外观要求不高。

(2) 繁育技术　目前，国内饲养的快大型肉鸡品种基本上是采用四系配套杂交进行制种生产，并多为白羽，仅有少数品种为黄（或红）色羽，几乎所有品种都是从国外引进的。

(3) 销售价格　快大型肉鸡在毛鸡销售价格上公母几乎没有差别，在北方一般公鸡的价格要略高于母鸡。在实行公母分养的地区，公鸡雏的售价高于母鸡雏。

(4) 用途　因快大型肉鸡的产品比较容易加工烹调，其主要用于快餐食品。

2. 优质肉鸡

(1) 要求

▲优质肉鸡必须具备肉味鲜美、肉质细嫩滑软、皮薄、肌间脂肪适量、味香诱人等特点。

▲饲养中不片面追求生长速度，一般饲养90～100天。

▲特别重视肉质与外观，要求上市时鸡只冠红、面赤、腿细短。

（2）繁育技术　优质肉鸡主要来源是我国地方品种的良种鸡（黄羽或麻羽），对其进行品种选育或品系选育和配套杂交生产。也有不少是利用我国地方良种与引进的鸡种（如红布罗、安纳克、海佩克等）进行配套杂交育成的，生产中多数是二系杂交或三系杂交。

（3）销售价格　毛鸡销售价格上公、母差别极大，一般母鸡的价格是公鸡的 3 倍多。

（4）用途　母鸡多以活鸡形式供香港、澳门地区或餐馆，公鸡多进入普通市民餐桌。

二、地方品种及培育品种

1. 惠阳胡须鸡

［别名］三黄胡须鸡、龙岗鸡、龙门鸡、惠州鸡。

［原产地］广东惠州市。

［体貌特征］体躯呈葫芦瓜形，它的标准体征是额下有发达而开张的胡须状髯羽，基本无肉髯或仅有一些痕迹。它具有黄羽、黄喙、黄脚（三黄）特征；胡须、大头矮脚、圆身；屠体较肥、白皮、玉肉、软首。

［羽毛颜色］公鸡羽毛颜色黄色较多，也有褐红色与黑色，一般腹部羽毛颜色浅于背部。母鸡全身羽毛黄色，主翼羽和尾羽黑紫色，尾羽不发达（图 2-1）。

公鸡　　母鸡

图 2-1　惠阳胡须鸡

（图片来源于 2011 年版《中国畜禽遗传资源志·家禽志》）

［生产性能］成年公鸡体重 1.65～2.90 千克，成年母鸡体重 1.25～2.00 千克。

［利用效果］惠阳胡须鸡是著名的优质肉鸡品种，适合于散养或网上平养。它与后面介绍的杏花鸡、清远麻鸡是广东省出口的三大名鸡之一。其在香港、澳门地区市场久负盛名。

2. 杏花鸡

［别名］米仔鸡。

［原产地］广东封开县。

［体貌特征］杏花鸡体型匀称，特征可概括为“两细”，即头细与脚细；“三黄”，即黄羽、黄胫、黄皮肤；“三短”，即颈短、腿短、体躯短。

［羽毛颜色］公鸡羽毛黄色略带金红色，主翼羽与尾羽有黑色。母鸡羽毛黄色或浅黄色，颈部羽毛多有黑斑点，形似项链，主、副翼羽的内侧多为黑色，尾羽多有几根黑羽（图 2-2）。

图 2-2　杏花鸡
（图片来源于 2011 年版《中国畜禽遗传资源志·家禽志》）

［生产性能］成年公鸡体重 1.60～2.35 千克，成年母鸡体重 1.40～1.95 千克。

［利用效果］杏花鸡是著名的优质肉鸡品种，适合于散养或网上平养。它是广东省出口的三大名鸡之一。其在香港、澳门地区市场久负盛名。

3. 清远麻鸡

［原产地］广东清远市。

［体貌特征］单冠直立，脚趾短细为黄色。体形特征可概括为“一楔”、“二细”、“三麻身”。“一楔”指母鸡体形象楔子，前躯紧凑，后躯圆大；“二细”指头细、脚细；“三麻身”指母鸡背羽颜色主要有麻黄、麻棕、麻褐三种颜色。

［羽毛颜色］公鸡的颈部和背部羽色金黄，胸腹部及尾羽黑色，肩羽与蓑羽枣红色。母鸡背羽三麻身（图 2-3）。

公鸡　　母鸡

图 2-3　清远麻鸡

（图片来源于 2011 年版《中国畜禽遗传资源志·家禽志》）

［生产性能］成年公鸡体重 1.60～2.85 千克，成年母鸡体重 1.40～2.15 千克。

［利用效果］清远麻鸡是著名的优质肉鸡品种，适合于散养或网上平养。它是广东省出口的三大名鸡之一。其在香港、澳门地区市场久负盛名。

4. 霞烟鸡

［别名］下烟鸡、肥种鸡。

［原产地］广西容县。

［体貌特征］体躯短圆，腹部丰满，整个体形呈方形。单冠，肉髯与耳叶鲜红色。性成熟公鸡的腹部皮肤多呈红色。母鸡喙基部深褐色，喙尖浅黄色。皮肤白色或黄色。

［羽毛颜色］公鸡羽毛颜色黄中带红，胸背羽色浅于梳羽，主、副翼羽带黑斑或白斑。母鸡羽毛黄色（图 2-4）。

［生产性能］成年公鸡体重1.60～2.80千克，成年母鸡体重1.55～2.35千克。

［利用效果］霞烟鸡是著名的优质肉鸡品种，适合于散养或网上平养。

图 2-4　霞烟鸡

（图片来源于 2011 年版《中国畜禽遗传资源志·家禽志》）

5. 中山沙栏鸡

［别名］石岐鸡、三角鸡。

［原产地］广东中山市。

［体貌特征］属于中小型肉鸡，直立单冠，体躯丰满，胫部颜色以黄色居多。

［羽毛颜色］公鸡羽毛多为黄色或枣红色，母鸡羽毛多为黄色或麻色（图 2-5）。

图 2-5　中山沙栏鸡

（图片来源于 2011 年版《中国畜禽遗传资源志·家禽志》）

［生产性能］成年公鸡体重 1.75～2.40 千克，成年母鸡体重 1.25～1.85 千克。

［利用效果］中山沙栏鸡是著名的优质肉鸡品种，适合于散养或网上平养。

6. 河田鸡

［原产地］福建长汀、上杭。

［体貌特征］按体型大小分为“大架子”（大型）与“小架子”（小型）。直立单冠，在冠叶后部形成叉状冠尾。

［羽毛颜色］公鸡头部梳羽浅褐色，背、胸、腹羽浅黄色，尾羽和镰羽黑色有光泽，主翼羽黑色有浅黄色镶边。母鸡羽毛颜色以黄色为主，颈羽的边缘为黑色，似项圈（图 2-6）。

［生产性能］成年公鸡体重 1.45～2.15 千克，成年母鸡体重 1.05～1.45 千克。

［利用效果］河田鸡是著名的优质肉鸡品种，适合于散养或网上平养。

公鸡　　母鸡

图 2-6　河田鸡

（图片来源于 2011 年版《中国畜禽遗传资源志·家禽志》）

7. 广西三黄鸡

［别名］又叫新都鸡、糯垌鸡、麻垌鸡、大安鸡、江口鸡。

［原产地］广西东南部。

［体貌特征］属于三黄鸡的小型品种。单冠，耳叶红色，喙与胫多为黄色。

［羽毛颜色］公鸡羽色酱红，颈羽颜色浅于体羽，尾羽为黑色，翼羽多见

有黑边。母鸡黄色羽（图 2-7）。

[生产性能] 成年公鸡体重1.95～2.30千克，成年母鸡体重1.40～1.85千克。

[利用效果] 广西三黄鸡是著名的优质肉鸡品种，适合于散养或网上平养。

公鸡　　母鸡

图 2-7　广西三黄鸡

（图片来源于 2011 年版《中国畜禽遗传资源志·家禽志》）

8. 北京油鸡

[原产地] 北京德胜门与安定门一带，有近 300 年的历史。

[体貌特征] 因外貌独特、肉质细嫩、肉味鲜美著称。北京油鸡均具有毛髯、毛冠、毛腿的“三毛”特征，并具有三黄鸡的所有特点。

[羽毛颜色] 北京油鸡羽毛发达，分为黄色与黄褐色两种（图 2-8）。

公鸡　　母鸡

图 2-8　北京油鸡

（图片来源于 2011 年版《中国畜禽遗传资源志·家禽志》）

［生产性能］成年公鸡体重 2.05 千克，成年母鸡体重 1.75 千克。

［利用效果］北京油鸡耐粗饲、适应性强、容易饲养。它与国内优良品种杂交，在 90 日龄公、母鸡平均体重 1.5 千克；与国外引进有色肉鸡品种杂交，在 70 日龄公、母鸡平均体重 1.5 千克以上。

9. 石岐杂鸡

［原产地］石岐杂鸡是中国香港在 20 世纪 60 年代以广东的惠阳鸡、清远麻鸡和石岐鸡等地方名种为基础，用新汉县、白洛克、科尼什、哈巴德等外来品种进行杂交改良而育成的石岐杂鸡。

［体貌特征］育成后保留了地方良种的“三黄”特征，脚矮、单冠、身圆、皮薄、骨细、脂丰、肉厚、味浓。

［生产性能］石岐杂鸡具有很好的抗逆性，并且较好地提高了生长速度和产蛋性能，90 日龄公鸡体重 2.0 千克以上，母鸡体重 1.7 千克以上。

［利用效果］广东省几个育种单位利用石岐杂鸡与生长速度快的肉用型种鸡杂交，育成有康达尔黄鸡、882 黄羽鸡、江村黄、粤黄 102、中山新一代石岐杂鸡等新改良石岐杂鸡。

三、引进品种

1. AA＋肉鸡

［原产地］艾拔益加是安伟杰公司 AVIAGEN（属德国 EW 集团）培育的四系配套杂交肉鸡，20 世纪 80 年代从美国引入中国。

［体貌特征］全身白羽，体躯似圆球形，单冠，冠、髯红色，皮肤黄色，喙、颈短粗。

［生产性能］商品鸡 7 周龄公鸡单养出栏平均体重3 510克，料肉比 1.845∶1；母鸡单养出栏平均体重2 958克，料肉比 1.987∶1；公母混养出栏平均体重3 234克，料肉比 1.91∶1。父母代母鸡 175 日龄开产，入舍母鸡产蛋数 184.4 枚，生产商品雏 150.6 羽，期末体重3 950～4 050克。

［利用效果］该品种在我国饲养量较大，效果也较好。其父母代种鸡产蛋多，并可利用快慢羽自别雌雄。2011 年在全国快大型肉鸡品种中 AA＋肉鸡市场占有率为 45%。

2. 罗斯 308 肉鸡

［原产地］罗斯 308 肉鸡是安伟杰公司 AVIAGEN（属德国 EW 集团）培育的四系配套杂交肉鸡。21 世纪初从英国引入中国。

[体貌特征] 全身白羽，体躯似圆球形，单冠，冠、髯红色，皮肤黄色。

[生产性能] 商品鸡 7 周龄公鸡单养出栏平均体重3 541克，料肉比 1.830∶1；母鸡单养出栏平均体重2 986克，料肉比 1.937∶1；公母混养出栏平均体重3 264克，料肉比 1.895∶1。父母代母鸡 175 日龄开产，入舍母鸡产蛋数 180 枚，生产商品雏 148 羽，期末体重3 950～4 050克。

[利用效果] 该品种因生长快、饲料报酬高、产肉量高，能充分满足分割肉和深加工肉鸡加工企业所需，倍受各地肉鸡一条龙生产企业所青睐。其父母代种鸡产蛋多，并可利用快慢羽自别雌雄。2011 年在全国快大型肉鸡品种中罗斯 308 肉鸡市场占有率为 27%。

3. 科宝 500 肉鸡

[原产地] 科宝 Cobb-Vantrss 是美国泰森（TYSON）公司培育的四系配套杂交肉鸡。

[体貌特征] 全身白羽，体躯似圆球形，单冠，冠、髯红色，皮肤黄色。

[生产性能] 商品鸡 7 周龄公鸡单养出栏平均体重 3 586 克，料肉比 1.817∶1；母鸡单养出栏平均体重2 967克，料肉比 1.988∶1；公母混养出栏平均体重3 277克，料肉比 1.902∶1。父母代母鸡 168 日龄开产，入舍母鸡产蛋数 180 枚，生产商品雏 148 羽。期末体重3 950～4 050克。

[利用效果] 该品种肉鸡因生长快、适应性强、饲料报酬高、胸肉产量高，能充分满足分割肉和深加工肉鸡加工企业所需。其父母代种鸡产蛋多，并可利用快慢羽自别雌雄。2011 年在全国快大型肉鸡品种中科宝肉鸡市场占有率为 25%。

4. 其他肉鸡品种 除上述三大白羽肉鸡品种外，在我国占有一定饲养量的引进肉鸡品种还有：海波罗（HYBRO，美国泰森公司）肉鸡 2011 年在全国快大型肉鸡品种中市场占有率为 1%；哈巴德（HUBBARD，法国 GRIMAUD 公司）肉鸡，市场占有率为 1%；历史上曾引进的其他肉鸡品种罗曼肉鸡、伊莎明星肉鸡、彼德逊肉鸡、宝星肉鸡、狄高肉鸡、海佩克肉鸡、安纳克肉鸡、红布罗肉鸡、安卡红肉鸡、罗斯 1 号与罗斯 2 号等肉鸡品种市场占有率总计为 1%。

第二节 肉鸡配套系的繁育体系与产业链平衡

一、繁育体系

1. 肉鸡配套系的建立 现有的优良肉鸡配套系，大都是通过培育专门化父系品系和专门化母系品系，之后通过配合力测定、遗传距离评估、单基因或标记水平对重要性状开展研究等技术手段进行配套选育。而国外的高水平育种则进行全基因组育种。

▲父系肉种鸡从早期生长速度快、饲料报酬高、体型大和肉质好方面进行选育。

▲母系肉种鸡要从产肉性能好、产蛋数量多方面进行选育。

2. 配套方式 经典的肉鸡配套系多为四系配套杂交或三系配套杂交，也有为数不多的五系配套杂交或二系配套杂交。典型的四系配套见图 2-9，其商品杂交鸡是由祖代、父母代两个代次双杂交制种而产生的。这四个配套品系即为原种或曾祖代。曾祖代是纯系，每个品系均可开展纯繁，即 AA、BB、CC、DD。从曾祖代选出单一性别鸡是祖代鸡，即 A♂、B♀、C♂、D♀。祖代鸡两品系杂交后产生父母代，即单交种的 AB♂、CD♀。父母代鸡再杂交后产生商品代 ABCD 四系配套杂交商品鸡。

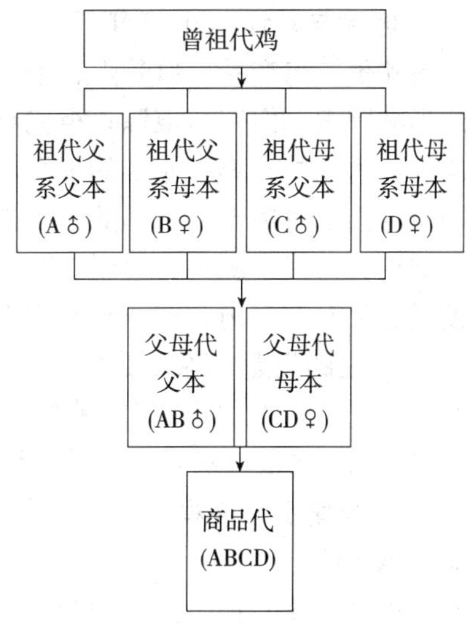

图 2-9 肉鸡的繁育体系

▲肉鸡配套系的繁育体系是由若干密切相关的，以纵向血缘关系为纽带的多元代际种禽产业。

二、产业链平衡

1. 肉鸡产业链 曾祖代鸡→祖代鸡→父母代鸡→商品代鸡→鸡肉产品是一条完整、系统的产业链条。

（1）产业链平衡

▲由祖代鸡生产的父母代种鸡按生产需要是单性别留种，通常快大型肉鸡祖代多按 1 套祖代鸡一个生产期内可生产 55 套父母代鸡计算，当然生产技术水平高的鸡场也可能达到 60 套或更多。

▲父母代鸡生产的商品代雏鸡公母都用于生产鸡肉，通常肉鸡父母代多按 1 套鸡一个生产期生产 135 羽商品代鸡苗计算，当然生产技术水平高的鸡场也可能达到 145 羽或者更高。

▲正常情况下，1 套（只）肉鸡祖代最低可生产 7 425 羽商品雏，按目前

国人的鸡肉消费水平，全国快大型肉鸡祖代种鸡存栏保有量80万套，即全国年生产60亿羽左右的快大型肉鸡鸡苗便可满足需要。

(2) 失衡　在2002年，由于种鸡引种无序，趋利行为盲目发展，快大型肉种鸡祖代引种数量当时创纪录达到76万套，造成种鸡不同品种之间、同品种不同养殖场之间竞相压价、恶性竞争。因肉鸡祖代引种量失控而打破肉鸡产业链的平衡，从源头上引发了整个肉鸡市场连年的混乱局面。

2. 经验与教训　2003年后，连续2年多的时间整体肉鸡行业疲软，有饲料原料涨价、鸡产品出口受阻、进口与走私增加，也有“非典”和禽流感等疾病的影响因素。但究其根源，祖代鸡总量的失控是引发肉鸡整个产业混乱的根本原因。为维护肉鸡产业链的平衡，使肉鸡产业有序、稳步、高效发展，必须从国家层面上对肉鸡祖代鸡的总量进行有效地宏观控制。

结论：祖代是源头，对于肉鸡产业而言，曾祖代及祖代种鸡是行业源头，其发展态势对整个肉鸡产业具有很大影响。

3. 存在的问题　源头受制于人。由于快大型肉鸡在国内不具备成熟的育种技术及相应的育种公司，祖代种鸡基本依赖进口，祖代种鸡的引种量直接影响到父母代种鸡的数量，从而间接影响到商品代鸡雏及鸡肉产品的产量及价格。

4. 风险警示　肉鸡产业是一个存在高度风险的产业，不但存在养殖风险，也有市场风险。

▲肉鸡行业亏损是家常便饭。

▲由于鸡本身繁殖力高，短时间内便可生产出大量产品，一旦产大于销，产品价格会呈现快速波动。

▲如果不从祖代源头上加以控制，产业链失衡后，无论什么样的肉鸡生产企业都要出现亏损，只是亏损的程度有所不同。

☞**经验：**肉鸡生产企业要紧密跟踪国内外肉鸡行业动态，时刻了解市场变化，灵活控制生产规模。

有风险便意味着存在机遇，有低谷就一定有高峰，我国肉鸡行业就是在不断跌跌撞撞中发展壮大的。

第三节　孵　　化

一、蛋的形成与结构

鸡蛋是在母鸡生殖器官中形成的，母鸡生殖器官主要由卵巢与输卵管组成。

（一）输卵管的构造与蛋的形成

输卵管是一个长而弯曲的管道，卵黄（卵泡）从中通过，蛋的其余部分皆由输卵管中分泌。各组成部分与功能简述如下。

1. 漏斗部 漏斗部因其形状而得名，也有人称喇叭管。性成熟的母鸡漏斗部长约 9 厘米，卵黄在此停留仅 15 分钟，然后由输卵管的蠕动而下行。

内产鸡：正常鸡的漏斗部应能接纳所有落下的卵黄，但有个别鸡只的漏斗部功能失调或在排卵时受到惊吓，卵黄没有进入输卵管而遗落在体腔，这种鸡被称为内产鸡。内产鸡常表现出一种类似企鹅行走的直挺姿势。遗落在体腔内的卵黄可被母鸡在数日内吸收，也有部分鸡只因吸收不完全而形成卵黄性腹膜炎。

2. 膨大部 膨大部是输卵管中分泌蛋白的部分，通常母鸡该部长 33 厘米左右，形成中的蛋在该部通过的时间约 3 小时。鸡蛋中蛋白可粗分为 4 个部分，它们分别是：

（1）系带 占蛋中蛋白总量的 2.7%，它从蛋黄相对两端伸出，穿过蛋白。由于 2 个系带扭曲方向相反，故可使卵黄保持在中央位置。

（2）内稀蛋白 占蛋中蛋白总量的 17.3%。

（3）浓蛋白 占蛋中蛋白总量的 57.0%。

（4）外稀蛋白 占蛋中蛋白总量的 23.0%。

上面 4 种部分都在膨大部产生，但外稀蛋白是蛋到达输卵管的子宫部，吸收水分后才最终形成的。

3. 峡部 顾名思义其是一个相对较窄的部分。通常母鸡该部长 10 厘米，蛋通过这部分的时间是 75 分钟左右。

（1）内、外壳膜的形成 内、外壳膜就在峡部形成，这时蛋有了初步的外形。

（2）内、外壳膜的作用 内、外壳膜起屏障作用，防止外界微生物侵入和蛋内部分水分过快蒸发。

4. 子宫 鸡的子宫实质是一个蛋壳腺，蛋壳最终在此形成。通常产蛋鸡子宫长 10～12 厘米，但形成中的蛋在此停留 18～20 小时。

油质层：在蛋壳的最外层有一层油质，是在子宫部分泌的。油质在蛋产出时起润滑剂作用，产出后可将蛋壳上大部分气孔闭锁，防止水分与空气交换过快，同时也有助于防止细菌侵入。

5. 阴道 产蛋母鸡阴道长约 12 厘米，对于蛋形成不起作用。

6. 泄殖腔 蛋在产出前的停放处，通常很快可产出，但某些情况下可能存放几个小时。

产蛋节律：一个成熟的卵子从开始排卵到形成一个完整的鸡蛋产出，通常鸡只需要23～26小时，如果间隔时间多于24小时，蛋的产出时间便会逐日延迟，最后因突破正常节律，而跳过一天再次排卵，形成当天的休产日。

（二）蛋的结构

蛋从内向外分大致可分为三部分：蛋黄与胚胎、蛋白、蛋壳膜与蛋壳。新鲜蛋中各种成分含量见表2-1。

表2-1 新鲜蛋中各种成分的含量（%）

成分	连壳蛋	去壳蛋	蛋黄	蛋白	蛋壳与蛋壳膜
全蛋	100	—	31.0	58.0	11.0
水	65	73.0	48.0	86.0	2.0
蛋白质	12	13.0	17.5	12.0	4.5
脂肪	11	12.0	32.5	0.2	—
碳水化合物	1	1.0	1.0	1.0	—
灰分	11	1.0	1.0	0.8	93.5

1. 卵黄与胚胎 卵（蛋）黄实质上不全部是生殖细胞，但人们习惯称它为卵泡。卵黄包括微小的胚盘及其后的胚胎赖以生存的营养物质。

（1）卵黄的形成 母鸡在肝脏中产生大量的卵黄物质，经血液系统将卵黄物质输送到卵黄，1个卵黄需10～11天基本发育成熟。当第1个卵黄排卵时，尚有5～10个卵黄正处于发育之中。卵黄中90%～99%的卵黄物质是在排卵前7天内沉积的。

（2）卵黄的体积 卵黄的体积相差很大，同一只鸡所产的卵黄大小也不同，进入产蛋期越久，产出的卵黄就越大。同一连产期中第1个卵黄体积也较以后的卵黄大。卵黄大小对蛋重有直接影响。

（3）胚胎 胚胎一直保持在卵黄球体的表面，蛋产下后，由于胚胎较轻，仍保持在卵黄上方位置。

2. 蛋白 从输卵管结构与功能中，我们可以了解到蛋白由4个部分组成。从里向外分别是系带与成系带层、内稀蛋白层、浓蛋白层和外稀蛋白层。

（1）系带的形成 在卵黄刚进入输卵管膨大部时，成系带蛋白就产成了。在输卵管中，卵黄发生转动、扭曲形成系带。

（2）不同蛋白层的形成 当形成中的蛋通过膨大部时，只产生一种类型蛋白，因为后来水分的进入和蛋的转动，才形成不同的蛋白层，内稀蛋白层为其中之一。浓蛋白占蛋白的一半以上，因含有黏蛋白，故内聚力较强。外稀蛋白层则是形成中的蛋进入子宫后吸收水分形成的。

3. 蛋壳膜与蛋壳 内、外蛋壳膜保护蛋内容物，蛋壳膜是由纤维蛋白构成的薄膜，外壳膜比内壳膜厚约3倍。

（1）壳膜与气室 蛋产出前在鸡体内，其内外壳膜结合为一体，但产出后由于外界气温低于鸡只体温（40.6～41.7℃），热胀冷缩，蛋内容物收缩，在蛋的钝端（大头）两膜发生分离，形成气室。

特殊情况下，某些蛋的气室可能在蛋的锐端（小头）形成。气室大小可作为蛋新鲜程度的标志。

（2）蛋壳 在子宫内形成，是鸡蛋最外层坚硬部分，具有保护蛋黄和蛋白的作用。蛋壳主要由碳酸钙和少量磷酸氢钙组成，厚0.3～0.4毫米。

（3）气孔 1枚鸡蛋壳上大约有8 000个气孔与外界相通，以便于胚胎呼吸和蛋内水分与废气的排出。但这些气孔并非全部同时打开，绝大多数由最外面的油质层所封闭，随时间推移，打开的气孔数量增多。油质层除封闭气孔外，还有助于防止细菌进入蛋内。

☞**经验**：如果在夏日将鲜鸡蛋用水洗后存放，几天后蛋内部就会变质，这是因为失去了油质层的保护作用。

（三）异常蛋及其产生的原因

1. 双黄蛋（或三黄蛋） 双黄蛋多见于鸡只开产初期，由于繁殖周期刚开始建立，会有一定比例的鸡产双黄蛋。

成因：在卵泡发育过程中，2个卵黄同时成熟，同时落入输卵管，遂成双黄蛋。三黄蛋也是这个成因，只不过极少见。

双黄蛋多数不受精，即使受精也孵化不出发育正常的鸡只。

☞**经验**：开产5周后，双黄蛋应保持在一个非常低的比例，通常不应超过0.5%。

2. 软壳蛋 软壳蛋无硬蛋壳，手拿起蛋来便变形，只有蛋壳膜包裹着鸡蛋，根本不能孵化。

成因：软壳蛋的成因是鸡蛋在进入子宫后，无钙质分泌或分泌量不足；除缺乏钙质外，缺乏微量元素锌或维生素D也会形成软壳蛋。

3. 砂皮蛋与砂顶蛋 砂皮蛋的蛋壳组织粗糙，在蛋壳外表分布有小颗粒物质；砂顶蛋是在蛋的钝端有砂粒状钙质。这两种蛋容易破碎，水分挥发快，不能用于孵化。

成因：其成因是子宫中分泌的钙质未能得到充分酸化，而以颗粒状钙质沉积于蛋的表面。如果砂皮蛋现象严重时，可在饲料中用部分小苏打代替食盐，这时所产蛋的蛋壳光滑。

4. 畸形蛋 正常蛋的蛋形指数在 1.30～1.35，过长、过圆、腰凸和两头尖的畸形蛋孵化率低，不可作为种蛋入孵。

畸形蛋成因多数与以下 3 种因素有关：

▲鸡只在产蛋时受到应激，输卵管壁异常收缩。

▲鸡只子宫内部异常，收缩弛缓无力，产出畸形蛋。

▲鸡只子宫内部的有关蛋壳形成部分的组织发生异常变化。

5. 破损蛋 鸡只产蛋后总会有一定的破损率，特别是笼养的肉种鸡，发生种蛋破损是不可避免的。

破损率的控制：正常鸡群的蛋破损率应不超出 1.5%，如果破损率在 2% 以上，则一定是在生产管理或其他环节中发生了问题。

▲饲料配比发生问题，破损率会明显高，但调整饲料配方后破损率会下降。

▲笼具安装发生问题，破损率会始终居高不下。

▲其他很多原因都会造成破损率上升，集蛋、选蛋、运输等环节不注意，破损率也会高。

二、种蛋的选择、保存、运输与消毒

（一）种蛋与商品蛋的区别

从外观上看，种蛋与商品蛋没有任何区别。但将蛋打开，从蛋黄中胚胎发育形态上可以区分出两者。

（1）胚盘　受精的种蛋在蛋排出鸡体外时，已形成 1 个多细胞的胚盘，为正圆形，直径 5 毫米左右，胚盘中央较薄的透明部分为明区，周围较厚的不透明部分为暗区。

（2）胚珠　没有受精的商品蛋，则在蛋黄上形成 1 个胚珠，它是 1 个直径 2.5 毫米左右、不透明的圆点，是没有分裂的次级卵母细胞。

两者区别方法：通常可通过打开破损蛋来检测种蛋的受精率。

（二）鸡胚胎的早期发育

公鸡的精子可上行到母鸡输卵管的最上端漏斗部的高位贮精腺停留，精子可在排卵后 15 分钟内进入蛋黄表面的胚核区。精子和卵母细胞结合后形成合子，胚胎发育便开始。

胚胎发育进程：

▲排卵后 5 小时，形成中的受精卵位于输卵管峡部，发生第1次细胞分裂。

▲20 分钟后发生第 2 次分裂，当胚胎离开输卵管峡部时，胚胎正处于 16 细胞阶段。

▲当形成的受精卵进入子宫部 4 小时后，胚胎细胞数已达 256 个。

▲因为母鸡体内的高温，使卵细胞分裂得以正常进行，当卵产出体外形成蛋时，卵细胞已分裂为具有千万个细胞的复杂胚盘。

若外界环境温度高于 24℃，细胞分裂仍会继续进行。所以在种蛋产出后到人工孵化前这段时间内，种蛋应低于 20℃保存，以保证细胞分裂完全停止。

（三）种蛋的选择

1. 外观选择

（1）蛋重选择　不同品种、品系的鸡，所产的蛋重量不同，鸡只体重大小也与蛋重有直接关系。作为快大型肉用鸡种蛋，一般要求蛋重在 52～66 克，而优质肉鸡的蛋重相对要轻一些。蛋重过大的蛋，孵化率低；蛋重过小的蛋，孵出鸡雏体重小，易发生脱水现象。

（2）蛋形选择　以卵圆形最好。常用蛋形指数作为衡量标准，蛋形指数是蛋的纵径与横径的比值，正常蛋的蛋形指数在 1.30～1.35。过长、过圆、腰凸和两头尖的蛋应剔出，不作为种蛋孵化。

（3）蛋表面清洁程度选择　种蛋应表面清洁无污物，如将污蛋孵化，会增加臭蛋（放炮蛋）数量，污染正常种蛋及孵化器，使孵化率下降，死胚增多，雏鸡质量降低。对黏有粪便和破蛋液的鸡蛋不能选留为种蛋。

（4）蛋壳质量选择　正常种蛋蛋壳厚应为 0.33～0.42 毫米。厚度小于 0.27 毫米的砂皮蛋、薄皮蛋，在孵化中水分蒸发快，并且细菌也易侵入，不应留作种蛋。厚度大于 0.45 毫米的钢皮蛋，因水分蒸发慢，也不宜作为种蛋。

（5）蛋壳颜色选择　种蛋颜色要符合本品种要求，优质型肉鸡的种蛋为褐色，快大型肉鸡的种蛋多为浅褐色（粉壳）。对同一群鸡的同一批蛋而言，蛋壳颜色深的蛋要比颜色浅的蛋孵化率高。

2. 听觉选择　即通常讲的“叫蛋”。两手各拿 3～2 个蛋，转动五指，使蛋之间相互轻轻碰撞。正常蛋碰撞后声音清脆，破损蛋特别是裂纹蛋可听到破裂音。钢皮蛋则发出另一种高音。

3. 透视选择　可用照蛋灯或照蛋盘，借助灯光来观察蛋壳、气室等。破损蛋和砂皮蛋可见到光亮。观气室大小，可了解蛋的新鲜程度。

☞**经验：**当发现鸡群产的蛋壳颜色突然变浅后，多是一个疾病来临的信号。如属轻度污染种蛋千万不能用湿抹布擦抹，可用刀片或小锯条采用刮擦方式将污物去掉，并放到单独一个孵化器中孵化。

（四）种蛋的保存

1. 种蛋保存对环境条件的要求 为保证种蛋的品质新鲜和较高的孵化率，种蛋库要求隔热性能好、有效防阳光直射，应杜绝老鼠、鸟类或蚊蝇等一切动物进入。应做到冬暖夏凉，通常蛋库内都应配有空调设备。

（1）保存期与保存温度 种蛋的保存温度应根据种蛋保存时间长短而定，一般大型鸡场每天入孵或每周入孵2次以上，种蛋库温度可定为18.3℃；如种蛋保存时间长，保存温度应该降低，若超过1周，保存期温度应以12℃为宜。

（2）保存湿度 种蛋库内的湿度应保持在75%～80%，这个湿度虽不能完全制止蛋内水分向外界环境中蒸发，但可明显减缓这个蒸发过程，并且更高的湿度也易使霉菌滋生。

（3）注意事项

▲冬季时蛋库温度不要长时间低于0℃以下，种蛋会因受冻而失去孵化能力。

▲胚胎对温度大幅度变化非常敏感，切勿将刚收集到的种蛋放在敞开的蛋托上，因空气流通快，蛋温下降急，会造成孵化率下降。

▲刚产下的种蛋过渡到保存温度，应有一定的时间，以1天为宜，这样不会明显损伤胚胎的生命力。

2. 种蛋保存期长短对孵化率的影响 蛋库没有空调条件下，种蛋每多保存1天，蛋的孵化率都会下降，如存放期少于5天，对孵化效果的影响不会太大，但超过5天以上，孵化率降低明显，并且还延长了孵化所需时间。不控温条件下种蛋保存期与孵化率、孵化期的变化关系见表2-2。

表2-2 种蛋保存期与孵化率、孵化期的变化关系

保存期（天）	受精蛋孵化率（%）	超出正常孵化的时间（小时）
1	88	0
4	87	0.7
7	79	1.8
10	68	3.2
13	56	4.6
16	44	6.3
19	30	8.0
22	26	9.7
25	0	—

有空调的贮蛋库种蛋保存14天以内，孵化率下降不明显，14天以上孵化率开始下降明显，21天以上孵化率急剧下降。

保存原则：

▲一般种蛋保存以5～7天为宜，不要超过14天。

▲若种蛋库没有空调，应缩短保存天数。

▲环境温度25℃以上，种蛋保存不超过5天。

▲环境温度超过30℃后，种蛋应在3天内入孵。

3. 种蛋贮存时摆放位置对孵化率的影响

▲将种蛋锐端朝上存放，会得到比钝端朝上更好的孵化效果，认为这样可防止气室发生倾斜。

▲生产实践中，大部分孵化场都不愿意将种蛋锐端朝上摆放，因为这样入孵时要增加一道将种蛋翻过来的工序。

▲生产实践中，若保存种蛋时间不超过7天，种蛋可以钝端向上摆放，超过7天就应该锐端向上摆放。

4. 关于种蛋出库时的“出汗”问题 在夏季湿度高时，常发生种蛋从种蛋库取出后发生“出汗”现象，这是环境空气中水分冷凝在蛋的表面。“出汗”后的种蛋易使病原菌顺利进入蛋内部，造成蛋内污染，所以要防止种蛋发生“出汗”。种蛋“出汗”的环境条件见表2-3。

表2-3 种蛋发生水分凝结的环境条件

室温（℃）	发生水分凝结的相对湿度临界值（%）		
	蛋温12.8℃	蛋温15.6℃	蛋温18.3℃
21	58	71	83
24	50	60	71
27	42	51	60
29	36	44	51
32	30	37	43
35	26	32	38

解决“出汗”问题的方法：可以从逐步提高蛋温与降低湿度两个方面入手去解决“出汗”问题，实践中多采用逐步提高蛋温，因为这样容易操作。

☞**注意：**绝不可用福尔马林熏蒸“出汗”种蛋，要待全部种蛋的冷凝水消失后方可进行熏蒸。

（五）种蛋的运输

▲长距离运输种蛋要包装好，避免蛋与蛋之间直接碰撞。

▲种蛋在运输中不论采用何种交通工具（飞机、车辆、船舶等），都要避免阳光下曝晒，特别在夏季，这点尤为重要。阳光可使种蛋升温，若胚胎这时继续发育（属于不正常发育），会直接影响到孵化效果。

▲防止种蛋被雨淋受潮。种蛋外表的油质层接触水后被破坏，细菌会很快侵入蛋内部，使种蛋腐败变质。

▲在北方冬季运输种蛋还要防冻，受冻严重的种蛋孵化后根本不发育，仅在胚盘处看到一些气泡。

▲装运种蛋时要轻拿轻放，不要使蛋箱发生变形受损，运输中要严防强烈震动。强烈震动可使系带断裂、卵黄膜破裂和气室移位，会明显影响种蛋的孵化率。

（六）种蛋的消毒

种蛋的消毒方法有很多种，最常见是用福尔马林熏蒸消毒。

福尔马林熏蒸消毒注意事项：

▲福尔马林是40%（按重量是37%）的甲醛溶液，无色带有刺激性和挥发性，它杀菌能力强，对所有微生物都能达到杀灭的目的。

▲要使甲醛从福尔马林液中释放出来需要能量，可以采用加热的步骤，但最好是通过高锰酸钾混入福尔马林液中来提供能量。

▲应先把高锰酸钾放入器皿中，后倒入福尔马林，不要将高锰酸钾投入福尔马林中，这样会马上引起剧烈反应。

▲在操作中为节省用药量，可用塑料薄膜罩上蛋盘架进行消毒以减少空间。

表2-4是美国的马克·诺斯在《商品鸡生产手册》中建议的孵化场常用消毒浓度，其中1X浓度指在1米^{3}空间中用14毫升福尔马林与7克高锰酸钾熏蒸消毒。

表2-4　孵化场熏蒸消毒时建议的浓度

熏蒸消毒项目	熏蒸浓度	熏蒸时间（分钟）	中和剂（氢氧化铵）
刚产下的种蛋	3X	20	不用
孵化器内种蛋*	2X	20	不用
出雏器内雏鸡	1X	3	用
出雏器（无种蛋时）	3X	30	不用
孵化厅	1X、2X	30	不用
出雏厅（无雏期间）	3X	30	不用
洗涤室	3X	30	不用
运雏箱及箱内垫料	3X	30	不用
运雏车（车内无雏时）	5X	20	用

注：* 仅限于1天胚龄。

三、孵化所需的条件

（一）温度

温度是孵化中最重要的条件。鸡胚胎是一个活的生物体，为使其完成正常生长发育，一定有一个最佳环境温度问题。只有在这个最佳温度条件下，才能保证鸡胚胎正常的物质代谢和生长发育，才可获得最佳孵化率。

确定孵化温度时考虑的因素：适宜鸡胚胎发育的最佳温度因孵化机的机型、所入孵种蛋重的大小及蛋壳质量、种蛋的贮存时期长短、孵化厅内温度和湿度等因素而异，其变化范围很窄，稍有偏离，前后两批蛋孵化率就会不同。

1. 鸡胚胎发育的最佳温度及适宜范围 在人工孵化条件下，只要将孵化温度定在35～40.5℃（95～105 ℉），都会有受精蛋出雏（表2-5）。

表2-5 孵化温度与孵化率、孵化时间的变化关系

温度（℃）	受精蛋孵化率（%）	所需孵化时间（天）
35.6	10	—
36.1	50	22.5
36.7	70	21.5
37.2	80	20.5
37.8	88	20.0
38.3	85	20.0
38.9	75	19.5
39.4	50	19.0

▲孵化温度高，鸡胚胎发育快，但孵出鸡只软弱无力。

▲温度低，则鸡胚胎发育迟缓，孵出鸡只也同样是软弱无力。

▲最佳胚胎发育温度下，胚胎发育正常，雏鸡体质健壮，可获最好的孵化率。

△笼统地讲，鸡胚胎发育最适温度是37.8℃（100 ℉）。在胚胎的不同发育阶段，这个最佳孵化温度有所变动。

△一般1～11天胚龄37.9℃，这时胚胎处于吸收热量阶段，胚胎尚小，本身呼吸微弱，自身产热有限，还可忍受较高温度孵化。

△12～15天胚龄37.8℃，这时胚胎完成了尿囊合拢，呼吸与物质交换多由尿囊来完成，物质代谢和气体代谢加强，蛋内温度上升。

△16～18天胚龄37.7℃，蛋温开始增高，鸡胚胎散热加剧。

△19～21 天胚龄 37.3～37.5℃。胚胎产热已达最高点，这时散热已成关键。

总之，伴随鸡胚胎发育，供温方式应是“前高、中平、后低”，前期供热为主，散热为辅；后期散热为主，供热为辅，两者要平衡。

2. 高温与低温对鸡胚胎的影响

（1）高温对鸡胚胎的影响　鸡不同胚龄对高温的耐受力不同，随胚龄增大，耐受力下降。

▲1～7 天胚龄，温度超过 40.5℃条件下，胚胎发育加快，影响不是很大。

▲16 天胚龄时，温度 40.5℃条件下，1 天将有 10%～15%胚胎死亡。

▲19 天胚龄时，温度 40.5℃条件下，1 天将有 30%胚胎死亡。

☞**经验：**如果胚胎经历较长时间的高温刺激，孵化期内死亡胚胎明显增多，会提前出雏，并且雏鸡绒毛短而粘连，鸡雏体重轻、不易饲养。

（2）低温对鸡胚胎的影响　在孵化期间，持续的低温会增加胚胎的异位率，特别是在孵化后期，温度越低所需孵化时间越长，则胚胎异位率越高。

▲在 1～15 天胚龄内，降低孵化温度会严重影响整个孵化期的孵化率。孵化中温度是一个累加过程，所以任何形式孵化温度的降低，都将增加孵化期的长度。

▲16～21 天胚龄时，胚胎由于自身产热能力加强，具有一定的抗低温能力，但在临出雏的最后 2 天，如孵化温度过低，胚胎会受凉造成大量鸡胚啄壳不出，死于壳内，造成灾难性后果。

（二）湿度

在孵化期内对湿度要求没有像温度那样严格。孵化中适宜的湿度对保证胚胎的正常发育和理想的初生雏体重是必需的。

1. 湿度对种蛋内水分蒸发及代谢的影响

（1）湿度低　如孵化器内湿度低于蛋内湿度，则加速蛋内水分向外蒸发，这将影响蛋内物质的代谢过程，蒸发过快将会使尿囊绒毛膜复合体变干，阻碍胚胎代谢过程中产生二氧化碳的排除和所需氧气的供给；并因尿囊和羊膜腔内失水过多，导致渗透压增高而破坏电解质平衡。

（2）湿度高　当孵化器内湿度过大，会妨碍蛋内水分的正常蒸发，会因尿囊绒毛膜和内、外层壳膜含水过多而影响胚胎的气体交换，同样破坏了正常的物质代谢过程，对胚胎发育造成影响。

2. 孵化期中各阶段对湿度的要求　正如孵化器中对温度要求那样，对湿度的要求也不是一成不变的。建议的湿度指标见表 2-6。

表 2-6　孵化对湿度的要求

胚龄（天）	要求的相对湿度（%）	备注
1～3	53	孵化器内
4～16	56～60	孵化器内
17～18	60	孵化器内
19	60	出雏器内
20	70～72	出雏器内
21	60	出雏器内

因为胚胎在早期（1～3 天），氧气获得是由气室提供的，要迅速蒸发水分来扩大气室，所以初期湿度不要过高。不同胚龄的水分蒸发量不同，并不是均等的，1～3 天胚龄蛋内水分蒸发快，以后减慢，15～18 天胚龄水分蒸发又会加快，这是胚胎从尿囊呼吸转为肺呼吸的关键时期。

3. 湿度在孵化中的作用

（1）*湿度与破壳有关*　在孵化后期，稍高的湿度有利于使蛋壳的碳酸钙转变为碳酸氢钙，使蛋壳变脆，有利于胚胎破壳。并且高湿度可防止雏鸡绒毛与蛋壳粘连，对脱壳有利。

（2）*湿度有导热作用*　孵化初期适宜湿度可使胚胎受热良好，而孵化中期湿度又有利于胚胎散热，因而有利于鸡胚胎的发育。

4. 湿度与温度的关系　在鸡胚胎发育期，温、湿度之间相互有影响。温度高则要求湿度低，而温度低则要求湿度高。

▲快大型肉种鸡初期所产的种蛋（小于 31 周龄）因蛋重小、蛋壳厚、蛋壳上气孔相对少，水分蒸发慢，应相应降低前期孵化湿度，并稍微提高孵化前期温度，以减少前期胚胎死亡。

▲快大型肉种鸡后期所产的种蛋（大于 56 周龄）因蛋重大、蛋壳薄、水分蒸发快，应适当降低孵化前期温度，提高孵化前期湿度，以减少蛋内水分蒸发，提高孵化率。

☞**经验：**在孵化后期增加湿度时，就必须相应降低温度，因为不论什么胚龄的鸡胚胎都不能同时忍受高温度与高湿度。

（三）通风

1. 气体交换与产热　鸡胚胎在发育过程中，要不断从空气中吸取氧气而排出二氧化碳，随胚龄增加，这种气体代谢由弱到强，特别到孵化后期出雏前，胚胎开始肺呼吸，这种气体交换成倍增加。

▲1～3 天胚龄时，每个鸡胚每小时耗氧量是 0.51 厘米^3，17 天胚龄时每

小时耗氧量 17.35 厘米^3，21 天胚龄为每小时耗氧量 32.5 厘米^3，末期为初期的 64 倍，整个孵化全程每只鸡胚胎共排出二氧化碳4 100厘米^3。

▲胚胎产热也随胚龄增加而加大，第 4 天胚龄为每小时产热 1.63 焦耳，第 19 天胚龄则为每小时产热 376.56 焦耳，是第 4 天的 230 倍多。

▲鸡胚周围环境中二氧化碳含量不许超过 0.5%。当二氧化碳含量高达 1%后，则胚胎发育迟缓、死亡率增加、出现胎位不正和畸形等现象。

2. 风扇的作用 除了传统的孵化方法，现代的孵化器都有风扇。

（1）通风换气 向胚胎提供大量的新鲜空气，将孵化器内陈旧空气排出，同时还有效降低了孵化器内细菌的含量。

（2）均温 将孵化器内各部位的温度保持一致，这一点对大日龄鸡胚极为重要。如果在 13 天胚龄前，由于供电原因造成风扇短期内停止运转，还不至于对鸡胚产生太大问题，但 13 天胚龄后的鸡胚对温度变化就相当敏感。

☞**注意：**使用皮带传动的风扇要定期检查皮带松紧度，以防止皮带过松、风扇转数不够，达不到要求的通风（均温）效果。

3. 风路设计与种蛋摆放 孵化器中空气的运动路线，即风路的设计非常关键。设计合理的孵化器，内部各部位的温、湿度相差不大，不会因在加热源附近温度高，在通风口附近温度低。空气的流速与路径直接影响着孵化器内温、湿度的分布。

☞**注意：**入孵时种蛋摆放的位置对通风（均温）效果有影响，在孵化器不能满负荷运转时，种蛋应尽可能左右、上下对称摆放，以求有一个科学的通风（均温）效果。

4. 孵化环境中的氧气 通常空气中含有约 21%的氧气，在合理通风前提下，空气中氧气完全可满足胚胎发育的需要。除非在高海拔地区孵化，一般没有必要向孵化器内加氧。1～18 天胚龄的胚胎在发育中需氧量相对较少，正常孵化器的通风量都会满足需要。

5. 保持温、湿度的平衡 过度通风热量损失，并且湿度受影响；通风不足，满足不了孵化的要求。要注意在通风换气时保持孵化器内温度与湿度的平稳，当孵化厅内室温低时，一定要注意这个问题。

（四）翻蛋

母鸡自然孵化鸡蛋时，母鸡会用喙多次翻动蛋。

（1）翻蛋的作用

①防止胚胎粘连 因胚盘浮在蛋黄表面，刚产下的蛋黄停留在稀蛋白之

中，但开始孵化后，蛋黄相对密度下降使得蛋黄从稀蛋白中升出，如长时间置于种蛋在同一位置不变化，胚胎可能与内壳膜、浓蛋白接触，发生粘连，使胚胎死亡。翻蛋可避免这种粘连。

②翻蛋有助于胚胎运动　翻蛋可使胚胎运动，促进胚胎发育，改善胚胎血液循环，增加胚胎与蛋黄、蛋白的接触面积，保证营养物质对胚胎的供给。翻蛋增强了胚胎的新陈代谢作用，满足了胚胎生长发育的要求。

③翻蛋使胚胎发育整齐　翻蛋使蛋各部位受热均匀，提供新鲜空气的供应，保证了胚胎发育整齐。

（2）*转蛋*　孵化中的转蛋就是模拟母鸡的翻蛋，转蛋时应钝端高于锐端，将蛋沿长轴前后倾斜 90°，完成转蛋过程，转蛋角度过小,孵化率低（表 2-7）。

表 2-7　转蛋角度与孵化率关系

转蛋角度（°）	受精蛋孵化率（%）
20	69.3
30	78.9
45	84.6

（3）*转蛋频率*　转蛋的频率在 1～16 天胚龄时，每间隔 2～3 小时转蛋 1 次，过于频繁的转蛋，即使每 15 分钟转蛋 1 次也不会明显提高孵化率，反而还造成对机器的过度磨损。

（4）*转蛋要点*　转蛋时要稳、轻、慢（每次可用 1 分钟），转过后要处于一个稳定状态，如果鸡胚处在一个不断摆动状态中，鸡雏孵化率因受影响而下降。

（5）*种蛋的摆放位置*　转蛋时要求蛋的钝端高于锐端，是因为正常情况下，鸡胚胎的头部在蛋的钝端近气室处发育，发育中的胚胎会将头部定位于最高位置，并在胚龄第 2 周开始头部旋转。如果是蛋的钝端高于锐端，上述过程会顺利完成。但转蛋时若锐端过高，将有约 60%鸡胚胎的头部在锐端部发育，在这种情况下雏鸡出壳，其喙部无法在肺呼吸时进入气室，孵化率会因此下降 10%左右，雏鸡质量也会明显下降，所以在种蛋入孵装盘时，一定要确保所有种蛋都是钝端朝上。

（五）凉蛋

现代大型孵化器风路设计合理，供温通风都很稳定，完全没有必要凉蛋。但有些通风系统设计不合理的孵化器，特别是那些自制的简易孵化器，孵化后期凉蛋还是有必要的。

▲凉蛋的目的是散热、调节蛋温、排除孵化器内污浊空气和余热，使胚胎获得新鲜空气。在孵化后期，胚胎自身产热多，如不及时排除多余热量，胚胎会因温度过高而死亡。有观点认为凉蛋可给予胚胎冷刺激，提高雏鸡的耐寒性与适应性。

▲一般凉蛋从鸡胚龄 7 天后开始，每天上下午各 1 次，凉蛋时关掉电源，打开孵化器门鼓进凉风，开门时间的长短可灵活掌握，一般 15～30 分钟。当孵化机内温度降至 30～33℃后，重新关门孵化。要注意凉蛋时间不能过长，不然会增加死胚和脐带愈合不良雏鸡的数量。

四、孵化方法与设备

（一）孵化方法

现在大型鸡场都采用机械电气孵化，广泛利用微电子技术，开展智能孵化。国产孵化器质量已达到国际先进水平，在孵化器的设计和制造中应用很多现代科学的新技术与新材料。

（二）孵化设备

1. 孵化器的类型 按蛋的摆放方式分为平面式和立体式。

（1）平面式孵化器 多数没有风扇，并且是人工翻蛋，这种类型的孵化器孵化量很小，一般仅在珍禽孵化或科研教学中采用。现代立体孵化绝大多数采用孵化、出雏分开工艺，这种方式孵化器内温差小、孵化效果好、有利于控制疫病的传播污染。

（2）箱式孵化器 一般容蛋量从几千枚到几万枚，“依爱”牌孵化器是我国几个主要孵化器品牌之一，它的常规型箱式孵化器容蛋量从8 400～57 600枚组成一个系列，它可以分批入孵，也可以整批入孵。

（3）巷道式孵化器 这是专为孵化量大的鸡场所设计，它采用分批入孵、分批出雏方式，因为利用孵化后期鸡胚产生的热量给孵化前期的鸡胚加热，可以节省能源消耗 30%以上，并且采用气动翻蛋、喷雾加湿、管理方便，还节省孵化场的土地占用面积。一般巷道式孵化器容蛋量是80 000～160 000枚，出雏器容蛋量13 000～27 000枚，特别适合大型肉鸡联合企业使用。

2. 其他设备 孵化场还要配套发电设备、水处理设备、供热和降温设备、运输设备、冲洗和消毒设备、码盘和移蛋设备、免疫接种设备、照蛋设备、雏鸡分级工作台等。

3. 我国孵化机的整体水平 目前，我国孵化机生产水平已达到国际同类产品水平，产品设计成熟，整机性能好，在电脑模糊控制和脉宽调制控制技术方面处于国际领先水平。大型孵化场使用微机集成控制系统，可提供标准的串行通信口，用 20 毫安电流环方式与计算机联网，形成主从式群控系统，由计算机对每台孵化器的运行状态巡回监视，还可通过键盘操作，对任何 1 台孵化器的孵化条件进行设定。在中控室，1 台计算机可控制 100 台孵化器，大大简化了日常孵化的操作管理。

4. 孵化机的新技术 目前，主要的孵化机新技术是二氧化碳指标监控技术。

▲出雏器内二氧化碳含量与“出雏均匀度”有关，这是目前比较新的理论提法，其应用技术已经在有些新孵化设备上有所应用。

▲其主要原理是，在雏鸡“啄壳”阶段，如果出雏器的二氧化碳含量达到一定的浓度时，能起到刺激鸡胚“啄壳”的作用。

▲配置二氧化碳监控系统的出雏器，可将出雏器内二氧化碳含量控制到一定的浓度，促进雏鸡啄壳，然后自动控制通风量，将二氧化碳和湿气排出。

☞**经验**：对于没有配置二氧化碳监控系统的出雏器，可以在移蛋落盘后，将出雏器的风门适当调小，当出雏器的“实际湿度”达到最大值时，再将风门调大，其实就是通过手动操作风门开启，来调节出雏器里的二氧化碳含量。本质是在“啄壳”阶段不向出雏器内提供太多的氧气，让雏鸡感到不舒服，使其早点出雏，然后再增加通风，将二氧化碳和湿气排出。

五、孵化生产与管理

（一）孵化容蛋量与种鸡生产能力之间的匹配

要根据种鸡的生产能力来匹配孵化器。

1. 实例 某鸡场分 4 批共饲养22 000套父母代肉种鸡，因为鸡龄不同，所以最大日产合格种蛋15 000枚左右；鸡的孵化期是 21 天，但分成孵化与出雏两部分，一般种蛋在第 18～19 天从孵化器转到出雏器，考虑孵化器移蛋后的清洁整理时间，将孵化器占有时间定为 20 天，出雏器因清洗量大、干燥时间长，出雏器占有时间定为 5 天，那么配套这22 000套父母代种鸡，总共需要15 000×20＝300 000个蛋位的孵化器，需要15 000×5＝75 000个蛋位的出雏器。如果采用38 400蛋位的孵化器需 8 台；19 200蛋位的出雏器需 4 台。

2. 重要提示 建设 1 个孵化场首先要考虑孵化总容量（蛋位），根据孵化总容量来定单机容量和设备总台数，再依据所选机型和台数来规划孵化厅的规模，以及出雏厅和其他配套辅助间的大小。千万不要本末倒置——盖好孵化厅后再确定孵化设备。

（二）孵化生产

1. 孵化场内部的组成和工艺流程

（1）孵化场内部组成　种蛋接收室、种蛋处理室、消毒熏蒸室、蛋库、孵化厅、出雏厅、雏鸡处理（鉴别、免疫、存放）室、洗涤室、仓库、发电机房、制冷间、中控室、工作人员消毒室、淋浴间、更衣室、办公室、休息室、厕所等。有些规模小点的孵化场可以几个房间合并共用，不一定都独立设置。

（2）工艺流程　孵化场的工艺流程是严格的单向流动，绝对不许逆转；具体流程是：种蛋→种蛋消毒→种蛋贮存→种蛋处理（码盘、钝端朝上、不合格剔除等）→孵化→移蛋→出雏→雏鸡处置（分级、鉴别、疫苗接种、断趾与剪冠等）→雏鸡存放→雏鸡。

2. 孵化器的选择

（1）安全可靠、价格合理　所选择的孵化器必须保证用电安全，自控系统应适合高温运转的要求，并且价格合理。

（2）灵敏度与精确度高　因为高的孵化效果来自于高质量的孵化器。高质量孵化器的温、湿度控制、通风系统和翻蛋机构都具有高灵敏度和高精确度。

（3）耐用易修　孵化机的承重、承压、耐磨、耐腐蚀能力都要经过测试。电气系统要经过绝缘测试，并且还要承受水洗冲刷和福尔马林熏蒸。检修时应拆装方便，电气线路标记要清楚正规。

3. 孵化厅的准备　孵化厅应具有随时保证室温在20～25℃的功能，要有升温与降温装置。

▲北方冬季的孵化，室温是影响孵化效果关键因素。

▲孵化厅内应保证湿度在55%～60%，应有加湿装置。

▲孵化厅的通风系统设计是关键，要具备将孵化器内污浊空气直接排放到室外的管道系统，并在这种排放系统中还要加装绒毛吸收装置，以避免可能带有病原菌的污浊空气再次进入孵化机。

▲孵化开始前应对孵化厅地面、墙壁、孵化器、蛋盘、蛋架、雏箱、出雏盘等进行福尔马林熏蒸消毒。

▲要保证孵化厅清洁卫生，温、湿度控制适宜，通风换气良好，为孵化生产提供一个良好的外部环境。

4. 孵化器的准备　孵化前要对孵化器进行全面检查、校正，以期获得高的孵化效果。

▲检查温度显示准确性，将孵化用温度计与标准温度计同时放入38℃水中，如果温差大于0.3℃，应及时更换。

▲检查风扇转速是否正常，转动中有没有异常声音。

▲调试转蛋系统的自动控制与手动控制是否都可正常工作。

▲查看机械转动部分与电机轴承是否需加油保养。

▲进行通电测试，观察电热元件的产热情况，分别接通与断开控温、控湿、转蛋、通风、报警等系统的触点，看是否接触灵敏或失控；调节控温、控湿系统，看能否实行自动控制；再开门降温降湿，如此反复多次。

▲调报警温度，看能否实现高温、低温报警。试机正常后，方可转入正式入孵生产。

5. 种蛋预热与入孵 因为贮蛋室温度较低，入孵前种蛋要经过预热。

▲可将种蛋提前12小时放在孵化室内，用孵化室温度预热种蛋，如能在38℃温度下预热6～8小时，然后降至室温再孵化，这样做能够降低支原体感染的影响，孵化效果会更好。预热种蛋可提高孵化率1%～2%。

☞**注意：**夏季预热过程中要防止种蛋“出汗”问题。

▲经过预热和消毒的种蛋码入孵化蛋盘中，入孵化器蛋架，开始入孵，要确保全部鸡蛋都是钝端朝上摆放。

6. 照蛋、移蛋、出雏 这是孵化生产中的重要环节，将在本节（四）、（五）的内容中分别叙述。

（三）孵化管理

1. 生产管理

（1）温度管理 孵化工作中要注意温度的变化，观察调节器的灵敏度。

▲在刚入孵时，由于种蛋、蛋盘及开关门会使部分热量消耗和损失，因而会出现温度稍低现象，这时不要急于对温度进行调节，要静观一段时间使其温度正常。

▲当发生临时停电或暂时对孵化机修理时，温度都会不正常，这时也不要轻易调整温度。

▲当孵化器内表示温度高于或低于规定温度0.3℃后，应考虑调节温度。

▲应每隔30分钟对每台孵化器进行1次记录，这对提高孵化效果、分析问题的产生原因大有益处。现在的智能孵化器都有自动记录功能。

（2）湿度管理 孵化器内的湿度应每隔2小时观察记录1次。

▲如果采用干湿球式湿度计，要注意水质清洁，经常添加蒸馏水，定期更换纱布。

▲当发现湿度偏低后，可采取增多水盘、提高水温，来增大蒸发量，必要时可采取喷雾措施来提高湿度。

▲当湿度偏高时，可减少水盘，增大通风换气量来降低孵化器内湿度。

☞**注意：**在出雏时要注意因为雏鸡绒毛覆盖水盘表面，造成水分蒸发不充分，影响湿度。这时要及时将水盘中雏鸡绒毛清除或换成新水，但换水时要注意新加水的水温问题。

（3）停电后的应急措施　孵化场都应具备双电源条件，自备发电机是一种较好的选择。

▲若发生停电时无自备电源，先拉开总开关，尽量提高室温，最好能保持在 27～30℃。根据胚龄早晚决定转蛋间隔时间，一般情况下应每隔 30 分钟人工转蛋 1 次，但在室温高、胚龄大情况下，应适当增加转蛋次数。

▲停电后，均温通风系统停止工作，孵化机内温度计所显示的数值不能真正代表鸡胚胎所感受的温度，这时应用手感温或眼皮感温来测量，特别是孵化器上部的胚蛋，如果手感与眼皮感有些发烫，说明温度较高。

▲对孵化前期胚龄小的胚蛋要注意保温；对孵化后期胚龄大的胚蛋要注意散热。冬季要注意保温，夏季要注意散热。在发现眼皮感烫眼的胚蛋后，要及时转蛋调盘，调盘应上下里外互调。

（4）及时排除故障　对于中小型孵化场来讲，孵化最容易发生的故障有：

▲孵化器内某一点或几点孵化效果不佳，多因传动皮带松弛造成风扇转速不足，风扇转速不足后均温效果下降，孵化机内部出现低温与高温死角。

▲孵化器工作时发出异常声音，多因风扇固定不牢、机器摩擦造成。

▲孵化器内发出异常火烤气味，多因风扇皮带突然断裂、电热附近发生烧烤所致。

▲孵化器发生的故障还有电机异常过热、机内温控失灵只升不降、控温系统发生故障不供热等。

▲不论发生什么故障，都会直接影响孵化效果，所以对孵化器要认真检修，注意看、留心听，以保证孵化器正常工作。

2. 经营管理　无论是自产种蛋还是外购种蛋的孵化场都要根据生产能力、销售情况，事先制定种蛋来源计划和入孵安排计划。在种蛋来源计划中要根据生产任务来决定种蛋数量，但还要考虑种蛋的质量情况、提供种蛋的鸡群基本情况和估计的受精率、孵化率及健雏率。

（1）实例　一个情况正常的 35 周龄的种鸡群，它的受精率为 94％、有精蛋孵化率为 88％、健雏率为 97％，100 枚种蛋可提供的雏鸡数量是 80 羽。如要计划每批孵出50 000羽雏鸡，每批应入孵62 500枚种蛋。

上述是在一切都正常情况下的假设，实际情况中鸡龄可能高于60周龄，受精率、孵化率及健雏率都要随鸡龄增长而下降，所以一般计划是每百枚种蛋孵出可售雏鸡数量是70～80羽，可根据各个鸡场的实际情况及个人的经验安排好种蛋来源计划。

（2）计划安排　对入孵工作也要有一个计划安排，即什么日期入孵、入孵数量多少、在哪几台孵化器中孵化、什么日期照蛋、什么日期移蛋、出雏、预计出雏数量和日期等。虽然理论上鸡的孵化期是21天，但在入孵计划中，由于涉及种蛋的预热及出雏后的消毒卫生工作，一般安排每个孵化期最少应有23天。

（四）胚胎的发育与检查（照蛋）

通过照蛋，完全可以在不损伤胚胎发育前提下，了解胚胎发育的进程，及时发现问题，调整孵化条件，看胚施温，以取得好的孵化效果。

▲国外大型孵化场，由于人工费用高，基本是在移蛋时照一下蛋，平时照蛋仅是个别抽检，观察胚胎发育情况。

▲国内孵化场大多数照蛋2次，也有个别照蛋3次。照蛋时可及时剔出无精蛋、死胚蛋和破蛋、臭蛋，有利于保持良好的孵化环境。特别在鸡群受精率低时，及时剔出无精蛋有利于正常鸡胚的发育，因为无精蛋没有胚胎发育，本身不产热，会对周围正常胚蛋发育造成影响。

1. 头照　通常第1次照蛋在入孵后6天，如果照蛋技术熟练可在第5天照蛋，主要目的是剔除无精蛋。

（1）正常胚　正常鸡胚可见到气室边缘界限分明，黑色眼点明显，俗称起珠，胚胎中血管呈明显放射状，蛋的颜色有些暗红。

（2）弱胚　弱胚其黑色眼点小而不明显，血管细小，蛋色淡红。

（3）死胚　死胚表现蛋色浅，蛋黄沉散，有明显血线、血环、血点或血弧贴在壳内膜上，气室边缘界限模糊不清。

（4）无精蛋　无精蛋照蛋时颜色浅亮，俗称白蛋，蛋黄影子隐约可见，但看不到任何血管。

2. 二照　第2次照蛋在入孵后11天，多数是抽检，看一下胚胎发育情况。

（1）正常胚　正常胚应气室变大，气室边缘界限分明，胚胎增大，尿囊血管明显向蛋锐端包围所有的内容物，俗称合拢。

（2）弱胚　弱胚的锐端透明，发育较迟，尿囊血管没有合拢。

(3) 死胚　死胚蛋四周无血管分布，中央有黑色团块可移动。

(4) 无精蛋　无精蛋同头照，但气室因水分蒸发而增大。

3. 三照　第3次照蛋在移蛋过程中，这时胚龄为19天。

(1) 正常胚　正常发育的鸡胚整个蛋已被雏体黑影所充满，尿囊、血管不明显，气室增大并向一边倾斜，气室内可见到黑影在闪动，俗称闪毛。

(2) 弱胚　弱胚发育迟缓，气室比正常小，并可见到红色血管，有的弱胚因蛋白未充分利用，而蛋锐端发亮。

(3) 死胚　死胚蛋内发暗，混浊不清，气室边缘发黄不清，用手触摸胚蛋没有正常鸡胚的温热感。

4. 胚胎发育特征　鸡胚正常发育时，每一个特定胚龄都有相应特征，掌握这些规律，实行看胚施温，根据胚胎的发育情况给予适当温度，以保胚胎正常发育。下面是各胚龄时的特点。

▲第4天胚龄，胚胎血管见多，形状似1个小蜘蛛。

▲第5天胚龄，胚胎表面可见明显黑点，俗称起单珠。

▲第6天胚龄，胚胎表面出现两个黑点，俗称起双珠。

▲第7天胚龄，胚胎因蛋的半边血管丰富，在羊水中不易看清，俗称七沉。

▲第8天胚龄，胚胎在羊水中浮动，易看到，俗称八浮。

▲第10～11天胚龄，整个蛋内布满血管，尿囊血管在蛋锐端合拢，俗称合拢。

▲第12～16天胚龄，血管变粗，蛋的锐端发亮部分逐渐缩小。

▲第17天胚龄，蛋内锐端已看不到发亮部分，俗称封门。

▲第19天胚龄，气室内可见胚胎闪动的黑影，俗称闪毛。

▲第20天胚龄，胚胎喙部穿破壳膜，伸入气室，小鸡开始啄壳，俗称起嘴。

☞**经验：**起珠、合拢、封门是检验胚胎发育的3个关键内容。在相应胚龄内出现相应内容说明胚胎发育正常，反之则说明温度不适宜，需要调整。如在5天胚龄时，胚蛋仅可看蜘蛛网状血管，说明温度偏低，应及时调高温度；反之当发现胚胎已出现两个黑点，则说明温度偏高，发育过快，应适当降温。

(五) 移蛋与出雏

1. 移蛋　移蛋又称移盘或落盘。

(1) 移蛋时机　正常发育胚蛋应在胚龄18天18小时（近19天胚龄）时进行移蛋，这时应有1%～5%的雏鸡有啄壳现象。过早移蛋或过迟移蛋都对雏鸡发育不利。

▲应在移蛋的同时对胚蛋进行一次全面检查，将无精蛋、死胚蛋与弱胚蛋剔出，以利正常胚胎发育。

（2）参数设定　出雏器温度的设定应低于孵化器，而湿度则要高于孵化机，这样有利于鸡胚正常出雏。

☞**经验：**一般孵化器每盘容蛋数与出雏盘容蛋数大致相对应。在无精蛋与中止蛋较多情况下移蛋需要并盘，减少出雏盘数量。但应注意不要将出雏盘装得太满，以免对出雏造成影响。

2. 出雏

（1）出雏时机　当出雏盘内已有50%～60%雏鸡出壳，绒毛基本已干，但雏鸡颈上可能还有些湿毛时，便可开始拣雏，并同时将出雏后空蛋壳剔出。

（2）拣雏频率　每6～8小时拣雏1次，整个出雏过程共捡雏2～3次。不要频繁去拣雏，这样不利于温度控制。但也不要间隔长时间再拣雏，因为对刚出壳雏鸡来讲，长时间高温造成的脱水也是一种应激，应避免雏鸡在出雏器内过分干燥。

（3）拣雏标准　有人看到出壳后雏鸡腹部松软，绒毛没有完全散开，可能有些雏鸡站立不稳，认为这种情况还应在出雏器内继续干燥，其实这是错误的做法。正确做法是当雏鸡完全脱离蛋壳后，身上绒毛基本干透时，就应将雏鸡从出雏器中取出，放在雏盒内继续干燥和硬朗，这样可避免发生脱水现象。

（4）适当并盘　每次拣雏后，对盘中剩余的胚蛋应进行合并，以减少出雏盘的数量，因为出雏器温度是按出雏盘装满胚蛋情况下设定的，如不并盘就间接降低了出雏温度，这样会拖延出雏时间。即使是设备质量良好的孵化设施，出雏早晚时间上也要相差24小时，不并盘出雏时间会拖得更长。

（5）控制光照　注意不要随意打开出雏器内照明设施，出雏器门上的观察窗也要有遮光装置，不要在出雏期间让出雏器内有光亮，因为光线会使出壳后雏鸡趋向光亮，形成骚动，造成对正在出壳、血管还没有完全干的雏鸡的伤害，这样会直接影响孵化效果与雏鸡质量。

（6）人工助产　正规大型孵化场不实行人工助产，对无法正常出壳的胚蛋作为死胚蛋处理。小型孵化场可根据情况实行人工助产。这种破壳未出的胚蛋多因雏鸡本身较弱或蛋壳较厚等原因造成。孵化人员可沿破壳方向，小心剥掉蛋壳，帮助雏鸡出壳。

☞**注意：**人工助产时要辨明尿囊血管情况，当内壳膜已发黄，表明尿囊血管已干枯，这时可进行人工助产。当尿囊血管没有完全干枯时，卵黄囊也没有完全被吸收于雏鸡体内，这时实行人工助产，将扯断尿囊血管，引发出血，最后导致雏鸡死亡。对人工助产雏鸡应放在出雏器内数小时，待其绒毛干燥后再捡出。

（六）孵化中异常现象的分析

无论是采用最现代科技制造的孵化器，还是原始的自然孵化，无论是高孵化率鸡群还是低孵化率鸡群，鸡胚胎死亡在整个孵化期不是均匀分布，应明显存在两个高峰。

1. 死亡高峰

▲第一个死亡高峰在 2～4 天胚龄期，这时死亡数应占全期死亡数的 15%。

▲第二个死亡高峰在 19～21 天胚龄期，这时死亡数占全期死亡数的 50%。

2. 分析

▲高孵化率鸡群胚胎死亡主要发生在第二个死亡高峰期，而低孵化率鸡群 2 个死亡高峰死亡数量相差不多。

▲第一死亡高峰发生在胚胎迅速发育及形态显著变化期间，从某一角度看，这时死亡原因多数是与种蛋内部品质有关，是遗传因子与饲养管理因素共同影响的结果。

▲第二死亡高峰是鸡胚处于从尿囊呼吸过渡到肺呼吸的关键时期，是一个重大的生理转折期，这时需氧量大增，胚蛋自体产热增多。这时鸡胚也易感传染病，对孵化条件要求也高，会有一部分弱胚无法顺利破壳而出。

▲从另一个角度看，孵化期的温度、湿度、通风换气条件等外部环境对第 2 死亡高峰影响大。

孵化中异常现象的产生原因见表 2-8，可供在实际工作中参考。

表 2-8　孵化中异常现象产生原因

异常现象	可能产生的原因
6 天头照时出现血弧	种蛋贮存期太长；孵化温度高；种蛋受过冻；种鸡饲料中缺乏维生素 A、维生素 B_2 与维生素 D_3；种鸡可能患有支原体感染等
11 天抽检时发现胚胎死亡	种鸡饲料中缺乏维生素 B_2 与维生素 D_3；孵化中温度波动太大；翻蛋不及时，孵化机内通风不良
19 天移蛋时胚胎死亡	种鸡饲料中缺乏维生素 B_{12} 和磷、硒；孵化中温度、湿度控制不当

（续）

异常现象	可能产生的原因
出雏提前	孵化中温度过高；入孵种蛋蛋重轻；入孵前种蛋已开始发育
出雏拖延	孵化中温度低；出雏中温度低；入孵种蛋蛋重大；种蛋贮存期太长
胚胎死亡时喙未入气室	前期孵化温度高；出雏时湿度高；孵化中后期通风换气不足；种鸡饲料中营养成分缺乏
胚胎死亡时喙已入气室	出雏期通风换气量不足；出雏时湿度与温度过高；种鸡饲料中营养成分缺乏
鸡胚啄壳未出	孵化中温度控制不当；出雏时湿度低或温度高；出雏时通风换气量不足；移蛋时机过晚；孵化前期不转蛋；种鸡饲料中营养成分缺乏
移蛋时照蛋发现有发白部位	正常胚蛋在移蛋时应发黑，不透亮，俗称"封门"；如移蛋时照蛋发现有的蛋锐端有发白部位，这是11天胚龄前温度偏高所致，温度偏高使局部蛋白质变性，成为黏稠的胶状物，这种胚蛋多数要成为死胚
移蛋时照蛋发现有发红部位	正常胚蛋在移蛋时应发黑，不透亮；如移蛋时照蛋发现有的蛋锐端有发红部位，这是11天胚龄后温度偏高所致，说明蛋白没有被完全吸收，这种胚蛋多数要成为死胚
出雏后，雏身黏有蛋壳或壳膜，撕不净，俗称"胶毛"	"胶毛"部位可以是身体上任何部位。原因是11天胚龄前温度偏高，但对蛋白质的影响没有移蛋时发现白色部位情况严重，但"胶毛"鸡雏就应属于次品雏
啄壳部位瘀血俗称"血嘌"	因胚蛋出壳前3～4天温度偏高，提早啄壳，但这时尿囊血管没有枯萎，部分瘀血积于啄壳部位。这种鸡胚多半要死亡
雏肚脐上有一块黑血块，俗称"钉脐"	因胚蛋出壳前温度偏高，但温度超高的影响程度不如"血嘌"，啄壳时尿囊血管已基本枯萎，但尿囊柄尚未完全枯萎，由于提前啄壳使肚脐瘀血。这种雏也很难成活
雏出壳时，肚脐上拖着一块蛋黄，俗称"拖黄"	出壳前温度偏高，胚胎的蛋黄囊还没有被完全吸入腹内时，雏已破壳，这种雏无法成活
吐蛋清与吐蛋黄	因出壳前温度高，胚胎由于受热而反胃，将已吞到胃内的蛋白外吐，严重情况可见蛋清将啄破的孔全堵塞；也可能因受热雏挣扎而将卵黄踢破，卵黄从破壳部位外淌，所以称为"吐清"或"吐黄"，这两种雏无法出壳
初生雏腹部大吸收不好	孵化中湿度过高，温度偏低；出雏时湿度控制不当
初生雏软弱，站立困难	种鸡饲料中营养成分缺乏；孵化中温度不当，出雏时湿度过高，整个孵化过程中通风换气不良

（续）

异常现象	可能产生的原因
初生雏绒毛短	种鸡饲料中营养缺乏，孵化中温度高、湿度低
胚胎异位	种鸡日粮营养不平衡；孵化时锐端向上入孵；翻蛋操作不当和畸形蛋入孵
雏鸡脱水	种蛋入孵过早；出雏后湿度太低和在出雏器内雏鸡停留时间过长
肚脐部吸收不好但干燥	种鸡日粮缺乏营养；出雏后期温度低与湿度高；雏鸡出壳后湿度没有相应下降
肚脐部吸收不好，且潮湿、有特殊气味	脐炎，因种蛋被污染和孵化场及孵化器卫生条件差所造成
雏鸡跛足与弯趾	种鸡日粮中某种营养缺乏；孵化期间温度不当及胚胎异位
雏鸡双眼闭合	出雏后期 20～21 天胚龄时温度高、湿度低；出雏时出雏器内绒毛太多，绒毛收集器失去作用

（七）孵化场的卫生与消毒

孵化场的卫生状况对雏鸡质量有直接影响。健康的雏鸡来自健康的种鸡群，在卫生合格条件下进行孵化，才能获得健康的雏鸡。

▲健康的雏鸡不仅是外表健康，并应该是体内不带有可能侵害雏鸡健康的任何致病微生物。对孵化场来讲，最好的卫生条件来自严格的管理与完善的消毒措施，目前采用福尔马林熏蒸是有效的消毒措施。对各种消毒目的所应采取的消毒浓度可参照表 2-4 介绍的相关内容。

▲孵化场的工作人员必须淋浴更衣后方可工作。种蛋要在产出后 2 小时内经熏蒸消毒后，再转交孵化场的专门人员接收。经再次熏蒸消毒后，方可进库保管，严禁脏蛋或黏有鸡毛的种蛋入库。

▲非孵化人员一律不许进入孵化厅。孵化场工作人员家中不许饲养家禽与鸟类，所食鸡蛋应从本场购买。要保持孵化厅与出雏厅的清洁卫生，每周要全面开展一次清洁工作，特别是孵化器与出雏器的顶背部是一个容易积蓄尘埃、绒毛的卫生死角。

▲应经常检查卫生消毒工作，每批出雏完成后，采用焚烧或化学药物处理方法，及时将各种污物清除掉。彻底清扫、冲洗出雏厅与雏鸡存放厅，然后用福尔马林熏蒸消毒。孵化场的卫生与消毒工作对保证雏鸡的质量是一个至关重要的因素，必须认真抓好这项工作。

六、孵化效果

（一）孵化效果的指标

1. 受精率　受精率用百分数来表示，其计算公式为：

受精率＝受精蛋数/入孵蛋数×100％

＝（入孵蛋数－无精蛋数）/入孵蛋数×100％

▲实例：入孵10 000枚种蛋，最后出雏时计算无精蛋 985 枚，这批种蛋受精率为：（10000－985）/10000×100％＝90.15％。

☞**注意：**死胚蛋应为受精蛋，破蛋受过精属于受精蛋，没受过精属于无精蛋。

2. 孵化率　孵化率也用百分数表示，应分为有精蛋孵化率与入孵蛋孵化率两种，其计算公式为：

有精蛋孵化率＝出雏数/受精蛋数×100％

入孵蛋孵化率＝出雏数/入孵蛋数×100％

▲实例：同是上一个实例，全部出雏后活雏7 942羽，那么这批种蛋的受精蛋孵化率是 7942/9015×100％＝88.1％；入孵蛋孵化率为 7942/10000×100％＝79.42％。

3. 健雏率　健雏率也用百分数表示，它是衡量孵化效果的重要指标。即使孵化率高，但孵出弱雏多，孵化效果也不好。健雏率计算公式为：

健雏率＝健雏数/出雏数×100％

☞**经验：**一般情况下，健雏率应在 96％以上，好的可达 98％以上。

4. 种蛋合格率　种蛋合格率用百分数表示，是鸡只在规定产蛋期内所产符合要求种蛋数占产蛋总数的百分比。对孵化场来讲，高的种蛋合格率是取得良好经济效益的基础，其计算公式为：

种蛋合格率＝合格种蛋数/产蛋总数×100％

（二）孵化效果的分析

▲鸡群孵化率的高低受种蛋品质和孵化条件因素共同影响。种蛋产出时，种蛋在母鸡体内形成过程中其品质的优劣是由母鸡本身决定的，母鸡也受到本身遗传因素与外界环境条件两个因素共同影响，本品种、本品系固有的遗传品质和外界的饲料条件和环境条件共同影响种蛋的内在品质。

▲一般来讲，当胚蛋在孵化前期发生死亡，主要原因有孵化前期温度过

高；种蛋的贮存时间过长；种蛋保存条件不适当，如温度过高或受冻，也可能是种蛋消毒方式不当。种鸡的营养水平和健康状况不良，维生素和矿物质缺乏影响种蛋品质，如缺乏维生素 A 与维生素 B_2 都可造成胚蛋前期死亡。

▲胚蛋在孵化中期死亡，缘于管理因素居多。如因孵化温度过高，通风不合理与转蛋不当，使尿囊没有及时合拢；脏蛋没有消毒就入孵；种鸡营养水平与健康状况不良会导致种蛋品质下降，当种鸡饲料中缺乏维生素 B_2，可导致孵化中期的胚胎死亡。当种鸡饲料中缺乏维生素 D 后，胚蛋会在中期发生水肿或死亡。

▲孵化后期的胚蛋死亡，如胚胎有明显充血，说明在某一段时期内温度过高；如果弱胚多，系温度偏低所致，如胚蛋气室小是孵化器内湿度高，蛋内水分蒸发不足；如胚胎在蛋锐端破壳比例高，说明通风换气与转蛋有一定问题；当种鸡营养中缺乏维生素 B_{12} 后，可引发胚胎后期死亡。

▲出雏时闷死于壳内，多因出雏时温度、湿度过高、通风换气不良、胎位异常、胚胎软骨畸形等。当卵黄囊破裂，雏鸡颈、腿麻痹、软弱也会导致雏鸡死于壳内。而破壳后未出，可能因高温高湿所致的破壳处黏液过多；胚胎利用蛋白时遇到高温，蛋白没有彻底吸收，尿囊合拢不良，卵黄未能充分吸收等。出雏时通风换气不良，移蛋时温度下降过于急促，也会导致鸡雏破壳后未出。

因种鸡饲养、种蛋保管和孵化技术等因素所导致的胚胎死亡情况见表 2-9，此表是根据多个鸡群的生产情况所做的总结。

表 2-9　胚胎死亡情况及孵化率（%）

项目	胚胎死亡率		
	最好	最差	平均
破蛋	0.84	3.08	1.35
胚胎早期死亡	0.81	6.27	2.23
胚胎中后期死亡	2.62	6.35	4.10
破壳后死亡	1.01	1.18	1.17
弱雏与畸形雏	0.87	7.08	1.64
有精蛋孵化率	93.85	76.04	89.51

（三）提高孵化效果的途径

1. 抓好种蛋生产　孵化的种蛋来自种鸡场，提高孵化效果种鸡场与孵化场都有责任。孵化场应及时将孵化中存在问题与孵化效果反馈给种鸡场，特别是当受精率与胚胎早期死亡率数据发生异常后，应马上通知种鸡场，以便分析问题产生的原因，及时找出解决问题的办法，两个单位要密切合作，共同提高孵化效果。

▲种鸡场要提供给种鸡营养平衡的饲料，做好卫生防疫工作，阻断一切经蛋垂直传播的疫病（胚胎病）。

▲种鸡场要加强对种蛋的卫生管理，提高种蛋品质，防止种蛋被污染。

▲要管理好种鸡群，特别关注种公鸡，保持种蛋有一个好的受精率。

▲种鸡场工作不利，必将对孵化效果造成直接影响。

△种鸡场疫病控制不利，种鸡群患病，胚胎死亡率必然上升。

△种鸡饲料营养方面存在问题，维生素与微量元素任何一种缺乏，或因饲料中脂肪酸败及饲料中所含毒素与霉菌超过标准，都将直接影响孵化效果。

△种鸡场管理不善，如种蛋受污染，种蛋受热、受冻、被雨淋，种蛋熏蒸消毒不当，运输中造成裂纹蛋过多，种鸡饲养不当、受精率低等都会使孵化效果受影响。

2. 加强孵化场管理 孵化场为提高孵化效果，应对孵化器与出雏器正确操作，严格控制机内的温度、湿度、通风换气和转蛋，掌握正确的移蛋时机。

▲不仅要考虑每台机器的温度与湿度等，还要考虑孵化厅与出雏厅、雏鸡存放厅的大环境。

▲种蛋保管方面，应防止贮存期过长、温度与湿度不适当、种蛋被病原菌污染和熏蒸过度。

▲在孵化方面，应防止温度、湿度过高或过低，波动幅度大，通风不足或过量通风，翻蛋角度不足等；避免入孵时种蛋钝端向下摆放；发生停电时应采取有力措施。

▲在出雏方面，应避免移蛋时机选择不对，出雏器温度过高、湿度过低、通风不足。拣雏过于频繁或不及时等都可对孵化效果造成直接影响。

☞**经验：**每一个看似细小的工作都将对孵化效果产生影响，这些细小的因素累加起来，共同影响着孵化效果。工作必须从一点一滴做起，踏踏实实才能做好孵化工作。

第三章

饲料配制与质量控制

第一节　饲料原料

一、原料目录与添加剂品种目录

国家明令禁止使用国务院农业行政主管部门公布的饲料原料目录、饲料添加剂品种目录和药物饲料添加剂品种目录以外的任何物质生产饲料，在肉鸡生产中必须严格遵守国家的相关规定。

（一）《饲料原料目录》

农业部 2012 年 6 月发布公告第 1773 号，制定了《饲料原料目录》，于 2013 年 1 月 1 月开始施行，并于 2013 年 12 月发布公告第 2038 号，对《饲料原料目录》进行修订与增补。目录之外的物质用作饲料原料的，应当经过科学评价并由农业部公告列入目录后，方可使用。按照目录生产、经营或使用的饲料原料，应符合《饲料卫生标准》、《饲料标签》等强制性标准的要求。

饲料原料是指来源于动物、植物、微生物或者矿物质，用于加工制作饲料但不属于添加剂的饲用物质，包括载体和稀释剂。饲料原料目录按原料属性规定划分了 13 个大类，共计 588 种（类）的饲料原料，对每种饲料原料分别给出了原料编号、原料名称、特征描述和强制性标识要求 4 项具体内容。本书为节省篇幅，仅对 13 大类分别加以简单介绍，若想获得目录的具体详细内容，请查看农业部公告第 1773 号与第 2038 号。

1. 谷物及其加工产品　其中包括：大麦、稻谷、高粱、黑麦、酒糟、荞麦、筛余物、黍、粟、小黑麦、小麦、燕麦、玉米 13 小类来源的 125 种原料。

2. 油料籽实及其加工产品　其中包括：扁桃、菜籽、大豆、番茄籽、橄榄、核桃、红花籽、花椒籽、花生、可可、葵花籽、棉籽、木棉籽、葡萄籽、沙棘籽、酸枣、文冠果、亚麻籽、椰子、棕榈、月见草籽、芝麻、紫苏及其他

24 小类来源的 111 种原料。

3. 豆科作物籽实及其加工产品 其中包括：扁豆、菜豆、蚕豆、瓜尔豆、红豆、角豆、绿豆、豌豆、鹰嘴豆、羽扇豆及其他 11 小类来源的 337 种原料。

4. 块茎、块根及其加工产品 其中包括：白萝卜、大蒜、甘薯、胡萝卜、菊苣、菊芋、马铃薯、魔芋、木薯、藕、甜菜、可食用瓜 12 小类来源的 24 种原料。

5. 其他籽实、果实类产品及其加工产品 其中包括：辣椒、水果或坚果、枣 3 小类来源的 10 种原料。

6. 饲草、粗饲料及其加工产品 其中包括：干草、秸秆、青绿饲料、青贮饲料、其他粗饲料 5 小类来源的 16 种原料。

7. 其他植物、藻类及其加工产品 其中包括：甘蔗、丝兰、甜叶菊、万寿菊、藻类、其他可饲用天然植物 6 小类来源的 127 种原料。

8. 乳制品及其副产品 其中包括：干酪、酪蛋白、奶油、乳及乳粉、乳清、乳糖 6 小类来源的 15 种原料。

9. 陆生动物产品及其副产品 其中包括：动物油脂、昆虫、内脏等、禽蛋、蚯蚓、肉及骨 6 小类来源的 43 种原料。其中明确要求来源于单一动物的产品有 19 种，包括：动物油脂类产品、动物油渣、动物内脏、动物内脏粉、动物器官、动物水解物、动物皮、禽爪皮粉、骨、骨粉、骨髓、肉、肉粉、肉骨粉及 5 种血液制品。

10. 鱼、其他水生生物及其副产品 其中包括：贝类、甲壳类、水生软体动物、鱼、其他 5 小类来源的 34 种原料。

11. 矿物质 其中包括：凹凸棒石（粉）、沸石粉、高岭土、海泡石、滑石粉、麦饭石、蒙脱石、膨润土（斑脱岩、膨土岩）、石粉、蛭石 11 种天然矿物质。

12. 微生物发酵产品及其副产品 其中包括：饼粕和糟渣发酵产品、单细胞蛋白、利用特定微生物和特定培养基培养获得的菌体蛋白类产品、糟渣类发酵副产物 4 小类来源的 20 种产品。

13. 其他饲料原料 其中包括：淀粉、食品类产品、食用菌、糖类、纤维素 5 小类来源的 15 种产品。

（二）《饲料添加剂品种目录》

凡生产、经营和使用的营养性饲料添加剂及一般饲料添加剂均应属于《饲料添加剂品种目录》中规定的品种，饲料添加剂的生产企业应办理生产许可证和产品批准文号。禁止该目录外的物质作为饲料添加剂使用。凡生产目录外的饲料添加剂，应按照《新饲料和新饲料添加剂管理办法》的有关规定，申请并获得新产品证书后方可生产和使用。

《饲料添加剂品种目录（2013）》是在《饲料添加剂品种目录（2008）》基础上进行修订，包括附录1（表3-1）和附录2（表3-2）。增加了部分实际生产中需要且公认安全的饲料添加剂品种（或来源）；删除了缩二脲和叶黄素；将麦芽糊精、酿酒酵母培养物、酿酒酵母提取物、酿酒酵母细胞壁4个品种移至《饲料原料目录》；对部分品种的适用范围以及部分饲料添加剂类别名称进行了修订；将20个保护期满的新产品品种正式纳入附录1。将《饲料添加剂品种目录（2008）》发布之后获得饲料和饲料添加剂新产品证书的7个产品纳入附录2，其为尚处于监测期的新饲料添加剂品种。

表3-1 《饲料添加剂品种目录（2013）》附录1

类别	通用名称	适用范围
氨基酸、氨基酸盐及其类似物	L-赖氨酸、液体L-赖氨酸（L-赖氨酸含量不低于50%）、L-赖氨酸盐酸盐、L-赖氨酸硫酸盐及其发酵副产物（产自谷氨酸棒杆菌、乳糖发酵短杆菌，L-赖氨酸含量不低于51%）、DL-蛋氨酸、L-苏氨酸、L-色氨酸、L-精氨酸、L-精氨酸盐酸盐、甘氨酸、L-酪氨酸、L-丙氨酸、天（门）冬氨酸、L-亮氨酸、异亮氨酸、L-脯氨酸、苯丙氨酸、丝氨酸、L-半胱氨酸、L-组氨酸、谷氨酸、谷氨酰胺、缬氨酸、胱氨酸、牛磺酸	养殖动物
	半胱胺盐酸盐	畜禽
	蛋氨酸羟基类似物、蛋氨酸羟基类似物钙盐	猪、鸡、牛和水产养殖动物
	N-羟甲基蛋氨酸钙	反刍动物
	α-环丙氨酸	鸡
维生素及类维生素	维生素A、维生素A乙酸酯、维生素A棕榈酸酯、β-胡萝卜素、盐酸硫胺（维生素B_1）、硝酸硫胺（维生素B_1）、核黄素（维生素B_2）、盐酸吡哆醇（维生素B_6）、氰钴胺（维生素B_{12}）、L-抗坏血酸（维生素C）、L-抗坏血酸钙、L-抗坏血酸钠、L-抗坏血酸-2-磷酸酯、L-抗坏血酸-6-棕榈酸酯、维生素D_2、维生素D_3、天然维生素E、dl-α-生育酚、dl-α-生育酚乙酸酯、亚硫酸氢钠甲萘醌（维生素K_3）、二甲基嘧啶醇亚硫酸甲萘醌、亚硫酸氢烟酰胺甲萘醌、烟酸、烟酰胺、D-泛酸、D-泛酸钙、DL-泛酸钙、叶酸、D-生物素、氯化胆碱、肌醇、L-肉碱、L-肉碱盐酸盐、甜菜碱、甜菜碱盐酸盐	养殖动物
	25-羟基胆钙化醇（25-羟基维生素D_3）	猪、家禽
	L-肉碱酒石酸盐	宠物

（续）

类别	通用名称	适用范围
矿物元素及其络（螯）合物[1]	氯化钠、硫酸钠、磷酸二氢钠、磷酸氢二钠、磷酸二氢钾、磷酸氢二钾、轻质碳酸钙、氯化钙、磷酸氢钙、磷酸二氢钙、磷酸三钙、乳酸钙、葡萄糖酸钙、硫酸镁、氧化镁、氯化镁、柠檬酸亚铁、富马酸亚铁、乳酸亚铁、硫酸亚铁、氯化亚铁、氯化铁、碳酸亚铁、氯化铜、硫酸铜、碱式氯化铜、氧化锌、氯化锌、碳酸锌、硫酸锌、乙酸锌、碱式氯化锌、氯化锰、氧化锰、硫酸锰、碳酸锰、磷酸氢锰、碘化钾、碘化钠、碘酸钾、碘酸钙、氯化钴、乙酸钴、硫酸钴、亚硒酸钠、钼酸钠、蛋氨酸铜络（螯）合物、蛋氨酸铁络（螯）合物、蛋氨酸锰络（螯）合物、蛋氨酸锌络（螯）合物、赖氨酸铜络（螯）合物、赖氨酸锌络（螯）合物、甘氨酸铜络（螯）合物、甘氨酸铁络（螯）合物、酵母铜、酵母铁、酵母锰、酵母硒、氨基酸铜络合物（氨基酸来源于水解植物蛋白）、氨基酸铁络合物（氨基酸来源于水解植物蛋白）、氨基酸锰络合物（氨基酸来源于水解植物蛋白）、氨基酸锌络合物（氨基酸来源于水解植物蛋白）	养殖动物
	蛋白铜、蛋白铁、蛋白锌、蛋白锰	养殖动物（反刍动物除外）
	羟基蛋氨酸类似物络（螯）合锌、羟基蛋氨酸类似物络（螯）合锰、羟基蛋氨酸类似物络（螯）合铜	奶牛、肉牛、家禽和猪
	烟酸铬、酵母铬、蛋氨酸铬、吡啶甲酸铬	猪
	丙酸铬、甘氨酸锌	猪
	丙酸锌	猪、牛和家禽
	硫酸钾、三氧化二铁、氧化铜	反刍动物
	碳酸钴	反刍动物、猫、犬
	稀土（铈和镧）壳糖胺螯合盐	畜禽、鱼和虾
	乳酸锌（α-羟基丙酸锌）	生长育肥猪、家禽
酶制剂[2]	淀粉酶（产自黑曲霉、解淀粉芽孢杆菌、地衣芽孢杆菌、枯草芽孢杆菌、长柄木霉[3]、米曲霉、大麦芽、酸解支链淀粉芽孢杆菌）	青贮玉米、玉米、玉米蛋白粉、豆粕、小麦、次粉、大麦、高粱、燕麦、豌豆、木薯、小米、大米
	α-半乳糖苷酶（产自黑曲霉）	豆粕
	纤维素酶（产自长柄木霉[3]、黑曲霉、孤独腐质霉、绳状青霉）	玉米、大麦、小麦、麦麸、黑麦、高粱
	β-葡聚糖酶（产自黑曲霉、枯草芽孢杆菌、长柄木霉[3]、绳状青霉、解淀粉芽孢杆菌、棘孢曲霉）	小麦、大麦、菜籽粕、小麦副产物、去壳燕麦、黑麦、黑小麦、高粱
	葡萄糖氧化酶（产自特异青霉、黑曲霉）	葡萄糖

（续）

类别	通用名称	适用范围
酶制剂[2]	脂肪酶（产自黑曲霉、米曲霉）	动物或植物源性油脂或脂肪
	麦芽糖酶（产自枯草芽孢杆菌）	麦芽糖
	β-甘露聚糖酶（产自迟缓芽孢杆菌、黑曲霉、长柄木霉[3]）	玉米、豆粕、椰子粕
	果胶酶（产自黑曲霉、棘孢曲霉）	玉米、小麦
	植酸酶（产自黑曲霉、米曲霉、长柄木霉[3]、毕赤酵母）	玉米、豆粕等含有植酸的植物籽实及其加工副产品类饲料原料
	蛋白酶（产自黑曲霉、米曲霉、枯草芽孢杆菌、长柄木霉[3]）	植物和动物蛋白
	角蛋白酶（产自地衣芽孢杆菌）	植物和动物蛋白
	木聚糖酶（产自米曲霉、孤独腐质霉、长柄木霉[3]、枯草芽孢杆菌、绳状青霉、黑曲霉、毕赤酵母）	玉米、大麦、黑麦、小麦、高粱、黑小麦、燕麦
微生物	地衣芽孢杆菌、枯草芽孢杆菌、两歧双歧杆菌、粪肠球菌、屎肠球菌、乳酸肠球菌、嗜酸乳杆菌、干酪乳杆菌、德式乳杆菌乳酸亚种（原名：乳酸乳杆菌）、植物乳杆菌、乳酸片球菌、戊糖片球菌、产朊假丝酵母、酿酒酵母、沼泽红假单胞菌、婴儿双歧杆菌、长双歧杆菌、短双歧杆菌、青春双歧杆菌、嗜热链球菌、罗伊氏乳杆菌、动物双歧杆菌、黑曲霉、米曲霉、迟缓芽孢杆菌、短小芽孢杆菌、纤维二糖乳杆菌、发酵乳杆菌、德氏乳杆菌保加利亚亚种（原名：保加利亚乳杆菌）	养殖动物
	产丙酸丙酸杆菌、布氏乳杆菌	青贮饲料、牛饲料
	副干酪乳杆菌	青贮饲料
	凝结芽孢杆菌	肉鸡、生长育肥猪和水产养殖动物
	侧孢短芽孢杆菌（原名：侧孢芽孢杆菌）	肉鸡、肉鸭、猪、虾
非蛋白氮	尿素、碳酸氢铵、硫酸铵、液氨、磷酸二氢铵、磷酸氢二铵、异丁叉二脲、磷酸脲、氯化铵、氨水	反刍动物
抗氧化剂	乙氧基喹啉、丁基羟基茴香醚（BHA）、二丁基羟基甲苯（BHT）、没食子酸丙酯、特丁基对苯二酚（TBHQ）、茶多酚、维生素E、L-抗坏血酸-6-棕榈酸酯	养殖动物
	迷迭香提取物	宠物
防腐剂、防霉剂和酸度调节剂	甲酸、甲酸铵、甲酸钙、乙酸、双乙酸钠、丙酸、丙酸铵、丙酸钠、丙酸钙、丁酸、丁酸钠、乳酸、苯甲酸、苯甲酸钠、山梨酸、山梨酸钠、山梨酸钾、富马酸、柠檬酸、柠檬酸钾、柠檬酸钠、柠檬酸钙、酒石酸、苹果酸、磷酸、氢氧化钠、碳酸氢钠、氯化钾、碳酸钠	养殖动物
	乙酸钙	畜禽

（续）

类别	通用名称		适用范围
防腐剂、防霉剂和酸度调节剂	焦磷酸钠、三聚磷酸钠、六偏磷酸钠、焦亚硫酸钠、焦磷酸一氢三钠		宠物
	二甲酸钾		猪
	氯化铵		反刍动物
	亚硫酸钠		青贮饲料
着色剂	β-胡萝卜素、辣椒红、β-阿朴-8’-胡萝卜素醛、β-阿朴-8’-胡萝卜素酸乙酯、β，β-胡萝卜素-4，4-二酮（斑蝥黄）		家禽
	天然叶黄素（源自万寿菊）		家禽、水产养殖动物
	虾青素、红法夫酵母		水产养殖动物、观赏鱼
	柠檬黄、日落黄、诱惑红、胭脂红、靛蓝、二氧化钛、焦糖色（亚硫酸铵法）、赤藓红		宠物
	苋菜红、亮蓝		宠物和观赏鱼
调味和诱食物质[4]	甜味物质	糖精、糖精钙、新甲基橙皮苷二氢查耳酮	猪
		糖精钠、山梨糖醇	养殖动物
	香味物质	食品用香料[5]、牛至香酚	
	其他	谷氨酸钠、5’-肌苷酸二钠、5’-鸟苷酸二钠、大蒜素	
黏结剂、抗结块剂、稳定剂和乳化剂	α-淀粉、三氧化二铝、可食脂肪酸钙盐、可食用脂肪酸单/双甘油酯、硅酸钙、硅铝酸钠、硫酸钙、硬脂酸钙、甘油脂肪酸酯、聚丙烯酸树脂Ⅱ、山梨醇酐单硬脂酸酯、聚氧乙烯20山梨醇酐单油酸酯、丙二醇、二氧化硅、卵磷脂、海藻酸钠、海藻酸钾、海藻酸铵、琼脂、瓜尔胶、阿拉伯树胶、黄原胶、甘露糖醇、木质素磺酸盐、羧甲基纤维素钠、聚丙烯酸钠、山梨醇酐脂肪酸酯、蔗糖脂肪酸酯、焦磷酸二钠、单硬脂酸甘油酯、聚乙二醇400、磷脂、聚乙二醇甘油蓖麻酸酯		养殖动物
	丙三醇		猪、鸡和鱼
	硬脂酸		猪、牛和家禽
	卡拉胶、决明胶、刺槐豆胶、果胶、微晶纤维素		宠物
多糖和寡糖	低聚木糖（木寡糖）		鸡、猪、水产养殖动物
	低聚壳聚糖		猪、鸡和水产养殖动物
	半乳甘露寡糖		猪、肉鸡、兔和水产养殖动物
	果寡糖、甘露寡糖、低聚半乳糖		养殖动物
	壳寡糖［寡聚β-（1-4）-2-氨基-2-脱氧-D-葡萄糖］（n=2～10）		猪、鸡、肉鸭、虹鳟鱼
	β-1，3-D-葡聚糖（源自酿酒酵母）		水产养殖动物
	N，O-羧甲基壳聚糖		猪、鸡

（续）

类别	通用名称	适用范围
其他	天然类固醇萨洒皂角苷（源自丝兰）、天然三萜烯皂角苷（源自可来雅皂角树）、二十二碳六烯酸（DHA）	养殖动物
	糖萜素（源自山茶籽饼）	猪和家禽
	乙酰氧肟酸	反刍动物
	苜蓿提取物（有效成分为苜蓿多糖、苜蓿黄酮、苜蓿皂甙）	仔猪、生长育肥猪、肉鸡
	杜仲叶提取物（有效成分为绿原酸、杜仲多糖、杜仲黄酮）	生长育肥猪、鱼、虾
	淫羊藿提取物（有效成分为淫羊藿苷）	鸡、猪、绵羊、奶牛
	共轭亚油酸	仔猪、蛋鸡
	4，7-二羟基异黄酮（大豆黄酮）	猪、产蛋家禽
	地顶孢霉培养物	猪、鸡
	紫苏籽提取物（有效成分为 α-亚油酸、亚麻酸、黄酮）	猪、肉鸡和鱼
	硫酸软骨素	猫、犬
	植物甾醇（源于大豆油/菜籽油，有效成分为 β-谷甾醇、菜油甾醇、豆甾醇）	家禽、生长育肥猪

注：

1 所列物质包括无水和结晶水形态；

2 酶制剂的适用范围为典型底物，仅作为推荐，并不包括所有可用底物；

3 目录中所列长柄木霉亦可称为长枝木霉或李氏木霉；

4 以一种或多种调味物质或诱食物质添加载体等复配而成的产品可称为调味剂或诱食剂，其中以一种或多种甜味物质添加载体等复配而成的产品可称为甜味剂，以一种或多种香味物质添加载体等复配而成的产品可称为香味剂；

5 食品用香料见《食品安全国家标准　食品添加剂使用卫生标准》(GB2760—2011)中食品用香料名单。

表 3-2 《饲料添加剂品种目录（2013）》附录 2

（监测期内的新饲料添加剂品种目录）

产品名称	申请单位	适用范围	批准时间
藤茶黄酮	北京伟嘉人生物技术有限公司	鸡	2008 年 12 月
溶菌酶	上海艾魁英生物科技有限公司	仔猪、肉鸡	2008 年 12 月
丁酸梭菌	杭州惠嘉丰牧科技有限公司	断奶仔猪、肉仔鸡	2009 年 07 月
苏氨酸锌螯合物	江西民和科技有限公司	猪	2009 年 12 月
饲用黄曲霉毒素 B_1 分解酶（产自发光假蜜环菌）	广州科仁生物工程有限公司	肉鸡、仔猪	2010 年 12 月
褐藻酸寡糖	大连中科格莱克生物科技有限公司	肉鸡、蛋鸡	2011 年 12 月
低聚异麦芽糖	保龄宝生物股份有限公司	蛋鸡	2012 年 07 月

（三）药物饲料添加剂品种目录

目前，国务院农业行政主管部门正在制定有关药物饲料添加剂品种目录，现阶段可参照《药物饲料添加剂使用规范》（见本章第三节）的内容执行。

二、蛋白质饲料

以干物质为基础，凡蛋白含量在20%以上、粗纤维含量在18%以下的饲料原料，为蛋白质饲料。通常按它们的来源划分为三大类，即植物性蛋白质饲料、动物性蛋白质饲料和其他类蛋白质饲料。在利用蛋白质饲料时一定要注意原料的质量，防止不法分子人为添加非蛋白氮来冒充蛋白质。较好的解决办法是采购时对饲料原料中氨基酸组成提出要求。

（一）植物性蛋白质饲料

按它们的来源可分为三大类：饼（粕）类（养鸡生产中最主要的一类蛋白质饲料）、豆类籽实及其他加工业的副产品。

1. 饼（粕）类　是含油多的植物籽实经脱油处理后留下的加工副产品，现在因集约化饲养业和配合饲料工业的发展，对饼（粕）类饲料的需要量大增。

在饼（粕）加工中加热是一个必不可少的过程，其可使蛋白质变性、破坏酶的活性、降解毒素的毒性、提高蛋白质利用率。但过度加热也不好，会使蛋白质变性过度和氨基酸结构发生改变，反而使蛋白质利用率下降。我们将以大豆饼（粕）为例，介绍测定大豆粕加热是否合适的方法。

（1）大豆饼（粕）　在我国绝大多数地区，大豆饼（粕）是肉鸡主要的蛋白质饲料原料，在所有饼（粕）类饲料中，大豆饼（粕）的品质是最好的。

①营养特点　大豆饼（粕）适口性好，正常质量的大豆饼（粕）应含蛋白质40%～47%，并且氨基酸组成比例适当，赖氨酸含量高，可达2.8%，这一点是其他任何饼（粕）类饲料都不具备的。大豆饼（粕）中色氨酸含量为1.85%，苏氨酸为1.81%，但蛋氨酸含量不足，比菜籽饼（粕）和葵花仁饼（粕）略低。

②利用　大豆饼（粕）最适宜与玉米配合生产肉鸡全价饲料，在无鱼粉的玉米-豆粕型日粮中，添加适量DL-蛋氨酸和L-赖氨酸后，可弥补玉米与豆粕的不足，配合出肉鸡生产所需的满意日粮。在肉鸡各个阶段的日粮中，大豆饼（粕）的使用量没有限制。

③采购经验　大豆饼（粕）的水分含量不得超过13%，这时用手抓散性

很好；其水分含量超过 14％以后，手抓则感觉发滞。感观上，适度加热的大豆饼（粕）应为黄褐色或淡黄色，有烤豆香味；加热不足时颜色较淡，有些呈灰白色或黄白色，有生豆腥味；过度加热后呈褐色或深褐色，有焦煳味。

④有毒有害物质　没有经过加热或加热不充分的大豆饼（粕）中含有几种毒素，如胰蛋白酶抑制因子、血细胞凝集因子和皂角苷等。当这些毒素含量过高后，将降低日粮中蛋白质的消化吸收率，导致肉鸡腹泻等。不同加热条件对大豆饼（粕）营养价值的影响见表 3-3。

表 3-3　不同加热条件对大豆饼（粕）营养价值的影响（％）

加热条件	蛋白质相对效率	胰蛋白酶抑制因子活性	尿素酶活化度
适度加热	100	33	0.20
加热过度	91	15	0.05
加热不足	78	57	1.70
未加热	40	57	1.90

⑤测定方法　将约 50 克粉碎的大豆饼（粕）装入密封瓶中，加入 5 克尿素搅拌，再加入 25 毫升水搅匀，塞紧瓶塞后在 20℃下静置 20 分钟。开瓶后如有浓重氨味，说明加热不充分，有胰蛋白酶抑制因子存在。测定时应掌握好静置时间，如果长时间静置，必定产生氨味。较为准确的测定方法是检测尿素酶活性。

由于胰蛋白酶抑制因子活性与尿素酶活性同步受加热影响，所以在测定胰蛋白酶抑制因子活性时，一般情况下都不用手续繁杂的离体消化法，而改同步测尿素酶活性，但需要说明尿素酶本身对鸡只并没有毒害作用。

▲尿素酶活化度的测定法（pH 增值法）

仪器

△（30±0.5)℃的可调恒温水浴。

△pH 计。可测 20 毫升溶液，准确度在 0.02 范围内。

△20 毫米×150 毫米具塞试管，或者是 50 毫升具塞离心管。

试剂

△磷酸缓冲液（0.05 摩尔/升）：取磷酸二氢钾 3.403 克，溶于 100 毫升去离子水中，再取磷酸氢二钾 4.355 克溶于 100 毫升去离子水中，把这两种溶液的混合液定容到1 000毫升，调节 pH 至 7.0。该缓冲液有效期 90 天。

△尿素缓冲液：取尿素 15 克，溶于 500 毫升磷酸缓冲液。为防止霉菌发酵，加 5 毫升甲苯作为防腐剂，调节 pH 为 7.0。

操作方法

△将试样粉碎至0.35毫米（42目）以下。

△分别准确称取（0.4±0.001）克试样于两支试管中，一支试管中加入20毫升尿素缓冲液，另一支试管中加入20毫升磷酸缓冲液（空白），盖紧塞子，摇匀后放入30℃恒温水浴中。

△每5分钟摇匀一次。

△反应30分钟后，在5分钟内测定pH。

计算

△尿素酶活化度＝试样pH测定值-空白的pH。

△合格豆粕尿素酶活化度值不得超过0.3。

（以上测定方法引自《配合饲料配制技术》，王和民）

加热过度的豆粕因产生美拉德反应，使赖氨酸不能有效利用，同时精氨酸、组氨酸和色氨酸也受加热过度影响，导致消化率降低。判断豆粕是否加热过度的方法，是在0.2％氢氧化钾液中测定其蛋白溶解度。

▲蛋白溶解度的测定法

仪器

△凯氏定氮仪。

△磁力搅拌器。

△离心机。

试剂

△0.2％氢氧化钾液。取氢氧化钾2.360克溶于容量瓶中，加水稀释至1 000毫升，调节pH至12.5。

△凯氏定氮所需试剂。

操作方法

△称取1.5克过0.25毫米（60目）筛的豆粕，置于250毫升烧杯中，加入75毫升0.2％氢氧化钾液，在磁力搅拌器上搅拌20分钟。

△移入50毫升溶液于离心管中，以2 700转/分的速度离心10分钟。

△取15毫升上清液进行凯氏定氮，测蛋白含量，该15毫升上清液相当于原样本的0.3克。

计算

△蛋白溶解度＝（0.3克样本的粗蛋白含量÷原样本的粗蛋白含量）×100％。

△豆粕的蛋白溶解度若低于70％，表明营养成分已受到破坏，低于65％

的豆粕属于加热过度。

（2）棉籽饼（粕） 为棉花籽实脱油后的饼（粕），因其加工工艺不同、棉籽去壳程度不同，所具有的营养价值相差很大。

①营养特点 完全脱壳的棉籽饼（粕）含蛋白质应达 41%以上，最高可达 44%，代谢能水平可达 9 兆焦/千克，若不考虑氨基酸的组成问题，已与大豆饼（粕）相差不多。而不脱壳的棉籽饼（粕）仅含蛋白质 22%左右，代谢能水平为 6.3 兆焦/千克。棉籽饼（粕）的氨基酸组成特点是赖氨酸不足，精氨酸过高；赖氨酸含量在 1.5%～1.6%，约为大豆饼（粕）的一半，精氨酸含量高达 4.3%～4.4%；蛋氨酸含量低，约为 0.45%。

②利用 棉籽饼（粕）与菜籽饼（粕）配伍使用，可减轻赖氨酸与精氨酸的颉颃现象，还减少了 DL-蛋氨酸的添加量，经济效益好。在利用棉籽饼（粕）时，要了解相应的加工工艺，并要实测棉酚含量，以决定是否使用棉籽饼（粕）。在肉鸡生产的育雏阶段，不能使用棉籽饼（粕）；在中鸡、大鸡和种鸡产蛋阶段，棉籽饼（粕）的用量也不要超过日粮组成的 3%。

③采购经验 通常棉籽饼（粕）含蛋白质 38%～42%，代谢能水平 8.4～9.0 兆焦/千克，外观为黄色者品质较佳。正常的棉籽饼（粕）粗灰分含量不高于 8%，而掺假的棉籽饼（粕）粗灰分含量可能高于 15%。

④有毒有害物质 在棉花籽实中有棉酚，尤其在籽实棉仁色素腺体内含量多。棉酚是一种不溶于水而溶于有机溶剂的黄褐色聚酚色素，属有毒物质。肉鸡棉酚中毒后，轻者生长受阻，生产能力下降，繁殖能力下降，重者发生死亡。

▲游离棉酚与结合棉酚：在棉籽脱油过程中，有部分棉酚残留在饼（粕）中，在加热过程中大部分棉酚与蛋白质和氨基酸结合变成结合棉酚，结合棉酚对鸡只没有毒害作用，但游离棉酚是有毒的。

▲棉酚含量：加工工艺不同，导致棉酚含量不同。压榨饼与浸提粕含游离棉酚低，土榨饼含量高，关键是是否曾加热在 80℃以上，这个加热工艺对游离棉酚含量高低有重要影响。

▲脱毒：日粮的蛋白质水平、亚铁离子水平和钙离子水平与游离棉酚毒害作用程度有关。蛋白质水平高，鸡只耐受棉酚能力也高，日粮中亚铁离子可在鸡只消化道内与游离棉酚络合，使棉酚不被吸收而排出体外；钙离子可促进这个络合过程。因此，添加硫酸亚铁有解毒作用，添加钙有增效作用。

☞**注意：**在肉种鸡利用棉籽饼（粕）时要特别谨慎，因棉籽饼（粕）中含有环丙烯脂肪酸，其可降低种鸡的产蛋率和孵化率，影响鸡蛋的品质，还会在鸡蛋存贮过程中使蛋黄发生橄榄绿变色、蛋黄变硬、蛋白呈粉红色。

(3) 菜籽饼（粕）

①营养特点　菜籽饼（粕）的可利用能量水平较低，菜籽饼代谢能为8.16兆焦/千克，菜籽粕为7.41兆焦/千克；中等质量菜籽饼（粕）的蛋白质含量为36%左右；适口性也不是很好。菜籽饼（粕）氨基酸组成的特点是蛋氨酸含量高，赖氨酸含量较高，精氨酸含量低，因而用菜籽饼（粕）与棉籽饼（粕）配伍，可改善氨基酸间的平衡。

②利用　同棉籽饼（粕）一样，在肉鸡生产的雏鸡阶段，不能添加菜籽饼（粕）；在中鸡、大鸡与种鸡产蛋阶段，菜籽饼（粕）的用量不能超过日粮组成的3%。

③采购经验　优质菜籽饼为褐色，菜籽粕为黄色或浅褐色，都有浓厚的油香味，这种气味较特殊，是其他饲料原料所没有的。一般棉籽饼（粕）的颜色越红，蛋白含量越低。正常的菜籽饼（粕）粗灰分含量不应高于14%，而掺假的菜籽饼（粕）粗灰分含量可能高于20%。

④有毒有害物质　菜籽饼（粕）中的毒素主要与硫葡萄糖甙类化合物有关，硫葡萄糖甙本身对鸡只没有毒性，但在一定水分和温度下，通过芥子酶（硫葡萄糖甙酶）的酶解，可生成硫酸盐、葡萄糖、异硫氰酸盐和腈类。部分异硫氰酸盐经环化，生成噁唑烷硫酮，它会使鸡只的甲状腺肿大，导致营养物质利用率下降，生长和繁殖能力受到抑制。

油菜育种工作者通过选育，培育出了含硫葡萄糖甙和芥酸“双低”品种，用其生产的菜籽饼（粕）含毒素少。

(4) 其他饼（粕）类

①花生饼（粕）　花生饼（粕）的代谢能较高，为11.25兆焦/千克，是所有饼（粕）类中代谢能最高者。蛋白质含量也高，高者可达50%以上，并且适口性好，有香味。

▲氨基酸组成：花生饼（粕）的氨基酸组成不佳，赖氨酸与蛋氨酸含量都低，最好在饲喂时与鱼粉、血粉、菜籽饼（粕）类相配伍。

▲利用：花生饼（粕）多用在中鸡、大鸡和种鸡产蛋阶段，用量一般不超过日粮组成的7%。

▲黄曲霉毒素：使用花生饼（粕）时要注意黄曲霉毒素问题，黄曲霉毒素不但使鸡只中毒，其中的黄曲霉毒素 B_1 还可使人患肝癌，所以在高温高湿夏季，要注意花生饼（粕）原料中黄曲霉毒素的含量。

☞**注意：**花生的水分含量在9%以上，温度为30℃、相对湿度为80%时，就会有黄曲霉繁殖，而其他饲料原料在相同温、湿度条件下，水分超过14%后，才会有黄曲霉繁殖。

②葵花饼（粕）　葵花饼（粕）的饲用价值在于脱壳程度，脱壳好的代谢能为9.71兆焦/千克，蛋白质为36.5%；脱壳不好的代谢能仅6兆焦/千克，蛋白质为28%。葵花饼（粕）与其他饼（粕）类配伍，可得到较好的饲养效果。葵花饼（粕）多用在中鸡、大鸡和种鸡产蛋阶段，其用量一般不超过日粮组成的5%。

③亚麻籽饼（粕）　亚麻籽产地是我国西北地区，以油用型亚麻籽为主体，是混杂有芸芥籽、黑芥籽、油菜籽的混合物的俗称。亚麻籽粕代谢能仅为7.95兆焦/千克，蛋白质含量为33%左右。

▲利用价值：亚麻（胡麻）籽饼（粕）的饲用价值不高，但因价格便宜，可控制使用。在雏鸡阶段不能使用亚麻籽饼（粕），在中鸡、大鸡和种鸡产蛋鸡阶段可控制在不超过日粮总量的2%。

▲亚麻甙配糖体：在亚麻籽实中，特别是未成熟籽实中有一种亚麻甙配糖体（生氰糖甙），在pH5.0时被亚麻酶水解，生成氢氰酸，氢氰酸对任何畜禽都有毒。由于籽实成熟程度不同和加工条件（是否加热）不同，在亚麻籽饼（粕）中氢氰酸含量差异很大。

☞**注意：**由于亚麻籽饼（粕）中的毒素能抑制吡哆醇的生理功能，因此当日粮中使用亚麻籽饼（粕）时，要倍量添加吡哆醇（维生素B_6）。

④芝麻饼（粕）　通常芝麻饼（粕）含代谢能为8.95兆焦/千克，蛋白质为39.2%，粗纤维为7%左右。

▲营养特点：芝麻饼（粕）不含毒素，是安全的饼（粕）类饲料，它最大特点是蛋氨酸含量高，为0.8%以上，比大豆饼（粕）还要多；但赖氨酸含量低，精氨酸含量高。

▲利用：应避免在雏鸡阶段使用芝麻饼（粕），在中鸡、大鸡和种鸡产蛋鸡阶段可控制在不超过日粮总量的8%。

☞**注意：**芝麻饼（粕）饲喂量过高后，因含有植酸和草酸，可能会引起鸡软脚和生长抑制。

2. 其他加工业副产品

（1）玉米蛋白粉　玉米蛋白粉也称玉米面筋粉，因生产工艺不同，其蛋白质含量为44%～63%。它是生产玉米淀粉与玉米油的同步产品，随玉米深加工企业的增多，在鸡饲料中应用玉米蛋白粉会越来越多。

①玉米黄素　玉米蛋白粉中含有大量的玉米黄素，在肉鸡饲料中使用玉米蛋白粉，还有着色作用，可使商品肉仔鸡的胫部呈理想的橘黄色。

②营养特点　在良好工艺下生产的玉米蛋白粉蛋白质含量高，营养成分全面，营养特点显著，粗纤维含量很低，是真正的植物性蛋白饲料。

③氨基酸　玉米蛋白粉中蛋氨酸含量较高，接近中等蛋白水平鱼粉中的含量，但赖氨酸含量很低，不及相同蛋白水平鱼粉中的1/4。

☞**注意：**在肉鸡饲料配制时，玉米蛋白粉的用量一般不应超过日粮组成的5%。而在使用玉米蛋白粉时应注意霉菌问题，尤其是黄曲霉毒素含量。

（2）DDGS　是酒精糟及其可溶物的缩写，俗称黑酒糟。

①营养价值　其营养价值主要与酒精发酵所用的原料种类有关，如玉米DDGS风干物（92%干物质）中含粗蛋白质27%，而甘薯DDGS风干物（92%干物质）中含粗蛋白质20%。

②利用　在生产中各种DDGS所含营养成分变化较大，要根据实验室的化验结果来确定其在配方中的使用量。

☞**注意：**应避免在雏鸡阶段使用DDGS，在中鸡、大鸡和肉种鸡产蛋鸡阶段使用时，控制其不超过日粮总量的6%。要注意避免DDGS中残存的酒精导致鸡只中毒。

3. 豆类籽实　豆类籽实在肉鸡饲养中不多见，故不作介绍。

（二）动物性蛋白质饲料

动物性蛋白饲料主要是鱼粉、肉粉、肉骨粉、血粉及家畜屠宰废弃物、羽毛粉、蚕蛹粉（粕）等。它们的共同特点是可利用能量高、蛋白质含量高、氨基酸组成成分合理、含有的磷是可利用磷、除各种维生素外还含有植物性饲料中没有的维生素B_{12}。但要注意在使用动物性饲料时的带菌问题（沙门氏菌及大肠杆菌等）。

1. 鱼粉

（1）营养特点　国产优质鱼粉代谢能为10兆焦/千克，蛋白质含量为55%；进口鱼粉代谢能为12兆焦/千克，蛋白质含量为60%～65%。鱼粉中维生素、微量元素、钙与磷含量高，还有促生长的未知因子，并且蛋白质组成好，赖氨酸和蛋氨酸含量都高，精氨酸含量较低，这与大多数植物性饲料的氨基酸组成相反，用鱼粉配制日粮时，氨基酸很容易达到平衡。

（2）利用　以鱼粉为原料很容易配制出高能量高蛋白的肉鸡配合饲料。但由于鱼粉售价高，因而在肉鸡生产中用量一般不会超过日粮组成的6%，且添加超过10%的鱼粉会诱发鸡只发生肌胃糜烂。

(3) 采购经验　因为鱼粉价格较高，所以有不法分子在鱼粉中掺入各种物质，如尿素、羽毛粉、三聚氰胺、沙土等。签订鱼粉购销合同时，最好规定出几种主要氨基酸的含量，这样就不会给不法之徒以可乘之机。

☞**注意：**使用国产鱼粉时要考虑含盐量，要先测定含盐量后再决定添加比例。在夏季要注意鱼粉的发霉变质和自燃问题。

2. 肉粉及肉骨粉　以肉屑、碎肉等加工成的饲料原料称为肉粉，如连骨代肉为主要原料则是肉骨粉。

▲含磷4.4%以上为肉骨粉，4.4%以下为肉粉。

▲蛋白质含量多在50%～60%，赖氨酸含量高，蛋氨酸与色氨酸含量低。

▲维生素特点是含有的B族维生素较多，但维生素A、维生素D和维生素 B_{12} 含量都低于鱼粉。

▲在肉骨粉中含有大量钙、磷和锰。

▲在肉鸡生产中肉粉及肉骨粉的用量应不超过日粮组成的4%。

3. 血粉　它是一种蛋白质含量高、氨基酸组成不平衡的饲料原料。

▲血粉的粗蛋白质含量很高，可达80%～90%，赖氨酸高达7%～8%，组氨酸含量也很高，精氨酸含量低，与花生饼（粕）、棉仁饼（粕）配伍，可得到较好的饲养效果，几乎没有异亮氨酸。

▲血粉的消化率低，适口性差，尽管“发酵血粉”解决了部分消化率问题，但并没有实质性突破，使用中要加以限量，一般应不超过肉鸡日粮组成的2%。

4. 羽毛粉　好的羽毛粉代谢能为10兆焦/千克，代谢能越高，说明羽毛粉质量越好。

▲羽毛粉中磷钙含量少，硫含量高，是所有饲料中含硫最高的，可高达1.5%。

▲蛋白质含量高达86%，甘氨酸和丝氨酸含量高，分别为6.3%与9.3%，并且异亮氨酸高达5.3%，可与血粉配伍。但羽毛粉中赖氨酸和蛋氨酸含量低，只相当于鱼粉的1/5～1/4。

以上是对优质羽毛粉而言，若原料质量差，或者加工工艺不合理，羽毛粉营养价值将大打折扣。

☞**注意：**没经水解处理的羽毛粉，不能用来喂鸡。在肉鸡生产中羽毛粉应慎用，如必需要用，应选用优质水解产品，且羽毛粉的用量一般不能超过日粮组成的2%。

5. 蚕蛹粉（粕）

▲蚕蛹粉（粕）的磷、钙含量较低。

▲蚕蛹粉是未脱油制品，因粗脂肪含量高，故代谢能高达 11.7 兆焦/千克，蛋白质含量为 54%。

▲蚕蛹粕是脱油后的制品，代谢能为 10 兆焦/千克，蛋白质含量为 65%。

▲营养特点：蚕蛹粉（粕）的蛋氨酸含量为 2.2%～2.9%，是所有饲料原料中最高者，并且赖氨酸含量也很高，与优质鱼粉相同；色氨酸含量高达 1.25%～1.5%，比优质鱼粉高近 1 倍，所以蚕蛹粉（粕）是配方中平衡氨基酸很好的原料。

☞**注意：**在肉鸡饲料中应用蚕蛹粉（粕）后，有可能使鸡肉带有不良气味，应严格控制用量。一般在肉鸡饲料中蚕蛹粉（粕）的用量不能超过日粮组成的 2%。

（三）其他蛋白质饲料

其他蛋白质饲料主要是单细胞蛋白质饲料。单细胞蛋白质饲料也叫微生物蛋白质饲料，包括细菌、酵母、真菌、某些藻类及原生动物等，饲料酵母是它们的代表。

▲饲料酵母含蛋白质 45%～50%，其氨基酸组成介于动物性蛋白质饲料与植物性蛋白质饲料之间，特点是赖氨酸、色氨酸、苏氨酸、异亮氨酸等必需氨基酸含量高；精氨酸含量低，易与饼（粕）类饲料配伍。但酵母中含硫氨基酸（蛋氨酸与胱氨酸等）含量低，在使用中应考虑额外添加 DL-蛋氨酸。

▲饲料酵母含丰富的 B 族维生素，但不含维生素 B_{12}。

▲建议在肉鸡生产中，酵母用量不超过日粮组成的 3%。

☞**注意：**因受酵母生产工艺所限，存在着不同批次间质量参差不齐问题。

三、能量饲料

以干物质为基础，凡蛋白质含量在 20%以下、粗纤维含量在 18%以下的饲料原料称为能量饲料。能量饲料包括谷实类饲料、糠麸类饲料、草籽树实类饲料、淀粉质块根（块茎）、瓜果类饲料和含能量高的油脂类饲料。在肉鸡饲料原料中最常见的是谷实类饲料、糠麸类饲料和油脂类饲料。

（一）谷实类饲料

谷实类饲料也称谷类饲料或谷物。

▲谷实类饲料的特点是鸡只可利用能量高，因为它们粗纤维含量低、淀粉含量高，一般占肉鸡配合饲料的60%～70%，是能量的主要提供者。

▲谷实类饲料中蛋白质含量较低，一般在8%～11%，但因为它们占全价配合料中的比例大，所以由谷实类饲料提供的蛋白质占鸡只总蛋白需要量的比例很大，一般为30%左右。

▲谷实类饲料的氨基酸组成具有共同特点，即赖氨酸和蛋氨酸含量不足，特别是玉米中色氨酸含量低，麦类中苏氨酸含量低。

▲谷实类饲料大多是维生素B_1含量丰富，维生素E含量也较高，而维生素B_2含量低，维生素D含量更低。且所有谷实类饲料中均不含有维生素B_{12}。

1. 玉米 玉米是肉鸡饲料中主要的能量饲料。玉米价格对肉鸡产品价格有决定性作用。

(1) *营养特点* 玉米作为鸡饲料原料，它的可利用能值高，一般玉米代谢能值为14兆焦/千克，最高者为15兆焦/千克，是所有谷实类饲料中最高者。

▲玉米中含有的亚油酸（必需脂肪酸）多为2%，也为所有谷实类饲料中含量最高者。在鸡日粮中通常要求有1%的必需脂肪酸，如日粮中玉米配比超出50%，则仅仅是玉米便满足了鸡只对必需脂肪酸的需求。

▲玉米作为鸡饲料原料，其蛋白质组成不理想。玉米所提供的蛋白占鸡只全部所需蛋白质的30%以上。通常国标二级玉米的蛋白质含量为8.6%，氨基酸组成中赖氨酸、蛋氨酸和色氨酸明显不足。

(2) *优质蛋白玉米* 优质蛋白玉米又称高赖氨酸玉米，我国现已培育出十几个优良品种，它们的代表是中单206、鲁单203、长单58等。

与普通玉米品种相比：

▲优质蛋白玉米中的非醇溶性蛋白（优质蛋白）是普通玉米的1.5倍。

▲赖氨酸是普通玉米的1.5～2倍。

▲色氨酸是普通玉米的1.5倍。

▲烟酸是普通玉米的1倍，特别是可吸收的游离烟酸是普通玉米的2倍。

(3) *利用* 玉米-豆粕型日粮是养鸡生产中最常见的日粮类型，在肉鸡各阶段日粮中，玉米的使用量没有限制。玉米与鱼粉和豆粕配伍，氨基酸较易得到平衡，如果采用无鱼粉日粮，则必须添加蛋氨酸和赖氨酸。使用玉米前要对其黄曲霉毒素B_1含量进行检验。

(4) *含水量* 在玉米贮存与使用时必须要考虑含水量，特别在北方玉米收获季节与冬季，玉米含水量是一个影响肉鸡生产的实际问题。一般营养成分表中的数值是在标准含水量（通常为14%）时的指标，但在玉米收获季节，玉米中含水量很高，特别是冬季东北的冻玉米，有时含水量高达25%以上，这时因含水量高对玉米营养价值影响很大，使用时必需引起重视。

☞**注意：** 高水分玉米在适宜温度时易遭霉菌破坏而腐败、发热变质、产生毒素。鉴别玉米是否发霉，简单的办法是看与嗅：看玉米的颜色是否为鲜亮黄色，只要颜色略有灰暗，就可能发霉；发霉的玉米都有霉变的异味，会对鸡只造成危害。现今能检测到的霉菌毒素种类已超过350种，普遍关注的有8种，分别是黄曲霉毒素、呕吐毒素、T-2毒素、玉米赤霉烯酮（F-2毒素）、串珠镰孢菌毒素、赭曲霉毒素、橘霉素、麦角毒素。

2. 高粱

▲高粱的营养成分与玉米相近，但因单宁含量较多而有涩味，适口性差，过量使用后能引起便秘。

▲高粱的代谢能值为12.5兆焦/千克，含脂肪与亚油酸都不及玉米，氨基酸组成与玉米相近。单宁含量高的高粱品种，其蛋白质消化率明显低。

▲在肉鸡饲料中，高粱用量不应超出日粮组成的6%。

▲在夏季为防止鸡只轻度腹泻，可适当在日粮配方中加入4%～6%的高粱。

3. 小麦

▲小麦代谢能为13兆焦/千克，略低于玉米，原因是小麦中粗脂肪少，仅为玉米中的一半。

▲小麦蛋白质含量高，达12%以上，比玉米高出40%以上。由于蛋白质含量高，因而必需氨基酸含量也高。但小麦中苏氨酸含量低，在配合日粮中要加以考虑。

▲小麦中的β-葡聚糖和戊聚糖含量比玉米高，大量使用小麦后会增加鸡粪便含水量和黏性，在使用小麦时应在日粮中添加酶制剂，以改善日粮的饲料转化率。

▲在肉鸡饲料中，小麦的添加量不要超过日粮组成的20%。

4. 稻谷 玉米价格高也是使用稻谷的原因。稻谷由稻米、米糠和砻糠三部分组成。

▲由于稻谷粗纤维含量高达8.5%以上，所以代谢能值低。一般讲稻谷不适于作为鸡饲料，因为它蛋白质含量低，仅8.3%，比玉米还低，代谢能值为10.5～11兆焦/千克，氨基酸组成上也没有突出的优越性。如条件允许，应尽量不用稻谷作为鸡饲料原料。

▲脱壳后稻米代谢能值与玉米相近，为14兆焦/千克，蛋白质含量为8.8%，氨基酸组成与玉米相近，色氨酸高于玉米，亮氨酸低是其特点。如价

格适宜，可考虑作为鸡饲料原料。

▲肉鸡饲料中稻米的添加量不要超过日粮组成的12%。

（二）糠麸类饲料

糠麸类饲料是加工面粉与精米的副产品，主要是麸皮（小麦麸）与大米糠。它们含蛋白质比谷实类高出50%，并且富含B族维生素，特别是硫胺素、烟酸、胆碱、吡哆醇和维生素E含量高，并含有适量的粗纤维。但糠麸类饲料含代谢能仅为谷实类的一半，价格又与谷实类饲料相差不多，并且钙含量低，磷不能被鸡只充分利用。糠麸本身吸水性强，易发霉变质。

1. 小麦麸 小麦籽实中84%是粉，种膜仅占14.5%，另1.5%是胚。磨面时粉碎种膜，麦麸是大小不一的种膜与粉状物质的混合物。

▲麦麸中含有丰富的B族维生素，但没有维生素B_{12}，麦麸在鸡日粮中常用，对促进正常消化过程有利。

▲肉种鸡产蛋期，大量使用糠麸类饲料，会影响鸡的产蛋性能，所以一般控制麦麸用量不超过日粮组成的5%。

☞**注意：**在使用麦麸时要注意含水量，正常麦麸含水量应在12%以下，但质量不好时水分可能高达16%以上。

2. 大米糠 大米糠代谢能值为11.3兆焦/千克，粗纤维含量在9%左右，粗蛋白质含量在12%左右，粗脂肪含量高达15%，为所有谷实类饲料和糠麸类饲料中含量最高者。

▲大米糠的氨基酸组成中蛋氨酸含量高，是玉米的1倍，与大豆饼（粕）配伍较宜。

▲粗脂肪含量高给大米糠贮存和使用带来不便，极易发生氧化酸败，并且大米糠易发霉与产热。

▲在肉鸡饲料中，大米糠的用量一般不应超过日粮组成的3%。

☞**注意：**使用氧化酸败和发霉的大米糠可导致鸡只中毒、发生腹泻，重者死亡。米糠中存在高度活性的胰蛋白酶抑制因子，若过多饲喂未经灭活处理的米糠，会引发鸡只蛋白质消化障碍和雏鸡胰腺肥大。

3. 其他谷物的糠麸

▲高粱糠含代谢能8.4兆焦/千克，含蛋白质10.3%，有些品种高粱糠含单宁多，易便秘，使用中要注意，在肉鸡饲料中，高粱糠的用量不能超过日粮组成的3%。

▲小米糠含代谢能8.4兆焦/千克，含蛋白质11%，是鸡只较好的糠麸类

饲料，并且B族维生素含量高，营养价值高。在肉鸡饲料中，小米糠的用量应不超过日粮组成的5%。

▲玉米糠含代谢能7.5兆焦/千克，含蛋白质10%，含粗纤维为10%左右。在肉鸡饲料中，玉米糠的用量不要超过日粮组成的3%。

（三）油脂类饲料

为提高饲料中的能量水平，在商品肉鸡的饲料配方中必需添加油脂。

▲油脂可分为动物性油脂和饲用植物油两大类。

▲好的动物油脂包括牛脂、猪脂、羊脂与鸡油。鱼油由于易氧化，使用中要注意。

▲好的饲用植物油包括玉米油、大豆油、花生油、向日葵油、芝麻油，在使用棉籽油、菜籽油时要注意。

四、矿物质饲料

人们通常把钙源饲料、磷源饲料和食盐称矿物质饲料。

（一）钙源饲料

由于钙源饲料是组成肉鸡日粮中最廉价的原料成分，所以生产实践中绝大多数问题是钙源饲料供应超出标准，而不是供量不足。

钙超标后会影响其与磷之间的平衡，使钙与磷两者的消化、吸收与代谢都受到影响，鸡多钙与缺钙都将导致生长不良，发生佝偻病与软骨病，肉种鸡产软壳蛋和薄壳蛋。

1. 贝壳粉 贝壳粉又称为贝粉或牡蛎粉，是螺、蚌、贝壳加工粉碎而成，颜色为灰色或灰白色，其成分为碳酸钙。

▲贝壳粉并不要求全部是粉末状，最好有一部分是粒状，粒状贝壳粉在鸡只消化道中可以缓释钙，对产蛋鸡形成蛋壳有益；并且粒状贝壳粉对饲料的消化也起“牙齿”的作用。

▲肉鸡饲料生产中，要求贝壳粉应含钙35%以上，镁含量不应超出0.5%。

2. 石粉 石粉由良质石灰石制成，应含钙35%以上，高者可达38%，石粉颜色为白色或灰白色，要注意石粉中砷超标问题，肉种鸡饲料生产中最好石粉与粒状贝壳粉共同使用作为鸡只钙源。

3. 其他钙源饲料 石膏含有20%～30%钙，但有时会存在氟超标问题。白云石粉含钙24%，其因含镁高而饲用价值低。

（二）磷源饲料

鸡大宗饲料原料中，磷源饲料是最昂贵的。我国是一个磷资源相对贫乏国家，所以解决磷源饲料十分迫切。

1. 磷酸氢钙 磷酸氢钙又称磷酸二钙，生产中多简称为氢钙。

优质磷酸氢钙应含磷 18%以上、含钙 21%以上。磷酸氢钙为白色粉末状，是养鸡生产中最主要磷源饲料。

要注意磷酸氢钙的脱氟达标问题。

2. 骨粉 骨粉是动物骨骼经过高温、高压、脱脂、脱胶后粉碎而成。

▲优质骨粉含磷量为 16%、含钙量为 36%。磷钙含量丰富并且比例适宜，是较好的磷源（钙源）饲料。但骨粉因加工工艺不同，含磷量不同，低者仅 10%左右。

▲通常骨粉中的氟含量很高，有甚者高达3 500毫克/千克，在饲料卫生标准中其限量值是1 800毫克/千克，使用骨粉时对此应加以注意。

▲有的骨粉加工工艺不合理，常带有大量病原菌，使用后引起鸡只腹泻，甚至死亡。

▲为防止沙门氏菌和大肠杆菌污染问题，建议在肉鸡饲料生产中，尽可能不使用骨粉作为磷源饲料。

3. 其他磷源饲料 磷酸一钙为白色粉末，好的产品含磷 20%以上。磷酸三钙为白色粉末，含磷在 15%～18%。使用时都要注意脱氟达标问题。

（三）食盐

食盐学名为氯化钠，在植物性饲料中大都缺乏氯与钠，所以在肉鸡饲料配方中要添加食盐。

▲通常肉鸡日粮中添加 0.3%的食盐，但鸡群发生啄癖后，可短期内（1～3 天）将食盐用量增至 0.5%～1%。

▲如果使用国产鱼粉配制日粮，要对鱼粉中含盐量进行化验后再决定用量，以防发生食盐中毒。

▲鱼粉、肉粉、肉骨粉和玉米为原料的 DDGS 中的食盐含量多，在设计饲料配方时要将其所含的食盐量计入其中。

五、维生素添加剂

为保证维生素添加剂的活性成分和便于在配合饲料中添加，维生素添加剂除活性成分外，还有载体、稀释剂、吸附剂及其他化合物。鸡常用的维生素添加剂共 14 种，按它们的溶解性分为脂溶性和水溶性两大类。

（一）脂溶性维生素

1. 维生素 A 添加剂 维生素 A 的单位是国际单位（IU），1 国际单位＝0.344 微克维生素 A 乙酸酯。

▲常见的维生素 A 添加剂多是维生素 A 乙酸酯，含维生素 A 为 50 万国际单位/克。

▲黄色至灰黄色微粒，遇空气、热、光、潮湿易分解。

▲细度为通过20目筛100%，通过40目筛大于90%，通过100目筛少于15%。

▲干燥失重小于 8%，原包装商品可存放半年。

2. 维生素 D_3 添加剂 维生素 D_3 的单位是国际单位，1 国际单位＝0.025 微克晶体维生素 D_3。

▲商品维生素 D_3 添加剂为了增加稳定，进行过处理，大多含维生素 D_3 为 50 万国际单位/克。

▲褐色微粒，遇空气、热、光、潮湿易分解。

▲细度为 95%过 80 目筛。

▲干燥失重小于 5%，原包装商品可存放 1 年。

3. 维生素 E 添加剂 维生素 E 的单位是国际单位或毫克，1 国际单位＝1 毫克 DL-α-生育酚乙酸酯。

▲商品维生素 E 添加剂为了稳定进行过处理，大多含维生素 E 乙酸酯量为 50%。

▲维生素 E 是白色或淡黄色粉末，遇光和潮湿不稳定。

▲细度为 100%通过 140 目筛。

▲干燥失重小于 5%。原包装商品可存放 1 年。

4. 维生素 K_3 添加剂 维生素 K_3 是亚硫酸氢钠甲萘醌，单位为毫克，以甲萘醌计算，其含甲萘醌高于 51%。

▲白色或褐色粉末，有吸湿性，遇光、热和潮湿易分解。

▲原包装商品可存放 1 年。

▲在天然饲料中维生素 K_1 是脂溶性，但人工合成的维生素 K_3 却是水溶性。

（二）水溶性维生素

1. 维生素 B_1 添加剂 维生素 B_1 又称硫胺素，其单位为毫克。维生素 B_1 添加剂的商品形式有两种，所含活性成分据标示而定。当同时添加胆碱时，应使用单硝酸硫胺素添加剂。

（1）盐酸硫胺素 为白色粉末，微带臭味，易吸收水分，易溶于水，重金属含量应小于20毫克/千克。盐酸硫胺素对空气稳定，原包装商品可存放1年。

（2）*单硝酸硫胺素* 白色或黄色粉末，有微弱特臭味，略溶于水，重金属含量应小于20毫克/千克。干燥失重小于1%。原包装商品可存放1年。

2. 维生素B_2添加剂 维生素B_2又称核黄素，其单位是毫克，活性成分据商品标示而定。维生素B_2添加剂为黄色或橙黄色粉末，有微臭，在水中微溶。干燥失重小于1%。对光稳定，原包装商品可存放1年。

3. 烟酸添加剂 烟酸又称尼克酸，其单位是毫克。烟酸添加剂的商品形式有两种，两者的活性相同，活性成分根据商品标示而定。

（1）*烟酸添加剂* 白色至微黄色粉末，略溶于水。干燥失重小于0.5%。烟酸稳定性好，原包装商品可存放1年。

（2）*烟酰胺添加剂* 白色至微黄色粉末，易溶于水。干燥失重小于0.5%，对光、热稳定性好，原包装商品可存放1年。

☞**注意：**烟酰胺有吸潮性，常温下易结块，使用时要注意。

4. 泛酸添加剂 纯泛酸不稳定，多利用泛酸的盐类，因泛酸钙吸湿性低于泛酸钠，故饲料中绝大多数都采用泛酸钙形式添加。

▲泛酸的单位是毫克，1毫克右旋泛酸＝1.087毫克右旋泛酸钙，活性成分据商品标示而定。

▲右旋（D）泛酸钙为白色粉末，易溶于水。

▲干燥失重小于5%，对空气和光稳定，但易受潮破坏，原包装商品可存放1年。

☞**注意：**使用时要注意酸性添加剂（烟酸等）对其的破坏作用。

5. 维生素B_6添加剂 维生素B_6添加剂是盐酸吡哆醇，单位是毫克，活性成分据商品标示而定。

▲本品为白色至微黄色结晶粉末，易溶于水，干燥失重小于0.1%。

▲对空气和热较稳定。

▲原包装商品可存放1年。

☞**注意：**本品易受光与潮湿的破坏。

6. 叶酸添加剂 叶酸的单位是毫克。叶酸有黏性，所以必须稀释后低浓度使用，有时叶酸添加剂中活性成分仅有3%～4%。

▲叶酸添加剂为黄色粉末不溶于水。干燥失重小于8.5%。

▲本品对空气稳定。

▲原包装商品可存放1年。

☞**注意：**本品易受光与潮湿的破坏。

7. 维生素 B_{12} 添加剂 维生素 B_{12} 因在饲料中添加量极少，单位以微克（或毫克）计算。

▲商品形式的维生素 B_{12} 添加剂有 1%、2%、0.1%等剂型。

▲颜色为红褐色。干燥失重小于 5%。

▲对空气与潮湿稳定。

▲原包装商品可存放 1 年。

☞**注意：**本品易被光破坏。

8. 生物素添加剂 生物素添加剂由于在饲料中添加量小，因而单位以微克（或毫克）计算。

▲商品形式多制成 2%生物素预混剂。

▲白色或淡黄色粉末，完全溶于水。

▲干燥失重小于 4%。

▲对空气稳定。

▲原包装商品可存放 1 年。

☞**注意：**本品易被光与高温破坏。

9. 胆碱添加剂 胆碱添加剂采用氯化胆碱形式添加，它的单位是毫克。

▲1 毫克胆碱＝1.15 毫克氯化胆碱。

▲氯化胆碱有含量 75%的胶状物和含量 50%的粉末。

☞**注意：**使用胆碱时要注意胆碱极易吸潮结块，以及它对其他活性成分的破坏作用。

☞**经验：**一般需贮存一段时间再使用的维生素预混剂中，都不加入胆碱，只是在使用时再添加。

10. 维生素 C 添加剂 维生素 C 添加剂是在鸡群受应激条件下添加的添加剂，单位为毫克。

▲维生素 C 不稳定，商品维生素 C 添加剂都要经过包被处理，所含有效成分应据商品标示而定。

▲白色至淡黄色粉末，易溶于水。

▲干燥失重小于 0.1%。

▲对空气稳定。

▲原包装商品可存放 1 年。

☞**注意：**本品易受热破坏，特别易受潮湿的破坏。

六、矿物质添加剂

在鸡的日粮中有维生素 B_{12} 添加剂，所以不需要再加入钴。通常鸡所需要添加的矿物质微量元素共 6 种，即铁、铜、锰、锌、碘和硒。

鸡只并不是单纯需要这 6 种元素的单质，而是含有这 6 种元素的化合物，因为这涉及可利用性问题。通常是硫酸盐类、碳酸盐类、氧化物与氯化物，但特例是亚硒酸钠与碘酸钙。

近些年来有些单位开发了金属元素酵母、金属蛋白盐、金属氨基酸螯合物、有机酸金属螯合盐等一类有机微量元素饲料原料，但存在的共性问题是生产成本高，尽管在畜牧生产中使用效果很好，目前尚无法大量推广使用。

1. 铁 作为鸡只营养性铁源的化合物有两种，即七水硫酸亚铁（绿矾）与一水硫酸亚铁。

▲鸡对两者的生物利用率都是 100%，按分子式计算，前者含铁 20.1%，后者含铁 32.9%。

▲七水硫酸亚铁是天蓝色或绿色结晶，加热 64.4℃后转为一水化合物，300℃时成为无水化合物。

▲七水硫酸亚铁在干燥空气中易风化，在潮湿空气中易氧化成棕黄色碱式硫酸铁，国标含铁最少应在 19.68%以上。

2. 铜 作为鸡只营养性铜源的化合物有三种，即五水硫酸铜（蓝矾）、氧化铜和碳酸铜，其中最常用的是硫酸铜。

▲三种铜的生物利用率相比，硫酸铜要优于后两者。按分子式计算五水硫酸铜应含铜 25.5%，国标规定应在 25%以上。

▲长期贮存的硫酸铜易产生结块现象。

☞**注意：**五水硫酸铜有毒，使用时要避免与人眼和皮肤接触及吸入体内。

3. 锰 作为鸡只营养性锰源的化合物有三种，即一水硫酸锰（硫酸亚锰）、碳酸锰和氧化锰。

▲三种锰的生物利用率相比，一水硫酸锰要优于后两者。按分子式计算，一水硫酸锰应含锰 32.5%，国标规定应在 31.8%以上。

▲一水硫酸锰为白色带粉红色的粉末状结晶，质优者易溶于水，通过在水中溶解性的高低可简易判定出硫酸锰的品质优劣。

▲在高温高湿环境下，硫酸锰贮存期长后易结块。

4. 锌 作为鸡只营养性锌源的化合物有两种，即七水硫酸锌（锌矾）与氧化锌。

▲两者的生物利用率相仿，但按分子式计算前者含锌22.75%，后者含锌80.3%。国标规定前者含锌应在22.5%以上，后者在70%～80%。

▲硫酸锌为白色结晶粉末，在干燥空气中易风化。

▲氧化锌为白色至绿色或黑色粉末，应存放在干燥地方保管。

5. 碘 作为鸡只营养性碘源的化合物有四种，即碘酸钙、碘酸钾、碘化钾与碘化钠。

▲虽然碘化钾与碘化钠生物利用率好，但它们本身不稳定。

▲碘酸钙生物利用率好，且性质稳定。

▲按分子式计算碘酸钙含有65.1%的碘，但商品碘酸钙的碘含量在60%～65%。

☞**注意：**使用碘源饲料添加剂时要避免释放出游离碘，不要在高温高湿条件下装卸与混合。

6. 硒 作为鸡只营养性硒源的饲料添加剂有两种，即亚硒酸钠和酵母硒。

▲亚硒酸钠属剧毒物品，使用中要确保安全。

▲亚硒酸钠外观是白色到粉红色细粉，易溶于水。

▲国标亚硒酸钠含硒应不低于44.7%。

▲酵母硒属于有机硒，使用效果好，但价格偏高。

☞**注意：**使用亚硒酸钠的人员必须熟知它剧毒、腐蚀、亲水的特性。

☞**经验：**在选择各种微量元素添加剂时，要考虑生物利用率、稳定性和重金属含量。

所谓的“复合氨基酸螯合金属盐”一类物质，存在着螯合程度低、组分不严格、酸性条件下解离度高等系列问题，其与无机微量元素的生物利用率对比，差异并不显著。

七、氨基酸添加剂

肉鸡饲料中最常用的氨基酸添加剂是蛋氨酸添加剂和赖氨酸添加剂，还有不常用的色氨酸添加剂与苏氨酸添加剂。

1. 蛋氨酸添加剂（DL-蛋氨酸）

（1）利用 国标蛋氨酸含量应为98.5%以上，水分小于0.5%。蛋氨酸代谢能值很高为21兆焦/千克，并且稳定性很好。

一般情况下根据饲料配方中的含量与需要量间的差额决定添加量，多数情况下是占日粮组成的0.05%～0.11%，添加量过多时反而有害。

(2) 蛋氨酸羟基类似物（MHA） 蛋氨酸羟基类似物是深褐色黏稠状液态物，又称为液态羟基蛋氨酸。

▲蛋氨酸羟基类似物本身并不含有氨基，但在鸡体内酶的作用下可以转化成蛋氨酸。

▲效价：1.2克蛋氨酸羟基类似物=1.0克DL-蛋氨酸。

(3) 蛋氨酸羟基类似物钙盐（MHA-Ca） 为浅褐色粉末或颗粒，有特殊的臭味。

▲本身也不含有氨基，但在鸡体内酶的作用下，可转化成蛋氨酸。

▲效价为蛋氨酸的40%～100%，因实验条件不同，结果变化很大，多数条件下取70%～80%。

(4) 采购经验 DL-蛋氨酸是白色片状或粉末状结晶体，在手中有一种滑溜的感觉，易溶于水，有特殊的气味。

由于蛋氨酸售价较高，有不法分子在兜售所谓的“蛋氨酸”中掺入了淀粉、葡萄糖、石粉等，有时真正蛋氨酸含量连50%都不到。

▲蛋氨酸辨伪

△从感观上假蛋氨酸为黄色或灰色，闪光的结晶少，有怪味，手感发涩。

△通过灼烧试验的残渣可辨别真伪，取1克蛋氨酸放入坩埚，在电炉上碳化，然后在550℃的茂福炉中灼烧1小时，真蛋氨酸残渣在1.5%以下，而假蛋氨酸的残渣很多。

△通过溶解度来判定，取1个250毫升的烧杯，加入50毫升的蒸馏水，再放入1克蛋氨酸，轻轻搅拌，真蛋氨酸几乎全部溶于水，而假蛋氨酸往往溶解度很差。

2. 赖氨酸添加剂（L-赖氨酸盐酸盐） L-赖氨酸为白色或淡褐色不规则颗粒粉末，易溶于水。

L-赖氨酸盐酸盐通常含氮15.3%，折算为粗蛋白是95.8%，含代谢能为16.7兆焦/千克。

商品赖氨酸添加剂标明的纯度为98%，是指L-赖氨酸盐酸盐的含量，扣除盐酸根后，L-赖氨酸的含量仅78%左右，所以在使用时要以78%的含量来折算。

3. 色氨酸添加剂 商品色氨酸添加剂为白色或近白色结晶，有特殊气味，代谢能值高达23.9兆焦/千克。

4. 苏氨酸添加剂 商品苏氨酸添加剂为无色或黄色晶体，有极弱的特殊气味，水中溶解性不是太好，代谢能值为14.6兆焦/千克。

八、其他添加剂

除三大类饲料（蛋白质饲料、能量饲料、矿物质饲料）和三大类添加剂（维生素添加剂、矿物质微量元素添加剂、氨基酸添加剂）外，在肉鸡的日粮配合中还要加入其他添加剂。

这些添加剂五花八门、种类繁多，具体种类在前面的饲料添加剂品种目录已有叙述。添加这类添加剂主要目的只有两点，促进鸡只生长与提高饲料质量。微生态制剂是目前的热门。

1. 微生态制剂的作用机理 微生态制剂是指对宿主有益无害，活的正常微生物或正常微生物促生长物质，经过特殊工艺制成的制剂。

▲微生态制剂的作用机理是利用肠道有益菌（乳酸菌、酵母菌、芽孢菌等），在体内形成优势菌落，可有效地黏附、占位、排斥和抑制致病菌繁殖，起到以菌治菌的作用。

▲肠道有益菌在鸡只肠道中竞争性占位，并迅速生长繁殖，能在短期内显著提高肠道有益微生物水平，促进营养物质消化吸收和鸡只生长发育。

2. 肠道有益菌与生物活性物质 肠道有益菌分泌一系列抗菌和促生长的生物活性物质（多种有机酸、氨基酸、小分子生物肽、维生素、生物活性因子等)。

▲抑制病原微生物繁殖，利于鸡只机体对肠道大肠杆菌、沙门氏菌等有害微生物的控制和净化。

▲有效地控制腹泻发生，提高和改善鸡肉品质。

▲增强机体的免疫功能，强化疫苗接种的效果，提高机体抗应激的能力，降低和减少因分群、转群、免疫接种、环境应激等造成的损失，大幅度降低药费，并且安全无毒、副作用。

3. 肠道有益菌与活菌酶 有益菌产生的活菌酶可有效地促进动物肠道内营养物质的消化和吸收，提高饲料转化率。

▲刺激双歧杆菌的增殖，增强机体的消化吸收功能和抗病能力，抑制腐败菌的繁殖。

▲降低肠道和血液中的肉毒素及尿素酶的含量，将生成恶臭的氨、硫化氢、甲基硫醇、三甲胺等当作食饵(基质)分解掉，从而有效地减少有害气体的产生。

▲还可诱导产生干扰素，提高非特异性免疫球蛋白的水平，刺激巨噬细胞的活性，提高疫苗的保护率。

4. 微生态制剂的种类 市场上的耐高温微生态制剂主要有芽孢杆菌活菌、乳酸杆菌活菌、啤酒酵母分裂物、消化酶、乳酸、促生长因子活性成分等。

5. 其他添加剂 肉鸡饲料中普遍应用的其他添加剂还有：

▲属于酶类的植酸酶、木聚糖酶、纤维素酶、蛋白酶、淀粉酶等。

▲属于抗生素等禁用药品理想替代品的酸化剂。

▲属于普通寡糖类的蔗糖、麦芽糖、海藻糖、环糊精及麦芽寡糖等。在肉鸡饲料中常添加的寡糖是功能性寡糖，即双歧因子，它可促进双歧杆菌增殖，抑制肠道病原菌的生长繁殖，促进肠道内健康微生物菌群的生成。

九、饲料营养成分表

1. 正确理解与使用饲料营养成分表 在应用饲养标准进行饲料配合时必须同时配套饲料营养成分表。

▲目前，规模化的肉鸡养殖企业和饲料生产厂都有化验室，但多数仅能测定饲料原料和成品中的水分、粗蛋白质、灰分、粗脂肪、钙、磷和食盐等。通常缺乏测定有效能、氨基酸、维生素和某些微量元素的技术手段和设备，在某种程度上还需要饲料营养成分表提供数据支持。

▲规模较小的养殖场，仅在十分必要的情况下，才去专业化验室测定一些少量的营养指标。所以正确理解与使用饲料营养成分表是十分重要的。

2. 有条件单位应建立自己的数据库 我国幅员广阔，纬度横跨寒、温、亚热带，各地的气候、地势、土壤条件不同，种植的作物种类地域特点明显。

▲在应用营养成分表时要有针对性的进行选择。

▲有条件单位应建立本单位的饲料原料数据库，根据本单位的化验结果对营养成分表数据进行适当修正。

3. 尽可能利用最新版本的饲料营养成分表 有一点必须强调，因生物遗传品质及生活环境的变化，饲料营养成分表中的数据也要与时俱进，需要随时进行调整，不可能一成不变。

▲我国从 1990 年开始，每年都要修订中国饲料成分及营养价值表中的数据，到 2012 年现已经是第 23 版，要尽可能利用最新版本的饲料成分表。

▲受本书篇幅所限，具体的营养成分表内容不做介绍，可通过互联网、购买饲料配方软件或其他有关书籍进行查找，其网络共享平台支持：http：//www. chinafeeddata. org. cn 或 http：//www. animal. agridata. cn。

第二节 饲料生产

一、配合原则

可以作为肉鸡饲料原料的种类很多，很显然没有一种饲料原料可直接满足鸡只的需要。

▲据现已掌握的知识，肉鸡需要 42 种以上的营养素（营养物质），在本书中仅介绍了 30 余种。

▲在肉鸡的日粮中长期缺乏任何一种营养素都将使鸡只出现营养缺乏症，同时某些营养成分与药物过量添加也会对鸡只造成伤害。

1. 安全合法 在进行肉鸡生产的饲料配制时，要严格遵守国家强制性标准《饲料卫生标准》和相关的条例法规。

▲不使用发霉、变质或受污染的原料。

▲控制矿物质饲料的重金属超标和砷与氟超标问题。

▲严格遵守某些添加剂禁用的规定和停用期的规定，不超量超限使用药物。

▲不添加禁用物质。

2. 满足不同状态下鸡只的营养需求 不同品种、不同生长发育阶段、不同生产性能的鸡只各有不同的营养要求。在进行饲料配合时要根据各种情况选择鸡只适宜的营养标准，科学地满足鸡只营养需求。

3. 经济合理，尽量降低成本 不同的原料有不同的营养含量与价格；可采用线性规划和影子价格原理来配制最低成本饲料配方，以达到经济合理。

4. 合理搭配，尽量使原料种类多样化 采用多种饲料原料，可充分发挥各种饲料原料蛋白质、氨基酸及其他营养成分的互补作用，并可提高各种营养物质的消化率与吸收率。

5. 尽量采用先进新技术 目前，线性规划、目标规划、按可消化氨基酸(3A)设计配方及“最低风险配方”、“潜在配方”、“影子价格”都是很好的新技术。

二、饲养标准的灵活应用

1. 官方饲养标准 世界养鸡业发达的各国，基本都有自己国家官方颁布的饲养标准。

▲最具代表性的当属美国的 NRC 标准，这些标准都在定期或不定期根据

最新科研成果进行修订。

▲我国在1986年发布了第1版的国家专业标准《鸡的饲养标准》（ZB/B 43005—1986），该标准沿用至今。同年发布了第1版农业行业《鸡的饲养标准》（NY/T 33—1986），农业部在2004年对该标准进行了修订（NY/T 33—2004）。

2. 企业与地方的饲养标准 除了各国权威部门发布的饲养标准外，各个养鸡育种公司结合本公司鸡品种的特点，在各自的鸡饲养指南手册中列出了相应鸡的营养需要。有时某个数据值与其他的营养标准大相径庭。另外，我国的地方品种鸡近年有扩大饲养的趋势，各省、自治区、直辖市又有相应的地方标准。

3. 灵活应用 如何应用这些标准，首先要对饲养标准制定和表达的方法，能量与其他营养物质需要量之间的关系等，有一个基本的了解。在此基础上做到既要以饲养标准为依据，又不能完全局限于它，要有所从，也有所不从，要使计算出的营养供给量，更能符合所饲养鸡群的生理状态、生产水平和所处的环境条件。

4. 正确认识 诚然，做到恰如其分地符合鸡只营养需要，这一点并非易事，但却是我们应致力追求的目标。事实上，因为鸡只遗传品质、生产潜力、环境条件等都处于不断变化之中，人们要适应这些变化，需要持续地进行研究，并不断揭示其规律，通过努力尽可能接近这个不断攀升的制高点，这是我们始终不懈的目标。

从严格意义上讲，永远不可能绝对达到上述目标。但通过我们的努力，可以尽可能去接近这一目标。实践是检验真理的唯一标准，鸡群实际生产情况的反映，就是对我们接近这一目标程度的最好检验。

三、配合注意事项

1. 应初步掌握各种原料的大致比例 肉鸡饲料配制中常见的各种原料的相对比例见表3-4。

表3-4 肉鸡日粮配合中各原料的相对比例（%）

种类	比例	种类	比例
谷物饲料	55～65	油脂类饲料	2～5
糠麸类饲料	0～5	矿物质饲料	1～2
植物性蛋白饲料	25～33	各类添加剂	1
动物性蛋白饲料	尽量不添加		

2. 了解鸡只采食量与能量和蛋白质的关系 鸡有“因能而食”的自我调节机制。

▲当鸡只摄入的能量满足后，采食就会停止。

▲鸡只采食量低时，若饲料中蛋白质等营养成分含量低，会使鸡只蛋白质等营养摄入量不足，这样必然要影响到鸡只的生长发育。

▲鸡只采食量高时，若饲料中蛋白质等营养素含量高，会造成饲料资源浪费，并可能对鸡只造成伤害（如发生痛风）。

▲所以要根据不同环境条件，考虑鸡饲料原料的种类，使饲料中能量与蛋白质（包括维生素、矿物质等）有一个恰当比例，做到既满足能量需求，又满足其他营养物质需求，不造成饲料资源浪费，达到提高经济效益的目标。

3. 配制时注意蛋白质的组成（氨基酸平衡）**问题** 饲喂单纯的高蛋白日粮，因为存在氨基酸平衡问题，鸡只生长、生产成绩不一定会好。

▲鸡只第一限制性氨基酸是蛋氨酸，其次为赖氨酸与色氨酸，共有10种（雏鸡需要13种）必需氨基酸。

▲限制性氨基酸由于它在原料中含量低,可导致饲料中氨基酸不平衡,影响到其他氨基酸的吸收与利用,所以在配合日粮时,要注意氨基酸的平衡问题。

4. 恰当掌握磷钙比例 在鸡的饲料中磷钙要有恰当的比例，因为鸡只对磷的吸收与钙在饲料中含有量有关。

▲饲料中含钙多时，有碍于雏鸡生长，也影响磷、镁、锰、锌的吸收。

▲一般鸡只生长阶段，磷钙比1∶1～2为宜。

▲肉种鸡产蛋阶段磷钙比1∶5～6为宜。

5. 配合后饲料适口性要好 假如配合饲料的适口性不好，品质差，即使理论上计算的饲料营养成分浓度达到了营养标准要求，但因鸡只采食量不足，最终会因摄入营养物质不足而影响到鸡只的生长与生产。所以对饲料原料的品质要有入厂检验，必须符合饲料卫生标准，发霉变质的原料绝不能使用。

6. 饲料混合工艺要合理 维生素、微量元素、氨基酸添加剂和药物等在配合饲料中用量少、作用大，如混合工艺不合理，会造成中毒现象。

▲为混合均匀，对这些原料的粒度通常是有要求的：

△单体氨基酸的粒度应在0.1～1毫米。

△铁、锌、锰等微量元素的粉碎粒度应全部通过0.25毫米（60目）筛。

△某些维生素、钴、碘、硒等极微量成分应粉碎至0.074毫米（200目）以下。

▲有些项目添加前必须进行预混合，当微量组分每次相对添加量小于

0.2%或在每批次中绝对添加量少于500克的都要经预混合，然后再进入正常饲料混合工艺。

四、饲料生产加工

（一）饲料生产的基本原则

1. 饲喂后安全可靠　在饲料原料与饲料添加剂的选择上，必须首先考虑安全性。

▲不安全的饲料原料不仅对肉鸡有害，人们食用了采食不安全饲料所生产的鸡产品，也会对人类造成危害，发生在欧盟的二噁英污染就是一个典型例子。

▲任何不符合饲料卫生标准发霉、变质、污染及毒素量超标的原料不得使用。

▲没经过批准的添加剂严禁使用。

▲对添加剂使用时还要考虑有效期问题。

2. 尽可能降低成本　有时为了充分利用本地饲料资源，可以从增加采食量角度考虑，适当降低营养水平。这种情况下，虽达不到最好的生产水平，但达到了充分利用本地资源，降低生产成本的目的；这时要考虑饲养效果与生产成本之间的平衡，不能一味单纯追求降低成本。

3. 经济效益合理　配制生产出的配合饲料，应在生产成本上使饲料生产厂家认为合理。

▲在销售价格上使用户感到满意。

▲其产品的质量和价格在与同行业对手竞争中，处于一个有利位置。

4. 对外销售的饲料必须有标签　按我国有关饲料法规，商品饲料在出厂时必须附有标签。

▲上面明示“本产品符合饲料卫生标准”。

▲还要有产品名称、净含量、有效成分（如含有药物添加剂时一定要额外明示）、产品成分分析保证值、产品执行的标准编号、使用说明、注意事项、生产者名称和地址、出厂日期、保质期限、产品批准文号与生产许可证号等。

▲在使用方法中多用表格的形式说明如何使用。

（二）配合饲料的生产工艺

1. 先粉碎后配合　其加工工艺是将各种原料分别粉碎，贮入各自料仓，然后按配方要求进行计量，送入混合机充分混合而成，简单工艺流程见图3-1。

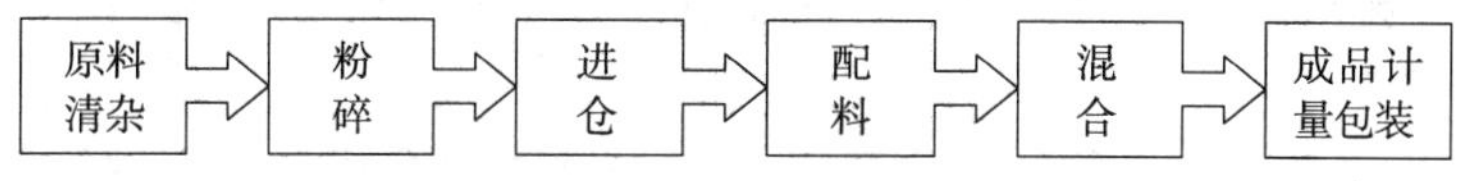

图 3-1　先粉碎后配合的生产工艺流程

这种工艺特点是可按各种要求，将不同原料粉碎成不同粒度。由于采用了分别粉碎，可提高粉碎机工作效率，减少电耗与成本，提高产量，同时对粉碎机筛孔可进行不同的选择，以使饲料中粒度质量达各自要求，如对玉米可粉碎得粗一点等。但它需较多贮料仓，生产工艺复杂，布局也相对复杂。

2. 先配料后粉碎　其加工工艺是将各种需粉碎的原料按配方要求计量和稍加混合后，进入粉碎机，在粉碎后的混合饲料中加入其他不需粉碎的原料，再经混合机充分混合，成为配合饲料，简单工艺流程见图 3-2。

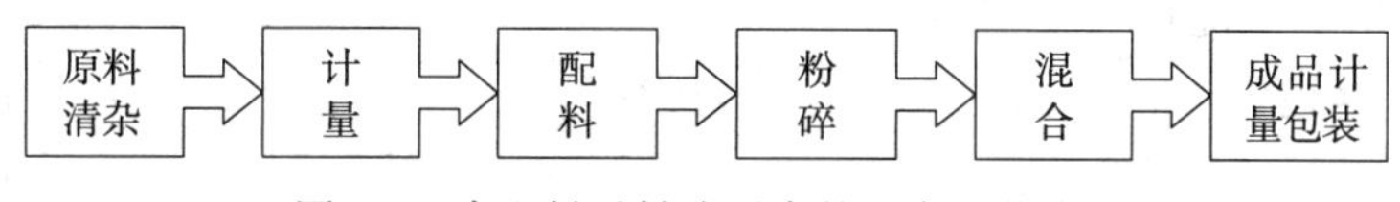

图 3-2　先配料后粉碎混合的生产工艺流程

这种工艺特点节省了贮料仓数量、工艺连续性强、流程简单，其最大缺点是由于原料中谷物粒度与容重不同，粉碎前会发生分级，在配料中配比误差大。一般这种工艺较适应原料品种多、投资节省的小型饲料厂。

（三）生产配合饲料的设备

生产配合饲料的主要设备有：清杂设备、粉碎设备、储料设备、配料（计量）设备、混合设备、制粒设备、输送（传送）设备、通风除尘和成品包装计量设备等。

1. 清杂设备　清杂设备主要通过筛选或磁选，将原料中杂物如石块、泥块、绳头、木片、袋片、铁丝等金属杂物去掉。圆筒初清筛清杂效果较好，也可采用振动筛来清杂。磁选多用永磁筒，也可用电磁铁，但其耗电较多。

2. 粉碎设备　粉碎设备种类较多，有锤片式、爪式、冲击式、对辊磨式、榔头式等。

▲根据各种粉碎目的还有立式粉碎、超微粉碎、无网式粉碎、立轴式粉碎等多种形式，但最常用还是锤片式粉碎机。

▲粉碎时要注意物料的含水量，含水量高时，粉碎效率低、电耗大。在粉碎时保证被粉碎物料的相对干燥，对降低电耗、减少机器磨损和降低生产成本的关系很大，但通常没有引起相应重视。

3. 配料设备　配料设备使用电子计算机配料秤，有单秤、双秤与三秤等几种形式。螺旋配料器通过改变转速来确定输送量，而摆式配料器可逆向运转，缩短行程。

4. 混合设备 混合设备较常见是卧式与立式混合机，还有双螺旋行星式混合机。

▲现较多采用双轴桨叶式混合机。

▲它双轴搅拌，混合过程温和，混合均匀，饲料不发生分级分层现象。

▲混合均匀度高，其产品混合均匀度变异系数低于5%。

▲混合速度快，通常1分钟内完成混合。

▲装填系数可变范围广，为0.1～0.8。

▲由于采用了全长双开门结构，排料快、残留少。

5. 制粒设备 现多采用环模制粒和逆流冷却系统，并要配套蒸汽调质装置，对厂房的高度也有要求。

6. 其他设备 包括输送设备、储料设备、通风除尘设备、成品计量包装设备等。

7. 小型饲料加工机组 由于其占地面积小、耗电省及操作、维修方便，并且投资少、整机可整体移动等优点，所以非常适合农村条件下小型饲料生产厂使用，但由于它属于先配合后粉碎工艺，明显具有缺陷，特别是在采用原料品种较多时尤为突出。

（四）预混料生产

1. 预混料配方的设计 鸡的饲养标准或营养需要量是设计预混料的基本依据，可参照饲养标准与营养需要量来进行设计。

▲饲养标准多是最低需要量，应适当加大一点安全保证系数，所以各育种公司建议的营养需要量多比饲养标准高。

▲另一点要注意，营养需要量是指维持正常生产、生长的需要量，不是应该添加量，因为在基础日粮中还有一定量的维生素与微量元素，所以在制定预混料配方时，还应适当考虑一下日粮中的某些成分的含量。

2. 注意事项 注意事项内容很多，主要有：

▲在保管、预处理、生产加工过程中要注意保持原料的活性，如维生素的贮存温度、湿度条件。

▲避免不同成分间、不同产品间的交叉污染。

▲考虑维生素与微量元素间的关系。

▲为保证配料精度应采用多级稀释、分组配料方式，称量要准确。

▲为达到混合均匀度要求，对预混料原料的粒度和混合工艺有严格要求。

▲对产品的包装要考虑贮藏问题，要求能防潮防光。

▲在生产中要保证安全，首先是饲喂后对鸡只的安全，饲料中有毒、有害物不超标。其次是保证生产人员的人身安全，如亚硒酸钠等对人体健康有一定的威胁。

3. 各种原料之间的影响 预混料中各种活性成分混合在一起，不可避免要发生物理变化和化学反应，虽然采用载体或包被技术对某些活性成分进行了“包装”，但有些活性成分间的反应还是要发生，以下3项是重点。

（1）*泛酸钙与烟酸* 烟酸是酸性较强的化合物，多数情况下其用量比泛酸钙多。

▲泛酸钙吸水性强，易脱氧失活，当pH小于6以下时稳定性降低。

▲若选用谷物类作稀释剂，可能因谷物含水量大于10%（这在夏季是很普遍的），使泛酸钙与烟酸间发生反应。

▲在夏季高温潮湿的季节，泛酸钙活性可下降25%，所以在高温潮湿季节应对稀释剂进行干燥预处理。

（2）*氯化胆碱* 氯化胆碱吸湿性极强，对维生素A、维生素D和泛酸钙有破坏作用。

▲可采取分别包装，在生产全价配合料时再打开氯化胆碱独自小包装办法。

▲也可以在生产预混料时，加大稀释剂比例，使氯化胆碱所占比例不超过全部预混料的20%。

（3）*微量元素与维生素* 微量元素中铁、铜、锰等阳离子是维生素分解的促进剂，特别对维生素A破坏严重。

▲可以将维生素与微量元素分别包装，在生产全价配合料时再混合。

▲如果准备生产同时含有维生素与微量元素的预混料，这种预混料应占全价料的1%以上，这样才能保证维生素不被破坏。预混料中水分要限定在5%以下。

（五）浓缩料生产

1. 浓缩料配方的设计 设计浓缩料配方与设计全价料一样，根据饲养标准、饲养对象和当地饲料资源先设计出全价饲料配方，然后将其中的能量饲料（玉米）抽掉。也有人在小比例浓缩料中抽掉部分植物性蛋白质饲料和钙质饲料。

▲为了方便使用，一般都是抽掉整数，如配方中玉米占63.4%，可抽掉60%玉米，其余的3.4%玉米仍加在浓缩料中，用剩余的饲料组成浓缩料。

▲生产浓缩料，剩余的各种原料配比需要有一个换算，具体方法是：将某原料在全价料中的配比除以抽掉能量饲料后的配比之和。如果全价料配方中豆粕占 25%，抽掉 60%玉米后，浓缩料中的豆粕应占 25/40×100%＝62.5%。

2. 生产浓缩料需注明的事项

▲注明营养成分含量，如某产品的粗蛋白质不少于 40%，粗纤维不大于 10%，粗灰分不大于 18%，钙、氯化钠所在范围和总磷、氨基酸、维生素及微量元素的含量。

▲表明使用原料的名称和含量，如鱼粉、豆粕、磷酸氢钙、贝壳粉、食盐、维生素 A、维生素 D、维生素 E、维生素 B_1、维生素 B_2、维生素 B_6、维生素 B_{12}、烟酸、泛酸、叶酸、生物素，以及微量元素铁、锰、锌、铜、碘、硒和生长促进剂等。

▲添加药物添加剂的浓缩料，应在产品名称下醒目位置注明“含有药物饲料添加剂”字样，并要标明药物的通用名称、准确含量、配伍禁忌、停药期及注意事项。

第三节 质量控制

一、饲料卫生标准

《饲料卫生标准》（GB 13078—2001）是 2001 年国家颁布的强制性国家标准，是肉鸡饲料生产的底线，所有有关单位必须无条件地严格执行。根据生产实际中存在的问题，其后分别发布了 4 个修改单，为了节省篇幅，修改单的具体内容不逐一列出，但表 3-5 的内容是根据修改单要求进行了补充与修改。

表 3-5 饲料、饲料添加剂卫生指标

<table>
<tr><th>序号</th><th>项目</th><th colspan="2">产品名称</th><th>指标</th><th>试验方法</th><th>备注</th></tr>
<tr><td rowspan="6">1</td><td rowspan="6">砷（以总砷计）的允许量（每千克产品中，毫克）</td><td rowspan="3">矿物饲料</td><td>石粉</td><td>≤2.0</td><td rowspan="6">GB/T 13079</td><td rowspan="6"></td></tr>
<tr><td>磷酸盐</td><td>≤20.0</td></tr>
<tr><td>沸石粉、膨润土、麦饭石</td><td>≤10.0</td></tr>
<tr><td rowspan="3">饲料添加剂</td><td>硫酸亚铁、硫酸镁</td><td>≤2.0</td></tr>
<tr><td>硫酸铜、硫酸锰、硫酸锌、碘化钾、碘酸钙、氯化钴</td><td>≤5.0</td></tr>
<tr><td>氧化锌</td><td>≤10.0</td></tr>
</table>

（续）

序号	项目	产品名称		指标	试验方法	备注
1	砷（以总砷计）的允许量（每千克产品中，毫克）	饲料产品	鱼粉、肉粉、肉骨粉	≤10.0	GB/T 13079	
			家禽、猪配合饲料	≤2.0		
			牛、羊精料补充料	≤10.0		
			猪、家禽浓缩饲料			
			猪、家禽添加剂预混合饲料			
		添加有机砷的饲料产品[A]	猪、家禽配合饲料	不大于2毫克与添加的有机砷制剂标示值计算得出的砷含量之和		
			猪、家禽浓缩饲料	按添加比例折算后，应不大于相应猪、家禽配合饲料的允许量		
			猪、家禽添加剂预混合饲料			
2	铅（以pb 计）的允许量（每千克产品中，毫克）	生长鸭、产蛋鸭、肉鸭配合饲料、鸡配合饲料、猪配合饲料		≤5	GB/T 13080	
		奶牛、肉牛精料补充料		≤8		
		产蛋鸡、肉用仔鸡浓缩饲料		≤13		
		仔猪、生长肥育猪浓缩饲料				
		骨粉、肉骨粉、鱼粉、石粉		≤10		
		磷酸盐		≤30		
		产蛋鸡、肉用仔鸡复合预混合饲料		≤40		
		仔猪、生长肥育猪复合预混合饲料				
3	氟（以F计）的允许量（每千克产品中，毫克）	鱼粉		≤500	GB/T 13083	
		石粉		≤2 000		
		磷酸盐		≤1 800		
		肉用仔鸡、生长鸡配合饲料		≤250		
		产蛋鸡配合饲料		≤350		
		猪配合饲料		≤100		
		骨粉、肉骨粉		≤1 800		
		生长鸭、肉鸭配合饲料		≤200		
		产蛋鸭配合饲料		≤250		
		牛（奶牛、肉牛）精料补充料		≤50		
		猪、禽添加剂预混合饲料		≤1 000		
		猪、禽浓缩饲料		按添加比例折算后，应不大于相应猪、禽配合饲料的允许量		

（续）

序号	项目	产品名称	指标	试验方法	备注
4	霉菌的允许量（每克产品中，霉总菌数×10³个）	玉米	<40	GB/T 13092	限量饲用：40～100；禁用：>100
		小麦麸、米糠			限量饲用：40～80禁用：>80
		豆饼（粕）、棉籽饼（粕）、菜籽饼（粕）	<50		限量饲用：50～100禁用：>100
		鱼粉、肉骨粉	<20		限量饲用：20～50禁用：>50
		鸭配合饲料	<35		
		猪、鸡配合饲料 猪、鸡浓缩饲料 奶、肉牛精料补充料	<45		
5	黄曲霉毒素 B_1 允许量（每千克产品中，微克）	玉米	≤50	GB/T 17480 或 GB/T 8381	
		花生饼（粕）、棉籽饼（粕）、菜籽饼（粕）			
		豆粕	≤30		
		仔猪配合饲料及浓缩饲料	≤10		
		生长肥育猪、种猪配合饲料及浓缩饲料	≤20		
		肉用仔鸡前期、雏鸡配合饲料及浓缩饲料	≤10		
		肉用仔鸡后期、生长鸡、产蛋鸡配合饲料及浓缩饲料	≤20		
		肉用仔鸭前期、雏鸭配合饲料及浓缩饲料	≤10		
		肉用仔鸭后期、生长鸭、产蛋鸭配合饲料及浓缩饲料	≤15		
		鹌鹑配合饲料及浓缩饲料	≤20		
		奶牛精料补充料	≤10		
		肉牛精料补充料	≤50		
6	赭曲霉毒素A允许量（每千克产品中，微克）	配合饲料，玉米	≤100	GB/T 19539	

（续）

序号	项目	产品名称	指标	试验方法	备注
7	玉米赤霉烯酮允许量（每千克产品中，微克）	配合饲料，玉米	≤500	GB/T 19540	
8	脱氧雪腐镰刀菌烯醇允许量（每千克产品中，毫克）	猪配合饲料	≤1	GB/T 8381.6	
		犊牛配合饲料	≤1		
		泌乳期动物配合饲料	≤1		
		牛配合饲料	≤5		
		家禽配合饲料	≤5		
9	铬（以Cr计）的允许量（每千克产品中，毫克）	皮革蛋白粉	≤200	GB/T 13088	
		鸡、猪配合饲料	≤10		
10	汞（以Hg计）的允许量(每千克产品中,毫克)	鱼粉	≤0.5	GB/T 13081	
		石粉	≤0.1		
		鸡配合饲料,猪配合饲料			
11	镉（以Cd计）的允许量(每千克产品中,毫克)	米糠	≤1.0	GB/T 13082	
		鱼粉	≤2.0		
		石粉	≤0.75		
		鸡配合饲料，猪配合饲料	≤0.5		
12	氰化物（以HCN计）的允许量（每千克产品中，毫克）	木薯干	≤100	GB/T 13084	
		胡麻饼、粕	≤350		
		鸡配合饲料，猪配合饲料	≤50		
13	亚硝酸盐（以$NaNO_2$计）的允许量（每千克产品中，毫克）	鸭配合饲料	≤15	GB/T 13085	
		鸡、鸭、猪浓缩饲料	≤20		
		牛（奶牛、肉牛）精料补充料	≤20		
		玉米	≤10		
		饼粕类、麦麸、次粉、米糠	≤20		
		草粉	≤25		
		鱼粉、肉粉、肉骨粉	≤30		

（续）

序号	项目	产品名称	指标	试验方法	备注
14	游离棉酚的允许量（每千克产品中，毫克）	棉籽饼、粕	≤1 200	GB/T 13086	
		肉用仔鸡、生长鸡配合饲料	≤100		
		产蛋鸡配合饲料	≤20		
		生长肥育猪配合饲料	≤60		
15	异硫氰酸酯（以丙烯基异硫氰酸酯计）的允许量（每千克产品中，毫克）	菜籽饼、粕	≤4 000	GB/T 13087	
		鸡配合饲料	≤500		
		生长肥育猪配合饲料			
16	恶唑烷硫酮的允许量（每千克产品中，毫克）	肉用仔鸡、生长鸡配合饲料	≤1 000	GB/T 13089	
		产蛋鸡配合饲料	≤500		
17	六六六的允许量（每千克产品中，毫克）	米糠、小麦麸、大豆饼（粕）、鱼粉	≤0.05	GB/T 13090	
		肉用仔鸡、生长鸡配合饲料、产蛋鸡配合饲料	≤0.3		
		生长肥育猪配合饲料	≤0.4		
18	滴滴涕的允许量（每千克产品中，毫克）	米糠、小麦麸、大豆饼（粕）、鱼粉	≤0.02	GB/T 13090	
		鸡配合饲料，猪配合饲料	≤0.2		
19	沙门氏菌	饲料	不得检出	GB/T 13091	
20	细菌总数的允许量（每克产品中，细菌总数 $\times10^6$ 个）	鱼粉	＜2	GB/T 13093	限量饲用：2～5 禁用：＞5

A 系指国家主管部门批准允许使用的有机胂制剂，其用法与用量遵循相关文件的规定。添加有机胂制剂的产品应在标签上标示出有机胂准确含量（按实际添加量计算）。

二、饲料与饮水中禁用的物质

1. 禁止在饲料和动物饮用水中使用的药物 为加强饲料、兽药和人用药品管理，防止在饲料生产、经营、使用和动物饮用水中超范围、超剂量使用兽药和饲料添加剂，杜绝滥用违禁药品的行为，根据《饲料和饲料添加剂管理条例》、《兽药管理条例》、《药品管理法》的有关规定，农业部联合卫生部和国家药品监督管理局在2002年公布了农业部公告第176号《禁止在饲料和动物饮用水中使用的药物品种目录》（表3-6），并就有关事项主要公告如下：

（1）凡生产、经营和使用的营养性饲料添加剂和一般饲料添加剂，均应属于《允许使用的饲料添加剂品种目录》（见本章表3-1与表3-2的有关内容）中规定的品种。

（2）凡生产含有药物饲料添加剂的饲料产品，必须严格执行《饲料药物添加剂使用规范》（农业部168号公告，具体见本章表3-12的有关内容）的规定。

（3）凡在饲养过程中使用药物饲料添加剂，需按照《药物饲料添加剂使用规范》规定执行，不得超范围、超剂量使用药物饲料添加剂，使用药物饲料添加剂必须遵守休药期、配伍禁忌等有关规定。

（4）人用药品的生产、销售必须遵守《药品管理法》及相关法规的规定。未办理兽药、饲料添加剂审批手续的人用药品，不得直接用于饲料生产和饲养过程。

表3-6 禁止在饲料和动物饮用水中使用的药物

分类	名称
肾上腺素受体激动剂	盐酸克伦特罗、沙丁胺醇、硫酸沙丁胺醇、莱克多巴胺、盐酸多巴胺、西马特罗、硫酸特布他林
性激素	己烯雌酚、雌二醇、戊酸雌二醇、苯甲酸雌二醇、氯烯雌醚、炔诺醇、炔诺醚、醋酸氯地孕酮、左炔诺孕酮、炔诺酮、绒毛膜促性腺激素、促卵泡生长激素
蛋白同化激素	碘化酪蛋白、苯丙酸诺龙及苯丙酸诺龙注射液
精神药品	氯丙嗪、盐酸异丙嗪、安定、苯巴比妥、苯巴比妥钠、巴比妥、异戊巴比妥、异戊巴比妥钠、利血平、艾司唑仑、甲丙氯脂、咪达唑仑、硝西泮、奥沙西泮、匹莫林、三唑仑、唑吡旦、其他国家管制的精神药物
各种抗生素滤渣	抗生素滤渣

2. 食品动物禁用的兽药及其他化合物清单 为保证动物源性食品安全，维护人民身体健康，根据《兽药管理条例》的规定，农业部在2002年发布农业部公告第193号，制定了《食品动物禁用的兽药及其他化合物清单》(以下简称《禁用清单》)，公告内容如下：

(1)《禁用清单》序号1～18所列品种的原料药及其单方、复方制剂产品立即停止生产，已在兽药国家标准、农业部专业标准及兽药地方标准中收载的品种，废至其质量标准，撤销其产品批准文号；已在我国注册登记的进口兽药，废止其进口兽药质量标准，注销其《进口兽药登记许可证》。

(2) 截至2002年5月15日，《禁用清单》序号1～18所列品种的原料药及其单方、复方制剂产品停止经营和使用。

(3)《禁用清单》序号19～21所列品种的原料药及其单方、复方制剂产品不准以抗应激、提高饲料报酬、促进动物生长为目的在食品动物饲养过程中使用。在肉鸡生产中，严禁使用表3-7中规定的兽药及其他化合物。

表3-7 食品动物禁用的兽药及其他化合物清单

序号	兽药及其他化合物名称	禁止用途	禁止动物
1	β-兴奋剂类：克伦特罗 Clenbutereol、沙丁胺醇 Salbutamol、西马特罗 Cimaterol 及其盐、酯及制剂	所有用途	所有食品动物
2	性激素类：己烯雌酚 Diethylstibestrol 及其盐、酯及制剂	所有用途	所有食品动物
3	具有雌激素样作用的物质：玉米赤霉醇 Zeranol、去甲雄三烯醇酮 Trenbolone、醋酸甲孕酮 Mengestrol，Acetate 及制剂	所有用途	所有食品动物
4	氯霉素 Chloramphenicol 及其盐、酯（包括：琥珀氯霉素 Chloramphenicol Succinate）及制剂	所有用途	所有食品动物
5	氨苯砜 Dapsone 及制剂	所有用途	所有食品动物
6	硝基呋喃类：呋喃唑酮 Furazolidone、呋喃它酮 Furaltadone、呋喃苯烯酸钠 Nifurstyrenate sodium 及制剂	所有用途	所有食品动物
7	硝基化合物：硝基酚钠 Sodium nitrophenolate、硝呋烯腙 Nitrovin 及制剂	所有用途	所有食品动物
8	催眠、镇静类：安眠酮 Methaqualone 及制剂	所有用途	所有食品动物
9	林丹（丙体六六六）Lindane	杀虫剂	所有食品动物
10	毒杀芬（氯化烯）Camah echlor	杀虫剂 清塘剂	所有食品动物
11	呋喃丹（克百威）Carbofuran	杀虫剂	所有食品动物
12	杀虫脒（克死螨）Chlordimeform	杀虫剂	所有食品动物
13	双甲脒 Amitraz	杀虫剂	水生食品动物
14	酒石酸锑钾 Antimony potassium tartrate	杀虫剂	所有食品动物

（续）

序号	兽药及其他化合物名称	禁止用途	禁止动物
15	锥虫胂胺 Tryparsamide	杀虫剂	所有食品动物
16	孔雀石绿 Malachite green	抗菌 杀虫剂	所有食品动物
17	五氯酚酸钠 Pentachlorophenol sodium	杀螺剂	所有食品动物
18	各种汞制剂，包括：氯化亚汞（甘汞）Calomel，硝酸亚汞 Mercurous nitrate、醋酸汞 Mercurous acetate、吡啶基醋酸汞 Pycidyl mercurous acetate	杀虫剂	所有食品动物
19	性激素类：甲基睾丸酮 Methyltesterone、丙酸睾酮 Testosterone Propionate、苯丙酸诺龙 Nandrolone Phenylpropionate、苯甲酸雌二醇 Estradiol Benzoate 及其盐、酯及制剂	促生长	所有食品动物
20	催眠、镇静类：氯丙嗪 Chlorpromazine、地西泮（安定）diazepam 及其盐、酯及制剂	促生长	所有食品动物
21	硝基咪唑类：甲硝唑 Metronidazole、地美硝唑 dimetronidazole 及其盐、酯及制剂	促生长	所有食品动物

注：食品动物是指各种供人食用或其产品供人食用的动物。

3. 禁止在饲料和动物饮用水中使用的物质 在饲料添加剂的使用中，不法人员绞尽脑汁逃避监管，在食品动物的饮水与饲料中各种非法添加物不断出现，针对不断变化的新情况，为加强饲料及养殖环节质量安全监管，保障饲料与畜产品质量安全，根据《饲料和饲料添加剂管理条例》的有关规定，2010年农业部发布公告第1519号，禁止在饲料与饮水中使用苯乙醇胺A等11种物质。包括：苯乙醇胺A、班布特罗、盐酸齐帕特罗、盐酸氯丙那林、马布特罗、西布特罗、溴布特罗、酒石酸阿福特罗、富马酸福莫特罗、盐酸可乐定和盐酸赛庚啶。

三、饲料添加剂安全使用规范

根据《饲料和饲料添加剂管理条例》有关规定，为指导饲料企业和肉鸡养殖单位科学合理使用饲料添加剂，提高饲料和养殖产品质量安全水平，保护生态环境，促进饲料产业和养殖业持续健康发展。2009年农业部发布公告第1224号，制定了《饲料添加剂安全使用规范》，其中“在配合饲料中的最高限量”为强制性指标，肉鸡企业和养殖单位必须严格遵照执行。为节省篇幅，本书仅摘录其与肉鸡有关的最高限量项目（表3-8、表3-9、表3-10、表3-11）。

欲获得《饲料添加剂安全使用规范》的全部详细内容，请在有关书刊或互联网上查看农业部公告第1224号。

表 3-8　肉鸡氨基酸饲料添加剂安全使用规范（%）

通用名称	含量规格	在配合饲料中的推荐用量	在配合饲料中的最高限量	备注
DL-蛋氨酸	≥98.5	0～0.2	0.9	以蛋氨酸计
蛋氨酸羟基类似物	≥88.0	0～0.21	0.9	以蛋氨酸羟基类似物计
蛋氨酸羟基类似物钙盐	≥84.0	0～0.21	0.9	以蛋氨酸羟基类似物计

表 3-9　肉鸡维生素饲料添加剂安全使用规范

通用名称	含量规格	在配合饲料中的推荐用量	在配合饲料中的最高限量	备注
维生素A乙酸酯	粉剂$\geqslant 5.0\times 10^5$国际单位/克 油剂$\geqslant 2.5\times 10^6$国际单位/克	2 700～8 000国际单位/千克	14日龄以前的肉鸡20 000国际单位/千克 14日龄以后的肉鸡10 000国际单位/千克	以维生素A计
维生素A棕榈酸酯	粉剂$\geqslant 2.5\times 10^5$国际单位/克 油剂$\geqslant 1.7\times 10^6$国际单位/克	2 700～8 000国际单位/千克	14日龄以前的肉鸡20 000国际单位/千克 14日龄以后的肉鸡10 000国际单位/千克	以维生素A计
维生素D_3	油剂$\geqslant 1.0\times 10^6$国际单位/克 粉剂$\geqslant 5.0\times 10^5$国际单位/克	400～2 000国际单位/千克	5 000国际单位/千克	以维生素D_3计
二甲基嘧啶醇亚硫酸甲萘醌	≥44.0%	0.4～0.6毫克/千克	5毫克/千克	以甲萘醌计
亚硫酸氢钠甲萘醌	≥50.0%	0.4～0.6毫克/千克	5毫克/千克	以甲萘醌计
亚硫酸氢烟酰胺甲萘醌	≥43.7%	0.4～0.6毫克/千克	5毫克/千克	以甲萘醌计
L-肉碱	97.0%～103.0%	50～60毫克/千克	200毫克/千克	以干基计
L-肉碱盐酸盐	79.0%～83.8%	50～60毫克/千克	200毫克/千克	以干基计

注：由于测定方法存在精密度和准确度的问题，部分维生素类饲料添加剂的含量规格是范围值，若测量误差为正，则检测值可能超过100%，故有含量规格出现超过100%的情况。

表 3-10　肉鸡微量元素饲料添加剂安全使用规范

通用名称	含量规格（%）	在配合饲料中的推荐用量（毫克/千克）	在配合饲料中的最高限量（毫克/千克）	备注
硫酸亚铁	（1 水）≥30.0 （7 水）≥19.7	35～120	750	以铁元素计
富马酸亚铁	≥29.3	35～120	750	以铁元素计
柠檬酸亚铁	≥16.5	35～120	750	以铁元素计
乳酸亚铁	≥18.9	35～120	750	以铁元素计
硫酸铜	（1 水）≥35.7 （5 水）≥25.0	0.4～10.0	35	以铜元素计
碱式氯化铜	≥58.1	0.4～10.0	35	以铜元素计
硫酸锌	（1 水）≥34.5 （7 水）≥22.0	55～120	150	以锌元素计
氧化锌	≥76.3	80～150	150	以锌元素计
蛋氨酸锌络（螯）合物	≥17.2	54～120	150	以锌元素计
硫酸锰	≥31.8	72～110	150	以锰元素计
氧化锰	≥76.6	86～132	150	以锰元素计
氯化锰	≥27.2	74～113	150	以锰元素计
碘化钾	≥74.9	0.1～1.0	10	以碘元素计
碘酸钾	≥58.7	0.1～1.0	10	以碘元素计
碘酸钙	≥61.8	0.1～1.0	10	以碘元素计
亚硒酸钠	≥44.7	0.1～0.3	0.5	以硒元素计
酵母硒	有机形态硒含量≥0.1	0.1～0.3	0.5	以硒元素计

表 3-11　肉鸡常量元素（矿物质）饲料添加剂安全使用规范（%）

通用名称	含量规格	在配合饲料中的推荐用量	在配合饲料中的最高限量	备注
氯化钠	Na≥35.7　Cl≥55.2	0.25～0.40	1.0	以 NaCl 计
硫酸钠	Na≥32.0　S≥22.3	0.1～0.3	0.5	以 Na_2SO_4 计
氧化镁	Mg≥57.9	0～0.06	0.3	以镁元素计
氯化镁	Mg≥11.6	0～0.06	0.3	以镁元素计
硫酸镁	（1 水）Mg≥17.2；（7 水）Mg≥9.6	0～0.06	0.3	以镁元素计

四、饲料药物添加剂使用规范

在肉鸡生产中，使用的饲料药物添加剂必须遵守农业部 168 号公告《饲料药物添加剂使用规范》的规定。

▲不得超范围、超剂量使用药物饲料。

▲使用药物饲料添加剂时必须遵守休药期、配伍禁忌等有关规定，休药期不得少于规定的时间，如未做规定应不少于 7 天。

▲严禁将原料药直接添加到饲料及鸡的饮水中，或直接对鸡群饲喂原料药。

▲禁止在肉鸡饲料中长期添加药物饲料添加剂。

▲治疗药物要凭兽医处方购买，并在兽医指导下使用。

▲为避免鸡只体内球虫产生抗药性，应以轮换或穿梭式使用抗球虫药。

▲肉种鸡弃蛋期所产鸡蛋，不能供人食用。

饲料药物添加剂使用规范中有关鸡的内容见表 3-12。

表 3-12　鸡饲料中药物添加剂使用规范

品名	含量与规格	用途	用法与用量	注意事项
二硝托胺预混剂	每 1 000 克中含二硝托胺 250 克	用于鸡球虫病	混饲：每 1 000 千克饲料添加本品 500 克	蛋鸡产蛋期禁用；休药期 3 天
马杜霉素铵预混剂	每 1 000 克中含马杜霉素 10 克	用于鸡球虫病	混饲：每 1 000 千克饲料添加本品 500 克	蛋鸡产蛋期禁用；休药期 5 天
尼卡巴嗪预混剂	每 1 000 克中含尼卡巴嗪 200 克	用于鸡球虫病	混饲：每 1 000 千克饲料添加本品 100～125 克	蛋鸡产蛋期禁用；高温季节慎用；休药期 4 天
尼卡巴嗪、乙氧酰胺苯甲酯预混剂	每1 000克中含尼卡巴嗪250克和乙氧酰胺苯甲酯16克	用于鸡球虫病	混饲：每 1 000 千克饲料添加本品 500 克	蛋鸡产蛋期和种鸡禁用；高温季节慎用；休药期 9 天
甲基盐霉素预混剂	每 1 000 克中含甲基盐霉素 100 克	用于鸡球虫病	混饲：每 1 000 千克饲料添加本品 600～800 克	蛋鸡产蛋期禁用；禁止与泰妙菌素、竹桃霉素并用；防止与人眼接触；休药期5天
甲基盐霉素、尼卡巴嗪预混剂	每 1 000 克中含甲基盐霉素 80 克和尼卡巴嗪 80 克	用于鸡球虫病	混饲：每 1 000 千克饲料添加本品 310～560 克	蛋鸡产蛋期禁用；禁止与泰妙菌秦、竹桃霉素并用；高温季节慎用；休药期 5 天
拉沙洛西钠预混剂	每 1 000 克中含拉沙洛西 150 克或 450 克	用于鸡球虫病	混饲：每 1 000 千克饲料添加 75～125 克。以有效成分计	休药期 3 天

（续）

品名	含量与规格	用途	用法与用量	注意事项
氢溴酸常山酮预混剂	每1 000克中含氢溴酸常山酮6克	用于防治鸡球虫病	混饲：每1 000千克饲料添加本品500克	蛋鸡产蛋期禁用；休药期5天
盐酸氯苯胍预混剂	每1 000克中含盐酸氯苯胍100克	用于鸡球虫病	混饲：每1 000千克饲料添加本品300～600克	蛋鸡产蛋期禁用；休药期鸡5天
盐酸氨丙啉、乙氧酰胺苯甲酯预混剂	每1 000克中含盐酸氨丙啉250克和乙氧酰胺苯甲酯16克	用于鸡球虫病	混饲：每1 000千克饲料添加本品500克	蛋鸡产蛋期禁用；每1 000千克饲料中维生素 B_1 大于10克时明显颉颃；休药期3天
盐酸氨丙啉、乙氧酰胺苯甲酯、磺胺喹噁啉预混剂	每1 000克中含盐酸氨丙啉200克、乙氧酰胺苯甲酯10克和磺胺喹噁啉120克	用于鸡球虫病	混饲：每1 000千克饲料添加本品500克	蛋鸡产蛋期禁用；每1 000千克中维生素 B_1 大于10克时明显颉颃；休药期7天
氯羟吡啶预混剂	每1 000克中含氯羟吡啶250克	用于鸡球虫病	混饲：每1 000千克饲料添加本品500克	蛋鸡产蛋期禁用；休药期5天
海南霉素钠预混剂	每1 000克中含海南霉素10克	用于鸡球虫病	混饲：每1 000千克饲料添加本品500～750克	蛋鸡产蛋期禁用；休药期7天
赛杜霉素钠预混剂	每1 000千克中含赛杜霉素50克	用于鸡球虫病	混饲：每1 000千克饲料添加本品500克	蛋鸡产蛋期禁用；休药期5天
地克珠利预混剂	每1 000克中含地克珠利2克或5克	用于鸡球虫病	混饲：每1 000千克饲料添加1克，以有效成分计	蛋鸡产蛋期禁用
氨苯砷酸预混剂	每1 000克中含氨苯砷酸100克	用于促进鸡生长	混饲：每1 000千克饲料添加本品1 000克	休药期5天
洛克沙胂预混剂	每1 000克中含洛克沙胂50克或100克	用于促进鸡生长	混饲：每1 000千克饲料添加本品50克，以有效成分计	蛋鸡产蛋期禁用；休药期5天
莫能菌素钠预混剂	每1 000克中含莫能菌素50克或100克或200克	用于鸡球虫病	混饲：每1 000千克饲料添加90～110克，以有效成分计	蛋鸡产蛋期禁用；禁止与泰妙菌素、竹桃霉素并用；搅拌配料时禁止与人的皮肤、眼睛接触；休药期5天

（续）

品名	含量与规格	用途	用法与用量	注意事项
杆菌肽锌预混剂	每1 000克中含杆菌肽100克或150克	用于促进鸡生长	混饲：每1 000千克饲料添加4～40克（16周龄以下）	休药期0天
黄霉素预混剂	每1 000克中含黄霉素40克或80克。	用于促进鸡生长	混饲：每1 000千克饲料添加5克	休药期0天
维吉尼亚霉素预混剂	每1 000克中含维吉尼亚霉素500克	用于促进鸡生长	混饲：每1 000千克饲料添加本品10～40克	休药期1天
那西肽预混剂	每1 000克中含那西肽2.5克	用于鸡促进生长	混饲：每1 000千克饲料添加本品1 000克	休药期3天
盐霉素钠预混剂	每1 000克中含盐霉素50克或60克或100克或120克或450克或500克	用于鸡球虫病	混饲：每1 000千克饲料添加本品50～70克。以有效成分计	蛋鸡产蛋期禁用；休药期5天
硫酸黏杆菌素预混剂	每1 000克中含黏杆菌素20克或40克或100克	用于革兰氏阴性杆菌引起的肠道感染，并有一定的促生长作用	混饲：每1 000千克饲料添加2～20克，以有效成分计	蛋鸡产蛋期禁用；休药期7天
牛至油预混剂	每1 000克中含5-甲基-2-异丙基苯酚和2-甲基-5-异丙基苯酚25克	用于预防及治疗鸡大肠杆菌、沙门氏菌所致的下痢，促进鸡生长	混饲：每1 000千克饲料添加本品，用于预防疾病450克，用于治疗疾病900克	
杆菌肽锌、硫酸黏杆菌素预混剂	每1 000克中含杆菌肽50克和黏杆菌素10克	用于革兰氏阳性菌和阴性菌感染，并具有一定的促进生长作用	混饲：每1 000千克饲料添加2～20克，以有效成分计	蛋鸡产蛋期禁用；休药期7天
土霉素钙	每1 000克中含土霉素50克或100克或200克	对革兰氏阳性菌和阴性菌均有抑制作用，用于促进鸡生长	混饲：每1 000千克饲料添加10～50克，以有效成分计	蛋鸡产蛋期禁用；添加于低钙饲料（饲料含钙量0.18%～0.55%）时，连续用药不超5天
吉他霉素预混剂	每1 000克中含吉他霉素22克或110克或550克或950克	防治慢性呼吸系统疾病，也用于促进鸡生长	混饲：每1 000千克饲料添加用于促生长5～11克，用于防治疾病100～330克，连用5～7天，以有效成分计	蛋鸡产蛋期禁用；休药期7天

（续）

品名	含量与规格	用途	用法与用量	注意事项
金霉素（饲料级）预混剂	每 1 000 克中含金霉素 100 克或 150 克	对革兰氏阳性菌和阴性菌均有抑制作用，用于促进鸡生长	混饲：每 1 000 千克饲料添加 20～50 克（10 周龄以内），以有效成分计	蛋鸡产蛋期禁用；休药期 7 天
恩拉霉素预混剂	每 1 000 克中含恩拉霉素 40 克或 80 克	对革兰氏阳性菌有抑制作用，用于促进鸡生长	混饲：每 1 000 千克饲料添加 1～10 克，以有效成分计	蛋鸡产蛋期禁用；休药期 7 天
磺胺喹噁啉、二甲氧苄啶预混剂	每 1 000 克中含磺胺喹噁啉 200 克和二甲氧苄啶 40 克	用于鸡球虫病	混饲：每 1 000 千克饲料添加本品 500 克	连续用药不得超过 5 天；蛋鸡产蛋期禁用；休药期 10 天
越霉素 A 预混剂	每 1 000 克中含越霉素 A20 克或 50 克或 500 克	主要用于鸡蛔虫病	混饲：每 1 000 千克饲料添加 5～10 克，以有效成分计。连用 8 周	蛋鸡产蛋期禁用；休药期 3 天
潮霉素 B 预混剂	每 1 000 克中含潮霉素 B17.6 克	用于驱除鸡蛔虫	混饲：每 1 000 克饲料添加 8～12 克，连用 8 周。以有效成分计	蛋鸡产蛋期禁用；避免与人皮肤、眼睛接触；休药期 3 天
地美硝唑预混剂	每 1 000 克中含地美硝唑 200 克	用于鸡组织滴虫病	混饲：每 1 000 千克饲料添加本品 400～2 500 克	蛋鸡产蛋期禁用；鸡连续用药不得超过 10 天；休药期 3 天
磷酸泰乐菌素预混剂	每 1 000 克中含泰乐菌素 20 克或 88 克或 100 克或 220 克	主用于鸡细菌及支原体感染	混饲：每 1 000 千克饲料添加 4～50 克，以有效成分计。连用 5～7 天	休药期 5 天
盐酸林可霉素预混剂	每 1 000 克中含林可霉素 8.8 克或 110 克	用于鸡革兰氏阳性菌感染	混饲：每 1 000 千克饲料添加 2.2～4.4 克，连用 7～21 天，以有效成分计	蛋鸡产蛋期禁用；休药期 5 天
环丙氨嗪预混剂	每 1 000 克中含环丙氨嗪 10 克	用于控制鸡舍内蝇幼虫的繁殖	混饲：每 1 000 千克饲料添加本品 500 克，连用 4～6 周	避免儿童接触
氟苯咪唑预混剂	每 1 000 克中含氟苯咪唑 50 克或 500 克	用于驱除鸡胃肠道线虫及绦虫	混饲：每 1 000 千克饲料添加 30 克，连用 4～7 天，以有效成分计	休药期 14 天

（续）

品名	含量与规格	用途	用法与用量	注意事项
复方磺胺嘧啶预混剂	每 1 000 克中含磺胺嘧啶 125 克和甲氧苄啶 25 克	用于鸡链球菌、葡萄球菌、肺炎球菌、巴氏杆菌、大肠杆菌和李氏杆菌等感染	混饲：每1千克体重，每天添加本品 0.17～0.2 克，连用 10 天	蛋鸡产蛋期禁用；休药期 1 天
硫酸新霉素预混剂	每 1 000 克中含新霉素 154 克	用于治疗鸡葡萄球菌、痢疾杆菌、大肠杆菌、变形杆菌感染引起的肠炎	混饲：每 1 000 千克饲料添加本品 500～1 000 克，连用 3～5 天	蛋鸡产蛋期禁用；休药期 5 天

五、饲料生产中的质量控制

影响饲料质量的因素很多，但主要受两个因素影响，一是饲料配方的科学性（这有关配方设计，不是本书所要讨论的问题）；二是饲料生产的加工质量，是否达到均匀稳定地满足了配方的要求，也就是饲料生产中的质量控制问题。

1. 首先要把好原料的质量关 要按原料的质量要求来采购原料。

▲对购入的每批原料除原有合同要求外，还应实测水分，进行色泽、气味、质地、霉变、含杂、发热等感官检查，发现问题后，必须退货处理。

▲对首次使用的原料及初次打交道的原料供应商所提供的原料，应进行原料营养成分实测，包括有毒、有害物质的测定，这同时也为制定饲料配方提供科学依据。

▲还要做好原料库的灭鼠、清洁工作，按类、按质定位存放，防止发生差错与污染。

2. 控制好各道生产工序的质量关 严格按生产操作程序去操作，加强检查与监督。

▲要搞好原料清杂工作，注意粉碎工序的粒度与筛片的磨损情况，对配料秤要定期校检，以保证每批次配料比例正确。

▲使用的原料要有专人记录、清点、及时核对。

▲混合机的混合时间的控制，要引起足够的重视，防止产生混合不均。

▲产品的定量与包装要做到定量准确、包装完好。

▲每批次生产的产品都要留样保存，以便发生问题时能找出原因。

3. 注重加工过程中的分级 在饲料加工过程中会产生分级。

▲原料组分的密度差异、载体粒度的不同、微量添加组分与其他添加量较大组分之间的混合不充分，是产生分级的主要原因。

▲生产工艺设计不合理、在原料与成品的输送与装卸过程中也会产生分级。

4. 避免交叉污染 许多因素可使饲料在生产设备中产生残留，而导致交叉污染。

▲除尘排风系统应有独立风网，将收集到的粉尘返回原处，以免二次污染，尤其是涉及加药饲料生产时，必须采取这种措施。

▲在生产工艺的确定与设备的选型时，就应考虑交叉污染问题。

▲尽可能减少物料的反复提升和缓冲仓的数量，物料的输送尽量采用分配器或自流形式，少用水平输送，如必须采用水平输送要选带自清功能的输送设备。

▲在混合机的选型时，要考虑其结构对物料残留的影响，确保尽可能少的物料残留在混合机中。

▲在饲料生产操作程序中应有设备清洗规程与清洗装置，可利用压缩空气对设备的特殊部位进行清理。

第四节 饲料使用与贮存

一、饲料种类

饲料是肉鸡业发展的基础。在正常饲养管理条件下，肉鸡全部生产费用中饲料费用占75%以上，所以科学地配制、生产、使用饲料，可以降低生产成本，以最小的饲料投入，获得最多的产品。添加剂预混料、浓缩料、全价配合料是三种性质完全不同的饲料，它们三者之间的关系如图3-3所示。

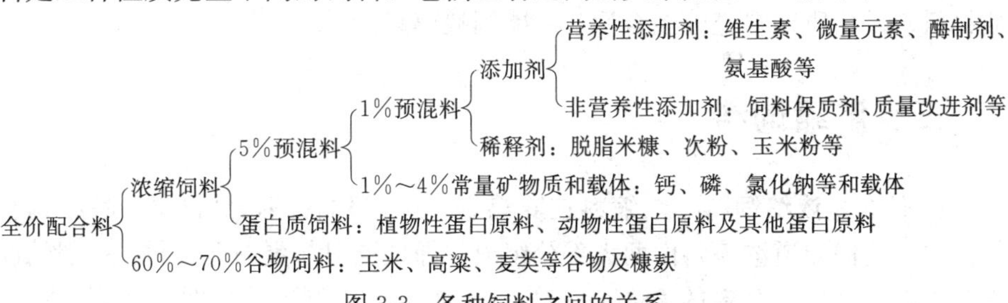

图3-3 各种饲料之间的关系

二、添加剂预混合饲料

1. 什么是添加剂预混合饲料　添加剂预混料是一种或多种饲料添加剂与稀释剂（或载体）按一定比例配制的均匀混合物，简称为预混料。

▲在饲料生产行业通常规定预混料在全价饲料中使用量不超过10%，也有人认为限定不超过6%比较合理。

▲其特点是不含有大量的蛋白质，区别在于1%的预混料仅含有鸡只需要的维生素、微量元素与氨基酸和其他非营养性添加剂，10%以下预混料除上述营养成分外，还包括常量矿物质如钙、磷与氯化钠（食盐）及载体。

2. 为什么要生产预混料　因为鸡需要的某些营养成分在全价配合饲料中所占比例极小，如维生素 B_{12} 在每千克鸡饲料中仅20微克，打一个形象的比喻，每5 000万个中才有1个。

▲这样极微量的成分要精确添加到饲料中，必须通过预混合过程，只有经稀释剂逐步稀释或通过载体的载带，才能有效保证微量成分安全、精确、均匀混合于饲料中。

▲这些微量成分原料每次需要量很少，但保管期又不能过长，因为某些活性成分要随时间流逝而活性下降。同时，称量这些微量成分也需要专门的衡器，保管与贮存这些原料也要占用相当的资金。对自配料的肉鸡场或普通饲料厂使用预混料会倍感方便。

▲专业生产预混料的厂家，由于使用抗氧化剂、防霉剂、抗结块剂、吸附剂、表面活性剂等多种技术，加之稀释剂的合理使用，有效地解决与改善了预混料原料之间的活性成分受影响、酸碱性不一致、返潮结块及稳定性差等系列问题。

3. 如何使用预混料　预混料是一种饲料半成品，绝对不许直接用来饲喂鸡只，它必须按照配方（多数是预混料生产厂家提供的），与能量饲料、蛋白质饲料、矿物质饲料充分混合后，才能饲喂鸡只。

三、浓缩饲料

1. 什么是浓缩饲料　浓缩料在养鸡生产中俗称料精，从图3-3各种饲料关系中，我们知道浓缩料由两大部分组成，即预混料与蛋白质饲料。一般情况下浓缩料占全价配合料的25%～45%，在使用小比例浓缩料时，还要添加钙质饲料和适量的植物性蛋白质饲料。

2. 如何使用浓缩饲料 浓缩料使用极为简便，不像预混料那样还得准备其他各种原料，手中只要有玉米即可，通常是浓缩料与粉碎的玉米按一定比例充分混合后便可饲喂鸡只，这样极大方便了肉鸡饲养者。

四、配合饲料

全价配合料是根据饲养标准要求，确定鸡在不同生长、生产阶段的营养物质需要量；根据营养成分表与原料的实际化验结果，选择适当的饲料原料与饲料添加剂，按设计好的比例要求，经过加工配制充分混合后，形成各种料号配套的饲料系列。

全价配合饲料中各种营养物质的种类、数量及相互间的比例关系应适当，并且体积、适口性和消化率等各方面也应满足不同鸡只的生理特点。可以根据鸡只不同需要，选择相应的料号，直接用来饲喂鸡只。

按肉鸡饲料的加工工艺与产品形态可将配合饲料分为以下三种。

1. 粉状配合饲料 粉状配合饲料是按配方要求，将各种原料粉碎到一定的粒度后，均匀混合而成，是最常见的饲料形态。

▲生产粉料的设备相对较少，工艺比较简单。

▲优点是生产成本低，可适应不同类型和年龄鸡只的饲喂。

▲缺点是鸡采食营养不均衡，并且采食速度慢，易产生粉尘，造成饲料浪费，在饲料输送中易产生分级现象。

2. 颗粒配合饲料 颗粒配合饲料是将粉状配合饲料利用高温蒸汽调质，通过颗粒机挤压成颗粒状，非常适合快速生长的肉鸡。

▲在商品肉鸡饲养的中前期，颗粒料的直径以 2～2.5 毫米为宜。

▲中后期以不超过 4 毫米为宜。

▲颗粒料的优点很多，适口性好，避免了鸡只择食，饲喂过程中饲料浪费少，在饲料输送中不产生分级现象，便于饲喂。

▲由于制粒过程中淀粉的糊化，利于鸡只充分消化与吸收各种营养成分。

▲制粒时的高温蒸汽具有杀菌作用，可杀灭某些致病菌，并且饲料轻易不霉变。

▲缺点是生产设备投资大，生产成本高，制粒时的高温会使部分维生素与酶制剂效价降低，甚至失去活性。

▲在炎热潮湿的夏季生产颗粒料时，如冷却干燥不充分易产生霉变。

▲采食颗粒料的肉鸡猝死症、腹水症等发生率高。

3. 破屑料 破屑料又称破碎料，是颗粒料的一种特殊形式。

▲因为雏鸡体小，采食的开食料颗粒不能太大，直接挤压生产小直径的颗粒料费工、费时、费电，且产量低。

▲人们找到解决的办法是，先加工成普通颗粒料，再经破碎机破碎成2～4毫米大小的碎粒，其粒度大小在粉料与颗粒料之间。

▲雏鸡的开食料只能用破屑料或粉料，不能直接用颗粒料。

五、饲料贮存时注意事项

1. 预混料 预混料主要是由维生素与微量元素组成，有的添加了氨基酸与非营养性添加剂，最后加入稀释剂或载体。

▲预混料容易受光、热、空气中氧和水分影响，所以要把其密封包装好，使它们不透气、不见光、不受潮，在干燥、低温的地方存放。

▲贮存期不要过久，一般夏季2～3个月为宜，冬季3～4个月为宜。

▲最好方式是维生素添加剂与微量元素添加剂分别包装，使用时再混合，这样对维生素效价的影响不会太大。

2. 浓缩料 浓缩料中蛋白质丰富，并含有维生素与微量元素。

▲这种粉状饲料导热性差，易吸潮，因而非常有利于微生物、害虫和霉菌繁殖。

▲维生素也易受高温、氧化、潮湿、光照等因素影响而降低效价。

▲贮存条件同预混料，一般不应贮存太久，一般夏季1～2个月，冬季2～3个月。

3. 配合饲料 配合饲料大部分是谷物，表面积大，孔隙度小，导热性差，容易吸潮发霉。

▲玉米含不饱和脂肪酸高，粉碎后极易氧化酸败。

▲维生素也会因高温、光照、潮湿、氧化而造成效价降低。

▲配合饲料应尽可能随时生产随时使用。

▲在安全水分（北方不超过13.5%）条件下，一般贮存时间夏季不过10天，冬季不过25天。

4. 贮存环境 存放饲料的料库应做到无鼠害与飞禽、通风、不潮湿、不漏雨、无直射日光，最好在摆放饲料的地面上垫一层木板。

第四章

饲 养 管 理

鸡只的生产性能受五大因素共同影响：一是品种（遗传）因素；二是饲料营养因素；三是环境因素；四是饲养管理因素；五是疾病与防治因素。

第一节 肉鸡饲养环境

在自然条件下，温度、湿度、光照、空气质量和噪声等环境条件在不断地变化，鸡体可利用自身调节能力来适应新的环境条件，但这种变化超出其调节能力时就会对鸡只的生产性能造成影响，严重时会引发疾病以致死亡。了解环境因素对鸡体的作用，有效地控制环境条件，是肉鸡生产中的重要环节，已越来越受到人们的重视。

一、光照

根据人们的视觉，光可分为可见光与不可见光。波长在400～760纳米属于可见光，在人们的视觉范围内可得到反映。在上述范围外的光称之为不可见光，波长小于400纳米的为紫外线，波长在760～300 000纳米的为红外线。

（一）光照制度的制定

1. 光照方式

（1）*自然光照* 自然光照是指利用太阳光进行光照。这样做可节省能源，但自然光在1年中呈现周期性变化，经常不符合肉鸡的生理生产需要。因此，要对自然光照人为地加以控制与调节，如增加光照时间与遮黑等。

（2）*人工光照* 人工光照是采用灯光照明，以弥补自然光照之不足。各种电光源都可以采用。采用人工光照，可克服自然光照季节性变化对鸡只生殖活动的影响，使鸡群按照人们的意愿生长、发育与产蛋。单位面积1瓦各种电光源可提供的光照强度见表4-1。

表 4-1　单位面积 1 瓦电光源可提供的光照强度（勒克斯）

光源种类	白炽灯	荧光灯	卤钨灯	自镇流高压水银灯
每 1 米^2 舍内面积 1 瓦光源可提供的照度	3.5～5.0	12.0～17.0	5.0～7.0	8.0～10.0

注：表中数据是有灯罩时的照度，无灯罩时数值会下降，舍内尘埃较多时应取低值。
上表引自《肉鸡饲养技术指南》。

2. 光照原则　光照制度一旦制定实施，不要改动，不可忽照忽停，光照时间不可忽长忽短，光照强度不可忽强忽弱。如在肉种鸡生长阶段光照时间宜短，特别是在育成后期，绝不能随意延长光照时间；在肉种鸡产蛋阶段光照宜长不宜短，且不可随意缩短光照时间与减弱光照强度。

（二）灯具的布置与具体光照方案

1. 灯具布置　一般按行距及灯具间隔 3 米来布置，或按工作面的照明要求来布置灯具。不同行的灯具应交错布置，灯具离地 2 米高，最好不用软线吊挂，以免灯光晃动，惊扰鸡群。鸡舍内光照布局应是灯泡瓦数小、灯泡数量多、灯距短；每 1 米^2 配 2.7 瓦白炽灯，大约可提供 10 勒克斯的光照。

2. 光照方案　现代肉鸡养殖多采用密闭鸡舍，间歇弱光照是成功的光照方案：可选用 3 瓦或 5 瓦的节能灯，每 1 米^2 有 0.3 瓦即可，1～3 日龄 24 小时光照，借助自然光＋人工连续光照；4～7 日龄 23 小时光照，1 小时黑暗，借助自然光＋人工连续光照；8～25 日龄白天借助自然光连续光照，晚上光照 2 小时与黑暗 3 小时交替进行；26 日龄至出栏前一周白天借助自然光连续光照，晚上光照 2 小时与黑暗 2 小时交替进行；最后一周全天 24 小时光照，借助自然光＋人工连续光照。采用间歇光照方案能提高肉鸡出栏重 40～80 克，经济效益提高 7%左右。

二、温度

1. 环境温度　环境温度即气温。气温的高低与阳光有关，它随昼夜与季节的更替而波动。鸡是恒温动物，只要外界气温保持在一定的变化范围内，鸡只体温就可以保持相对恒定。

2. 鸡只体温调节机制　鸡只的产热形式有基础代谢产热、热增耗、肌肉活动产热与生产过程产热。在不同的环境温度条件下，其产热量变化很大。鸡只散热方式有辐射、传导、对流和蒸发 4 种形式，在气温不太高的情况下，鸡只主要以前三种形式散热，当环境温度高于 25℃以上，鸡只主要靠蒸发散热。

3. 环境温度对鸡只的影响

（1）高温对鸡只的影响　当鸡舍的环境温度高时，鸡只通过减少产热与增加散热来维持其体内的温度平衡。这时鸡只翅膀下垂、羽毛舒展、皮肤血管扩张、张口喘气，力图增大散热量。

▲环境温度为 27℃时，鸡只呼吸频率是每分钟 18 次。

▲环境温度上升到 37℃时，鸡只呼吸频率可达每分钟 170 次。

▲环境温度高达 39℃时，鸡只呼吸频率竟高达每分钟 285 次。

高温条件下鸡只生长缓慢、饲料转化率下降，表明鸡只体内的营养代谢受到影响。

☞**经验**：当环境温度达 32℃以上时，鸡只会因发生热射病而死亡。

（2）低温对鸡只的影响　低温对雏鸡的危害很大，会因互相集群聚堆而有雏鸡被压死，还易患鸡白痢与呼吸道疾病。对其他鸡龄的鸡只，低温肯定要增加采食量，降低饲料转化率，只要舍温不低于 13℃，鸡只的健康和生产水平都不会受到太大的影响。

☞**经验**：当舍温低于 0℃时会造成鸡冠冻伤，供水结冰。低温还可使腹水症的发病率明显升高。

三、湿度

1. 湿度的指标

（1）绝对湿度　表示空气中水汽的绝对含量，单位是克/米^3，是指单位体积空气中所含水汽的质量。

（2）相对湿度　是指空气中实际水汽压与同温时饱和水汽压之比，单位是百分数，即实际水汽压/饱和水汽压×100％。它表示水汽在空气中的饱和程度，可通过测量仪器、计算与查表获得其数值。

（3）水汽压　是指大气中水汽本身所产生的压力，单位是帕。在某定值温度时，大气中水汽含量的最大值是一个定值，超出这个阈值，多余的水汽就凝结成液体或固体。

（4）露点　空气中水汽含量不变且气压值一定时，在温度下降的过程中使水汽达到饱和时的温度值，称之为露点。

（5）饱和差　在某一温度下饱和水汽压与当时空气中实际水汽压之差。饱和差越大，说明越干燥，否则反之。

2. 湿度对鸡只的影响 在温度适宜时，单纯的高湿与低湿对鸡只的影响不明显；当温度不适宜时，湿度与温度相结合共同对鸡只造成影响。

（1）高温高湿 就是人们常说的闷热。高温时鸡只主要靠蒸发散热，这时由于湿度高，使鸡只散热困难，鸡体内产生积热，导致采食量减少，饮水量增加，生长性能下降，抗应激能力下降，严重时会造成鸡只因热射病而死亡。高温高湿的环境条件会使各种微生物滋生繁殖，易使鸡群发病。

（2）高温低湿 高温低湿的鸡舍内人感到燥热难耐。雏鸡在高温低湿时会脱水，并且羽毛生长不良，易导致鸡群发生啄癖。可采用喷雾或洒水方式增加舍内湿度。但高温低湿时有利于鸡只的蒸发散热，可缓解高温对鸡只的影响。

（3）低温高湿 就是人们常说的阴冷。这时鸡舍内又潮又冷，鸡只低温散热的三种方式是辐射、传导与对流，湿度高时其空气热容量高，导热性强，易于吸收鸡体的长波辐射热，并因环境中的低温传导而造成鸡只体热的散失。鸡只为维持其体温的恒定，必须加大采食量，使饲料消耗增加。雏鸡在低温时易发生感冒与胃肠疾病，严重的低温可能使鸡只冻伤，甚至死亡。

（4）低温低湿 因为露点的原因，低温低湿这种现象几乎很少发生，但毫无疑问低温低湿对鸡只将产生负面影响。

3. 鸡舍内的湿度管理 要使雏鸡从胚胎的高湿环境下平稳过渡到鸡舍内环境湿度，育雏第一周舍内的相对湿度以70%～75%为宜，第二周为65%，第三周后保持在55%～60%。舍内湿度高易导致球虫病暴发，湿度低不利于肉鸡的生长发育，鸡只易患呼吸道疾病。生产实践中的经验是育雏初期易发生湿度偏低，而后期往往鸡舍内湿度偏高。要迅速处理鸡舍中饮水的跑冒滴漏，尽量减少水汽蒸发，湿垫料及时更换，加强通风管理。

四、通风

1. 自然通风 自然通风利用自然风力通风，采用自然通风的鸡舍应利用常年的主导风向，来决定所建造鸡舍走向，鸡舍长轴应与主导风向平行，这样自然通风效果好，并尽量选择高岗地带建造鸡舍，因地势高的地带风速大。

▲自然通风一般空气量大而风速慢，不适合鸡舍夏季通风，仅在小规模肉鸡养殖时采用自然通风。应注意在酷暑季节，可适当在鸡舍安装吊扇和风扇，

以促进舍内空气流动。风扇安装的位置和数量应根据舍内具体情况而定。原则是尽量消灭空气流动死角，使舍内空气有效流动。

▲旋转扇叶式无动力天窗主要应用在鸡舍冬季通风，依靠舍内自动上升的热气流驱动扇叶旋转，不需要电力驱动，其形状为圆形，直径 50～60 厘米。天窗应安装在屋顶最高处，最好在鸡舍纵向中线上方。按每 100 米^2 左右鸡舍面积开一个天窗即可满足需要。

2. 机械通风 机械通风分负压通风与正压通风两种，目前国内绝大多数鸡场都采用负压通风，只有极少数鸡场采用正压通风。

▲负压通风简单讲就是从舍内向外抽气，形成舍内负压，外面空气从进风口和鸡舍各处缝隙进入舍内，形成舍内空气循环。负压通风应采用低静压、大流量的轴流风机，不要采用工业上使用的离心风机。

▲正压通风则是向舍内进气加压，靠舍内正压将气体挤出。正压通风的优点是可对进入鸡舍的空气进行过滤消毒。但因舍内需要有压力分配的输气管道，所以费用高，多不采用，仅在高代次种鸡场或生产疫苗所需的无特定病原体鸡胚的鸡场使用。

3. 冬季通风 在冬季，鸡舍负压通风的静压值应设定在 13～20 帕。

▲负压值低于 7.8 帕，则进入舍内空气流速慢，易形成局部区域存在寒流与潮湿。

▲负压值高于 25 帕，则进入舍内空气流速快，易在冷暖空气混合前将舍内的热量带出，而不是有效地排出有害的水汽及有害气体和尘埃。

▲如没有测定压强的压强计，可测定进风口的风速，若风速达到 3 米/秒，表示设定的静压值合适。使鸡舍达到适宜负压值的关键是进风口有效面积与排风量之间的匹配。

4. 夏季通风 鸡舍夏季常用的通风降温设施包括电风扇、湿帘、水冷空调、冷风机等，其中冷风机的效果较为理想。

▲电风扇吹风，能排除舍内热气、湿气，但效率低，不能直接降温。

▲湿帘的通风降温效果好，但会增加舍内空气的湿度，而且湿帘需要负压运行，必须对鸡舍进行门窗封闭。

▲水冷空调利用较凉的地下水带走舍内热量，但运行时舍内也要封闭，且送风量小，需要装机数量多，投资较大。

▲冷风机是利用水蒸发制冷来降温的装置，其本质是密闭的湿帘，但比一般湿帘的通风降温效率高，排出的水汽少。

5. 通风量 不同季节和不同体重的肉鸡有不同的通风量要求（表 4-2）。

表 4-2 肉鸡不同季节通风需要量

鸡只体重（千克）	通风量（米^3/分钟）	
	寒冷季节	炎热季节
0.5	0.0078	0.078
1.0	0.0155	0.155
1.5	0.0234	0.234
2.0	0.0310	0.310
2.5	0.0390	0.390
3.0	0.0467	0.467
3.5	0.0545	0.545

▲炎热季节应适当降低容鸡密度，以减轻通风工作的压力，要配备足够的通风能力，规模肉鸡舍需要配备湿帘降温系统或冷风机，以最大限度地排出舍内余热。

▲寒冷季节要适当通风，最好采用多点进风的横向通风，进风口应尽可能高一些。可利用定时装置控制通风，使鸡只不断获得新鲜空气。也可利用旋转扇叶式无动力天窗进行通风。

五、噪声

噪声使鸡只精神紧张，受惊吓，对鸡只健康和生产性能造成危害；噪声会影响鸡只的生长速度，同时使鸡只次品率升高，还能使鸡只发生猝死。

1. 控制标准 一般商品肉鸡舍与肉种鸡雏鸡舍内噪声不能大于 60 分贝，肉种鸡产蛋舍内噪声不能大于 80 分贝。

2. 噪声的来源

▲汽车或拖拉机的鸣笛、飞机的飞行。

▲机械设备的运转。

▲鸡群的鸣叫、人员的喊叫。

▲雷鸣与放鞭炮、刮风时门窗反复开闭等。

3. 减低噪声的措施

▲鸡场选址时就应考虑远离噪声源，要避开飞机场、主要公路与铁路、产生强烈噪声的工矿企业。

▲与村庄、学校、农贸集市保持一定距离。

▲在设备的选型时要考虑噪声对鸡只的影响。

▲在鸡场周围与鸡舍前后做好植树绿化以吸收噪声。

▲饲养人员在鸡舍内不能大喊大叫，门窗要固定好。

☞**经验**：对于经常性的低分贝的响声，鸡群经过一段时间适应是可以逐渐接受的。

第二节　商品肉鸡饲养管理

一、商品代肉雏鸡和肉仔鸡的特点

（一）商品代肉雏鸡的特点

1. 生长发育极为迅速　肉雏鸡代谢旺盛，生长发育快。7周末体重是出生体重的70多倍，体重在成倍增长。只有满足了其营养需要，才能保证肉鸡的高速生长。

2. 体温自我调节能力差，难以适应外界温度的变化　肉雏鸡初生时，机体自我温度调节机能不完善，且只有绒毛，没有羽毛，保温能力差，特别怕冷，需外界供给适当的温度。一般情况下，初生雏体温比成年鸡要低3℃左右，4日龄后体温开始缓慢上升，10日龄后可达正常体温，所以育雏期（特别是育雏开始阶段）供温工作非常关键。

3. 对疫病抵抗能力低　肉雏鸡初生时，免疫系统发育不完善，虽有一定的母源抗体，但整体上免疫功能不完善，外界存在的各种病原微生物极易感染雏鸡。因此，在育雏阶段一定要有严格的卫生消毒制度，按免疫程序及时正确地接种疫苗，尽量创造条件进行封闭式育雏。

4. 新陈代谢旺盛　肉雏鸡生长发育快，呼出的二氧化碳、水汽、产生的氨气都多，这些污浊的空气对雏鸡发育有负面作用，所以在育雏期要科学地通风换气。要根据鸡龄、体重的大小适时降低密度，同时还要满足雏鸡对温度的要求。

5. 消化吸收能力差　肉雏鸡初生后消化机能还不完善，肠道内有益微生物菌群的建立尚需一段时间。并且初生雏嗉囊与肌胃容积小，储存食物有限。所以在肉鸡育雏期其饲料的营养浓度要高，能量和蛋白质营养水平要满足需要，其他养分要全面均衡，并且饲料本身要易于消化吸收。

6. 对外界反应敏感　肉雏鸡对饲料中各种养分的缺乏或过量及对毒素、药物的反应都非常敏感，很快就会呈现反应，表现出病理变化，所以在给雏鸡配制日粮及投放药物时要特别注意。常有报道在雏鸡阶段由于投药时计算错比例或搅拌不匀，造成药物中毒。肉雏鸡对颜色、声音、晃动的光影、陌生人的出现和其他刺激因素敏感，发生异常后集群起堆，时间长容易发生挤压伤亡，一定要加以注意。另外还要时刻提防鼠、蛇、猫、犬等对雏鸡的危害。

（二）商品代肉仔鸡的特点

1. 生长快，饲料转化率高　生长快和饲料转化率高是肉鸡独特的生物学特性。半个多世纪来，由于遗传育种技术的进步，饲料营养学的研究进展，环境卫生和防病技术的发展，饲养、饲喂设备的研发等各方面的协同努力，使肉鸡生长速度和饲料转化率稳步提高。半个多世纪以来世界肉鸡生产性能的变化见表 4-3。

表 4-3　不同年代肉鸡大致生产性能

年份	出栏体重（克）	饲料转化率	出栏周龄
1945	1 260	4.0	12
1955	1 450	3.0	10
1965	1 600	2.4	9
1975	1 800	2.0	8
1985	1 900	1.85	7
1995	2 145	1.75	6
2005	2 220	1.67	5.5（39 日龄）

在人们饲养的畜禽品种中，肉鸡是生物学转化效率最高的动物品种（水产品除外），因为用同等数量的饲料喂猪或喂牛、羊，仅能生产相当鸡肉量 60％的猪肉和 30％的牛、羊肉，所以肉鸡饲养业也是某种意义上的节粮型畜牧业。我国人口众多，人均可耕地面积少，能用来做饲料的粮食有限，所以肉鸡饲养业在我国畜牧业发展中具有特殊的位置。

2. 群居性好，适于大规模工厂化饲养　与人工饲养的其他禽类或畜种比较，肉鸡特别温顺，具有明显合群性和自然的分散性。

▲肉鸡特别适合大群饲养，鸡只群居在一起，按个体强弱排列有序，采食、饮水、休息，强者都为先，弱者尾随其后，极少出现打斗。如果饲料、饮水供应不充分，弱者生长潜力的表现必然要受到影响。所以要给肉鸡群提供充足的采食料位和饮水空间，使鸡群中的每只肉鸡在 3 米范围内随时都可吃到料与饮到水，以确保全群的生长发育一致。

▲自然的分散性是肉鸡的本能，当鸡群密度大自感到不适时，鸡只会自动分散到舍内各个部位，而不是聚集在一起，所以可以把成千上万只甚至十万只肉鸡养在一栋鸡舍中。对于这种大群高密度饲养的生活方式，肉鸡完全适应，很适合大规模工业化饲养。

3. 性情安静，喜欢弱光，抗干扰能力差 肉鸡性情安静温顺，群居在一起极少打斗，基本上采食饮水后就地休息，很少走动。

▲对光线照度要求不高，过强光线，反而会引起鸡群骚动不安，影响休息以至生长，严重时还会引发啄癖。光照强度为 5 勒克斯便可，这时正常人的裸眼可看清饲料、饮水和其他物品，这种光照强度下胶片的底片都不会感光。

▲肉鸡抗应激能力差，胆小怕事，对异常刺激非常敏感，光线、颜色、声音等的变化都可引起鸡群骚动，严重时可因鸡群恐惧而集群起堆压死鸡只。没有饲养经验的管理人员常犯这方面的错误，每天 1 小时的黑暗，就是要使鸡群适应黑暗情况，以防止意外停电，造成鸡群挤压而大量死亡。

4. 饲养周期短，资金周转快 商品代肉鸡生长快，一般 5～7 周便可出栏，加上空舍清洗、维修的时间，每年可养 5 批以上的鸡。如按每 1 米^2 可养 10 只出栏肉鸡、每只肉鸡毛利 1.5 元计算，每 1 米^2 每年可获利 1.5×10×5＝75 元。如果采用塑膜大棚养肉鸡，3 年不到便可收回投资。

5. 饲养成本低，饲养规模灵活 相对于其他的养殖畜种比较，饲养肉鸡另一个显著优点是饲养成本低、饲养规模灵活。如养猪仅 1 头猪成本便要近千元，而养牛则成本更高，养肉鸡每只肉鸡成本才十几元，可根据自己的资金情况，灵活地决定肉鸡的养殖规模。资金多时可多养，上万只或十几万只也可以；资金少时，几百只甚至几十只也可以，其灵活性是饲养其他畜禽无法可比的。

6. 肉仔鸡生产现状 目前，国内快大型肉鸡饲养的主要品种为：AA＋、罗斯 308、科宝 500 等。

▲第 1 周末肉鸡平均体重应达到 160 克以上，最理想的目标是 200 克。

▲饲养的周期一般为 32～46 天。

▲出栏平均体重 1.65～3.0 千克。

▲成活率总体为 80%～98%。

▲饲料转化率（料肉比）1.6～2.2。

二、育雏前的准备

（一）育雏方式的选择

选择育雏方式，要根据自己的饲养经验、饲养规模、现有的房舍、资金规模等情况综合考虑，因地制宜进行选择。

1. 地面平育　就是在地面上铺一层垫料，厚度为5～10厘米（根据季节决定厚薄），然后在上面育雏。目前，世界上肉鸡业发达国家大都采用地面垫料平育方式饲养肉鸡。

▲垫料材料最好是锯刨花，在农村可用稻壳、麦秸、锯末、树叶、杂草、甘蔗渣等，夏季也可以用沙土。好的垫料材料应是吸水又透气，也可将几种材料混合起来做垫料。

▲供热可采用多种形式，如保温伞、火炉、烟道、暖器、暖风机、热风炉等。

▲地面平养快大型肉鸡时多数采用垫料，不用垫料平养的肉鸡出栏时，患胸囊肿、腿病、脚垫炎的鸡只明显增多，降低了屠体等级，经济效益也随之下降。

▲地面垫料平育适合肉鸡生物学特性，产品合格率高。但需要较大的饲养面积，饲养周期结束后垫料的清除费工费时。并且由于鸡群与粪便长期接触，使鸡只易患疫病，如球虫病。

2. 网上平育　就是在各种网面上，如铁网、木条网、塑料网、竹竿网等上育雏，供热方式与地面平育一样，有多种选择。

▲在我国，网上平育很普及，多采用终生网上饲养或分段饲养法。分段饲养法前期采用网上平育或笼育，后期改为地面垫料平养。这样既可以克服网上饲养缺点，又能结合两者的优点，但因有一个转群过程会影响肉鸡生长，较适合中小规模（每批出栏肉鸡5 000只以下）养鸡场采用。

▲网上平育的最大优点是使鸡只与粪便脱离，使很多通过消化道传染的疫病得到了很好的控制，并可对粪便进行有效观察。同时也提高了单位饲养面积上的饲养密度（提高5%～10%）。但它的致命弱点是肉鸡出栏时胸囊肿、腿病发生率高。

▲网上平育要注意网的空隙大小。空隙大（大于2厘米），初生雏易掉到网下，并且雏鸡在网上行动不便，采食饮水都有困难；空隙小（小于1厘米），肉鸡雏生长迅速，一段时间后粪便不易漏下，失去了网上饲养的意义。较好的解决办法是在空隙1.5厘米的网上再铺一层塑料柔性网，如观察到粪便下落不畅时，则卷起上层塑料网，直接在下层网上养鸡。

3. 笼育　多层网上平育便是笼育。在土地成为稀缺资源，人员工资日趋上涨的形势下，商品肉鸡笼养与肉种鸡笼育与笼养明显增多。笼养的明显优势是单位面积上饲养密度更大，合理地利用了能源与土地，可以使用某些设施设备来代替人工，笼育鸡更易于观察与饲养管理。但笼育需投入的资金多。

（二）垫料的作用与日常管理

1. 调节舍内温度、湿度 当舍内空气湿度太高时，垫料可以吸收空气中的水分；当舍内空气干燥时，垫料又会释放出水分，提高舍内空气的湿度。对温度的调节也是如此，在天冷时鸡群在垫料上感到温暖，天热时鸡群在垫料上又感到大地的清凉。

2. 吸收水分，稀释粪便，减少尘埃 每日鸡只代谢所排出的粪便，由于人为的翻动垫料与鸡只抓搔，每块粪便都与垫料混杂，起到了粪便被稀释的作用。鸡只每天排出粪便中80%是水分，大量水分很快被垫料吸收，减少了粪便总量。水分被吸收后另一个好处是减少了尘埃。

3. 保健作用 不要小看了垫料湿度，这是一个大问题，如垫料湿度过低，鸡只呼吸道黏膜抵抗力就会降低，鸡群特别易感疾病，如新城疫、传染性支气管炎、传染性喉炎、大肠杆菌病与支原体病等。在呼吸道不断受尘埃刺激下，饮水免疫、滴眼（鼻）免疫、喷雾免疫等接种效果常不理想，表现为效价低或效价上升缓慢，达不到应有的抗体滴度，导致免疫失败。

由于肉鸡不愿意活动，采食饮水后便休息，如地面上没有松软的垫料层，极易形成胸囊肿与腿病。另外在厚垫料环境中有限度的微生物活动会形成轻微的发酵，将会杀灭某些微生物，其中放出的氨气还能杀灭一些球虫。

4. 垫料的管理

（1）垫料材料的选择　选择的前提是干净卫生、容易取得、价格低廉，发霉变质的垫料绝不能使用。

（2）日常管理　如发现舍内空气中尘埃过多，垫料中水分不足，就应向舍内喷雾或垫料上洒水，以增加湿度，同时开启风机，排除尘埃。如发现舍内供水系统漏水，垫料过湿就应马上将湿垫料换出，以减少水分在舍内的蒸发。

（3）垫料湿度的控制　过湿的垫料使细菌大量繁殖，并使垫料板结或呈泥状，这时鸡粪便会黏在鸡脚上，刺激鸡只并发酵，易引起葡萄球菌性关节炎。大量微生物在湿垫料中繁殖，鸡啄食后会引起腹泻，使垫料状况更加恶化，会形成恶性循环。所以垫料要保持适宜湿度，经常翻动，避免板结。垫料湿度的过低与过高对鸡球虫免疫都不利，最适宜的垫料湿度是25%～30%。

（三）清舍与消毒

在国外，很多肉鸡饲养场习惯于一批鸡出栏后，对鸡舍进行整理消毒，在旧垫料上铺一层新垫料，重新开始养鸡，即厚垫料养鸡（1年清1次或2年清1次舍）。国内商品肉鸡饲养场多数出栏一批肉鸡清一次舍，特别是上一批次暴发过传染病的鸡舍，更要实行严格的清舍与消毒。即使初次使用的新鸡舍也要消毒后再养鸡，具体清舍消毒程序如下。

1. 清扫 清扫鸡舍包括地面、墙壁、顶棚及其他设施。应将粪便、羽毛绒毛、旧垫料等废弃物运到远离鸡场的地方。清扫前为防止粉尘飞扬、病原微生物扩散，可适当喷洒消毒液。清扫的顺序是顶棚、墙壁、设备，最后是地面。遇到不易清扫的部位，如通风口处，一定要认真清扫。

2. 水洗（水冲） 清扫后进行水洗，水洗的顺序同清扫，最好是采用高压水冲洗。鸡粪等污物会妨碍消毒剂与病原体的接触，消毒剂只要遇到微量有机成分，其消毒效果会明显下降。这时如加大消毒剂浓度，一方面加大成本费用，另一方面还会造成设备被腐蚀损坏和环境污染。所以在喷洒消毒剂前一定要认真清扫、水洗，没有任何有机物残留。

3. 干燥 一般在水洗干净后干燥1～2天，季节、气候不同，干燥的时间也不同。干燥的目的是防止水洗后，残余的水分稀释将要使用的消毒剂，使消毒剂达不到应有的消毒效果。

4. 消毒 鸡舍多采用化学消毒，即喷洒消毒剂。也有人在鸡舍采用火焰喷射的灼烧消毒，但使用中要注意防火与漏喷。使用消毒剂喷洒的顺序为：顶棚、墙壁、设备、地面，不允许有漏喷部位。消毒剂浓度的选择非常关键，浓度高造成浪费，还腐蚀设备；浓度低达不到消毒效果。最后对鸡舍用2倍浓度福尔马林进行熏蒸消毒，即1米^{3}空间用福尔马林28毫升、高锰酸钾14克。特别是上批次饲养成绩不好的鸡舍，必须用福尔马林熏蒸消毒后方可进下一批鸡。

（四）育雏前的准备

1. 鸡舍准备 鸡舍应在育雏前两周就清扫消毒完毕。当然，消毒后鸡舍空舍时间越长，对鸡的饲养越有利。因为空舍时间长，舍内残存的病原微生物就少，但空舍时间过长，房舍的利用率下降，资金周转慢。一般应掌握最少空舍期应15天以上。冬季育雏时，要把鸡舍可能进贼风的地方封堵好。

2. 饲料准备 应按所育雏鸡数量决定备料量。一次不要进得太多，以免存放时间过长，维生素等效价发生变化，结果导致雏鸡发生营养缺乏症。也不要一次进料太少，几天就进料一次会增加饲养成本。

3. 饲喂、饮水设备准备 在育雏前应准备好开食盘，开食盘的数量要多于育雏鸡只的需要量，因为开食盘每天都要清洗，不要因为清洗后干燥不及时而影响喂鸡，这一点在冬季育雏时十分重要。具体各种设备配备的数量见表4-4。

表 4-4　各阶段肉鸡饲喂、饮水设备配备要求

设备名称		适用阶段	规格	配备要求
饲喂设备	开食盘	出生至 7 日龄	圆形，直径为 50 厘米，边缘高 2 厘米 方形，边长为 40 厘米，边缘高 2 厘米	60 只鸡/个
	料桶	8～35 日龄	直径 35 厘米、容料 2.5 千克	50 只鸡/个
		36 日龄后	直径 50 厘米、容料 10 千克	
	螺旋式料盘	8 日龄至出栏	直径 33 厘米	50 只鸡/个
	塞盘式料盘	8 日龄至出栏	直径 33 厘米	50 只鸡/个
	链片式料槽	8 日龄至出栏	按双面计算	5 厘米以上采食位/只鸡
饮水设备	圆形饮水器	出生至 7 日龄	容积为 1 升	50 只鸡/个
		8～30 日龄	容积为 4 升	
		31 日龄至出栏	容积为 8 升	
	自动饮水器		钟形	80 只鸡/个
	V 形水槽	出生至出栏	按双面计算	1.5 厘米以上饮水位/只鸡
	乳头式饮水器			12 只鸡/个

4. 燃料准备　要备足育雏供温所需的燃料，如果用天然气保温伞育雏要备足气源。

5. 水电供应检查　要在育雏前把供电、供水线路及设备进行一次检修，发现问题及时处理，以免育雏中发生停电、停水。

6. 设备调试

▲检查一遍灯光，更换大瓦数灯泡（因为育雏前几天需要强光照）。

▲检查一遍风机，看皮带的松紧是否合适。

▲如暖器供热要把锅炉调试好。

▲笼育要调试好育雏笼。

▲准备好防火器材。

7. 其他物品准备　育雏前要准备好消毒药、脚踏消毒池、洗手盆、温度计、湿度计、免疫药品及用具、记录本、手电等。

（五）育雏计划的制订

1. 饲料消耗计划　快大型商品代肉鸡各周末的体重及耗料情况见表 4-5。

我们可依据表 4-5 中的数据来计划育雏料消耗量。

表 4-5　商品代肉鸡公母混养下的生产性能

周龄	周末体重（克）	本周耗料量（克）	累积耗料量（克）	料肉比
1	167	147	147	0.880
2	429	324	471	1.098
3	820	598	1 069	1.304
4	1 316	852	1 921	1.460
5	1 882	1 071	2 992	1.590
6	2 474	1 266	4 258	1.721
7	3 052	1 388	5 646	1.850
8	3 579	1 437	7 083	1.979

2. 免疫程序　在本书第五章疫病综合防控管理中对免疫程序有详尽的论述。

3. 接雏（出栏）**计划**　鸡只按时出栏后，下一批鸡方可按时接雏，所以两者有着密不可分的联系。每个饲养场都要计划好什么时间接哪个场的多少肉鸡雏，饲喂多长时间后出栏，出栏多少数量，销售给谁。

目前，国内多数养殖场采用“公司+农户”的养殖方式，此种方式不受市场上鸡苗价格、饲料价格、毛鸡价格波动的影响，但双方都应信守合同，方能长期获利、取得共赢。

（六）公、母分别饲养

肉鸡业发达国家商品肉鸡多采用公、母分别饲养的方式。在美国这种饲养方式占整个肉鸡饲养量的95%以上，而我国肉鸡商品代公、母分别饲养还处于发展阶段。公、母分别饲养的优势有以下几点。

1. 分期出栏效益好　公、母鸡由于性别不同，生理特点和生长发育模式也不同。

▲公鸡生长快，体重大，生长期长，沉积脂肪能力相对较差，一般在 8 周龄后生长速度才明显放缓。

▲母鸡则相对生长慢，体重小，生长期短，沉积脂肪能力强，一般 7 周龄后生长明显放缓，开始大量沉积脂肪，料肉比明显上升。

肉鸡消费市场对肉鸡出栏体重的要求呈现两极趋势：

▲大体重（2.5 千克以上），作为去骨分割鸡肉产品。

▲小体重（1.6 千克以下），作为带骨肉的快餐系列产品。

将母鸡养到 2.5 千克以上体重出栏，要比养公鸡到此体重多耗料，而将公鸡在体重1.6千克以下时出栏，也是一种对生物资源的浪费。于是公、母分别饲养就应运而生，母鸡单养早出栏，公鸡单养晚出栏，这比公、母混养方式缩短饲养期3～5天，料肉比减少0.15，出栏体重增长8%～15%，经济效益明显提高。

2. 产品规格统一易于加工 公、母鸡生长速度不同，随日龄增加，这种差别越来越大。商品代肉鸡公、母分别饲养时的平均生长数据与差异见表4-6。

表4-6 商品代肉鸡公母分别饲养时的平均生长数据与差异

周龄	公鸡周末体重（克）	公鸡每周增重（克）	母鸡周末体重（克）	母鸡每周增重（克）	公鸡体重比母鸡体重高出比率（%）
1	170	130	164	124	3.7
2	443	273	414	250	7.0
3	861	418	778	364	10.7
4	1 401	540	1 231	453	13.8
5	2 022	621	1 741	510	16.1
6	2 676	654	2 272	531	17.8
7	3 312	636	2 791	519	18.7
8	3 891	579	3 267	476	19.1
9	4 390	499	3 686	419	19.1

在相同饲养条件下考虑到个体差异，公、母鸡因性别不同造成的体重差异最大可达35%，这给产品的加工增加了难度，要不停地调整加工设备，并会因加工不当造成产品损伤和污染。均匀一致的出栏体重，便于集中加工产品，特别是出口产品（对规格和重量都有明确规定）。因此，原料规格的统一与否，对加工产品的效益有巨大影响。

3. 公、母鸡有各自不同的营养需要和管理要求

▲公鸡沉积脂肪能力差，生长期长，对日粮蛋白质水平要高于母鸡。公鸡对赖氨酸、含硫氨基酸的需要量比母鸡高出10%～15%。

▲从2～3周龄后，给公鸡提供的多种维生素应是公母混养时标准供给量的115%，母鸡则给予90%即可。

▲由于公鸡多数是慢羽，羽毛生长情况不好，公雏的育雏温度要比母雏高1～2℃。

▲公鸡体重大，为防止其患胸囊肿，垫料应松软并增加厚度，所以应比母鸡更加注重对垫料的管理。

综上所述，公、母分别饲养避免了饲料资源的浪费，便于管理。

4. 公、母分别饲养符合生产要求 公、母鸡由于不同的性别和生理特点，决定了它们之间不同的营养需要和生长模式。公、母分别饲养取得的经济效益优于公、母混养，是公、母分别饲养得以发展的动力。相信随着各品种肉鸡自别配套系的发展完善、肉鸡加工业的规模化发展和养鸡业社会化分工的发展，公、母分别饲养最终会在我国肉鸡生产中占据主导地位。

（七）操作实例

某肉鸡企业的进雏准备工作内容见表 4-7。

表 4-7 进雏准备工作内容

时间	工 作 内 容
倒计时 12～14 天	由场区净道端向污道清扫，达到场内无鸡粪、无杂物、无垃圾，注意屋顶、墙壁等卫生死角 发病鸡舍先用火碱溶液消毒后再清扫
倒计时 10～11 天	鸡舍内由进鸡门向出鸡门，从上到下用高压水冲洗 饮水管线内部要用消毒液浸泡处理 1 天，之后用清水冲洗干净。所有乳头都需要拆卸清洗 其他设备要经过浸泡、擦洗、消毒 吹净暖风管道里的灰尘，并用清水冲洗干净。冲洗时注意电机、电源箱、插座、感应器等防潮设备要用塑料膜严密包裹，做好防水处理 全面彻底地冲洗水线、料线、进风口、风机以及排水孔处 打开门窗通风干燥
倒计时 9 天	晾干鸡舍后，用0.5%过氧乙酸对饮水系统消毒 鸡舍地面和场区用2%～3%火碱（或1：200 农福）消毒，鸡舍空间用1：800 安灭杀溶液高压喷雾消毒，内部器具用1：3 000的 50%百毒杀浸泡消毒
倒计时 7～8 天	安装塑料网和护围 挂好育雏保温伞、温度计和湿度计 摆放开食盘和雏鸡饮水器，60 只雏鸡一个开食盘，50 只雏鸡一个饮水器 检查照明情况，安装供暖设备 设备检修，确保光照系统正常 鸡舍 1/4～1/3 面积育雏，饲养密度为每 1 米^{2}35～40 只 棚架底到表面，上至舍顶，全部用塑料膜遮严，横向隔离成需要的育雏面积（冬季要设有缓冲区） 每个育雏单元以 500 只左右鸡雏为宜，网上铺一层垫纸，塑料隔网高度为 50 厘米左右，最好设有一个小鸡栏（开食盘按 50 只/个，真空饮水器按 50 只/个配备） 进行全舍第 2 次喷雾消毒
倒计时 4～6 天	进鸡前 5～6 天开始密封鸡舍，用甲醛或者安灭杀 1：150 倍稀释喷洒消毒，用量为每 1 米^3 空间 300 毫升

（续）

时间	工 作 内 容
倒计时 4～6 天	熏蒸时每 1 米^3 空间用福尔马林 42 毫升，加等量水进行加热熏蒸、容器体积是药量 30 倍以上，或者采用 21 克高锰酸钾＋42 毫升福尔马林，容器中先放入高锰酸钾然后倒入福尔马林，鸡舍温度保持在 20～25℃，湿度为 70%以上，人员戴防毒面具，由鸡舍末端依次操作退出，防止安全事故发生 密闭消毒 48 小时，通风 24 小时
倒计时 1～3 天	准备好燃料、饲料和日常用品 鸡舍预温加湿（冬季提前 3 天，夏季提前 1 天），达到鸡背处温度 32℃，湿度达 55%～65%，在育雏区前、中、后的鸡背高度分别挂温度计测温，要求前、中、后温度差控制在 0.5～1℃ 养殖场大门消毒池放火碱消毒液，鸡舍门口设消毒盆

三、鸡雏的选择与运输

（一）健康肉鸡雏的标准

雏鸡质量取决于种鸡的品质、饲料营养、饲养管理，以及种蛋的质量、孵化机的性能、孵化的管理技术等诸多因素。

高质量的雏鸡是培育合格商品肉鸡的基础。通过选择将残、次、弱肉鸡雏淘汰，这样对提高鸡群整体的抗病力有利，并可按大小和强弱实行分群饲养，对提高全群的均匀度也大有益处。对雏鸡的选择方法多数是凭经验，通过“一看、二摸、三听、四询”来进行。

1. 看

▲肉眼观察雏鸡的精神状态，壮雏活泼好动，眼大有神；绒毛长短适中并清洁，有光泽且干燥，羽毛颜色符合品种要求。

▲鸡群体重大小一致，整齐度好，一般最小体重应在 35 克以上，体重符合本品种要求。

▲雏鸡脐部没有血痕，愈合良好；站立稳健，反应灵活；泄殖腔周围干净，没有稀便黏着与糊肛现象；腹部吸收良好，大小适中；喙、眼、腿、爪无畸形。

▲弱雏通常缩头缩脑，眼睛不愿睁开，身上羽毛凌乱不洁，绒毛或长或短，有时出现火烧毛与卷毛，在泄殖腔处常有粪便黏着，肚子大，卵黄收口处愈合不良，常带有血痕，腿脚畸形，站立或行走困难。

2. 摸

▲壮雏握在手中有弹性，有一种向外挣脱的感觉，鸡脚及身体上有温暖感，握在手中触摸到雏鸡腹部大小适中。

▲弱雏手感发凉，握在手中雏鸡轻飘无力，没有一种向外挣脱的感觉，并且弱雏用手摸能明显感觉到腹部大。

还可以在握鸡的同时用指尖触摸脐带收口处，来感知收口部状况。

3. 听

▲壮雏叫声清脆响亮。

▲弱雏叫声有气无力，嘶哑微弱，有的弱雏会“啾啾”鸣叫不止，听后使人产生烦躁感。

4. 询

▲询问出雏情况，通常壮雏出雏时间较短，而出雏时间拉得很长的多是些残弱雏。

▲询问亲代种鸡群的健康情况与免疫程序、雏鸡的出壳时间。

一般情况下，来源于高产健康种鸡群的种蛋，会在正常时间内出壳，雏鸡的孵化率高，多孵出高质量的壮雏；而来源于患病鸡群的种蛋，表现为低孵化率，出壳过晚，出雏期延长，多是弱雏。

可参照表 4-8 的标准来选择鸡雏。

表 4-8　初生肉鸡雏选择标准

项　目	壮　雏	弱　雏	残 次 雏
精神状态	活泼健壮、眼大有神	缩头缩脑、呆立、嗜睡	眼睛或不睁眼
体重	符合本品种要求	过小或近似于本品种要求	过小
腹部	大小适中、吸收良好	过大或过小，泄殖腔污秽	过大、过硬或极软，颜色发青
脐部	收口良好无血痕	收口不良且潮湿，大肚子	蛋黄吸收不全，血脐或疔脐
腿部	健壮有力，站立、行走正常	喜卧、站立不稳、行走蹒跚	无法站立、跛腿或弯趾
绒毛	长短适中	过长或过短	卷毛或无毛、火烧毛
畸形	无	无	有
腹水程度	无	轻微	严重
活力	强壮有力	轻飘无力	无

要注意，在孵化后期出壳的雏鸡，表面上显得弱一些，从精神状态、活动

能力、脐部吸收情况及腹部大小判断认为是弱雏，并没有考虑是因出壳时间晚、卵黄吸收时间不充分而造成的。这种雏鸡只要养育在较高育雏环境温度下，都可逐渐恢复正常。

（二）雏鸡运输中的注意事项

1. 对雏鸡盒的要求 盛装雏鸡的容器最好是一次性纸质雏鸡盒，或用于周转的塑料雏鸡盒（每次用过后都要认真冲洗消毒）。盒底应有垫纸，以利防滑与吸湿，内有十字格，将盒内划分成 4 个部分。

2. 运输雏鸡的要点 途中要定时观察雏鸡表现，一般要每隔半小时观察一次。

▲如发现雏鸡张嘴、展翅、叫声刺耳，这是温度过高的表现，要及时将上下、左右、前后雏鸡盒对调，以利于通风散热。

▲最适宜的运输温度是 20～24℃，如温度已高于 28℃，上层雏盒内鸡雏易发生温度过高情况。这时，要缩短每次观察的间隔时间，适当增加雏盒对调更换次数，同时尽量通风，挂上蘸了水的湿毛巾，向运输工具内地面洒水，利用蒸发散热来降低温度。

▲应防止高温情况下脱水现象的发生。正常情况下，雏鸡出壳后 24 小时，体内水分消耗 8%，48 小时体内水分消耗 15%。如观察发现雏鸡脚爪（脚鳞）发生干瘪现象，表明已发生了脱水。

▲要尽快把雏鸡运到目的地，缩短运输时间，远途汽车运输雏鸡，尽量不要在路上停车用餐，应有两名司机轮换驾车，带些方便食品，车内用餐。

3. 冬季运雏 受到冷应激的鸡只，生长发育比正常鸡只要慢。

▲要注意防寒保温，根据车辆保温情况及路途远近，带些防寒遮盖物，如床单、毯子、棉被等。

▲如发现雏鸡在盒内扎堆，发出“啾啾”的刺耳叫声，用手触摸鸡脚明显发凉，说明环境温度过低，应加盖防寒物，但一定要注意通风。也要定期进行雏盒换位，目的是防止底层雏盒内雏鸡长期处于温度过低状态。

▲要避开冷风直吹鸡雏，适当加以保温，最好在中午时间运雏。

4. 夏季运雏 夏季运输比冬季更易发生问题，主要是过热会闷死雏鸡。

▲在阳光直射、停车且车窗门紧闭的情况下，10 分钟就容易造成高温，所以要打开车内空调，尽量不要在路上停车，如因交通阻塞必须停车，可打开车窗进行雏盒换位调整。

▲要尽量在早晚或夜间运雏，避开高温时间。

四、肉鸡雏的饲养与管理

养肉鸡必须采用全进全出制，实践已无数次证明，不尊重科学，不采用全进全出制，必然导致失败。因为采用全进全出制，切断了传染链，有效地阻止了疾病的传播，并且有效地抑制了病原微生物在数量上的蓄积。

我们的育雏目标是第 1 周末，雏鸡平均体重在 160 克以上，如果体重在 140 克以下，生长成绩一定不会好，目前较高的记录是达到 200 克。第 1 周的体重与出栏体重高度相关，通常第 1 周体重相差 1 克，出栏时将相差 6 克；如果第 1 周相差 20 克，出栏时会差 120 克，这种差别直接影响了养肉鸡的经济效益。

（一）接雏准备

育雏前要仔细检查所有设备，确保正常运行。在进鸡雏的前 3 天就要开始排风换气，目的是排除福尔马林熏蒸后的残留。在夏季应提前 24 小时开始舍内预温，冬季应提前 48～72 小时舍内预温，春秋季节适当掌握提前预温的时间。预温有两个作用：

1. 检验温度能否达到预定标准 舍温应达到 26～28℃，垫料温度应达到 24℃，育雏伞下温度应为 34℃。如达不到，应马上采取其他供热措施，这在冬季育雏时尤为重要，因为即使雏鸡在短期内受寒，也会严重影响成活率、体重均匀度和整个鸡群的生产性能。

2. 加速福尔马林残留物的逸出 在预温过程中应不时开启风机进行排风。

（二）雏鸡的饮水

1. 先饮水后开食 先饮水有以下好处：

（1）*促进胃肠运动* 利于雏鸡吸收剩余的卵黄物质和排出胎便。出壳后雏鸡体内还有部分卵黄物质没有被吸收，它作为营养源对雏鸡生长发育有促进作用（雏鸡出壳后 2～3 天不开食也能生存，就是靠吸收这部分卵黄物质）。

（2）*恢复体力* 在运输过程中及育雏舍高温条件下，体内的代谢与呼吸、蒸发都需要大量的水，先饮水有助于体力的恢复。

2. 饮水中加糖、维生素 C 与抗生素 开始育雏 1～3 天每升饮水中可加 50 克葡萄糖或白糖，加 2 克维生素 C，特别是受到应激或经过长途运输的雏鸡，饮水中应加糖与维生素 C 或类似的添加物，因为这样做可减少死亡。

如果雏鸡来源可靠，可不加抗生素，一旦添加抗生素要注意药物的溶解性和应用的浓度，应避免由于药物沉淀和浓度比例不正确而发生药物中毒。

3. 注意饮水的温度 为避免腹泻，雏鸡初次饮水绝不可直接饮凉水。最好是饮温开水，或将饮水放入舍中预温数小时后再饮。初次饮水水温以25℃为宜，以后饮水温度可在15℃左右。

4. 饮水中加入消毒剂 由于大肠杆菌病在肉鸡中流行，因此建议在饮水中加入一定浓度的消毒剂。最经济有效的消毒剂是氯制剂，采用开放式饮水（水槽、圆桶饮水器等）时，最远端饮水器应每升水中有3毫克的有效氯；采用封闭式饮水（乳头）时，最远端乳头中应每升水中有1毫克的有效氯。

5. 保证育雏时全天供水 在育雏期应保证全天不断水，雏鸡随时都可饮到水。雏鸡体内水分占70%～80%，并且所有代谢活动都离不开水，体温调节也需要水。断水会使雏鸡干渴，见水后暴饮，易压死压伤雏鸡，并在抢水过程中弄湿羽毛，造成打颤扎堆，甚至导致伤亡。暴饮后还易诱发腹泻，对雏鸡的健康构成威胁。

6. 增加光照强度 由于禽类是靠水的反光来发现水源，因此开始育雏1～3天舍内要有足够的光照强度（比正常时高出2～3倍，达到20勒克斯较佳），使水面发生闪亮的反光，让雏鸡熟悉水源。待雏鸡已熟悉水源后便可降低光照强度到5勒克斯。

7. 逐渐调高饮水器高度 要逐渐将饮水放入常规饮水设备中，当鸡只已习惯使用常规饮水设备（一般10日龄后），便可逐步撤除雏鸡饮水器。

▲伴随鸡只生长，饮水器的饮水面应调整到略高于鸡背，这样可减少水的外溅。

▲地面垫料或网上平养舍，可采用饮水器下垫砖头或用悬挂绳来调节高度。

▲使用乳头式饮水器时，育雏前2天应使乳头与雏鸡眼睛高度一致。第3天后调节使鸡只以45°角来饮水，以后逐步提高乳头高度，在10天以后应使雏鸡垂直于乳头下仰头饮水。

（三）雏鸡的开食与饲喂

1. 开食 当雏鸡饮水后，应尽早开食。开食应饲喂雏鸡料（小鸡料），大规模肉鸡养殖场多在育雏前10天备用高质量的开口料。及早饲喂优质开口料的优点是：

▲促进卵黄的吸收与利用（提供营养和产生抗体）。

▲促进免疫抗体IgG的吸收，并激活免疫系统。

▲激活鸡体内的消化酶。

▲促进器官的发育（尤其是肠道的发育）。

▲促进生长。

经远途运输的雏鸡，也可在出壳 2～3 天后开食，但要注意开食不要喂得过饱，以免引起消化不良。

2. 预防营养性腹泻 为减少育雏初期的营养性腹泻（俗称糊肛、糊屁股），开食时每只雏鸡饲喂 3～5 克小米或碎玉米，不要饲喂得过多。如没有营养性腹泻现象，应直接用破屑（碎）料或粉料饲喂。

3. 人工辅助诱食 健康鸡雏在 2 天内可自然学会采食，但有时由于长途运输或其他原因，雏鸡受应激过重，入舍后不饮不食，形成所谓“硬口鸡”。这时就要人工辅助饮水、采食，必要时要采取逐只人工口滴葡萄糖措施。在这种情况下，雏鸡成活率一般不会太好，但只要是人工辅助饮水、采食方法得当，还是有相当一部分的鸡只可以成活，但生产性能会受到一定影响。

4. 过渡到正规饲喂器

▲育雏第 1 周多用开食盘供料，要准备好足够数量的开食盘，没有开食盘可临时用纸板、雏鸡盒、蛋托或塑料薄膜代替。采用自动式料线的在育雏前 5 天也要用开食盘。

▲在 4～5 日龄后，随雏鸡活动范围扩大，应在正规饲喂器（料盘、料桶、料槽等）内加入少量饲料，每天逐渐增加饲喂器中的料量。

▲在 6 日龄后开始逐步撤掉开食盘，在 9 日龄后彻底撤掉开食盘，由正规饲喂器供料。

▲要保证每个雏鸡都有充足的采食位置，不要因为供料设备不足影响雏鸡生长。

▲无论采用何种饲喂器，都应随时清理其中的粪便与垫料，以免影响雏鸡的采食、增重与健康。

5. 饲喂管理

▲第一次添料可多些，方便小鸡能很快吃到料，以后则应少给勤添八成饱，任鸡自由采食。这样做是为达到第 1 周体重目标，刺激小鸡的食欲，向体重 200 克的目标冲刺。

▲前 3 天，在育雏区铺育雏垫纸，撒饲料，方便雏鸡采食。3 日龄后撤除垫纸。

▲1～5 天每天在喂料后半小时于育雏区不同部位随机抽样 50 只雏鸡进行检查，看雏鸡嗉囊是否充满柔软的糊状物（料水混合物），没有则检查体温及饮水、饲料的供应情况，发现问题，及时进行调整。

▲掌握少喂勤添的原则，适当增加开启饲喂器的次数，有助于提高雏鸡的

食欲。如每次添料过多，除造成溢出浪费外，还会因鸡采食落到垫料上发霉、污染的饲料而致病，增加死淘率。人工每次向料盘、料槽中加料，以不超过其高度的 1/4 为原则。

▲要随鸡日龄的增长，慢慢调高料线或饲喂器的高度，以采食面高度与鸡背高度相同为原则。这样会减少饲料的浪费，使鸡只尽可能少挑食与刨食，并免于粪便和垫料混入饲料中。

6. 预防球虫 如想额外在商品肉鸡饲料中（育雏料、中期料）添加抗球虫药，一定要清楚饲料中原有的抗球虫药的含量，以避免造成药物中毒。

（四）育雏温度的调节

1. 供温程序 一般肉鸡雏的育雏温度相对比蛋鸡雏要低，冬季比夏季要高，保温育雏伞下温度要比其他方式育雏的舍温高，而伞周围环境温度比其他方式育雏的舍温低。建议的肉鸡雏供温程序见表 4-9。

表 4-9 建议的育雏供温程序

日 龄（天）	保温伞育雏方式温度（℃）		其他方式育雏温度（℃）
	保温伞下	保温伞周围	
0～7	31～34	27	29～31
8～14	29～31	24	26～29
15～21	27～29	24	24～26

2. 温度的测定点 即温度计所放的位置，温度计放在哪里非常关键。这是因为热空气向上升，除热源外，在舍内位置最高点，温度值最高。而鸡雏是处在地表面的垫料上，同一舍内这两个位置的温度值绝不可能相同。正确的温度计测温方式是用线悬挂温度计，感温部位与鸡背同高，这才能真正反映出雏鸡所感受的温度。鸡舍环境温度的测温方式是将温度计挂在墙壁离地 1 米高处。

3. 观察雏鸡的表现

（1）温度适宜 雏鸡的活动分散自如，采食、饮水后很快便休息，最好的姿势是伸腿侧卧，且鸣叫声也温和。

（2）温度过低 雏鸡扎堆，并发出一种连续不断的“啾啾”声，这时用手触摸鸡脚，感到很凉没有温度。如果夜间长时间低温，扎堆时间过长容易压死雏鸡，这种原因压死的雏鸡，喙部有部分深紫色（血凝色）。

（3）温度过高 雏鸡远离热源，张口喘气，将翅膀伸开下展，力图散出体热，并频频饮水，这时应马上调低温度。

（4）贼风　当育雏舍内有贼风时，雏鸡在舍内的分布不均，会出现某一部位没有雏鸡或仅有少数雏鸡，这时用手指感温（可弄湿手指），便可知贼风的方位，堵住贼风后，雏鸡就会恢复分散自如。

4. 逐步降温　育雏阶段每天降温 0.5℃或 2～3 天降 1℃。21 天育雏结束后，要根据外界环境温度来决定是否停止供温，如正处在冬季还应供温。养肉鸡的最适温度是 22.5℃，低于 18℃会增加耗料量。骤然的温度变化，会对鸡只造成应激，易诱发呼吸道病和大肠杆菌病，造成巨大损失。

5. 灵活供温　供温程序给出的是建议温度值，要根据环境条件灵活掌握。如大风天、阴雨天应提高 1℃，夜间也应提高 1℃。当鸡群处于应激状态下，如转群、免疫时，温度也要适当调高，特别是鸡群处于病态时，更需较高的育雏温度。

☞**经验**：在北方冬季育雏，单一供温方式存在困难，需要采取混合供温。还可采取适当措施来提高温度，如育雏时分出隔断、缩小供温面积、提高育雏密度，随日龄增大，逐渐扩群分散。在北方冬季还可以采用舍中小棚育雏法，就是在育雏舍内架起 1.5 米高框架，上罩塑料薄膜，以减少育雏空间，来提高供温能力，但这时要注意应有适当通风量。

（五）光照制度

1. 灯光布局　养商品肉鸡要求舍内光线分布均匀，应多点照明。最常见用普通白炽灯泡作为光源，也可以采用节能灯或日光灯。照度不要太大，能看见饲料便可（一般为 5 勒克斯）。可掌握每 1 米^2 有 1 瓦左右的白炽灯瓦数，如一个长 80 米、宽 9 米的鸡舍应有 720 瓦白炽灯瓦数，可采用 48 个 15 瓦的灯泡，分三路光照，每路 16 个灯头，间隔 5 米，交叉布置灯头。白炽灯要有灯伞，定期擦拭灯泡，及时更换不亮的灯泡。

2. 育雏初期光照　在育雏的前 3 天照度要高，以便雏鸡尽快熟悉水源和采食环境，这时应有 20 勒克斯的照度。可掌握每 1 米^2 有 4 瓦左右的白炽灯瓦数，如一个长 80 米、宽 9 米的鸡舍中，可将 15 瓦灯泡换成 60 瓦灯泡（不要采用大于 100 瓦的白炽灯泡）。3 天后要及时将大瓦数灯泡换下，因为一旦雏鸡熟悉采食、饮水环境后，大瓦数灯泡失去作用，不仅浪费了电能，反而对鸡只的健康生长不利。

3. 普通肉鸡光照程序　光照程序中每天应有 1 个小时的黑暗，是让鸡只熟悉黑暗环境，以免停电时造成应激与挤压。在良好管理条件下的商品肉鸡光照程序见表 4-10。

表 4-10　商品肉鸡光照程序（小时）

日　龄	光照时间	黑暗时间
1～3 天	24	0
4 天至出栏	23	1

4. 大体重肉鸡光照程序　如果计划饲养大体重的出栏肉鸡（出栏体重大于 2.5 千克），并考虑降低因猝死综合征、腹水综合征、腿病所造成的死淘率，可结合低能量、低蛋白育雏料的喂饲，克服因快速生长所造成的负面影响，适当放缓早期的生长速度，建议采用表 4-11 的光照程序。

表 4-11　出栏大体重肉鸡光照程序（小时）

日　龄	光照时间	黑暗时间
1～3 天	24	0
3～35 天	16	8
36 天至出栏	23	1

5. 间歇光照　饲养肉鸡采用间歇光照制度优于连续光照制度。间歇光照是光照与黑暗交替进行，常见有 1 小时光照与 2 小时黑暗交替进行或 1 小时光照与 3 小时黑暗交替进行，也有采取在每小时中 15 分钟照明、45 分钟黑暗。采用间歇光照制度时应多给鸡只准备采食空间与饮水位置，在设计光照与黑暗周期时要考虑给鸡只提供足够的采食与饮水时间。

☞**经验**：对于开放式鸡舍要尽量利用日光，当外界光照强度够时（能看见饲料便可），应及时关闭电灯，以节省能源；外界光照强度不足时，再用灯光补充。密闭式鸡舍可实行间歇光照制度。

（六）湿度的调节

1. 适宜湿度范围　饲养肉鸡理想的相对湿度为 50%～65%，但在 40%～70%相对湿度范围内对肉鸡生长发育也无妨。

2. 垫料与湿度　在地面垫料饲养方式中，垫料本身就是一个湿度调节库。当舍内空气干燥，相对湿度低时，垫料中的水分向舍内散发，以提高舍内湿度；当舍内空气过于潮湿、相对湿度高时，垫料又吸收水分，以降低舍内湿度。

3. 湿度控制　湿度要随鸡只日龄的变化而调整，原则是：开始育雏时应注意防止湿度过低；10 日龄后，要防止湿度过高。

▲开始育雏时，为防止雏鸡高温下的脱水，使雏鸡从胚胎高湿度环境条件下适应过来，前几天舍内相对湿度以70%为宜。观察湿度最好的标志是看雏鸡的脚趾（脚鳞），如湿度合适，脚趾发亮，丰满无皱纹；如湿度低，则脚趾干瘪，皱纹多，看上去干瘦。解决办法是，马上向墙壁、地面或垫料上洒水，向空气中喷雾，增设水盘，利用热源（炉子、暖器）蒸发水分。

▲7日龄后控制相对湿度为65%，10日龄后控制相对湿度为50%～60%。10日龄后多因饮水器漏水或雏鸡嬉水造成湿度过高。湿度过高后，鸡只羽毛不洁，极易发生球虫病和其他传染病，这时应及时更换湿垫料、处理漏水，并可适当通风以降低舍内湿度。

4. 谨防干燥 在北方春、秋季育雏，由于气候干燥，有时舍内湿度低于35%，这时雏鸡羽毛生长不良，地面掉毛较多，并且空气中尘埃明显增多，风机开动时，在鸡舍的入口看有雾蒙蒙的感觉，这是空气中的粉尘即雾霾，不是水汽。由于湿度低，鸡只易发呼吸道疾病，免疫力降低，饮水免疫、滴鼻（眼）免疫可能失效。这种情况下，应及时向舍内洒水喷雾，以增加湿度。

（七）通风管理

1. 通风目的

▲提供大量新鲜氧气。因肉鸡生长快、代谢旺盛，需大量的新鲜氧气。

▲降低舍内有害气体浓度、粉尘含量；排除空气中多余的热量与水分。

▲不同季节通风的目的不同。夏季通风主要是降温，排出多余热量；冬季通风主要是降低有害气体浓度和空气中的水分。

2. 注意事项 在育雏期初期，雏鸡不需要太大的通风量，只需要定期补充新鲜空气即可。

▲育雏第1周的风速应小于0.5米/秒。且舍外进气不能直接吹到雏鸡身上。

▲由于肉鸡生长速度逐年在提高，生产者又倾向于在每1米^{2}面积上饲养更多的鸡只，为满足市场消费的要求，出栏鸡体重又进一步提高，这些都加剧了通风的困难性与重要性。

我国地域广阔，南北气候差异大，不同地域不同季节，通风要达到的目的不同。可以讲，南方夏季通风是一个难题，北方冬季通风也不易解决。

3. 换气量 在任何温度条件下，鸡每千克体重、每小时需0.5米^{3}的换气量，这是最基本的要求。不同环境温度、不同体重鸡只建议的换气量见表4-12。

表 4-12　不同体重、温度条件下建议的鸡只换气量（米^3/分）

体重（千克）	气温（℃）					
	4.4	10.0	15.6	26.7	32.2	37.5
0.23	0.007	0.008	0.009	0.013	0.015	0.017
0.64	0.020	0.022	0.028	0.036	0.042	0.048
1.18	0.034	0.045	0.053	0.070	0.078	0.087
1.77	0.053	0.064	0.078	0.104	0.118	0.132
2.40	0.070	0.090	0.106	0.143	0.158	0.179

4. 通风与保温的矛盾　在育雏开始时期或冬季，人们经常强调保温而忽视通风。

▲通风与保温确实存在矛盾，通风量大可能舍温上不来，一味追求保温，又可能导致通风量不足，使舍内空气质量恶化，有害气体浓度加大。

▲人们进舍后感到刺鼻子、辣眼睛，有要流泪的感觉，这时多是舍内氨气超过标准，应马上进行通风。

▲低温与舍内空气质量恶化都对生产性能有影响，严重时都可对生产造成重大损失。

5. 有害气体的危害　肉雏鸡生长发育快，新陈代谢旺盛，单位体重的耗氧量是大牲畜的数倍，同时鸡群密集，需要充足的新鲜空气。

▲育雏舍内由于鸡只呼吸，排出的粪便及潮湿的垫料发酵，使空气中含有大量二氧化碳、氨气和硫化氢等气体，使舍内空气不断受到污染。当这些污染的空气不能有效地排出到舍外，有害气体在舍内的浓度将逐渐增加，当达到一定阈值浓度后，鸡群的健康将受到极大的威胁。

▲氨气对肉鸡的危害最严重，氨气对鸡只的黏膜有强烈的刺激作用，如刺激眼结膜，将会引起流泪和充血，以至发生结膜炎，严重时导致失明。氨气如被吸入呼吸道，会使鸡咳嗽，甚至发生气管炎，引发呼吸道系统疾病。由于氨气的作用，将使鸡只黏膜免疫力下降，失去对外界病原体的有效保护屏障，可能会导致鸡新城疫等传染病的暴发，给肉鸡生产造成巨大损失。

▲在冬季，由于通风量不足，可因氧气含量低而诱发腹水综合征，这就是腹水综合征冬季发病率高的原因。

6. 舍内空气指标

▲氨气浓度是表明舍内空气质量的重要代表指标，浓度不应大于 17 毫克/米^3。

▲硫化氢浓度不应大于 2 毫克/米^3。

▲二氧化碳浓度不应超过0.2%。

☞**经验**：若嗅闻有氨气味，但不辣眼不刺鼻，这时氨气浓度为7.6～11.4毫克/米^3；若入舍后马上感觉到刺鼻且流泪，其氨气浓度为19.0～26.6毫克/米^3；当进舍后感觉呼吸困难，眼无法睁开并且流泪不止时，氨气浓度应在34.2毫克/米^{3}以上。

7. 冬季通风的技巧

▲北方冬季舍内要有加温措施，尽量减少水汽蒸发，保持地面干燥。

▲冬季的进风口应在鸡舍的上部，使进入的新鲜空气与舍内热空气混合，减轻冷空气直接进舍对鸡只造成的应激。

▲每次通风时要掌握好换气量，一次降温幅度不要太大。

▲要根据鸡龄大小、舍内外温差、饲养密度、天气及风力情况、舍内有害气体浓度等诸多因素来决定换气量大小。

（八）饲养密度的调整

1. 各种饲养方式与密度关系 肉鸡大多数采用平养。下面所讨论的饲养密度是指地面垫料平养时的饲养密度。如采用网上平养，可增加5%～10%的饲养密度。笼养根据笼的层数而定，二层笼养将网上平养饲养密度乘以2，三层笼养乘以3，但笼养时通风换气量要加大数倍，这一点绝对不能忽视。

2. 适时扩群 因为肉鸡是逐渐长大的，饲养密度应逐渐调整。一般平养商品肉鸡多习惯采用分段扩群法，分段扩群法可节省一部分供温费用，并方便饲养人员管理鸡只。最关键的饲养密度当然应是出栏时的饲养密度。不同的育雏季节掌握的扩群进度有所不同，建议的扩群方案见表4-13。

表4-13 建议扩群方案

日 龄（天）	1～7	8～14	15～21	22～28	29至出栏
冬季育雏占鸡舍面积比例	1/4～1/3	1/2	2/3	5/6	扩满全舍
夏季育雏占鸡舍面积比例	1/3	1/2～3/4		扩满全舍	

3. 扩群操作 扩群前要对预扩地方进行预温，准备好足够的饮水和饲料。扩群时不要人工赶鸡，要让鸡自由疏散。扩群时间：冬季以12：00—14：00为宜，夏季应在9：00前。

4. 依据体重调整密度 由于出栏鸡体重不同，科学的做法是计算出栏时，每1米^{2}可养毛鸡总重量，而不是多少只鸡。总的原则是开放式鸡舍（自然通风条件下），每1米^{2}出栏鸡总重为20～22千克；环境控制鸡舍每1米^{2}出栏鸡总重为30～33千克。

5. 灵活掌握 由于饲养目的不同，鸡出栏时体重不同，掌握的鸡群密度也不同；并要根据季节、气候、通风等条件灵活掌握，适当调节。一般夏季饲养密度应低些，冬季饲养密度可高些；通风条件好的鸡舍可高一些，通风条件不好的鸡舍可适当低一些。根据总的原则列于表 4-14，以供生产实践中灵活掌握执行。

表 4-14 肉鸡不同出栏体重的饲养密度（只/米^2）

出栏体重（千克）	环境控制舍	开放式舍
1.0	30	20
1.5	20	14
1.8	17	11
2.0	15	10
2.5	13	8
3.0	11	7

（九）免疫接种与投药

1. 免疫方法 免疫方法（接种途径）有多种多样，不同的免疫项目有不同的免疫方法要求。

▲按接种对象是群体还是个体可分成两大类。

▲群体免疫包括饮水免疫、气溶胶（气雾）免疫、拌料免疫。

▲个体免疫包括注射免疫（皮下注射、肌内注射）、滴鼻（点眼）免疫、滴口免疫、浸嘴（喙）免疫、刺种免疫和涂肛免疫。

▲在肉鸡免疫接种中，最常见的接种方法是饮水免疫、滴鼻（点眼）免疫、滴口免疫和注射免疫。

2. 滴鼻（点眼）免疫 滴鼻（点眼）免疫多用于雏鸡，特别是雏鸡新城疫与传染性支气管炎的首免。

▲滴鼻时疫苗通过鼻孔流进喉头，点眼时疫苗通过眼睛流入泪管。

▲有的鸡只在滴鼻时疫苗不吸入，这时要用抓鸡手的食指堵住另一侧鼻孔，疫苗自然会被吸入，然后方可松手放鸡。

▲点眼也要注意，要等疫苗扩散开后，再松手放鸡。

▲滴鼻（点眼）接种都是弱毒活苗，如有母源抗体存在，会干扰体内抗体产生，这时应适当增加接种量。

☞**经验：**现较常见做法是滴鼻点眼同时并用各 1 滴，1 只鸡滴 2 滴，这样可更好刺激机体产生局部免疫和全身免疫。

3. 疫苗稀释技巧　在滴鼻（点眼）中要严格掌握好疫苗稀释量。

▲稀释液太多达不到每只鸡应有的接种量，可能达不到免疫效果，最后要剩余疫苗。

▲稀释液太少达不到应有的免疫只数，浪费疫苗。

☞**经验**：普通滴管每一滴的量大约是 0.025 毫升（可因滴头粗细有差异），如 1 000 只鸡免疫，采用滴鼻或点眼 1 滴免疫，稀释液应用 28～32 毫升（考虑有点损失），若采用滴鼻点眼并用 2 滴免疫，稀释液应用 55～60 毫升。

4. 滴口与浸喙免疫　滴口免疫和浸喙免疫是为确保每只鸡都均匀被接种而采取的强制性个体免疫。滴口免疫同饮水免疫，鸡只主动去饮水，接受免疫没有本质上区别。但浸喙免疫因要求浸到鼻孔，它还包括部分呼吸道系统的免疫，与滴口免疫和饮水免疫还是有细微的区别。

5. 饮水免疫　饮水免疫在大日龄肉鸡中常用，因为它应用方便，给鸡只造成的应激小，所以应用广泛。

▲进行饮水免疫的前 48 小时和后 24 小时，饮水中不得加入任何消毒剂。

▲要根据季节、舍温、鸡日龄决定适当的停水时间，让鸡只尽快饮到疫苗水，使鸡群在 1～2 小时内饮净疫苗水。

▲为增强免疫效果，可在饮水中加入0.1%～0.5%的脱脂奶粉或2%鲜奶。

▲饮水免疫的疫苗用量应是个体免疫用量的 2～3 倍，要提供足够数量的饮水器。

☞**经验**：饮水免疫的缺点是免疫后群体抗体水平不整齐，所以在首免中多不采用饮水免疫。

6. 免疫时注意事项

▲注意疫苗的有效期、接种剂量、接种方法、疫苗的保存、疫苗的回温及漏免等问题。

▲免疫期间给鸡群饮电解多维，以防止应激，要注意鸡舍温差。

☞**经验**：免疫前鸡群有呼吸道症状时，一定要先投药控制（可选择红霉素、泰乐菌素或替米考星，连续饮水 4 天），或者请技术人员进行指导，选择合适种类的疫苗。

7. 投药　鸡群有时需要投药（包括多维电解质等）。

▲用药的原则是"无病不用药、用药要及时对症"。加强场内人员控制和消毒，及时处理病死鸡和残次鸡，鸡群适时出栏。拒绝外源性鸡病进入本场，力争控制本场鸡群发病在亚临床状态。

▲因饲喂肉鸡多采用颗粒料，养殖者无法自行向料中拌药，添加药物应在饲料加工厂添加，大多数的球虫药都是用这种方式添加。这时要考虑添加药物的热稳定性，因为制粒时有高温环境。

▲很多人对肉鸡投药采用饮水投药，这时要考虑药物的溶解性和其水溶液的稳定性；还要注意肉鸡生产中对该种药物停药期的要求。

▲经常在饮水中投药会促进水中一种黏液菌的繁殖，有时会导致流水不畅，特别是采用乳头式饮水器时，这种现象严重。要每个饲养期结束后拆开供水线路，用清洁剂洗涤浸泡，以防止供水阻塞。

▲投药的同时要改善鸡群管理，对大肠杆菌病与慢性呼吸道病等而言，其本质都属管理性疾病，只有通过改善管理才能获得较好的效果。

▲口服消毒药无治病作用，水中投放消毒剂只是为了杀死水中的病原微生物。

☞**经验**：正确诊断鸡病，选择敏感药物。治疗任何疾病都需要足够的剂量，一般来讲药物连续使用 3～5 天才有效。饮水投药最好先停水 1～1.5 小时，选择早晨投药，1 天只投 1 次，饮水 6～8 小时，饮水时间短不能保证鸡只都饮到药物，时间过长有些药物会因氧化而降低药效。

8. 操作实例 某鸡场投药方案见表 4-15。

表 4-15 某鸡场投药方案

日 龄	投 药 内 容
0	2%～3%葡萄糖饮 2～3 小时，温开水
1～4	林可大观、阿莫西林、恩诺沙星或氧氟沙星四者选一
11～14	使用大环内酯类药物减轻疫苗免疫后应激反应，控制支原体感染
20～23	使用泰乐菌素、多西环素或红霉素等控制呼吸道感染的药品
28～30	使用氨基糖甙类、硫酸黏杆菌素或新肥素等控制全身性感染及大肠杆菌

鸡只出栏前使用任何药物一定要遵守停药期规定。具体用药方案必须经由兽医人员审核。

（十）商品肉鸡的限制饲养

1. 新问题的产生 随着遗传育种技术的进步，肉鸡生长速度越来越快，有利便有弊，快速生长也带来了不少的弊端。

▲腹水综合征、猝死综合征、腿病这些非传染病，现已成为制约饲养商品肉鸡取得高经济效益的主要因素。

▲消费市场对大体重出栏鸡（2.5 千克以上）、大日龄出栏鸡（45 日龄以

上）需求甚多，这更加剧了腹水综合征、猝死综合征、腿病的发生。

2. 限制饲养　绝大多数对养肉鸡不甚了解的人，都觉得肉鸡需限制饲养无法理解，简直不可思议。养肉鸡就是让鸡多吃快长，为什么还要限制饲养呢？但现实饲养肉鸡从业者都普遍认识到，在大体重出栏肉鸡中限制饲养的必要性，并在实践中应用了限制饲养技术，从中受益匪浅。

3. 限制饲养的技术手段　有关研究人员进行了大量研究工作，试图通过遗传育种手段、营养手段、管理手段来解决腹水综合征、猝死综合征、腿病这一世界性难题。目前，总结出在现阶段可采用的技术手段是：

▲适当降低饲料的营养水平，有目的地放缓肉鸡早期的生长速度，而不是简单地采用减少饲料供应量的办法加以解决。在本章“料型的选择”中有具体的营养指标要求。

▲对饲料配方的调整，结合光照、通风等管理措施，使育雏期末（21 日龄）体重为标准体重的 85%～90%。

▲应用该技术手段后明显减少腹水综合征、猝死综合征和腿病的发生率。

（十一）日常卫生与消毒隔离

1. 个人卫生　人员出入鸡舍是疾病传播的一个主要途径。

▲要谢绝参观访问者入舍，尤其是各种推销商、饲料供应商、养鸡技术服务人员和毛鸡收购者。他们往返于各个鸡场间，很容易由他们将疾病传播开，对这类人员要特别注意。

▲对本场工作人员也要严格要求，饲养人员入舍要先经脚踏消毒池消毒，更换消过毒的工作服和鞋帽后，洗手消毒后放可工作。

▲有条件地方，应先淋浴消毒，再更换衣服与鞋帽。

▲鸡场所有人员家中不许饲养家禽和鸟类，不许食用本场以外的鸡产品。

▲育雏期尽可能实施封闭式育雏。

2. 环境卫生　鸡场内应分为净道与脏道。

▲运雏、运料、饲养人员走净道。

▲出栏鸡只、清除垫料和粪便、运出病死鸡走脏道。

▲每周要对净道进行火碱水或石灰水消毒，定期清除杂草和垃圾。

▲每个生产周期结束后要对脏道进行消毒。

▲鸡场大门的车辆消毒池和各舍入口的脚踏消毒池，每 3 天添加（或更换）1 次消毒剂。

▲要定期灭鼠灭蝇。

▲饲养用具要定期洗刷和消毒。开食盘、饮水器每天洗刷 1 次；料桶每天

要清料1次，每周洗刷1次。

3. 带鸡消毒 带鸡消毒降低了舍中病原体的含量，利于鸡舍的环境卫生和鸡只的保健安全。

▲常用的带鸡消毒药物有0.3%过氧乙酸、0.05%百毒杀、0.5%碘伏等。

▲为避免病原体产生抗药性，各种消毒剂需交替使用。

▲10日龄以内雏鸡可每5天带鸡消毒1次，20日龄内可每4天带鸡消毒1次，30日龄内可每3天带鸡消毒1次，30日龄后每2天带鸡消毒1次。

▲消毒剂用量与浓度可参考使用说明书，有疫情时可酌情增加消毒次数和喷雾量。

☞**注意**：不是所有消毒剂都可以带鸡消毒，只有说明书上允许的，才可带鸡消毒，不然会发生危险。还要注意消毒剂使用规定，避免因使用浓度过高，诱发鸡只呼吸道疾病。

五、肉鸡中后期的饲养管理

（一）适时停止供温

1. 适时停温 育雏期结束后，通常肉鸡体重应在800克左右，这时羽毛已丰满，如外界环境温度适宜，就要停止供温。我国地域广大，不同地区、季节温度变化也不相同，如育雏期结束后，外界环境温度低于16℃，还是要适当供温。

2. 环境温度与肉鸡生长

▲肉鸡在3～8周龄期间，环境温度在22.5℃以上，则增重与采食量随温度增加而线性下降，饲料利用率提高。

▲当环境温度由20℃降到10℃时，采食量增加，增重无变化，饲料利用率下降。

▲肉鸡最适宜的温度是22.5℃。最适宜的生长温度有时不等同于经济效益最佳时温度，过高的环境温度显然使饲料利用率增高，但因采食量不足，反而效果不好。特别是30℃以上的高温，对肉鸡生产反而有害。

（二）料型的选择

1. 料型 养肉鸡多采用三种料型。分别是初期料（小鸡料或开食料）、中期料（又称育成料或中鸡料）、后期料（又称宰前料或大鸡料）。

初期料又分两种，按饲养目的、饲养期长短不同，分为低能量低蛋白初期料，它适合出栏体重1.8千克以上鸡只饲喂，可有效减轻腹水综合征、猝死综合征、腿病的发生率。普通初期料适合出栏体重 1.8 千克以下鸡群饲喂。不同时期肉鸡饲料主要营养成分的要求见表 4-16。

表 4-16　不同时期肉鸡料的营养要求

成　分	低能量低蛋白初期料	普通初期料	中期料	后期料
粗蛋白质（%）	20	23	20	18.5
代谢能（兆焦/千克）	11.75	13.00	13.40	13.40
蛋白质：代谢能	17.0	17.7	14.9	13.8
钙（%）	0.90～0.95	0.90～0.95	0.85～0.90	0.80～0.85
有效磷（%）	0.45～0.47	0.45～0.47	0.42～0.45	0.40～0.43
氨基酸、维生素、微量元素	按标准	按标准	按标准	按标准

2. 各种饲料的饲喂期　三种料型的更换因不同饲养目的、不同饲养期而异，表 4-17 显示相应的饲喂日期，具体操作执行时要考虑鸡只的平均体重、饲养的品种、外界气候和环境温度等多种因素，相应做出调整。

表 4-17　各种料型建议的饲喂期（天）

出栏鸡体重（千克）	出栏鸡日龄	初期料	中期料	后期料
1.5～1.75	30～35	0～18	19～26	27 至出栏
1.75～2.25	33～42	0～19	20～28	29 至出栏
2.25 以上	42 以上	0～21	22～32	33 至出栏

（三）肉鸡中后期的通风管理

1. 通风的作用　肉鸡舍的通风管理是现代肉鸡集约化规模饲养中的一大难题。管理不好就可能出现大问题，舍饲规模越大，通风越难管理。不同地域、不同季节通风有不同要求。

▲在北方冬季，通风主要作用是提供新鲜氧气、排除有害气体与多余水分，同时也降低了舍内尘埃量，可谓一举多得。但通风同时也带走了部分宝贵的舍温，即有利也有弊。

▲在夏季，通风主要作用排除高温，使鸡只感到舒适，以利于快速生长。

2. 夏季通风　在炎热季节，通风主要是排除多余热量，使鸡只感到舒适。

▲可适当增加排风扇的数量与功率，因炎热季节排风量是寒冷季节的 10 倍，所以最大排风量应据夏季出栏鸡只数目确定。

▲在夏季要适当降低饲养密度，在饲养计划安排中尽量避开“三伏天”出栏鸡。

▲采用纵向通风，配置湿帘降温设备或冷风机，这样可明显缓解热应激带来的损失。

3. 冬季通风 在冬季，通风目的是提供新鲜空气，同时要排除舍内有害气体及水分与尘埃，还要尽可能保住舍内热量。

▲冬季应采用横向通风技术，多点通风，使进风口尽可能在最高点设置，这样可使新鲜冷空气充分与舍内暖空气混合。

▲设计风机运行程序时，不要连续运行某一台或几台风机，应使用定时器使每台风机每小时都有运行时间，这样可保证鸡只不断获得均匀的新鲜空气。

▲冬季尽可能减少舍内湿度，这对减少有害气体产生、减少排风量有很大益处。

4. 临近出栏期的通风 在肉鸡饲养后期（35 日龄后）通风环节非常重要。

▲肉鸡后期体重大，采食量与排泄量也大，大约每天排粪 70 克。后期肉鸡每小时呼出的二氧化碳为 1.7 升。

▲散发出大量体热，每天排泄出的水分约有 200 毫升。

▲鸡舍内累积的鸡粪产生的氨气，舍内空气中浮游的尘埃和二氧化碳等越来越多。

▲不能将有害气体、粉尘、过多水分及时排到舍外，舍内的环境就会越来越恶劣，不仅会严重影响肉鸡的生长速度，易导致呼吸道病，还会增加肉鸡的死亡率。

▲避免通风有死角、产生贼风。当通风与温度发生矛盾时，应保证通风并加温，不要试图保温而减少通风量。

▲避免风机百叶关闭不严造成通风短路，避免后端清粪通道发生倒风。

（四）鸡群的日常观察

1. 鸡群管理与观察 对鸡群进行日常观察是管理工作中重要一环，对鸡群的观察水平标志着饲养者的管理水平。好的饲养者通过日常观察，及时发现鸡群存在的问题及疾病的征兆，便于及时做出诊断，采取相应的措施，使问题处理在影响效果最小的范围内。

2. 查看照明与密度 饲养者每天都要查看照明情况，有不亮的灯泡及时更换，因为肉鸡活动区域不大，灯泡一旦不亮就会影响到采食，最终导致生长受阻。

合理的容鸡密度下，每只鸡都有自己的休息空间，鸡群不会因拥挤而骚动不安，鸡只的羽毛覆盖情况可反映出密度是否合理，合理容鸡密度时鸡只羽毛整洁，地面掉毛不多；如鸡只羽毛凌乱污秽，鸡体羽毛覆盖不好，地面掉毛很多，多因疏散鸡群不及时、密度过大、舍内温度过高、通风换气不良或营养不平衡所致。

3. 采食、饮水与粪便

▲察看食具、饮具是否摆放合理，高度是否随日龄变化而升高，数量上是否满足其需要，每只鸡是否随时都可做到在 3 米范围内无障碍采食与饮水。

▲查看食具、饮具结构上是否合理，是否存在饲料浪费和跑水问题，还要检查食具、饮具的清洁卫生情况，是否按时进行清洁擦洗。

▲虽然垫料养肉鸡对观察粪便不是太容易，但认真细致去做，仍可以对粪便的颜色、形态、含水量进行观察，可获得鸡群是否正常或发生了什么种类疾病的信息。

☞**经验**：如鸡群采食量或饮水量发生突然变化多是疾病来临的前兆。

4. 鸡只行为 对鸡只日常行为的观察有多个方面。

▲健康鸡只行动正常，采食饮水排泄都正常。

▲病态鸡只行动多不稳，不合群，独卧一处，精神不振，有时频频甩头，发出各种异常呼吸音，低垂翅膀，不抬头，采食饮水不积极，身上羽毛多污秽。

▲腹泻鸡在泄殖腔周围还可见粪便黏着。

5. 鸡舍环境 对舍内温湿度及空气质量的观察可从各种测量仪表上读出示数，也可由人体来感受，如人感到不舒适的温度和湿度，有难闻的有害气体，鸡只也同样感受到不适，要采取相应措施，调整温湿度和改善空气质量。

6. 广义的观察

▲除了眼观鸡只情况，还要认真去听，如鸡只有呼吸道疾病，多有不正常呼吸声。

▲不仅仅是看与听，还要用手触摸鸡只，感知鸡只嗉囊的软硬，了解鸡只体况的肥瘦，并且每周都要进行抽样称重，以了解鸡只的生长发育情况。

☞**经验**：子夜熄灯时，关闭风机侧耳细听，如鸡只有呼吸道疾患，必有一种“呼噜呼噜”或“呕呕”的呼吸声或特殊的呼吸声。

（五）鸡只死淘原因分析

1. 死淘鸡只的分类 养肉鸡必须每日做记录，其中一项就是日死淘鸡数与原因。

死淘原因有各种分法，但基本上可分为两大类：

▲病态死淘。

▲非病态死淘。

但两者区分有时也不十分清晰，如猝死综合征，现在可划分为病态死淘，但在人们没充分了解此综合征之前，猝死鸡多列为非病态死亡。

2. 合理的死淘率 饲养的肉鸡是一个活的生物体，生物体要与它周围环境进行物质交换和协调，必然有一个交换与协调成功率问题，也就是成活率问题。

▲养十只肉鸡可以都成活，养一百只肉鸡也可以都成活，但养几万只或十几万只便不可能都成活，必然有一个成活率问题。

▲什么样的成活率是可以接受的，这要因场别、季节、饲养方式、管理条件不同而异，但原则上讲肉鸡成活率低于90%，则无效益可言；特别是低于85%以下时，除极特殊情况外，几乎都要发生亏损；95%的成活率也不能算是很高的成活率，因为商品肉鸡一生才30多天或40多天。

▲一般鸡雏出售时每百只有2%～4%的路耗赠送，鸡群在良好饲养管理下出栏时，应达到百分之百的成活率（2%～4%的路耗鸡作为死淘数），这是我们力争的目标。

3. 死淘原因的分析 对肉鸡的死淘原因要逐一分析，看一下各种原因所占的比例是否合理。

▲因弱小雏造成的死亡率不应超出2%～3%，如在5%以上，则说明雏鸡质量有问题或饲养管理技术有问题。

▲对非正常原因死淘鸡只（如集群起堆压闷死、脚踩压死、水淹死、鼠类伤害及中毒死亡）不应超出1%～2%，如高于2%，则说明对鸡群管理水平太差。

☞**经验**：*管理好的鸡场因这类非正常原因死淘率仅是千分之几或万分之几。*

4. 客观看待死淘鸡只 养肉鸡要做到不得病，可能性不大，关键是对疾病的有效控制。

▲好的鸡场因病死亡仅1%～2%，病不一定都是传染病，腹水综合征与猝死综合征都不是传染病，但这两种病占病死鸡的比例近年来越来越高。这主要有两点原因，一是对传染性疾病控制得力，有了有效的控制手段与预防技术；二是肉鸡高速生长导致腹水综合征与猝死综合征多发。

▲近年来，科研人员加大了对非传染性病因造成死亡鸡只的研究，结论是应通过各种手段逐步提高鸡只抗逆（应激）能力。现阶段只能在饲养管理、营养水平上适当调整，放缓鸡只早期生长速度，以减低这类原因造成的死淘比例。

▲对不同管理水平鸡场的死淘率要分别对待。对有些隔离条件不好的肉鸡

场因病死亡鸡只较多也可以理解，关键是不要引起疫病暴发，使疫病控制在亚临床状态。要搞好鸡场的环境卫生，注意消毒隔离，结合科学的饲养管理，提供给鸡只充分的营养，以使鸡只体质健壮，提高鸡场的经济效益。

（六）肉鸡出栏时注意事项

1. 出栏时是关键 通过数周的努力工作，肉鸡达到预计体重后，应准备出栏上市了。

▲出栏时保持应有的存活率与胴体合格率是非常关键的。常有初次养鸡从业者，由于出栏时没有经验，到手的成果没拿到，造成了不应有的损失。

▲调查资料表明，造成肉鸡品质下降原因的半数以上是发生在屠宰前的12个小时之内，具体就是擦伤、剐伤、碰伤、拧伤及骨折等原因。

▲显而易见，问题发生在圈围鸡、抓鸡、装笼、装车、运输、卸车、挂鸡等过程之中。

2. 出栏的准备工作 出栏前要做好准备工作，准备好鸡笼、围鸡栏、车辆与人员，平整鸡舍入口与场地道路，以便于车辆通行。在舍内将垫料清出一条通道。

3. 停食不停水 在抓鸡装笼前4～6小时应开始停食，提前停食可大大减轻加工过程中的产品污染问题，因为饱饲鸡的嗉囊和肠胃都有大量饲料，稍有不慎弄破便造成产品污染。但在捕捉的时刻也不能停水，这一点非常关键。

4. 捉鸡要求 捉鸡人员要尽可能轻拿轻放，要捉握鸡的双胫，不要抓鸡翅膀与脖子。每人每只手最多抓3～4只鸡，超出此数很难将出栏鸡顺利装入笼内，并可能对鸡只造成损伤。

5. 装笼与笼具摆放 每笼装鸡数目要根据季节气候、鸡只体重大小合理确定。

▲炎热季节出栏鸡时，每笼间摆放要有10厘米以上空隙，必要时应随时朝鸡笼上浇水，以防过热后鸡只死亡。

▲在待宰间鸡笼摆放也要有一定距离，并确保风扇运转；不时浇水，尽量减少宰前的死亡。

6. 经验

（1）*专人巡视* 每次捉鸡时应安排有一人专门在舍内巡视，以免发生大群扎堆集群现象，因为鸡群受惊恐后易扎堆，一旦扎堆易造成死亡，特别是夏季，扎堆十几分钟就会造成鸡只大批死亡。

（2）*夜间出栏* 尽可能安排在夜间出栏，特别是舍内饲养数目非常大时，夜间出栏是必须的。因为夜间鸡群安静，捉鸡容易，对鸡群造成的应激小，同时也减少了鸡只呼吸系统发生问题的概率，如啰音、打喷嚏等，对鸡群造成的伤害程度也轻。

（3）白天出栏要遮光与分区　如鸡只数目较少，必需白天出栏，应在捉鸡前将门窗遮挡，使舍内尽可能光线暗淡，并将舍内划分成几个区域，逐个区域进行捕捉，要时刻防止鸡只扎堆，尽量减轻鸡只的恐慌，每次圈围的鸡只数目不要太多，以5分钟内捉完为宜。

（4）严冬时运鸡　在严寒冬季运鸡时，可用帆布、编织彩条布或其他物品在车辆上适当遮挡，以防止冷风直吹，使鸡只感到不舒适。

六、生产效益的评价

（一）生产性能的表示方法

1. 出栏日龄（达一定体重的天数）　它表示饲养期有多少天，用天来作单位。相同出栏体重条件下，出栏日龄越短越好。

▲出栏日龄短可以节省饲料，同时鸡舍、设备投资利用率提高，折旧费用降低，加快资金周转；同时也在一定程度上降低了投资的风险系数。

▲同样饲养管理条件下，公鸡比母鸡生长快，所以国外多提倡公母分饲，并且公雏售价要比母雏高。

▲不同品种间出栏日龄不同，这是不同品种的遗传差异所在。好的品种，即使雏鸡售价高，因出栏日龄早，所获经济效益也高；不好的品种尽管雏鸡售价低，因生长缓慢、多耗料，反而经济效益低。

☞**经验：**养肉鸡必须选择好品种，品种必须纯正。

2. 出栏体重　它表示出栏时鸡只的平均体重，用克或千克来表示。

▲相同出栏日龄条件下，出栏体重越大越好。

▲同品种同日龄出栏条件下，公鸡的出栏体重要比母鸡高。这是因为公、母鸡性别的差异决定了它们不同的生长模式。

▲不同品种的差异也表现在相同出栏日龄时的不同出栏体重，出栏体重大表示产肉能力高，经济效益好。

3. 料肉比　表示出栏鸡只平均耗料量与出栏体重比。

▲它反映了鸡只的生产成绩与生产者的饲养成绩。

▲因为出栏鸡只的平均耗料量中，就包含了成活率的问题。成活率不好的情况下，绝对不可能有好的料肉比。

▲总体上看，出栏日龄越短，出栏体重越大，料肉比越低，鸡只的生产性

能就越好，饲养者的饲养成绩就越好。

4. 单位体重的饲料费 它表示生产单位数量重产品的饲料费用。

▲一般用每千克体重花费多少元钱表示。

▲料肉比除受生产性能影响外，也受饲料质量的影响，单纯料肉比成绩好并不等同于经济效益好，因为这涉及饲料价格等一系列问题。

▲为了比较不同饲料的经济性及价格变动对肉鸡生产成本的影响，单位体重的饲料费用是一个重要指标。

5. 每只肉鸡的毛利 养肉鸡目的就是为了盈利，生产中应有一个测定盈亏情况的综合指标。

▲每只肉鸡的毛利就是这样一个指标，它是将本次出栏鸡取得的毛收入减去初生雏费用与饲料费用后被出栏鸡只数目除，其得数为每只鸡的毛利。

毛利＝［毛收入－（初生雏费用＋饲料费用）］/出栏鸡只数

▲它与鸡的出栏体重大小、饲养期长短、饲料转化率优劣、饲料价格高低等主要因素有关。

▲与存活率、合格率、毛鸡价格等其他因素有关，如饲养期死淘多，出售时每只鸡负担的初生雏分摊费就高；如出栏时合格率低、品质差，售价就低。

▲之所以是毛利，是因为水电费、药费、疫苗费、人工费、折旧费、管理费、资金占用费等都没有考虑进去，只是一个粗略的估计指标。

（二）生产中日常记录的项目

1. 鸡苗的来源情况 包括数量、价格、品种、质量和供种养殖场。

2. 每天鸡舍的情况 包括温度、湿度，舍外的天气情况，舍内的光照及照明情况。

3. 每天鸡只的数量 包括存栏只数，死淘只数与原因。

4. 饲料情况 包括饲料的消耗量、鸡只的采食情况，每次进料的料型与数量及价格。

5. 每天饮水与空气质量 包括水的质量、鸡只的饮水情况，每天的空气质量与通风换气情况。

6. 每次投药情况 包括药名、剂量、用法、生产厂家、批号与有效期。

7. 免疫记录 包括每次免疫使用的疫苗名称、批号、有效期、生产厂家、免疫方法、接种量及价格。

8. 体重记录 每周鸡只抽测的平均体重。一定要做到随机抽样，不带有人为因素。

9. 日常发生的其他情况 包括鸡只的呼吸情况、粪便颜色、垫料情况、鸡群状态、是否受到应激等。

10. 鸡群的出栏情况 包括出栏日龄、出栏只数、总重量、平均体重、合格率、出售价格及总金额等。

☞**经验**：每批肉鸡出栏后，饲养者都有必要进行系统分析，找出不足之处，总结经验教训，看到成绩，以利于下一批次的饲养。为此，饲养者在肉鸡生产中一定要做好记录，不要怕麻烦。经验表明，很多问题的解决，得益于有了详尽的记录；反之，若不重视日常记录工作，结果出了问题找不到原因，下一批次很容易再犯同样的错误。

（三）提高效益的措施

1. 影响效益的因素 要想提高养肉鸡的效益，必须针对存在问题，进行细致的分析，找出导致问题产生的原因，最后提出改正的措施。

▲饲养肉鸡是一个复杂的生物过程，肉鸡本身可以简单理解是一个生产蛋白质或肉类的机器。

▲纯正的优良品种、平衡的饲料供应、良好的空气和饮水、适宜的空间、卫生的环境、合理的疫病控制、科学的饲养管理等因素确保了这台机器的正常运转。

▲任何一个微小因素的变化，都可能影响这台产肉机器的正常运转。

2. 缩短饲养期、提高出栏率 鸡群饲养期长和出栏率低时，这可能与品种、饲料营养、鸡群管理和疫病控制等因素有关。

▲如品种不好或本身带有某种传染病都可以导致饲养期长、出栏率低。因此，应该到有信誉的正规厂家购买鸡苗。

▲饲料营养不平衡、某种营养素的缺乏或某种有毒有害成分的超标等，都可导致生长减缓，在本书的第三章中对此有专门论述。

▲管理上不科学，鸡舍温、湿度达不到要求，密度过大，都对鸡只生长有影响，应尽可能创造条件，满足鸡只需要。

▲发生疫病后必然影响到鸡只生长，应做好消毒、隔离、科学防疫，把疫病的影响控制在最小范围内。

3. 提高成活率和饲料转化率 鸡群的成活率低与疫病有关，但管理因素或营养因素有时也起作用。

▲饲料本身的营养水平影响着饲料转化率，但因疫病造成的死淘鸡只过多，却是生产实践中造成饲料转化率低的主要原因。

▲发生疫病后，一定会影响到成活率，但管理上密度过高，某种营养因子的极度缺乏或过量都可导致成活率低、饲料报酬降低。

▲为提高鸡群的成活率和饲料转化率，应抓好疫病的控制，同时也不可忽视饲料营养与鸡群管理。

4. 提高产品合格率 肉鸡屠体品质好坏直接影响到经济效益，很多饲养者因这方面缺乏经验，造成不应有的损失。要从以下三个方面着手，进行严格的饲养管理。

(1) 避免不必要的外伤 见本章前面有关肉鸡出栏注意事项的内容。

(2) 减少胸囊肿 胸囊肿系胸部皮肤受到刺激或压迫而产生的囊状组织。

▲其中含有黏稠的深色渗出液，其颜色随症状的加剧而变深，虽不影响鸡只的生长速度，但由于其外观影响食用，降低了鸡产品的经济价值。

▲为减少胸囊肿的发生，在管理上应保持足够厚度的垫料，垫料要松软、吸水与透气，及时将潮湿结块垫料换出，定期翻动垫料，以防板结。

▲适当通风降低舍内湿度，采用多次供料方法，吸引鸡只活动，以尽量减少鸡只伏卧时间。

☞**经验**：如果是网上或笼养商品肉鸡，应增加一层塑料网，可有效地降低胸囊肿的发生。

(3) 防止腿部疾病 正常情况下，骨骼生长保持一定速度，处于平衡状态，但由于肉鸡生产性能的逐年提高，腿部疾病的严重程度也在不断增加，现已引起普遍的注意。引起腿部疾病的原因有很多，但基本上可划分为：

▲感染性腿病，如鸡脑脊髓炎、病毒性关节炎、化脓性关节炎等。

▲遗传性腿病，如胫骨软骨发育异常、脊椎病等。

▲营养性腿病，如脱腱症、软骨病等。

▲管理性腿病，如垫料过湿板结引起的软脚，捉鸡时形成的扭伤等。

☞**经验**：可针对原因对症下药，从选好品种、加强管理、科学饲养、强化防疫入手，科学地防止腿病的发生。

第三节 肉种鸡的饲养管理

一、肉种鸡与肉仔鸡生产的不同点

(一) 生产目的

肉种鸡生产目的是生产尽可能多的合格种蛋；肉仔鸡生产目的是生产尽可能多的合格商品鸡。

▲由于生产目不同，两者的生产期也不同。

▲肉种鸡一个生产周期一般饲养到 64 周龄。当然随市场需求的不同，种鸡也可能养到 60 周龄或到 68 周龄。

▲商品代肉鸡一个生产周期一般为 5～7 周龄，如生产带骨肉的快餐产品一般养到 35 天左右；生产去骨肉的分割产品，一般养到 45 天左右。

（二）生产技术

由于生产目的和生长期不同，生产管理上有很多截然不同的技术。

▲如限制饲养控制性成熟是肉种鸡特有的技术，有些技术是两者都涉及的，但具体操作上又有许多不同，如公母分别饲养、光照管理、随机抽样称重等技术。

▲虽然肉种鸡生产的目的是为生产合格种蛋，但它与蛋鸡生产或蛋种鸡生产又不相同，在体重控制与饲料供给方面，两者有明显区别。

（三）生产指标

肉种鸡与商品代肉鸡生产的衡量标准大相径庭。作为父母代肉种鸡应达到表 4-18 要求的生产性能。

表 4-18　父母代肉种鸡生产性能的参考标准

项　　目	指　标
育成期成活率（0～24 周）（%）	94～96
产蛋期存活率（24～64 周）（%）	92～94
每只入舍母鸡 64 周龄产蛋数（枚）	175～180
每只入舍母鸡 64 周龄可孵蛋数（枚）	165～170
种蛋受精率（%）	90
平均孵化率（%）	83～86
每只入舍母鸡 64 周龄生产雏鸡数（羽）	125～145
种母鸡 24 周龄体重（克）	2 700
种母鸡 64 周龄体重（克）	3 800
种母鸡（包括公鸡）生产期耗料（0～64 周）（千克）	60～65

二、肉种鸡饲养管理中的特有技术

（一）公母分饲

1. 公母分饲的内容　肉种鸡公母分饲有两个内容。

▲一是指育雏期与育成期公、母鸡分别饲养。

▲二是在产蛋期通过各种技术手段使公、母鸡分别采食各自的饲料。

2. 公、母鸡分别饲养

（1）公、母鸡分别饲养的原因

▲因公、母雏各自的生理特点，其对生活环境和营养条件的要求不同。

▲公鸡与母鸡在体形发育和体重要求方面也有差别。

▲养过肉种鸡的人都知道，初生雏父系公雏体重小于母系母雏，出生后的公雏与母雏相比，在许多方面都处在一个相对不利的地位，公母若不分开饲喂，母雏会欺负公雏，使其难以摄入充分的营养，达不到应有的体重标准，将对产蛋期种蛋的受精率产生影响。

（2）公、母鸡分别饲养的作用

▲通过公母分饲，可以更容易对公鸡和母鸡分别控制体重和进行不同的管理。

▲也便于公鸡先于母鸡转入产蛋舍，使其易于适应产蛋舍的生活环境。

▲在育雏、育成过程中，可准确又方便地淘汰性别鉴别错误、腿病和其他有生理缺陷的公鸡与母鸡。

（3）技术要求　开始育雏就应公、母鸡分别饲养，如果有条件最好公、母鸡分饲到21周龄再开始混群，最低条件下公母分饲也应在6周以上。

▲6周这段时间内可保证使公鸡体重比母鸡体重高出30%～40%，这样混群后公鸡才不至于受到母鸡欺负。公母分饲的技术参数见表4-19和表4-20。

表4-19　育雏期公母分饲的技术参数

项　目	饲养方式	母　鸡	公　鸡
饲养密度	垫料平养（只/米^2）	10.8	10.8
采食参数	链片饲喂器（厘米/只）	5.0	5.0
	料桶（只/个）	20～30	20～30
	盘式饲喂器（只/个）	30	30
饮水参数	水槽（厘米/只）	1.5	1.5
	乳头（只/个）	10～15	10～15
	钟形饮水器（只/个）	80～100	80
遮黑舍光照	1～3日龄	23小时20勒克斯	23小时20勒克斯
	4～7日龄	16小时20勒克斯	16小时20勒克斯
	8～28日龄	8小时10勒克斯	12小时10勒克斯

表 4-20　育成期公母分饲的技术参数

项　目	饲养方式	母　鸡	公　鸡
饲养密度	垫料平养（只/米^2）	6.2	3
采食	链片饲喂器（厘米/只）	15	20
	料桶（只/个）	12	8
	盘式饲喂器（只/个）	14	12
饮水	水槽（厘米/只）	2.5	4.0
	乳头式饮水器（只/个）	12	8
	钟形饮水器（只/个）	80	60
遮黑舍光照	29～140日龄	8小时10勒克斯	8小时10勒克斯

▲从上两个表对比中可以看出，在育雏期公、母雏要求除光照外几乎相同，光照时间公雏多于母雏，是为让公雏多采食快增重。

▲但有一点应特别注意，一般情况下，母雏育雏料喂饲到21日龄，而公雏育雏料则喂到42日龄，两者的育雏料营养水平相同。

▲在育成期除光照外，两者都有差别，因为公鸡体重大，所以要求不同。若育成期如满足不了公鸡上述要求，在产蛋期会增加公鸡间的争斗行为。

3. 产蛋期公母分饲

（1）采用公母分饲的原因

▲平养肉种鸡后期的受精率问题一直使饲养者感到头疼，有人采取产蛋后期青年公鸡替换法，这也不是一个十分完美的解决方案。

▲培养青年公鸡肯定要花费一定费用，并且因替换，公鸡间的争斗也对母鸡产蛋造成影响，还可能因替换公鸡而引发传染病。

▲产蛋后期受精率不高主要原因是公鸡体重超重，超重鸡只的腿脚都可能畸形，结果导致配种困难，进而使产蛋后期受精率下降。

▲采用公母分饲可有效控制公鸡的过度采食而体重超重，并且分饲后因公、母鸡采用不同的营养标准，更进一步降低了饲料成本和提高了经济效益。

（2）隔鸡栅与料盘高度

▲产蛋期公母分饲是在母鸡采食的食槽上安装隔鸡栅，使公鸡无法在母鸡食槽中采食。

▲提高公鸡料盘的高度，离地50～60厘米，使母鸡无法采食到公鸡饲料。

▲隔鸡栅就是在食槽上每隔45毫米左右留出一个空隙，因母鸡头部较窄，母鸡可伸进头去采食，公鸡因头部宽，无法伸入槽内进行采食。

▲如果饲养的是AA+品种父母代种鸡，建议隔鸡栅间隔最少为43毫米。

☞**经验**：可在隔鸡栅上安装可转动的塑料管，这样可将母鸡颜面损伤减到最低程度，同时有效防止鸡只在食槽上栖息。

(3) 鼻签　为更好限制公鸡采食母鸡饲料，可采用一种“鼻签”方法，在公鸡20～21周龄时用一根长为63毫米的塑料棒，穿过并嵌在鼻孔上，这样可更有效防止公鸡采食到母鸡料。

(4) 管理中的注意事项

▲如果隔鸡栅间隔过窄，母鸡采食时将会擦伤颜面，影响母鸡的采食行为，最终导致摄入营养物质满足不了正常需要。

▲特别在鸡群均匀度不好时，这种现象更严重。

▲可能有一些体重大的母鸡，因采食不足影响到产蛋，导致种蛋数量下降，反而抵销了受精率提高后的效益。

☞**经验**：如果公鸡没有安装“鼻签”，在隔鸡栅安装时要分外注意每个接头部位要防止过宽，以防公鸡偷食母鸡料。

(5) 限制公鸡的采食位　要避免种公鸡采食位置过于宽松，按每只种公鸡有18厘米宽的采食位进行设置，否则强悍的公鸡将多吃多占。

(6) 具体操作　每次饲喂应先开启母鸡料线，10分钟后再开启公鸡料线，这样可防止体轻的母鸡飞上去采食公鸡料。公鸡料线应全舍可同时升降，饲喂时调高到50～60厘米，使母鸡无法在公鸡料盘中采食。

(7) 公鸡专用饲料　在20周龄后要专门配制种公鸡饲料，而不是同20周龄前与母鸡采食一样的饲料。建议产蛋期公鸡料的营养水平见表4-21。

表4-21　产蛋期公鸡料的营养水平

项目	单位	建议量	项目	单位	建议量
代谢能	兆焦/千克	11.72	赖氨酸	%	0.54
蛋白质	%	12	色氨酸	%	0.12
钙	%	0.85	精氨酸	%	0.66
有效磷	%	0.35	食盐	%	0.37
蛋氨酸	%	0.24	维生素+微量元素	同母鸡	
蛋+胱	%	0.45			

如按每只公鸡每天食入135克料计算，采食公鸡专用日粮，每天每只公鸡可摄入1.58兆焦代谢能、16.2克蛋白质、1.15克钙、0.47克有效磷，比采食母鸡日粮节省了22.5%的蛋白质、73%的钙、11%的有效磷，并且日粮中

钙的水平大幅度降低后，饲料的适口性增加。如果一个年饲养上万只的父母代种鸡的鸡场，由于上千只公鸡采用公鸡专用饲料，可节省一笔可观的资金。

（二）断喙、断趾与剪冠

断喙俗称切嘴。过去是饲养肉种鸡的必需工作内容，适当的断喙可有效防止饲料的浪费和鸡只互啄，因肉种鸡育成中必须采用限饲，所以大多饲养者采取断喙措施。现在肉种鸡多数饲养在遮黑鸡舍中，也可以考虑不断喙。如认为有必要断喙，现提倡1日龄采用红外线断喙，因没有外伤，不易造成感染。如果不具备条件采用红外线断喙，应在6～8日龄进行普通断喙。

断趾与剪冠一般是对父母代的父系公鸡和祖代公鸡的一种处理方法。都是对公鸡而言，对母鸡则无此项内容。

1. 断喙

（1）断喙工具　断喙工作是一项极为细致的工作，一旦对鸡只的断喙不当，可影响其终生生产性能。断喙必须由经过专门训练的技术人员来操作。普通断喙的工具一般为专用的断喙器，分自动式与脚踏式两种，建议不要使用自动挡位来操作，应用脚踏来控制。

（2）断喙日龄　关于断喙的日龄有各种建议。经验表明，普通断喙母雏最佳的断喙日龄是6～8日龄，公雏断喙日龄为10日龄左右。

▲过早断喙，因鸡只弱小对鸡形成的应激过大。

▲过晚断喙，止血不利，并且随着鸡只长大，捉鸡与持鸡都不方便。

▲如果断喙技术精确，可以一劳永逸，用不着修喙，但断喙技术不佳，断喙过多或灼烧时间过长，都会给鸡只造成终生影响，并使鸡只采食、饮水不便，进而影响到体重，导致全群的均匀度下降。

▲断喙过少，会因生长点没切掉，一段时间后，新喙又生长出来，失去了前期断喙的意义。再次断喙劳民伤财，并因鸡只过大，止血工作困难，断喙后出血不止将导致鸡只死亡。

（3）具体操作

▲在6～10日龄断喙时，可用4.36毫米的孔径来断喙，并保证刀片温度在650℃左右，这时刀片中间的颜色为桃红色。对日龄大的鸡只断喙，刀片温度应设置更高一些，这样有利于断喙。

▲每片刀片可断喙2 000～3 000只鸡，达到数量后，应及时对刀片进行去氧化处理，不然会影响工作效率。

▲断喙时一手持雏，另一手拇指压在鸡只头顶部稍后位置，食指位于鸡的喉部，将鸡头向前下方倾斜伸出，倾斜伸出时拇指稍向前下压，后手稍微抬

高，这样做是为了使上喙比下喙相对多断掉一部分，即断喙后形成“地包天”。

（4）精确断喙　在6～8日龄对母雏断喙，上喙断去1/2（剩余部分到鼻孔边缘距离为2毫米），下喙断去1/3，并保证每只鸡有2秒左右的灼烙时间。这个时间太长或太短都不好，时间太长易使喙受热变形，太短对止血不利。

在10日龄对公雏断喙时，上喙断去1/3便可，下喙断去2/7。公鸡的喙被断掉过多后，会影响到在产蛋期与母鸡的交配，因为交配时公鸡用喙啄住母鸡的头部，用以保持身体平衡。如啄不住母鸡头部，身体不能平衡，便无法配种。

（5）节奏控制　一个熟练的技术人员，每日可断喙2 500～3 000只雏鸡，如果每日断喙鸡只数量太多，易造成断喙后的效果不佳，并且由于灼烙时间不充分，造成鸡只出血死亡。

☞**经验：**鸡群断喙后，加料要相对多添加一点，因为相对多的饲料可减轻雏鸡采食时喙触及食具硬底的疼痛感，有利于喙部尽快康复。

每次断喙结束前都要有10分钟时间巡视鸡群，发现有出血鸡只，及时捉回去再次灼烙止血，特别要注意在鸡群采食后，喙上黏有饲料粉末的鸡只，多半是断喙后止血不好的鸡只。

2. 断趾与剪冠

（1）具体操作　断趾与剪冠应在公雏出壳后，经过挑选合格、注射疫苗后在孵化场进行。

▲断趾用断趾器或断喙器在1日龄时将公鸡后趾（第一趾）切掉一节，切除的长度应使指甲状的部分全部切除，不然到配种期平养公鸡配种时趾尖会划伤母鸡鸡身，断趾可减少母鸡的淘汰率。

▲剪冠是用眼科剪刀将公雏的冠从基部全部剪掉，这样防止在生长期或配种期由于相互争斗而发生流血而伤亡，并防止了因冠过大而影响视野。

（2）可用来正确辨别系别　剪冠与断趾另一个作用可以帮助人们正确辨认父系鸡与母系鸡，特别有利于识别因雌雄鉴别错误而混入的公、母鸡。

▲如发现有带冠的公鸡在种鸡群，可检查一下是否断趾，如没断趾，说明这是母系鉴别错误中混入的公鸡，应马上淘汰。这种公鸡所配种母鸡其后代的生长性能，明显低于正规配套商品代肉鸡的生产性能。

▲如在母鸡群中发现有剪冠的母鸡，也应马上淘汰，检查工作应在公母混群时彻底做一次，平时观察中发现有，也应马上淘汰。

（3）不同观点　现在也有人主张父母代种公鸡应不剪冠，因为不剪冠的公鸡无法在母鸡食槽采食，有利于公母分饲和体重控制，有助于提高受精率和高温季节鸡体散热。

（三）体重控制

1. 体重控制与生产性能　肉鸡具有快速生长的遗传品质，若任其自由采食，一定会沉积大量的体脂，必然影响到产蛋性能。所以在肉种鸡的育雏期、育成期、产蛋期最主要目标是限制其自由生长，进行体重控制。

▲肉种鸡饲养中公母分饲、断喙、抽样称重、限饲、限水、光照等技术的实质，都是在围绕鸡只体重控制下展开的。

▲每一个肉鸡品种都有自己的标准体重增长曲线。在具体饲养管理工作中，要按体重增长曲线来控制体重的增长。

▲鸡只体重的过大过小或体况的过肥过瘦都会影响到开产日龄及以后的产蛋性能。体重增长和鸡只胖瘦主要与饲料有关，特别与饲料中的代谢能水平和饲料供应量有关。

2. 控制平均体重尽量达到标准体重　为实现体重达标，可通过控制饲料投放量来解决。

应使鸡只每周的体重增加数值与标准规定的数值相一致，因为只有适当的增长速度，才能使鸡只体内各个器官组织协调发育，合理生长。

有试验表明，3 个鸡群在 24 周龄平均体重分别达到或超过标准体重的数值：

▲第一个鸡群是与生长曲线相一致的“标准型”。

▲第二个鸡群是 12 周龄时平均体重严重超重，因为要保持以后每周的体重增长，结果是在 24 周龄体重较大的“重体重型”。

▲第三个鸡群是前期平均体重轻，12 周龄后加快体重增长速度的“轻体重型”。

▲结果是 3 个群鸡的各自平均胸肌发育情况、脂肪总重量、输卵管长度、卵泡发育程度和数量都有区别，生产性能的测定表明“标准型”表现最佳。

AA＋品种父母代种母鸡顺季与逆季的标准体重和建议的饲喂量及应摄入的营养成分见表 4-22、表 4-23，表 4-24 是 AA＋品种父母代种公鸡的标准体重和建议的饲喂量及应摄入的营养成分。

表 4-22　AA＋父母代种母鸡顺季体重和建议的饲喂量

鸡群		体重（克）		饲料量（克/只）		能量摄入量（千焦/只）		蛋白摄入量（克/只）	
周龄	日龄	标准	周增重	每天	累计	每天	累计	每天	累计
1	7	100		21	147	252	1 760	4	28
2	14	200	100	29	352	352	4 220	6	67

（续）

鸡群		体重（克）		饲料量（克/只）		能量摄入量（千焦/只）		蛋白摄入量（克/只）	
周龄	日龄	标准	周增重	每天	累计	每天	累计	每天	累计
3	21	330	130	31	573	377	6 858	6	109
4	28	410	80	35	820	429	9 820	5	146
5	35	505	95	39	1 094	469	13 100	6	187
6	42	600	95	43	1 395	515	16 700	6	232
7	49	695	95	45	1 711	540	20 490	7	280
8	56	790	95	48	2 046	574	24 500	7	330
9	63	885	95	51	2 403	611	28 780	8	383
10	70	980	95	54	2 783	649	33 320	8	440
11	77	1 075	95	56	3 177	674	38 040	8	499
12	84	1 170	95	59	3 591	708	43 000	9	561
13	91	1 270	100	64	4 038	766	48 360	10	629
14	98	1 380	110	70	4 526	833	54 190	10	702
15	105	1 490	110	74	5 047	892	60 440	11	780
16	112	1 620	130	80	5 605	955	67 120	12	864
17	119	1 750	130	84	6 190	1 000	74 120	13	951
18	126	1 880	130	88	6 804	1 050	81 480	13	1 044
19	133	2 020	140	92	7 445	1 100	89 160	14	1 143
20	140	2 160	140	100	8 148	1 200	97 570	16	1 252
21	147	2 300	140	105	8 883	1 260	106 370	16	1 366
22	154	2 450	150	110	9 654	1 320	115 600	17	1 485
23	161	2 620	170	115	10 457	1 370	125 220	18	1 610
24	168	2 800	180	120	11 297	1 440	135 280	19	1 740
25	175	2 950	150	125	12 170	1 495	145 740	19	1 875
26	182	3 100	150	138	13 135	1 650	157 290	21	2 025
27	189	3 200	100	151	14 190	1 800	169 920	23	2 188
28	196	3 260	60	163	15 328	1 950	183 550	25	2 365
29	203	3 290	30	163	16 466	1 950	197 180	25	2 541
30	210	3 310	20	163	17 604	1 950	210 800	25	2 718
31	217	3 330	20	163	18 742	1 950	224 400	25	2 894
32	224	3 350	20	163	19 880	1 950	238 060	25	3 070
33	231	3 370	20	162	21 013	1 940	251 630	25	3 246
34	238	3 390	20	161	22 143	1 930	265 160	25	3 421
35	245	3 400	10	160	23 266	1 920	278 610	25	3 595
45	315	3 500	10	155	43 299	1 860	410 720	24	5 305
55	385	3 600	10	150	44 964	1 800	538 440	23	6 958
65	455	3 700	10	144	55 235	1 725	661 430	22	8 550

注：1. 该饲喂量是鸡舍环境温度27℃的数值，当环境温度变化时应调整饲喂量。

2. 该饲喂量是基于饲料能量水平为12兆焦/千克时的饲喂量，要依据饲料能量水平的变化调整饲喂量。

表 4-23　AA十父母代种母鸡逆季体重和建议的饲喂量

鸡群		体重（克）		饲料量（克/只）		能量摄入量（千焦/只）		蛋白摄入量（克/只）	
周龄	日龄	标准	周增重	每天	累计	每天	累计	每天	累计
1	7	100		21	147	252	1 760	4	28
2	14	200	100	29	352	352	4 220	6	67
3	21	330	130	31	573	377	6 858	6	109
4	28	410	80	35	820	429	9 820	5	146
5	35	505	95	39	1 094	469	13 100	6	187
6	42	600	95	43	1 395	515	16 700	6	232
7	49	695	95	45	1 711	540	20 490	7	280
8	56	790	95	48	2 046	574	24 500	7	330
9	63	885	95	51	2 403	611	28 780	8	383
10	70	980	95	54	2 783	649	33 320	8	440
11	77	1 075	95	56	3 177	674	38 040	8	499
12	84	1 170	95	59	3 591	708	43 000	9	561
13	91	1 270	100	64	4 038	766	48 360	10	629
14	98	1 380	110	70	4 526	833	54 190	10	702
15	105	1 490	110	74	5 047	892	60 440	11	780
16	112	1 620	130	81	5 613	967	67 210	12	865
17	119	1 760	140	86	6 214	1 030	74 410	13	955
18	126	1 900	140	91	6 851	1 089	82 040	14	1 051
19	133	2 040	140	95	7 514	1 135	89 983	15	1 153
20	140	2 190	150	104	8 239	1 245	98 660	16	1 266
21	147	2 350	160	110	9 009	1 319	107 882	17	1 385
22	154	2 520	170	115	9 814	1 378	117 520	18	1 510
23	161	2 690	170	120	10 656	1 440	127 600	19	1 640
24	168	2 900	210	125	11 530	1 495	138 070	19	1 776
25	175	3 065	165	130	12 437	1 553	148 930	20	1 916
26	182	3 230	165	142	13 432	1 700	160 840	22	2 071
27	189	3 340	110	155	14 519	1 859	173 860	24	2 239
28	196	3 410	70	166	15 682	1 989	187 780	26	2 419
29	203	3 440	30	166	16 844	1 989	201 700	26	2 599
30	210	3 460	20	166	18 077	1 989	215 620	26	2 780
31	217	3 480	20	166	19 169	1 989	229 550	26	2 960
32	224	3 500	20	166	20 332	1 989	243 470	26	3 140
33	231	3 520	20	166	21 490	1 987	257 330	26	3 320
34	238	3 540	20	165	22 642	1 972	271 140	26	3 498
35	245	3 560	20	164	23 790	1 964	284 880	25	3 676
45	315	3 660	10	159	35 067	1 901	419 930	25	5 424
55	385	3 760	10	153	45 977	1 838	550 570	24	7 115
65	455	3 860	10	148	56 493	1 767	676 500	23	8 745

注：同表 4-22。

表 4-24　AA+父母代种公鸡体重和建议的饲喂量

鸡群		体重（克）		饲料量（克/只）		能量摄入量（千焦/只）		蛋白摄入量（克/只）	
周龄	日龄	标准	周增重	每天	累计	每天	累计	每天	累计
1	7	140		30	209	356	2 504	6	40
2	14	300	160	41	494	490	5 925	8	94
3	21	490	190	50	843	599	10 112	9	160
4	28	690	200	58	1 246	691	14 848	9	221
5	35	890	200	64	1 692	766	20 303	10	288
6	42	1 080	190	68	2 170	821	26 035	10	359
7	49	1 250	170	72	2 674	863	32 077	11	435
8	56	1 400	150	76	3 204	909	38 428	11	514
9	63	1 540	140	79	3 756	946	45 056	12	597
10	70	1 670	130	83	4 334	992	51 994	12	684
11	77	1 800	130	85	4 932	1 026	59 166	13	774
12	84	1 920	120	89	5 553	1 063	66 615	13	867
13	91	2 040	120	92	6 197	1 101	74 336	14	963
14	98	2 160	120	96	6 868	1 151	82 392	14	1 064
15	105	2 290	130	99	7 563	1 189	90 728	15	1 168
16	112	2 420	130	103	8 288	1 239	99 416	16	1 277
17	119	2 560	140	108	9 042	1 294	108 464	16	1 390
18	126	2 710	150	112	9 828	1 348	117 893	17	1 508
19	133	2 870	160	117	10 646	1 403	127 712	18	1 631
20	140	3 040	170	123	11 510	1 482	138 075	19	1 760
21	147	3 240	200	131	12 424	1 566	149 036	20	1 897
22	154	3 470	230	132	13 351	1 587	160 153	20	2 036
23	161	3 660	190	134	14 290	1 608	171 420	20	2 177
24	168	3 820	160	135	15 236	1 620	182 770	20	2 319
25	175	3 950	130	136	16 189	1 633	194 201	16	2 434
26	182	4 040	90	136	17 142	1 633	205 632	16	2 548
27	189	4 110	70	136	18 095	1 633	215 555	16	2 662
28	196	4 170	60	136	19 048	1 633	228 493	16	2 777
29	203	4 220	50	136	20 001	1 633	239 923	16	2 891
30	210	4 260	40	136	20 954	1 633	251 354	16	3 005
31	217	4 280	20	136	21 906	1 633	262 784	16	3 120
32	224	4 300	20	136	22 858	1 633	274 202	16	3 234
33	231	4 315	15	136	23 813	1 637	285 650	16	3 348
34	238	4 330	15	137	24 769	1 637	297 122	16	3 463
35	245	4 345	15	137	25 727	1 641	308 620	16	3 578
45	315	4 495	15	140	35 422	1 679	424 918	17	4 741
55	385	4 645	15	143	45 334	1 717	543 820	17	5 931
65	455	4 795	15	149	55 544	1 784	666 294	18	7 156

注：种公鸡体重不分顺逆季，执行同一标准；其他同表 4-22。

3. 控制全群体重均匀度

（1）均匀度　有丰富肉种鸡饲养经验人都深知，仅有理想的体重均值是不行的，因为它仅表示平均体重，更重要的是究竟有多少只鸡实际的体重与平均体重相似，即变异系数与均匀度。

（2）均匀度的计算　体重的均匀度由鸡只个体称重的结果计算出来，通常是以某一个特定范围内鸡只数量所占全群鸡只数量的百分数来表示。

▲在肉鸡这个体重范围一般为平均体重加减10%来表示（蛋鸡有人用加减5%来表示）。

▲如某群鸡平均体重为1 000克，平均体重加减10%的体重范围为900～1 100克，抽样中个体体重在900～1 100克范围内的鸡只数量，占被抽样鸡只总数的百分数，即为该日龄时鸡群体重的均匀度。

（3）影响均匀度的原因　均匀度值受三个因素影响。

▲鸡群的平均体重。

▲体重的分布情况。

▲称鸡所用秤的分度值（也称刻度）。

最后一点常常被人们忽视，同一群鸡使用不同分度值的秤来称量，会得出不同的均匀度值，所以对秤的分度值加以限定是很有必要的。

表4-25是某品种肉鸡父母代种鸡在育雏与育成期用20克分度值秤来称量的结果，其中的C.V是变异系数。

表4-25　种母鸡均匀度近似值（±10%）（用刻度为20克秤进行称量）

周龄	体重（克）	C.V（%）	均匀度（%）	周龄	体重（克）	C.V（%）	均匀度（%）
4	390	8.0	78	15	1450	9.3	72
5	480	8.1	78	16	1550	9.4	72
6	570	8.2	78	17	1650	9.6	70
7	660	8.4	78	18	1750	9.7	70
8	750	8.5	78	19	1850	9.8	71
9	850	8.6	78	20	1950	9.9	70
10	950	8.7	77	21	2090	10.0	70
11	1050	8.8	77	22	2250	10.0	70
12	1150	9.0	72	23	2430	10.1	70
13	1250	9.1	71	24	2630	10.1	70
14	1350	9.2	70	25	2810	10.2	70

（4）衡量标准　用分度值20克的秤来称重，均匀度在70%～76%为合格，达77%～83%为良好，84%以上均匀度不是轻易就能达到的。

（5）分析原因及采取措施　如果某个鸡群体重均匀度不好，应分析是什么原因造成的。

▲若是饲喂、饮水空间不足造成，要及时增加食具与饮具。

▲若是鸡群密度过大造成的，应马上进行疏散降低鸡群密度。

▲并且针对均匀度不好的实际情况，要按体重不同进行分群管理。

4. 体重控制操作　为了获得理想的标准体重，需要在限制饲养的基础上调整鸡只饲喂量，其重要的依据是长期有规律的取样和个体称重，并将测得的体重值与目标体重值逐周相比较。

（1）育雏期操作　1日龄、7日龄、14日龄可采取群体称重，21日龄后要随机抽样进行个体称重。

▲应在每周同一天同一时刻进行称重，最好是限饲日或喂料后4～6小时进行。当发现体重超标后，不要试图去减少喂料量来减轻体重，可以保持上周饲喂量，采用不增加料量或少增加料量来减缓体重增加。

▲为了保持鸡群有良好的体重均匀度，要在育雏开始时让鸡有充足的时间采食，使其在14日龄时达到或超过相应的体重标准。

▲在开始进行限饲时要逐只鸡称重，按体重大、中、小分栏饲养，并在饲养过程中定期对大、中、小个体进行调栏，对个别体弱的鸡只单独饲养，减轻限饲程度，适当增强营养。

（2）分栏　分栏的最佳时机在28日龄，这时鸡群的变异系数通常在10%～14%。

▲分栏早于28日龄，分栏不一定持久有效，可能需要再次分栏。

▲35日龄后分栏，留给鸡群在63日龄时体重达标的有效调整时间太短。

☞**经验**：管理中发现鸡群的变异系数在12%以上，就应马上进行分栏。如果28日龄分栏时，测得鸡群的变异系数小于12%，可分成2栏；大于12%以上需要分成3栏。在分栏时体重处于两组分界线的鸡只按体重较轻组处理。

（3）制定饲喂方案　分栏后每一栏鸡要重新称重，确定平均体重和均匀度，以决定下一步的饲喂方案。

▲对小体重鸡群，与标准体重相差不足100克的，要求到63日龄调控到标准体重。

▲小体重相差超过100克的，在105日龄前的体重曲线应该相应地向下平移，最终在140日龄时达到标准体重。

▲对中等体重鸡群，相差50克以内鸡群要求在42～49日龄时达到标准体重。

▲对大体重鸡群，超过标准体重100克以上的，应重新绘制体重曲线，使其在56～63日龄达到体重标准。

▲如果在63日龄时鸡群体重仍然超标，应重新设定体重标准，在标准体重曲线上方平行设定新的曲线。这时如果试图让体重强行回归标准体重曲线，将会影响鸡只高峰期产蛋率和受精率。

☞**经验**：如果鸡群分栏后体重控制效果较好，通常没有必要再次分栏。在转群时体重整齐度差的鸡群，可结合转群按体重分大、中、小分别饲养，体重大的适当限饲，体重轻的增加饲喂量，这样对提高性成熟的整齐度会有一定的效果。

(4) 饲喂方法的转变　在鸡群105～126日龄时应逐步转变成每天限饲。当发现鸡群体重不达标时，平均体重比标准体重低1%时，饲喂量在原标准饲喂量的基础上增加1%。一次不可增加太多，可按每100只鸡增加0.5千克的料量在一周内分2～3次进行调整到位。

(四) 饲料供应的限制

1. 限饲的必要性　肉种鸡由于遗传因素，如饲料供应上不加以严格限制，任其自由采食，必然是提前体成熟、体重超出标准体重、体内沉积过多脂肪，结果母鸡所产种蛋数量少、质量差，公鸡配种发生困难，直接影响受精率。所以对肉种鸡在饲喂上必须要加以限制。

2. 限饲与性成熟　适当限饲可以控制鸡群在最适当的时期性成熟，并与体成熟同步，使幼雏、中雏期间骨骼和各种脏器得到充分发育。据测定，限制饲养的母鸡其活重和屠体脂肪重量要比自由采食的低，但输卵管的重量不论绝对值还是占体重的百分比都有所增加，而且输卵管长度也明显长。

3. 限饲的方法　理论上限饲方法有三种，限质、限量与限时，但限时本质是属于限量。

▲质的限制是供应鸡只高纤维低能量低蛋白饲料，采用限质的方式能撑大育成鸡的胃肠容积，使产蛋期的鸡只采食过量，体重控制具有一定的难度，所以在实践中几乎没人采取质的限制。

▲量的限制是在供应全价饲料基础上对采食量进行限制。限饲后肉种鸡应具有一个正常体况和适当体重，使产蛋量和繁殖力都得到了保障，以便生产更多的合格种蛋或种雏。同时也节省了大量的饲料，降低了饲养成本。

4. 限饲的开始时间　肉种鸡开始限饲时间公、母鸡不相同，现多趋向于早期开始限饲，即母鸡2周龄后、公鸡5周龄后。具体确定开始限饲的时间因饲养季节、鸡群情况、饲料条件和饲养经验等因素综合考虑后再确定。一般限饲开始的时间与育雏料更换为育成料时间同步进行。

5. 具体限饲方法

（1）隔天限饲　即每隔 1 天停料 1 天，2 天饲料集中在 1 天早上供给，这是属于最严格的限饲方法，用在鸡只体重最难控制的阶段。该方法的优点是可以使性情活泼的鸡只与不活泼的鸡只都可以得到它所需要的营养量。

（2）2/1 限饲　即每 3 天内 2 天供料，1 天停料，作为一种过渡方法，多用在隔天限饲开始前与停止后。

（3）5/2 限饲　即每周有 5 天供料 2 天停料，但 2 天的停料日不要紧挨着，一般多在每周三、周日作为停料日。该限饲方法多应用在鸡只 12～22 周龄阶段，因为它能避免隔天限饲时大日龄鸡只一次采食量过多问题。

（4）6/1 限饲　即每周内有 6 天供料 1 天停料，这种方法在 17～23 周龄的大日龄鸡群中非常有效，它是一种较为温和的限饲方法。

（5）每天限饲　即每天供料量有一定的数量限制。在开始限饲的 4～7 周龄时和 20 周龄至淘汰前都要采用每天限饲，但在育成期不提倡每天限饲，因为每天限饲可使性情活泼的鸡采食过多。

6. 最高日料量　在使用上述隔天限饲及 2/1 限饲方法时，千万注意供料日的给料量，一定不要超过鸡只在产蛋高峰期预计的最高料量。不然，在给高峰料前鸡的嗉囊会被撑大，即使给到产蛋高峰料量，鸡仍有饥饿感。

▲操作实例：如某一群肉种鸡，计划产蛋高峰期最高料量为 162 克/天，在 19 周龄时每天标准供料为 85 克，如采用隔天限饲就会出现日供料 170 克，就不符合上述要求，所以对大日龄鸡群多不采用隔天限饲就是这个道理。

▲不管采用何种限饲方法，每周鸡只饲料摄入总量应大致不变。

7. 经验

（1）尽量采用 5/2 限　近年来多数饲养设备条件较好的种鸡场较多使用 5/2 限，因为该程序增料比较缓和。具体方法是：1～13 日龄每日饲喂，14 日龄开始 6/1 限，28 日龄过渡到 5/2 限，105 日龄从 5/2 限过渡到 6/1 限，最后恢复到每天限饲程序。

（2）人工供料鸡场的限饲程序　对于设备简单、饲养规模小，并且人工供料的鸡场建议采用下列方法：1～3 周龄自由采食，4～7 周龄每天限饲，8～11 周龄隔天限饲，12～20 周龄 5/2 限饲，20 周龄以后每天限饲。

（3）机械供料鸡场的限饲程序　对于设备较好、采食空间充足，而且采用机械供料的鸡场，建议采用下列方法：1～2 周龄自由采食，3～7 周龄每天限饲，8～20 周龄 5/2 限饲，20 周龄以后每天限饲。

（4）保持鸡只体重稳定增长　限饲目的是使体重获得持续稳定增长，最忌讳是体重增长时快时慢，特别是12周龄前体重绝对不许有过快增长，实践中出现的问题多数是体重控制不当，出现超重。但控制过于严格，供料太少，会推迟性成熟和开产日龄，并且整体上鸡群均匀度也非常不好。

（5）增料不能马上见效　如果鸡只体重低于标准体重，可在标准料量基础上略加料量，使鸡只体重达到标准体重，但不能指望这周加上料量，下周体重就会达到标准体重，一般需要3周时间才能使体重逐步恢复到标准体重曲线上。

（6）不能粗暴减少料量　如果鸡群在育成早期便超过标准体重，可通过减少每周增加料量的方法来放缓体重增长速度，绝不许试图用直接减少供料量的粗暴方法来降低体重。

▲操作实例：在第8周龄顺季母鸡标准体重为790克，标准周增重为95克，每天供料量为48克，隔天限饲法中饲喂日供料量为96克。如实际测平均体重为813克，超出标准23克，可初步确定第9周每天供料量为50克（标准为51克），隔天限饲法中饲喂日供料量为100克，用减少每周饲料增加量的办法来减缓体重过快增长。

（7）平行增长　在13周龄后鸡群平均体重已超出标准，就不要再试图将体重调整为标准体重，应继续保持体重每周应有的稳定增长，使得鸡只在实际开产时的体重平行高于标准体重。因为在13周龄后采用严格限饲，将抑制母鸡性腺和生殖器官的发育，对种鸡的产蛋性能终生有影响。

（8）全面考虑，注意体况　在确定每周喂料量时不仅要与标准数据进行比较，还应考虑每周体重增长情况、鸡只体况发育程度和预计开产周龄等因素。

▲母鸡只有在体内沉积一定量脂肪后才会开产。

▲鸡群的胖瘦程度是表明鸡只体况的重要指标，应养成从10周龄起在每周随机抽样称重时，用手触摸感觉鸡只发育状态和胖瘦程度的习惯。

▲如鸡群肥胖程度不够时，必要时应增加一定料量或提高饲料的代谢能水平。

☞**经验**：若鸡群没有达到相应的肥胖程度，就应推迟开始光照刺激的时间，因为良好体况和适时光照刺激是开产的必备条件。

（五）饮水供应的限制

1. 限水与限饲配合　由于限饲种鸡会增加了饮水的次数和饮水量，特别是公鸡常饮一些不必要的水。过多饮水后会造成垫料潮湿，垫料潮湿后会增多腿、脚病的发生率，并且肠道传染病也多发，平养鸡产蛋时也增加了脏蛋数量，所以在限饲后要相应限水。

2. 限水程序 限水程序因季节、舍温、鸡只情况、饲喂方式等因素决定。

▲天气极为炎热（舍温32℃以上）时，不要对鸡群采取任何限水措施。

▲舍温在30℃左右，每小时最少要供水20分钟。

▲鸡群发病或接种疫苗后不要进行限水，在鸡群受到其他方面应激后也不要进行限水。

▲限水程序执行不当会给鸡群造成严重后果。建议育成期与产蛋期执行表4-26与表4-27的限水程序。

表4-26 育成期限水程序

时间	饲 喂 日	非供料日
上午	饲喂前1小时开始供水，直到饲料完全吃净后1～2小时再停水。午前再供一次水，大约30分钟	早上供水一次（30分钟），午前再供水一次（30分钟）
下午	供水2～3次，每次大约30分钟，最后一次应安排在关灯前	供水2～3次，每次大约30分钟

表4-27 产蛋期限水程序

时间	内 容
上午	饲喂前30分钟开始供水，到吃完料后1～2小时后再停水（产蛋期采食时间较长）
下午	供水2～3次，每次大约30分钟，最后一次应安排在关灯前

注：开始每天限饲后执行。

3. 限水程序是否成功的标准 观察垫料潮湿情况、检查鸡只嗉囊状态和观察粪便形态。

▲在饮水器附近垫料很潮湿，说明需要减少供水次数或调整每次供水时间。

▲如果手触鸡只嗉囊后感到坚硬（特别在采食后），说明鸡只饮水不足，这样易发生嗉囊栓塞和坏死，应增多供水次数和每次供水时间，适量供水标志是鸡只嗉囊较为松软。

▲鸡粪中水分含量也可作为观察饮水量是否适量的指标。

△饮水量合适时鸡只粪便成型上覆有适量白色尿液。

△缺水时粪便干燥，尿液少而浓稠。

△饮水过多时粪便稀薄不成型。

4. 经验

(1) 调整限水程序　要结合喂料量的变化及时调整供水程序，在鸡群进入初产期时这一点十分重要。

(2) 注意饮水卫生　在进行限水时，供水管线中发生污染的危险性会增大，所以在限水期间更应注意饮水的卫生处理。

(3) 使用乳头饮水器的限水　随着使用乳头饮水器饲养场家的增多，如果舍内垫料不过分潮湿，也可不必采用限水程序。

使用乳头饮水器并执行限水程序，在关闭乳头饮水器的供水系统后，再次开始供水时，一定要注意供水管线中的气阻现象。

(4) 提供充足饮水位置　执行限水程序的前提是有充足的饮水位置，如果饮水器配备不充足，千万不要试图进行限水。

(5) 监测饮水量　可用水表来测量每天的饮水量，如果饮水消耗量发生明显变化，表明发生了某种问题，可能是一个疾病来临的前兆，或是供水设备发生了问题，这都会提醒管理人员去积极发现与解决问题。

☞**经验：**应牢记在炎热季节，多供水比少供水要好。

(六) 随机抽样称重

1. 随机抽样称重的意义　正常人走路靠眼睛来反馈情况，盲人靠手杖来探明路况，养鸡也需要根据反馈来的情况决定下一步的饲养进程。

▲鸡群的精神状况、行为表现是一种情况，而体重分布数值情况则属于另一类情况。

▲肉用种鸡由于遗传原因，生长发育快，如任其自由采食必然导致体况过肥、体成熟早、产蛋性能不好、降低种用价值。

▲统计分析抽样称重的结果，是衡量鸡群体重与标准体重差距和估测体重均匀度分布情况的最好方式，由称重结果决定下一步的饲料供应量是每个种鸡饲养者必须掌握的基本技能。

2. 称重频率　一般对肉种鸡从育雏第 3 周开始到产蛋高峰，每周要抽样称重 1 次。从产蛋高峰到 48 周龄每 2 周抽样称重 1 次；从 48 周到淘汰每 4 周抽样称重 1 次。

3. 抽样数量　每次可按鸡群的规模抽取 1%～3%的母鸡和 5%的公鸡进行称重。鸡群规模小时，需增加抽样数量来确保抽样称重结果的准确性，但每次称重最少不能少于 50 只母鸡和 30 只公鸡。

4. 抽样称重时间　抽样称重的时间最好安排在每周的同一天、同一时刻进行，尽可能在停料日进行称重。如果必须在喂料日称重，应在早晨喂料前进行，称重后再喂料，以保证是空腹体重。在 22 周龄改为每天限饲后，应在下午 2 点以后称重，尽量避开采食量对体重数值的影响。

5. 确保抽样的代表性 称重前，派人在舍内来回走动，使靠料槽边的鸡只活动起来，以增加抽样的准确性。

▲不要仅在料箱和墙角处抽样测重，因为一般料箱处鸡只体重相对较大，墙角处鸡只体重相对较小，派人在舍内来回走动的目的就是尽可能使鸡只平均分布。

▲每次圈围鸡应同时圈入 20～30 只鸡，要逐一称重，千万不要图省事，几只鸡放在一起同时称，因为称重不仅是观其体重平均值，更重要的是要看体重分布的均匀度，两者有着同样重要的作用。

▲实践已多次证明，均匀度不好的鸡群产蛋性能表现不会好。对圈入的每一只鸡都要逐一称重，不要因为体重过大或过小就弃在一边不称。如果这样做，则失去了随机抽样的意义，有了人为选择的因素，不能正确客观反映出鸡群的实际体重情况。

（七）高峰料量的确定

1. 高峰料量 正确地确定高峰料量才能最大限度地发挥出肉种鸡的产蛋潜能。

▲肉种鸡产蛋期有产蛋任务，这时的体重控制更为艰难，供料量不足影响产蛋量；供料量过多，造成脂肪沉积，反过来又影响产蛋。

▲肉种鸡母鸡在 140 日龄起，其营养物质摄入必须大幅度增加，为产蛋期最大限度地发挥生产力做好准备，因此从 140 日龄到产蛋高峰前后，是最关键的时期。

▲高峰期饲料的供给正确与否，对充分发挥种鸡生产性能和可产生多大的经济效益关系极大。

2. 计算依据 以 AA＋父母代鸡为例，如一切都正常，高峰料量应在 190 日龄左右时供给。

▲标准体重顺季时鸡每只母鸡为 163 克/天，逆季母鸡为 166 克/天，这是因为它们的体重基础不同而异。

▲操作实例：在实际饲养中，肉种鸡很少能恰如其分地符合标准体重，多数情况是比标准体重稍高。可用插值法来计算出理论上应给予的高峰料量。如查表得知，在 28 周龄时，逆季鸡体重高于顺季鸡 150 克，每天采食量多 3 克，每克体重应采食 3/150 克饲料，实测该顺季鸡群平均体重高出标准体重 130

克，每天体重超出标准部分应增加的料量为130×3/150＝2.6克，理论值高峰料量是165.6克。

3. 影响高峰料量的因素 然而上述计算只是理论上的高峰料量，实际中的高峰料量确定受多种因素的影响。

（1）与饲料质量有关 饲料的质量、组成成分、氨基酸的组成和能量水平与高峰料量多少有关。尽管有详尽的饲养标准，由于饲料原料的产地、品种、贮运及饲料加工生产条件等原因，饲料营养成分不可能恰如其分地符合营养标准，可能高出一些或低一些，特别是小饲料厂生产的饲料，由于缺少化验手段更需要注意。

（2）与饲料含水量有关 冬季生产饲料的含水量也是一个必须考虑的因素。所以要根据饲料含水量的情况，灵活调整高峰期给料量。

（3）与环境有关 环境温度对料量的增减起着极为重要的作用。在环境温度27℃以上的情况下，温度每上升1℃，每只成年母鸡每天能量应少摄入20.92焦耳热能（大约相当于1.8克饲料）；在环境温度20℃以下时，每下降1℃，每只成年母鸡每天要多摄入20.92焦耳热能。

（4）其他因素 其他因素包括产蛋率、每日产蛋量的增长量、鸡群的健康状况、采食情况、鸡群体质、鸡群的平均体重和均匀度等。

（5）高峰料量确定原则 确保鸡群中处于最弱小地位鸡只，也能从饲料中摄取足够的营养，用于维持正常体重和产蛋，喂料量的增加要早于产蛋率的增长。

（6）经验 鸡群正常情况下，190日龄便给到高峰料量，但通常鸡群的产蛋高峰出现在210～217日龄，这就存在一个难题，如何在产蛋情况不甚明了的情况下供给饲料？

▲一般经验是在日产蛋率40％～50％时给到高峰料量，但这与鸡群的均匀度有关，均匀度好的鸡群可适当早一些给到高峰料量，均匀度差的鸡群要稍晚一些给到高峰料量。

▲在正常情况下，遮黑舍内育成的母鸡，开产后日产蛋率每天上升4％～5％，而开放舍内育成的母鸡日产蛋率上升2％～3％。如果鸡群产蛋率每天上升4％～5％，应在产蛋率达到30％便给到高峰料量；反之，若鸡群产蛋率上升较慢，可适当推迟到产蛋率达60％后给到高峰料量。

▲另一个经验是统计第一枚蛋与鸡群达5％日产蛋率的天数，但这时要注意巡查尽早发现第一枚蛋。在遮黑育成情况下，一般这个时间是11～12天，可在5％日产蛋率的11～12天后加到高峰料量。简言之就是根据第一枚蛋与

5%日产蛋率的天数，决定5%日产蛋率后增加到高峰料量的天数。

▲如果高峰期的给料量不够，鸡群不会达到应有的产蛋率。

△根据实践中摸索出的经验，在鸡群正常、环境温度适宜、饲料适口性正常、饲料营养水平适当，饲喂粉料情况下，如母鸡在200分钟内就吃净高峰料，说明饲料供应量不足。

△如多于300分钟才能采食完毕，多是饲料供给过多。

△如更长时间才能采食完毕，多是病态或其他原因，必须引起充分注意。

（八）分栏调群

在肉种鸡育成期要按体重不同定期进行分群管理。

▲将体重大的鸡集中在一栏，严格供料，控制体重。

▲体重小的集中在另一栏，适当增加供料量。

▲这样通过分群管理，将全群鸡体重调整到标准体重。

▲不要轻视枯燥无味的分群工作，它是肉种鸡育成中最基本、最关键的工作，只有不断的称重、分群、调整料量，将小体重栏中体重合格鸡只转群到标准栏中，将大体重栏中体重合格鸡只转群到标准栏中，将标准栏中体重小的鸡转群到体重小的鸡栏中，将标准栏中体重大的鸡转群到大体重栏中，这样反复不断地分群调整，才能控制好鸡群体重均匀度。

（九）肉种鸡的光照管理

1. 光照刺激与性成熟 肉种鸡的体重控制是一个技术性十分强的工作，其不仅仅要求体成熟，也要求性成熟与体成熟同步进行，并且性成熟的均匀度与体成熟的均匀度同等重要。因为只有体成熟与性成熟发育协调一致的鸡群，才可保证有理想的蛋重和开产后产蛋率的不断上升，以提供尽可能多的合格种蛋。光照作为刺激性成熟必不可少的因素，在肉种鸡管理上有重要的作用。

2. 光照时间的临界值 一般母雏生长到10周后，每天11～12小时的光照能有效刺激脑垂体分泌激素，促使性腺开始发育，这是育成期光照时间的临界值。育成期光照时间应逐渐减少，只要每天少于11小时，都可延迟性成熟。

3. 有关使用遮黑鸡舍的经验

（1）过度光照刺激 经验表明，育成在遮黑舍中的肉种鸡，对光照刺激敏感，饲养者能很好地控制性成熟和其均匀度。要避免育成期采用环境控制舍或遮黑舍的鸡只，在产蛋期转群到开放舍后，受到过度光照刺激的问题。

（2）逆季遮黑育成 逆季（指在中国农历夏至到冬至期间）育的鸡雏在遮黑情况下育成，较在同期开放式舍中育成，母鸡可提前2周开产。产蛋高峰升得快，每只入舍鸡可多产8枚种蛋。

（3）顺季遮黑育成　顺季（指在中国农历冬至到夏至期间）育的雏鸡在自然光照下育成，其体重大、蛋重高。在遮黑舍中育成能节省可观的饲料，所以目前人们广泛采用遮黑舍育成肉种鸡。

（4）技术要求　遮黑舍内绝对不许露光，因此要高度重视极端高温下遮黑舍的通风降温问题。

4. 开始光照刺激的时间　开始光照刺激的时间非常关键，只有鸡群体成熟，采食并积累了足量蛋白质和能量后，才能开始光照刺激。顺季鸡群应按标准体重饲喂，首次加光时间在154日龄。逆季鸡群往往开产会推迟，所以要减轻对体重的控制程度，按体重较高的逆季体重标准饲喂，这样鸡群性成熟就会提前，首次加光时间应在147日龄。所有遮黑鸡舍的鸡群都应按顺季鸡群管理。

5. 光照程序

（1）影响光照程序的因素　光照程序的设定与鸡场所在地的纬度及鸡舍类型有关，鸡群的生长发育情况有时也影响到光照程序的执行时间。育成期光照强度应弱些，产蛋期光照强度应强些，两者差异大，光照刺激效果好。

（2）育雏、育成、产蛋都在遮黑舍

▲在1～3日龄可光照23小时，光照强度为30勒克斯，这时主要是让雏鸡熟悉情况。

▲4～14日龄可光照8小时，光照强度为20勒克斯，这时主要是向减少光照时间和光照强度方面过渡。

▲15～154日龄可光照8小时，光照强度不超过10勒克斯，如鸡群中有互啄现象可将光照强度减为5勒克斯，这时千万注意不要因鸡舍中露光，导致变相增加光照时间。

▲155～175日龄，光照逐渐过渡到14小时光照，光照强度为30勒克斯，并且以后都是以这个光照强度刺激鸡群，即从此开始光刺激。光刺激的时间增加值与鸡群体重均匀度有关，如体重均匀度在83%以上，可每周增加3小时，2周内便加到14小时光照；体重均匀度75%～82%时，可每周增加2小时，3周后加到14小时；体重均匀度74%以下，每周增加1小时，不然鸡群会出现脱肛和就巢现象。

▲176～182日龄，每周增加1小时光照，达15小时光照。

▲183日龄后加到16小时光照，以后一直维持这个光照时间（16小时光照）和光照强度（30勒克斯）。

正常情况下，光刺激开始的4周后，产蛋率应达到5%。

(3) 育雏、育成在遮黑舍，产蛋在开放舍

▲前期光照同育雏、育成、产蛋都在遮黑舍。

▲关键是 15～140 日龄期间光照时数，确定自己鸡场所在地的纬度，查日出日落时间表，计算出该批鸡群 140 日龄所应有的自然光照时间。

△140 日龄自然光照在 10 小时之内，则 15～140 日龄按每天 8 小时光照。

△140 日龄自然光照在 11～13 小时，则在 15～140 日龄按每天 9 小时光照。

△140 日龄自然光照比 13 小时还长，可适当增加 15～140 日龄间每天光照时间。

▲从 21 周开始光照刺激，在 27 周左右达光照时间为每天 16 小时，光照超过 17 小时则有害无益。

(4) 育雏、育成和产蛋在开放式鸡舍

▲先确定顺、逆季。现在不提倡肉种鸡育雏育成在开放舍，但因生产条件和资金限制，有些父母代生产场无法做到在遮黑舍内育雏育成。这时要按开始育雏的时间，划为顺季鸡与逆季鸡。

△顺季鸡是指育成后期在自然光照逐步增加情况下育成的鸡群，对应育雏时间是在冬至到夏至间。

△逆季鸡是指在育成后期在自然光照逐步减少情况下育成的鸡只，对应育雏时间是夏至到冬至间。

△1 月与 7 月是两个特殊月份，这时育雏要根据经验来决定执行顺季光照程序还是逆季光照程序。

▲逆季育成鸡群的光照在 12 周龄前按自然光照，12～20 周龄按 12 周龄时的光照时间，不足部分要人工加以补光，千万不要试图在 12 周龄后减少光照时间，人工补光要注意光照强度，应最低在 30 勒克斯以上。如人工补光与自然光照强度差异太大，则补光效果不理想。

▲顺季育成鸡群的光照可按自然光照。

▲开放舍肉种鸡一般在 21～23 周龄开始增加光照，产蛋期光照时间必须保证在光照临界值每天 11～12 小时以上，最低达到 13 小时，然后逐渐增加到正常产蛋光照时间 16 小时（不超过 17 小时）后恒定。要安排在产蛋高峰（30 周龄）的前一周达到最长的光照时间，之后恒定此光照时间。

6. 经验 光照与体重有密切关系，有的育种公司将顺季鸡与逆季鸡的体重标准分别列出，还有的公司鸡体重要求有一个上下浮动范围，顺季鸡体重应按标准体重下限执行，逆季鸡体重应按标准体重上限执行。

▲鸡群能够快速均匀地性成熟的基础是体重的均值和均匀度达到标准，问题的关键是配合合理的光照。对发育状况不佳和没有达到标准体重的鸡群，不论均匀度如何，都要推迟光照刺激的开始时间。

▲发育不好的鸡群在开放舍逆季饲养时，有时对光刺激几乎没有反应。

▲发育不好的鸡群在开放舍顺季饲养时，由于过早的光刺激将带来双黄蛋增多、死亡率上升、脱肛、产蛋高峰上不来和产蛋持续不好等一系列问题。

三、育雏期、育成期的饲养管理

（一）育雏期饲养管理

肉种鸡育雏期的目的是保证鸡只在1～7日龄顺利生长，在14日龄达到或超过标准体重，并确保在28日龄前的平稳生长发育。各品种肉种鸡的管理指南中给出相应的营养需要，本书因篇幅的关系没有列出营养需要，实际生产过程中应遵守管理指南的要求。

▲所有前面有关商品鸡的育雏经验对肉种鸡都有效，肉种鸡育雏期饲养管理的重点是确保开食与饮水顺利进行，使整个鸡群迅速建立起活力，保证全群均匀的生长。

▲1～7日龄是消化系统发育的重要阶段；1～28日龄是免疫系统、心血管系统、羽毛、骨架发育时期。

▲母雏在1～14日龄自由采食，15～28日龄开始轻度限饲，21日龄后开始由育雏料逐步转化育成料。

▲公雏在36日龄后开始限饲，42日龄后开始由育雏料逐步转为育成料。

▲在育雏开始的几天中，饮水中可考虑添加广谱抗生素、5%葡萄糖、微生态制剂等，但抗生素和微生态制剂不能同时使用，要交替使用。

▲饮水水温越接近环境温度效果越好，雏鸡饮用温度太低的水会刺激消化道并导致腹泻。

（二）育成期饲养管理

1. 育成鸡质量与种鸡生产性能有关　肉种鸡育成期培育质量与鸡群开产是否适时和整齐、产蛋高峰上得快慢、高峰表现得高低和高峰持续期维持的长短以及蛋重的大小等都有着非常密切的关系。

育成鸡和产蛋鸡的标准体重绝不是鸡只自由采食状态下的体重，它需要精心的饲喂、科学的调控、最佳的管理等综合配套技术。

2. 种鸡29～70日龄期间的管理　这期间种鸡主要是骨架、肌肉快速发育，85%的骨架在56日龄前基本完成。

▲42～70日龄是肌肉、肌腱、韧带快速发育时期。这时段饲喂育成料，按限饲计划通常从6/1限过渡到5/2限。

▲此时段是种鸡快速生长和发育阶段，鸡体消化机能健全、饲料利用率高，只要增加少量饲料就能对鸡体重产生巨大影响。

▲此时段要严格控制种鸡生长速度，使其体重增长与标准生长曲线尽量吻合。

3. 种鸡71～105日龄期间的管理 这时种鸡生长发育的特点是不随喂料量的变化产生明显反应期，需要定期少量增加饲喂量［1～2克/（只·天）］，饲喂上加以刺激，使种鸡按体重标准生长。

▲如果105日龄时种鸡体重超过标准体重100克以上，就需要重新制定一条平行于标准曲线的新生长曲线作为修正后的标准曲线。

▲体重调控的重点是确保每周都有标准的周增重。

4. 种鸡106～154日龄期间的管理 要逐步过渡到每天限饲。

▲体重均匀度好的鸡群从106日龄开始，但最晚也不能晚于126日龄开始每天限饲。

▲本阶段要求每周饲喂量增加幅度大，不管体重大小如何，都要增加10%～15%的饲喂量，目的是用体重的增加，来刺激鸡只的生理变化，为适时开产和迅速达到产蛋高峰创造条件。

▲一般肉种鸡在140日龄便进入性成熟，210日龄达到体成熟。

▲多数饲养者从154日龄改育成料为种鸡产蛋料；也有的育种公司推荐从126日龄改育成料为预产期料，到154日龄再过渡到种鸡产蛋料。

5. 髓骨的形成 大约从140日龄起青年母鸡开始进入性成熟，此时成熟卵泡不断释放出雌激素，雌激素与雄激素的协调作用，诱发了髓骨在骨腔中的形成。髓骨是母鸡特有的骨骼，公鸡与尚未性成熟的小母鸡均无髓骨。

▲性成熟中的小母鸡，大约在产第1枚蛋的前10天开始沉积髓骨，髓骨从致密骨的内膜表面生长，这是一些很细小的骨针，交错地充满于骨腔之中。髓骨约占性成熟青年母鸡全部骨骼重量的72%。

▲髓骨的生理功能是作为一种机动调配的钙源，随时供母鸡产蛋时利用。研究表明形成蛋壳的钙约有1/4来自髓骨，其他3/4钙来自饲粮。

6. 耻骨宽度变化 临近开产前可监测母鸡的耻骨宽度变化，一般见蛋前21天耻骨间隙是一指半（2.5～3厘米）宽，见蛋前10天耻骨宽度是两指至两指半（3.5～4.0厘米）宽，开产时是三指（5.0厘米）宽。

7. 注重公鸡的培育 育成期大多数种鸡场采用1/3垫料和2/3棚架相结合的高-低-高饲养方式，这时公鸡的饲养密度要比同龄的母鸡低30%～40%。为了尽量减少种公鸡腿部的疾患，无论采用何种育成方式都必须保证公鸡有适当的运动空间。

☞**经验**：育成期的公鸡光照时间要少于11小时，以避免发生性早熟。

四、产蛋期的饲养管理

（一）补光加料

1. 补光 开放舍饲养的顺季鸡群体重正常时光照刺激应在22周龄开始，如21周龄时自然光照为11小时，22周龄便可增到13小时，以后每周增加光照1小时，最后达到每天16小时光照。逆季鸡群光照刺激开始时间在20或21周龄，可每周增加1小时光照，最后达每天16小时光照。

2. 加料 种母鸡在产蛋初期必须增加体重，才能最大限度地发挥其产蛋潜力。但这个阶段种母鸡采食过多，超出正常产蛋所需的饲料量，就会造成卵巢结构发育异常、体重超重、种蛋质量差（如双黄蛋过多）和孵化率低下、发生腹膜炎、脱肛等。要根据种鸡群20周龄的体重均匀度和丰满度确定加料方案。

（1）体重变异系数小于10% 应在鸡群产蛋率达5%时第1次加料。

（2）体重变异系数大于10% 第1次加料时间在鸡群产蛋率达10%以后，以后加料幅度根据产蛋率和蛋重情况而定。

（3）对供料设备的要求 应采用高速供料设备，原则上应在5分钟之内把饲料分配到整个鸡舍，这样可为所有鸡只提供了等量与等质的饲料。如果达不到上述要求，可用增加辅助料箱的办法来达到。供料时要保证料线一直在运行，直到鸡只吃完所有饲料为止，确保所有鸡只采食到均匀一致的饲料。

（4）使用产前料 可在18～22周龄期间使用产前料（预产料），这是一种育成料向产蛋料过渡的饲料，含钙量在1.50%～1.75%，能量为11.70～12.20兆焦/千克，蛋白质水平15.5%～16.5%。如果不采用产前料，在22周开始更换成产蛋料。

3. 经验

（1）耗料时间 正常情况下，肉鸡产蛋期耗料时间：

▲粉料4～5小时吃完。

▲颗粒破碎料3～4小时吃完。

▲颗粒料 2～3 小时吃完。

观察鸡群的采食时间可获得鸡群是否采食充分的情况。

(2) 蛋重变化　如果鸡群摄入的料量正确，蛋重通常会按照蛋重曲线相应增长。

▲如果鸡只采食不足，蛋重与正常相比将停止增长，这时加料时间应前提，即使已经加到预计的高峰料量，也要再按 5 克/只增加。

▲产蛋率已超过 75%后发生蛋重不足问题，不能加料。否则，极易产生鸡群体重超重问题。

(3) 补钙　生产实践中可采用的补钙方法是，当鸡群中见到第 1 枚蛋，通常相当于开产前 2 周（约 23 周龄）时，为照顾部分已经开产的母鸡，可在饲料中添加颗粒状贝壳或碳酸钙（也可以放于矿物质料槽中），任鸡只自由采食。当鸡群产蛋率达 5%时，再将育成料换为产蛋料。

(4) 公鸡饲喂　在整个生产周期中都要保持公鸡饲喂量有所增加，即使在后来的 40 周龄以后，也要保证每周公鸡饲喂量有少量的增加。

（二）产蛋高峰后的减料

1. 产蛋高峰后必须减料　对肉种鸡生产而言，为达到饲养指南中的标准产蛋数，其产蛋高峰的重要性是不言而喻的，但产蛋全程的持续性、受精率和母鸡存活率也同等重要。

为实现全程产蛋的持续性，提高种蛋的受精率、降低母鸡的死淘率，必须在产蛋高峰期一过就马上开始着手减料，控制母鸡体重。越接近产蛋高峰，越要注意对母鸡体重的控制。

2. 决定减料幅度的因素　高峰过后的减料幅度取决于许多因素，如开产后的体重变化、每天的产蛋率和增长趋势、每天的蛋重和增长趋势、鸡群的健康情况、环境温度、饲料的质量、高峰料量、耗料时间的变化等。

3. 试探性减料　每次减料后，如果产蛋率下降速度比预期的快，应将料量恢复到减料前的水平，5～7 天后再试探减料。

▲过量减料会伤害母鸡潜在的高产性能，导致鸡只就巢和换羽。

▲正常减料后，蛋重应不会受到明显影响。

▲开始减料时，以周为单位，每只母鸡减料 2～3 克进行操作。这时，应仔细观察产蛋量和体重，体重应呈极缓慢增长。如产蛋率下降正常（每周下降不超过 1%），可继续每周每只母鸡减料 0.5～1 克，若产蛋率下降超过正常，且无其他明显原因，应停止减料，恢复原来的料量饲喂。这样试探性减料，一般到最后淘汰时，可减至饲喂量为高峰料量的 85%。

4. 经验

（1）考虑体重　从开产至产蛋高峰，如母鸡体重增长在20%以上，那么产蛋高峰一过就应马上减料。如果体重增长在17%～20%，可稍缓些减料。

（2）注意鸡只营养摄入平衡　要注意饲料中蛋白质、氨基酸应满足鸡只需要，假如配方中氨基酸不足或不平衡，将明显影响产蛋量与蛋重。

▲母鸡摄入的能量是影响产蛋的重要因素，如果在产蛋期母鸡体重下降，说明称重有误或摄入能量不足。

▲当发现因摄入能量不足产蛋率下降明显，应马上给每只母鸡增加料量2～3克，并维持该料量在几周内不变。

（3）体重已超标，但产蛋率不增长　这时应该开始考虑减少料量，因为料量不减，产蛋率下降，母鸡体重必然增长，多采食的能量无处消耗，只能在体内沉积为脂肪而增加体重，肉用母鸡具有极强的沉积脂肪能力。

（4）患病鸡群的减料　当鸡群患病后，产蛋率有明显下降时，应及时减少饲料供应量，避免体重过分增长，影响痊愈后的产蛋性能。

（5）环境温度与减料　环境温度对如何减料影响很大，寒冷季节应缓慢减料，炎热季节应加快减料的进度。

（6）耗料时间与减料　在评估减料效果时，记录鸡群的耗料时间很重要，如果减料后耗料时间没有减少，说明减料合适；当减料后鸡群耗料时间也减少，则要等2周后再进行下一次减料，若产蛋率出现非正常下降，应立即恢复到原来的料量。

5. 评定指标　在产蛋高峰后有计划地减料，使鸡只每周体重增重稳定在15～20克/只，可以维持较好的产蛋率、体重和蛋重。

（三）种公鸡的管理

1. 种公鸡日粮　种公鸡饲喂母鸡料会导致饲料资源浪费，所以种公鸡单独使用蛋白、氨基酸和钙水平较低的饲料是有好处的。

2. 公、母鸡混群时间　在154日龄进行混群，为确保公鸡的优势地位，种公鸡应提前1周转入产蛋舍。如果种公鸡性成熟不一致，先把已经性成熟的种公鸡与种母鸡混群，可在154日龄时先将占鸡群5%的公鸡混群，168日龄时再增加2%的种公鸡，剩下的种公鸡在200日龄前后加入鸡群。

☞**经验**：如果早于154日龄混群，公鸡易于偷吃母鸡料。

3. 过度交配的信号　在肉种鸡饲养中很多人怕受精率低，倾向于多用公鸡，一旦鸡群中种公鸡过多后易形成过度交配，这时母鸡的受精率、产蛋率、孵化率都会降低。

☞**经验**：如果观察到母鸡头部和尾部羽毛移位、受损，进一步发展到羽毛脱落，这就表明已经过度交配。

4. 公、母鸡比例 自然配种鸡群中，若公鸡过多，则公鸡争先与母鸡交配，易发生斗殴，并踩伤母鸡，干扰交配，降低受精率；若公鸡过少，母鸡得不到足够的交配次数，也影响到受精率。所以，适宜的公母比例对受精率影响很大。

▲快大型肉鸡适宜的公母比例是1∶8～10。

▲优质型肉鸡适宜的公母比例是1∶10～12。

5. 经验

(1) 发生采食不足 在实际饲养中，公鸡从245日龄后易发生采食不足。

▲表现为反应迟钝、无精打采、活动量减少、啼鸣减少。

▲如得不到及时纠正，会进一步恶化，表现为肉垂变得松软、弹性减少、饱满度下降，脸部颜色变浅和换羽，肛门颜色变得不鲜艳、淡颜色范围变大。

▲表现出上述一种或几种情况，应立即增加3～5克/只的饲喂量，当公鸡体况恢复后，根据体重情况可适当减料。

(2) 公鸡应大部分时间在地面 如果是高-低-高饲养方式，在有光照的大部分时间内公鸡应在中间的地面上，而不应在棚架上。

(3) 随时观察，及时淘汰 要随时观察种公鸡身体情况，看脸部、鸡冠和肉垂的颜色和饱满度及弹性情况，龙骨突起情况，腿部关节和脚趾状态等。不合格公鸡及时淘汰。

6. 交配能力评定标准 交配频率较高的公鸡，尾部羽毛较易受损。当发现部分公鸡羽毛脱落和颈部羽毛换羽，表明种公鸡健康情况较差。

(1) 肛门颜色 种公鸡肛门颜色的深浅变化的5种程度，是评估鸡群中种公鸡交配能力的重要指标。

▲交配频率高的公鸡肛门颜色鲜红。

▲交配频率尚可的公鸡肛门颜色虽红，但色泽略淡。

▲交配频率较差公鸡的肛门外周红，但内侧色淡或灰色。

▲很少交配公鸡的肛门外侧颜色呈淡红色，但内侧呈灰白色。

▲公鸡的肛门已无颜色，停止交配。

应首先淘汰第5种，再依次淘汰第4种、第3种情况的种公鸡。

(2) 交配次数 按公鸡每天与母鸡实际交配次数可分为三类。

▲优者每天10次以上。

▲良者每天6～9次。

▲次者每天5次以下。

应选留优、良公鸡配种。

（3）性欲表现　还可观察公鸡在母鸡群的性欲表现，非采食时段3分钟之内表现出交配欲为优者，5分钟之内表现出交配欲为良者，其余为弱者应淘汰。

（四）种蛋的收集与管理

1. 种蛋收集

（1）产蛋位的配置与摆放　每5只产蛋母鸡配备一个产蛋位。

▲如果是不转群的一段式饲养，可在126日龄开始在舍内安装产蛋位。

▲分段饲养的鸡群可在140日龄转群前将产蛋箱搬入产蛋舍。

▲母鸡习惯在隐蔽不受打搅的地方产蛋，因此产蛋箱不要摆放在明亮处，产蛋箱底部应距地面高30厘米。

▲应在开产前一周打开全部产蛋箱，在产蛋箱中放入空壳鸡蛋或乒乓球等蛋状物（引蛋）诱使鸡只进入产蛋箱产蛋。

（2）产蛋箱　产蛋位长40厘米、宽35厘米、高40厘米。多数情况下是双层连体背对背配置，3～4个产蛋位联体组合，每个产蛋箱有12个或16个产蛋位。产蛋位进口的下部1/3有固定挡板，上部还有开闭的可通风挡板。双层产蛋箱的上层产蛋位的下方要设有踏板，以方便母鸡进入产蛋位。

（3）人为干预　在母鸡开产的最初几周，应及时将地面蛋和棚架上的鸡蛋收集起来，由于地面蛋减少可减少母鸡产在地面或棚架蛋的数量。

▲一般母鸡最初几个鸡蛋产在什么位置，以后的蛋多数也产在这个位置，所以在产蛋初期使母鸡养成良好的产蛋习惯很重要。

▲为减少地面蛋与棚架蛋，可安排人员在产蛋初期的上午在舍内来回巡视，因为母鸡产蛋时多回避人，这样会促使母鸡躲进产蛋箱产蛋。

▲人员在巡视过程中，若发现躲在阴暗角落准备产蛋的母鸡，应小心将其抱入产蛋箱中，必要时将可通风的挡板关闭，待产蛋后再将其放出，以便初产母鸡熟悉和适应产蛋环境，通过若干次的人为干预，母鸡就会逐步习惯在产蛋箱中产蛋。

（4）集蛋次数　每天最少集蛋4次，产蛋高峰时应在5次以上，使产蛋箱中存留的种蛋不超过日产蛋量的30%，上午可集到日产蛋量的80%，所以要把时间分配好，尽量减少种蛋在箱内的搁置时间。

（5）蛋箱管理　250日龄前每天熄灯前要关闭全部产蛋箱，早晨光照开始时马上开启；250日龄后为减少地面蛋与棚架蛋，应每天熄灯前关闭全部上层产蛋箱，开启部分下层产蛋箱，早晨开始光照时将产蛋箱全部打开。

(6) *蛋箱内的垫料*　蛋箱的垫料应干燥、松软有吸湿性，可用稻壳、铡短的麦秸与稻草或杂草、树叶、纸屑等其他垫料。垫料高度为固定挡板高度的一半即可。一般每半个月翻动一次箱内垫料，及时剔除其中的粪块、鸡毛、异物、受潮与结块的垫料等，并随时将垫料添加到应有的高度。

(7) *集蛋的卫生要求*　这是保证种蛋质量的重要因素。每次集蛋前，饲养员都必须洗手消毒，地面蛋与棚架蛋不要与产蛋箱内种蛋同时收集，应集完产蛋箱内种蛋后再集地面蛋与棚架蛋。原则上，地面蛋与棚架蛋不能留作种蛋孵化。

2. 种蛋管理

(1) *消毒*　种蛋收集后应马上消毒。资料显示，种蛋产后进行消毒的时间越迟，进入蛋内的细菌就越多，最好在种蛋产后的0.5小时内进行消毒。某些消毒剂会降低孵化率，使用前应经过试验再决定。将种蛋钝端（大头）朝上摆入蛋盘。每个蛋盘在使用前要经过严格消毒。

(2) *运输*　种蛋在运输时要轻拿轻放，绝对避免日晒雨淋。严冬季节要覆保温物品。

(3) *贮存*　种蛋应存放在室温18℃，相对湿度75%的储蛋室。

▲种蛋储存时间多于5天，应将储蛋室的室温调低些，这样可减缓胚胎的发育速度和减少细菌污染程度。

▲要经常清洗、消毒储蛋室，还要保证室内空气的流通。

▲夏季种蛋拿出储蛋室后，有时出现水汽凝结在种蛋表面上，俗称“出汗”，这时病原微生物很容易进入蛋内，所以要保持适宜的温度，防止水汽凝结，可先将种蛋移到一个与储蛋室温相近的空间，再逐渐缓慢升温。在第二章的表2-3中给出了种蛋水汽凝结的条件，超出此值，种蛋就会出现水汽凝结的现象。

五、种鸡繁育技术

（一）种公鸡选择与公母比例

1. 种公鸡选择与公母比例　肉种鸡开始育雏时，公母比例是1∶6～7，公雏多数是配套赠送的。公鸡在饲养过程中要不断地淘汰，中间经过两次大的选择。

▲6周龄时的初选。选体质发育良好、健康无病的公雏。选留鸡数：人工

授精鸡群公、母雏比例为 1∶15～18，自然交配鸡群公、母雏比例 1∶7～9。

▲第二次选留在 23 周龄左右。选体重适中、冠鲜红、肉髯对称、眼大有神、腿脚粗壮、雄性强的公鸡。选留鸡数：人工授精鸡群公、母鸡比例为 1∶20～25，自然交配鸡群公、母鸡比例为 1∶8～10。

2. 人工授精公鸡的选择 人工授精的公鸡应通过试采精，选留泄殖腔周围松弛干净、性反射良好、乳状突外翻充分、精液颜色正（乳白色）、精液量多而黏稠的公鸡。

☞**经验**：24 周龄后人工授精鸡群的公鸡最好是单笼饲养或小群饲养（每群数目不过 10 只），轻易不要对种公鸡调群，以避免互相打斗，抑制性反射。

3. 保持公、母鸡适当的比例 并非鸡群中公鸡越多种蛋受精率越高，平养鸡群中公鸡过多后，会因为争夺配种权互相斗殴残杀，且饲养过多公鸡也会浪费饲料。反之，当鸡群中公鸡太少，公鸡体力消耗大，种蛋受精率同样也低。

（二）种公鸡替换方案

随着种公鸡周龄的增加，体重增大，脂肪沉积能力加强，性机能逐渐减弱，射精量和精液质量逐步降低，影响种蛋受精率。一般本交自然配种的肉种鸡，在 55 周龄时受精率为 90%左右，但在 55 周龄后受精率下降明显，逐步下降到 75%～80%。有些肉种鸡场采用种公鸡替换方案，在 45 周龄后，逐步淘汰占公鸡总数 15%～20%的残弱老公鸡，换以 28 周龄以上的青年公鸡。若采用强制换羽的鸡群，应同时更换青年公鸡，以保证下一个产蛋期有较高的受精率。

六、肉种鸡的其他饲养管理技术

（一）肉种鸡笼养

1. 肉种鸡笼养 肉种鸡传统的饲养方式是地面垫料平养或现在较多采用的地面垫料平养与棚架结合的“高-低-高”饲养方式，这都需要有垫料。而肉种鸡的笼养则借鉴蛋鸡的笼养，使肉种鸡完全脱离地面，按笼内容鸡数的多少可分为大笼（每笼 10 只以上母鸡）与小笼（每笼 2～3 只母鸡）两种方式。

2. 肉种鸡笼养的优缺点

（1）降低成本，减少费用 笼养后鸡群活动范围变小，降低了鸡只本身能量消耗；笼养采用人工授精技术，减少了公鸡饲养量；总体上可节省饲料 15%以上。特别是采用笼育雏，可提高成活率，使雏鸡成本平均下降 1%以上，同时又有效地控制了经消化道传播的疾病，节省了大量医药费。

（2）提高了饲养密度和房舍利用率　笼养省去了地面平养所需的垫料与棚架，减少了舍内粉尘，同时对鸡只接种疫苗方便易行，便于观察鸡群情况。但笼养后鸡只易发生胸囊肿与其他腿病。

（3）鸡只采食均匀，便于限饲　笼养鸡只很少发生因胆怯而采食不足的现象，便于限饲。笼养鸡群均匀度好、开产整齐、产蛋率高、产蛋持续时间长，提高了母鸡的繁殖能力。但笼养时要注意随时调笼，有死亡鸡只就要并笼，不然很容易造成体重超重。

（4）采用人工授精技术　笼养肉种鸡多数采用人工授精技术，人工授精技术是把双刃剑。一方面可以提高种蛋受精率，便于种公鸡精液品质的鉴定，对母鸡翻肛时，可及时淘汰停产母鸡。但另一方面，若人工授精技术不过关，或操作人员责任心不强，很容易造成受精率低下，特别在种鸡群55周龄后，保持理想受精率有一定难度。

（5）种蛋干净，易于观察鸡群　无地面蛋，脏蛋和破损蛋相对少，种蛋合格率高。特别是便于观察粪便情况，易于发现病弱鸡只。

（6）对环境条件要求高　笼养鸡舍内由于空间小，环境条件容易控制，可提高劳动生产率。但笼养肉种鸡对高温敏感，舍温达26.5℃以上，鸡群便出现张口喘气、饮水量增加、便稀便、产蛋率下降等现象。如不具备可将舍温控制在30℃以下的设备条件，最好不要采用笼养方式饲养肉种鸡。

3. 肉种鸡笼养后的营养需要　笼养肉种鸡占地面积节省50%以上，种鸡在笼内的活动余地少，因活动所消耗的能量也自然少，能量需要比地面平养方式或高-低-高饲养方式少，若摄入过多能量将在鸡体内以脂肪形式贮存。鸡只过胖后，影响种鸡的产蛋性能。

▲其他营养成分可保持基本不变，但考虑平养种鸡在垫料中可采食到少量B族维生素，可酌情将笼养肉种鸡维生素添加量增加5%。在地面平养或高-低-高饲养方式中，肉种鸡产蛋期代谢能水平为11.7～12.1兆焦/千克，笼养时可减少0.5兆焦/千克，即为11.2～11.6兆焦/千克。

▲对营养成分进行调整时，还要考虑季节、舍温、采食量、产蛋率、体重等多种因素后再确定。

4. 肉种鸡笼养的饲养管理

（1）选择好笼具　由于肉种鸡笼养是由蛋鸡笼养衍生而来的，所以一开始都是用蛋鸡笼笼养，现在已有很多厂家专门生产肉种鸡笼，每笼装2～3只母鸡。

▲笼底由双丝点焊而成，这样避免了因肉种鸡体重大造成笼底变形。如果用粗一号钢丝做笼底会增多破蛋率，双丝笼底有效地解决了破蛋率与笼底变形问题。

▲由原每笼 4 只母鸡的蛋鸡笼改装的肉鸡笼以养肉种鸡 2 只为宜。如每笼养 1 只，虽然产蛋率高出 4%～5%，蛋破损率低，但从单位面积生产量与经济效益看并没有发挥出笼养的优势。

(2) 合理饲喂与饮水　饲喂量可根据鸡只日龄、体重、产蛋率、舍温等因素而定。

▲把每天所要供给的饲料计算好，分 2 次饲喂，上午 8：00 与下午 3：00 各喂 1 次，要均匀供料，一定要按期抽测体重，防止体重超重。每次称重可选定同一部位的鸡只作为抽样代表。

▲饮水也要适当限制，可在喂料前后给水 0.5～1 小时，熄灯前再供水 1 次，每天至少保证有 4 个小时的供应饮水时间，夏季要适当增加饮水时间。

(3) 舍内通风，尽量减少应激　由于笼养密度大，所以通风量要比平养大，要根据季节不同、舍温不同，灵活调节换气量。

肉种鸡笼养后对应激因素较敏感，常有受惊后撞开笼门从笼内逃出之事，所以要尽量减少应激因素。

(4) 经常对鸡群进行观察与调整　肉种鸡笼养后很容易观察到鸡只粪便情况，对病弱鸡只也易观察到，发现病鸡要及时挑出，并根据情况给鸡群采取相应预防措施，发现死亡鸡只后要及时并笼。

(二) 人工授精

人工授精简单说就是人工采精、人工输精。

▲人工采精是人们在了解掌握公鸡、母鸡生殖器官构造与鸡只繁殖生理后，模仿鸡只的自然交配行为，通过对公鸡性敏感部位人为地施加刺激，使公鸡产生性欲与快感并达到高潮而射精，之后对精液加以收集。

▲人工输精是收集好精液后，再通过人工强制手段（翻肛）及时而准确地把精液输入母鸡生殖器官的适当部位，创造鸡只精、卵结合的最佳生理环境，最后达到受精的目的。

1. 人工授精的优缺点

(1) 少养公鸡，降低饲养成本　自然交配时，肉种鸡公、母鸡比例为 1∶8～10，采用人工授精后可为 1∶20～25。少养了公鸡，降低了饲养成本，节省了饲料与设备费用。

▲人工授精还扩大了良种公鸡的利用率，更好地发挥了优良种公鸡的种用

特性。

▲由于采用人工授精技术，种母鸡改笼养后明显降低了耗料量，将少养公鸡与母鸡少耗料两者结合计算，1只肉用种母鸡1个饲养周期平均可节省5千克以上饲料，显著地降低了饲养成本。

(2) *提高了种蛋受精率* 在自然本交情况下，肉种鸡一般前期受精率为90%以上，有的高达95%。但后期由于种公鸡超重及腿脚病使受精率较低，一般80%左右。如果鸡群体重控制失败，有时受精率才60%，整个产蛋期全程肉种鸡自然本交配种受精率在85%左右。

▲进行人工授精，前期受精率为93%～96%，后期为90%～92%，整个产蛋期全程平均为92%左右。

▲但人工授精技术不熟练或配种人责任心不强，有时人工授精的受精率反倒比自然本交时还低。

(3) *克服选相交配，解决了配种困难* 自然本交配种时，无论公、母鸡都有偏爱，影响受精率。采用人工授精技术，可以解决选相交配，特别是某些大型肉种鸡由于体形过大，自然交配困难，采用人工授精技术，可解决这一难题。

(4) *技术简单易于推广* 人工授精技术操作简单，不需要精密设备与仪器，一般种鸡场都可达到条件要求。有初中文化程度者，经10天左右培训与学习，便可完全掌握基本操作要领。

(5) *需大量人力* 人工授精具体对每只母鸡并不需要天天配种，但鸡场内几乎天天都要采精、输精，人工授精人员工作比较辛苦，特别在夏季高温时工作更辛苦。

2. 鸡人工授精需准备的器材 鸡人工授精所需器材不是很多，并且价格也不贵。比较贵重器材如显微镜，也并非是必备的。常用的器材是：

(1) *集精杯* 用作收集精液，分带刻度的空心集精杯与不带刻度的实心集精杯两种。这个器材没有现成出售的，可拿样品到玻璃器材商店订购。

(2) *输精器* 分为三类，有1毫升的注射器、定量连续输精器与带胶帽的吸管。最常见是吸管，又称滴管或输精管，是用来移取精液与输精。

▲分带刻度与不带刻度的两种，吸管头上有一个胶帽，通过控制胶帽内压力来吸入或排出精液。

▲吸管可不用专门定做，从玻璃器材商店可以直接买到，但购买时要注意吸管细端部不能过于太粗，特别是在输原精液时，粗头吸管无法精确控制每次输精量，易造成精液浪费。

(3) 试管　用来盛放保存精液用，用市售的产品便可。短一点的产品较好，这样便于放入保温杯中。带有刻度的离心管较实用，离心管可根据内有精液量判断可授精的鸡数。

(4) 保温杯　作用是保存精液，市面上的保温杯就可。最好是口径大一点的保温杯，因为可多放入试管。要另备一个与保温杯口径相仿的橡皮塞，上面钻好3～5个孔，以固定试管与温度计。

(5) 温度计　用来测定水温，市售的温度计即可，不要太长的，以能放入保温杯中为宜，温度范围在0～50℃便可以。

(6) 烘箱　用于玻璃器材的烘干、消毒，用市售的家庭烤箱最方便，耗电也不多；医用专门烘箱过于笨重，耗电多，占地位置大，如无条件购烤箱，用普通的蒸饭锅消毒也可以。

(7) 电热杯　用于烧热水用，不用电热杯而用热得快也行，用炉子烧热水也可以，一般情况下要求保温杯中水温为30℃左右。

(8) 脱脂棉或纱布　将脱脂棉或纱布剪成小块，每输完1只母鸡都要用脱脂棉或纱布擦一下吸管后弃之，以防交叉感染。

(9) 显微镜　用于检查精液质量，如无条件也可不备。一般情况下，精液颜色不佳或过于稀薄时，精子活力都不会太好。

(10) 其他物品　如pH试纸，用于检查精液的酸碱度。试管刷用来刷试管，没有可用鸡毛代替。准备毛巾、脸盆、试管架、洗衣粉、蒸馏水等。

3. 公鸡的训练

(1) 定期定时　训练种公鸡结合种公鸡第2次选择，在23周龄时进行。

▲训练必须定期定时，一般每天训练1次，最好在16：00左右进行，因为一般生产中采精多在这个时候，以利形成性反射。

▲训练1周后多数公鸡都能形成性反射，有的公鸡经过3～4次训练就能射精，有的鸡性反射很差，这类公鸡必须淘汰，选留那些性反射好的公鸡。

(2) 操作　按摩训练由2人组成，1人为助手，将公鸡两腿握住，鸡头朝后，尾部朝向按摩者，按摩者左手（依个人习惯）的大拇指和其他四指张开成八字形，掌面放在公鸡背鞍部，拇指与食指沿着鸡体两侧，由翅膀基部向尾部轻轻抚摸2～3次，要快，然后轻捏泄殖腔两侧，食指和拇指轻轻抖动按摩，就可引起性反射。性反射表现为公鸡翘起尾巴翻出肛门，泄殖腔外翻，可见勃起的交配器。

(3) 选留　在训练1周后，多数公鸡都能形成性反射。选留性反射良好，泄殖腔周围松弛干净，乳头突外翻充分，精液量多而黏稠，且颜色正常（乳白色）的公鸡留作种用。

4. 精液的采集

（1）*采精方法* 有多种采精方法，按摩法采精最适宜于生产中使用，是目前鸡采精的基本方法。生产中采精多为 2 人配合进行，1 人为助手保定公鸡，另 1 人采精。也可以 1 人用脚保定公鸡进行采精，但这样速度很慢，生产中很少采用。

（2）*按摩* 公鸡保定后，采精人员用左手（依各人习惯）自鸡的背部向尾部按摩滑动数次。

▲右手中指和无名指夹着集精杯，拇指与其他四指分开在耻骨下进行腹部按摩准备。

▲在按摩背部同时，观察有无性反射，如已形成性反射，用按摩背部的左手掌迅速压住尾羽，并将拇指与食指分开放在泄殖腔上方，做好挤压准备。

▲同时在腹部的右手在不停抖动按摩，使泄殖腔充分外露，这时可见到勃起的生殖突。

（3）*精液收集* 用左手拇指与食指做适当挤压，在即将开始射精时，夹着集精杯的右手，迅速反转为手背朝上，集精杯放在泄殖腔下方，协同左手将精液收集入杯。

▲为防止在按摩过程中粪便和尿液进入集精杯，在生殖腔外翻前，集精杯口应偏离泄殖腔。

▲在见到泄殖腔外翻后，集精杯口对准泄殖腔，并用杯口边缘向生殖突下部稍施加压力，这能有助于泄殖腔充分外翻。

☞**经验**：要想得到好的采精效果，迅速而准确地实施挤压是关键，当交配器外翻后，挤压不及时会影响性反射。挤压动作应连续几次直到无精液流出为止，但挤压动作不要过分用力，如果压力过大，时间过长或部位不正确往往会影响采精量，并且分泌出大量透明液，此液对精子有不良作用。

（4）*采精频率* 肉种鸡公鸡一般是 4 天中采 3 次或 3 天中采 2 次，采精次数过频不但影响公鸡体质，并且降低精液品质。

（5）*技术要求* 采到的精液装入试管，应立刻置于 30℃左右水温的保温瓶中。

▲精液采出后要在 30 分钟内输完。

▲冬季要严格执行精液保温制度。

▲采精动作要快，手法要正确。

▲因为每个人的采精手法各异，用力程度不同，对公鸡性反射的形成有一定的影响，所以采精人员要固定。

5. 输精

（1）输精方式　输精必须2人同时配合才能完成，但实践中为了加快工作效率，多为3人1组，2人负责翻肛，1人负责输精。有的鸡场输精时打开笼门，有的鸡场不打开笼门，具体情况根据笼具结构和笼架的高度而定。

（2）翻肛　翻肛人员将鸡的双腿用单手抓住，鸡头朝前，泄殖腔面对自己，将鸡只稍微提起，再将另1手的拇指与其他四指分开，将虎口放在母鸡腹部柔软处施以适当的压力，泄殖腔即可翻开。

▲在给母鸡腹部施压时，一定要使对泄殖腔左侧力量大于右侧，可通过调整拇指与其他四指施压的大小，使输卵管在泄殖腔中左侧翻出。

▲不要过分施压，输卵管外露太多会造成污染。

▲为了防止翻肛时粪便溅出，可用右手向心面盖住直肠口。

☞**经验：**对产蛋鸡翻肛很容易，但休产鸡却很难翻出输卵管，休产鸡做人工授精无任何意义，如果遇到很难翻出输卵管的鸡，就不要勉强。

（3）输精　输卵管外露后便可输精，2个人必须密切配合，当输精员将输精管插入阴道2.5～3.5厘米，在开始输精的瞬间，保定（翻肛）人员要立即解除对母鸡腹部的施压，借助腹内负压与输卵管的收缩，使精液全部进入输卵管内。

▲注意不要将空气或气泡输入输卵管内，这样易使精液外溢，影响受精率。

▲在高温季节或精液品质不好时，输精深度可适当增加0.5～1.5厘米。

（4）贮精腺　母鸡有2个贮精腺，分别是位于母鸡输卵管漏斗下部的高位贮精腺和子宫阴道联合处的低位贮精腺。

▲贮精腺具有较长时间维持精子活力，并保证精子不会随蛋的形成而被冲刷出输卵管的功能。

▲为了获得高受精率，必须确保输卵管的前端（高位贮精腺）中保存有一定数量的精子。

（5）输精频率与输精量　正常情况下，以输原精液为宜，如有特殊需要，可加以稀释。

▲产蛋高峰期每次输入原精液0.03毫升，每4天输精1次。

▲产蛋后期或夏季高温季节每次输入原精液0.045毫升，每3～4天输精1次。输精量超过此量对受精率也没有明显影响。

▲如精子活力差、稀薄，可适当增加输精量。输精间隔天数太长影响受精率，太短也有害无益。

▲首次输精应加倍量或连续 2 天输精，在首次输精后第 3 天便可收集种蛋。

（6）输精时间　输精时间应在大部分母鸡产蛋完成之后，即 16：00 之后，不能早于 15：00。相同条件下，15：00 前与 17：00 后分别输精，其受精率相差 4 个百分点。

（7）经验　以下三点经验有助于提高种蛋的受精率。

▲当输卵管中有硬蛋壳时，输精管不能硬插，也不可用力按压，这时动作要轻，输精管偏向一侧慢慢插入后再输。对此类鸡只最好做一个标记，第 2 天输精时再补输，以提高受精率。

▲无论输精、采精，都不要在现场吸烟，以免不良气味影响种蛋受精率。

▲使用定量连续输精器时，每输完 1 只母鸡换 1 套输精器头，如果用吸管管类输精器。每输 1 只母鸡就用脱脂棉擦拭输精管后将脱脂棉弃之，每输 10 只母鸡换 1 个输精管。

（三）强制换羽

1. 强制换羽　鸡的人工强制换羽，就是人们通过某些手段，强制性进行人工刺激，使母鸡在尽可能短的时限内，迅速脱羽并长出新羽，完成一个换羽过程。

2. 优点

（1）降低了育成费用　1 只肉用种母鸡，从开始育雏到产蛋率达 50%，理论上需 15 千克饲料，实际上考虑育雏率、育成率、性别鉴别差、饲料浪费，每只母鸡需消耗近 18 千克饲料。

▲培育 1 只肉用种鸡产蛋率达 50%需 190 天左右，同时还要占用房舍，花费人工费、水电费、燃料费、药品疫苗费等。总体上讲，培育 1 只新开产母鸡需要花费人民币近百元。

▲实行人工强制换羽，母鸡从开始停产到恢复产蛋率 50%以上，要用 60 多天，耗料 6～7 千克，与培育新母鸡相比，节省 60%的时间和饲料。同时还节省了房舍、人工、水电、能耗、药耗。1 只强制换羽母鸡从开始换羽到产蛋率达 50%，花费人民币 35～40 元，通过强制换羽降低了 60%以上的育成成本。

（2）提高了种蛋质量　人工强制换羽后种蛋的受精率、合格率、孵化率都有所提高。由于换羽后蛋壳质量显著增加，减少了破蛋率，提高了种蛋合格率。人工强制换羽后，种蛋合格率可提高5%以上，孵化率提高3%以上。

(3) 提高了母鸡的成活率　由于在换羽前要对鸡群进行严格挑选，瘦小或不健康鸡只都要被淘汰，参加强制换羽的都是健康鸡。在经历严峻换羽考验后，存活下来的鸡都是健康鸡，其抗病力强、死淘率低。

(4) 扩大了种蛋的供应量　人工强制换羽所需的时间短，不像培育1只新开产母鸡那样需要190天左右，如市场鸡苗价格不好时，可考虑提前进行人工强制换羽，待换羽结束后，市场行情有了转机，可充分提供种蛋。

3. 方法　有数种方法可进行人工强制换羽。无论何种方法，应以产生应激少、换羽进程快、恢复产蛋早和简便易行为原则。常用的有饥饿法、化学法与综合法。

(1) 饥饿法　这是最普通的强制换羽法。其基本原理是通过停水、断料、缩短光照时间的刺激，给鸡造成强烈应激，致使鸡只的内分泌失调，卵泡发育停止以至萎缩，引起停产与换羽。

▲应用时要根据季节、鸡只体况决定停水天数（2～5天）、断料天数（8～14天），同时减少光照刺激时间。

▲具体实施中要根据体重的失重率来定，如失重率低于20%，换羽效果不理想；如失重率大于30%，则死亡鸡只增多。当体重下降到目标体重后，开始恢复供料，这时饲喂育成料，逐步恢复光照刺激，见到鸡只产蛋后，换成产蛋料。

(2) 化学法　日粮中加入2%～2.5%的氧化锌，任鸡自由采食、自由饮水，同时减少光照刺激时间。

▲鸡只采食高锌饲料后，第2天便会减少一半的采食量，1周后减到正常采食量的1/5，体重迅速减轻。

▲当体重的失重率达到30%时，改喂不含锌的育成料。

▲大约在开始换羽后的第4周，当采食量恢复到每天每只90克时，将育成料转为产蛋料，以后每周增加10～15克，一直递增到每天每只160～170克，以后根据产蛋率调节供料量。

▲第4周开始补充人工光照，每天光照14小时，以后每周增加1小时光照，一直递增到每天16小时光照为止，保持此光照时数，直至鸡群被淘汰。

(3) 综合法　利用饥饿法与化学法的长处，弥补了短处，此法安全、简单易行，并且换羽迅速、休产期短、恢复产蛋快。具体操作：

▲第1～3天停水、断料、停止人工补充光照。

▲第4天恢复供水，喂饲含氧化锌2%～2.5%的饲料，连喂7天。

▲第 12 天改喂正常无锌饲料，逐步恢复到原光照刺激。

▲在开始换羽后 20～25 天内重新开产。

4. 注意事项

(1) 鸡只选择　要选择健康无病、耻骨距离宽、肛门括约肌松弛、体型与头部发育匀称的鸡只进行强制换羽。

▲病、弱鸡和头、眼、冠、趾、腿、翅异常鸡，一律不参加强制换羽。

▲体重过小的鸡和正在换羽的鸡也不要进行强制换羽，否则会增大换羽期的死亡率。

(2) 经验　要根据鸡的失重率、鸡群健康情况、死亡率与季节灵活掌握，不要一味追求失重率达 30%而忽视其他因素。

▲当日死亡率达 1%时应立即开食。

▲正常强制换羽鸡群的死亡率在 3%～5%。

▲也可据羽毛脱落情况而定，当鸡只颈部、胸部、背部短羽大部分脱落，主翼羽从内侧脱落 5～6 根时，即可开食。

(3) 喂料方法　恢复喂料后一定要均匀供料，防止一次多吃或少给。

▲饲喂量要逐步增加，防止体况过肥。

▲控制换羽后的开产体重与换羽前体重相近。

▲采用化学法时一定要把氧化锌称量准，搅拌均匀，防止摄入锌量过高，引起中毒。

▲在强制换羽后期，饲料中可适当补充维生素与蛋氨酸，以提高换羽后鸡只的产蛋性能。

(4) 坚定信心　要有信心，坚持到底。停料 10 天后，鸡冠上部开始发黑，鸡只精神不振，出现将要死亡的样子，这时有人担心，往往在没有达到预定的失重率就恢复了供料，这样易使换羽处在不完全状态，以后鸡只产蛋数也不会很多。

(5) 仅母鸡换羽　强制换羽鸡群的公鸡多采用青年公鸡替换，一般老龄公鸡直接淘汰。

第四节　四季管理

一、春季管理

1. 防应激　春季气候反复无常，要防止鸡群应激。

▲任何原因引起的应激，都会导致法氏囊、胸腺与脾脏萎缩，同时使淋巴系统作用减弱，抗体产生减少，抵抗力变弱，易患传染性疾病。

▲早春冷暖天气交替变化，昼夜温差大，不时有倒春寒出现，管理上要精心。

▲通风换气要灵活掌握，根据外界气温、舍内温度、鸡群状况决定换气量和具体方式。

2. 环境整治 进行环境整治和卫生清扫。春季是疫病频发的季节，要对鸡舍外的大环境进行一次彻底整治，对舍内结合防疫工作，也要进行认真的卫生清扫。

3. 抓好有利时机 鸡属于鸟类，春季是繁殖季节，不管是开放式鸡舍还是密闭式鸡舍鸡只产蛋都会增加，要抓住这个大好时机，加强饲养管理，多生产合格种蛋。

二、夏季管理

1. 舍温不能超过32℃ 夏季是高温、高湿季节，鸡皮肤上没有汗腺，体躯又被羽毛所覆盖，所以鸡只不耐高温。

▲一般情况下，最适的鸡舍温度为20～24℃，舍温28℃以下，不会对鸡的生产性能造成明显影响。

▲鸡无法忍受30℃以上的持续高温，32℃以上时鸡只会因热射病出现死亡。

2. 管理技巧 要调整饲喂时间，避开高温时段，在比较凉爽的时间饲喂。

▲保证饮水充足，尽量减少各种应激因素。

▲处在产蛋高峰期的母鸡，会因热应激，死在产蛋箱中。

▲炎热气候时，及时开启湿帘降温系统或冷风机，这样可缓解热应激。

▲在确定育雏日期前，就应考虑避开出栏日龄或产蛋高峰在三伏天，提前或者错后。

3. 饲料配方调整 遇热应激时应调整饲料配方。

▲增加维生素含量，特别是维生素C和维生素E含量。

▲饲料中粗蛋白质水平可以适当降低，但应提高单体氨基酸的添加量，使配方中氨基酸平衡。

▲提高能量，可用2%～3%的油脂替代玉米。

4. 使用抗热应激添加剂

▲在饲料中添加0.1%的延胡索酸，饮水中添加0.63%的氯化铵，能明显

缓解热应激，起到增进食欲与提高增重的效果。

▲在饮水中添加0.1%～0.2%的碳酸氢钠能明显减轻热应激。

▲还可在饲料中添加1%的氯化铵和0.5%的碳酸氢钠，或饮水中添加0.2%的氯化铵和0.2%的氯化钾。

5. 夏季环境卫生 夏季要灭鼠、防蚊蝇滋生、防蜱螨和羽虱。

▲夏季是鼠类和蚊蝇大量繁衍的季节，要做好经常性的灭鼠、灭蚊蝇工作，以减少饲料的浪费和疫病的传播。

▲要注意防止蜱螨和羽虱的繁殖与传播，多数人都误认为鸡体外寄生虫主要是羽虱，其实北方鸡场中85%以上的体外寄生虫是蜱螨。

☞**经验**：蜱螨与羽虱的现场辨别方法是，将虫体放在淡颜色纸上用力对捻，纸上有血迹则初步判定是螨虫，没有血迹则是羽虱。

三、秋季管理

立秋后，白昼变短，黑夜变长。

▲经过一段时间的产蛋，有部分低产种鸡开始停产换羽，要对停产换羽鸡只及时进行淘汰。

▲秋季是鸡痘易发季节，在做好免疫接种的基础上，加强卫生消毒，消灭吸血昆虫。

▲秋季昼夜温差大，要防止温差大诱发呼吸道疾病。深秋后多数人片面强调保温，使得通风换气不足，而易诱发呼吸道疾病。

▲一场秋雨一场寒，雨后夜间要适当减少通风量。

▲进入深秋，早晚天气凉，气温变化大，鸡群要谨防感冒。

四、冬季管理

1. 饲料配方调整 冬季要对饲喂量及饲料配方进行调整。由于冬季温度低，为了御寒，鸡只要加大采食量，一般要比正常时增加5%～10%饲喂量，相应饲料配方中要适当降低蛋白质等的营养水平。

2. 做好防寒工作 冬季是一年中温度最低的季节，三寒四温，隔几天就来一个寒潮，要做好鸡舍的保温工作，杜绝贼风。要将鸡舍的北窗封严，最好能在北墙外做一道防风障，在进入鸡舍的门上挂上棉门帘，使鸡舍内的温度最低不低于10℃。

3. 冬季通风

（1）通风方式与进风口设置　冬季通风最好采用横向多点通风，进风口应设在鸡舍上部，这样可使进入舍内的冷空气与舍内的热空气混合，减少冷气直吹对鸡只造成的应激。

（2）制定通风方案　冬季要避免过分强调保温，而忽略通风换气，因为舍内氨气或其他有害气体浓度过高后，同样也影响生产性能。低温与舍内空气质量恶化对生产性能都有影响，严重时都可对生产造成重大损失，冬季要根据舍温、舍内外温差、鸡只情况、舍外风力的大小，灵活制定通风换气方案。

第五章

肉鸡场的生物安全

生物安全是指养殖场为防止疾病在区域或动物间传播而采取的各种管理措施和技术措施。主要包括两个方面：

▲一是通过采取外部生物安全措施，防止疾病进入养殖场或场内某一区域，即将病原体进入养殖场的可能性降至最低。

▲二是采取内部生物安全措施，最大限度地降低养殖场内病原体由患病动物向易感动物传播的可能性。

第一节　肉鸡场的生物安全管理

动物传染病的传播有三个环节：传染源、传播途径和易感动物。在动物防疫工作中，只要切断其中一个环节，动物传染病就会失去传播的条件，从而预防传染病的发生、蔓延和扩散，最终消灭传染病。

一、生物安全管理的主要技术措施

在肉鸡场应采取的生物安全技术措施中，科学选址是基础、清洁卫生是根本、完善管理是保证、有效消毒是关键、确切免疫是核心、科学用药是补充。具体工作涉及诸多方面。

1. 选址与布局　鸡场的选址与布局应着重考虑生物安全的基本条件，如地势较高，采光充足，排水良好，周围有绿化等较好的隔离条件，水质符合要求，生产区、生活区、行政区严格分开，生产区内应严格区分专用净道和污道。

2. 鸡舍建筑　鸡舍内墙面要求光滑，以便清洗和消毒；具备良好的防鼠、防蚊蝇、防虫和防鸟设施；笼具、笼架、料桶和饮水器的设计要合理，易于消毒和添加药物。

3. 防疫设施和设备 肉鸡场应配备清洗消毒设备、免疫接种设备与器材、物品贮存设施设备、疾病诊断和防治设备及废物处置等相关设施设备。

4. 环境控制 生产中最常用和最普通的消毒法是用机械性的方法清除病原体，如清扫、冲洗和通风等。清扫、冲洗可以清除舍内的粪便、垫料、设备和用具上的大多数病原体。经常清除粪便、加强日常清扫和严格消毒，可防止病原体在场内和舍内的定居和蔓延扩散，降低鸡群的死亡率，充分发挥鸡的生产性能。彻底清扫和冲洗是一切消毒措施和程序的基础。

5. 避免引入传染源 必须避免从发病鸡场或疫情不明的鸡场引进种蛋、雏鸡或其他禽类，而只可引进健康无病的种蛋或雏鸡。

6. 隔离 肉鸡大多数是群饲，同群的鸡只接触密切，病原体很容易通过空气、饲料、饮水、粪便、用具等迅速传播。因此，在一般情况下，隔离应以鸡群或鸡舍为单位，把已经发生传染病的鸡群内所有鸡只视为病鸡及可疑病鸡，不得再与健康鸡接触。隔离应选择不易散播病原体、消毒处理方便的舍进行，工作人员出入应严格遵守消毒制度，粪便、饲料和用具等先消毒、后运出。对病鸡及可疑病鸡应加强饲养管理，及时投药治疗或进行紧急免疫接种。

7. 全进全出制 全进全出制就是同一栋舍内或同一场内只进同一批雏鸡，饲养同一品种同一日龄鸡，采用统一的饲料，统一的免疫程序、药物预防措施、带鸡消毒措施、环境消毒和管理措施，并且同时全部出舍或出场。

8. 饲料和饮水的清洁卫生 应使用符合国家规定的饲料和饲料添加剂。饮用水应符合畜禽饮用水水质（《无公害食品　畜禽饮用水水质》，NY 5027—2001）的要求。

9. 人员控制 肉鸡场谢绝一切参观；所有人员在进出场时都要执行消毒制度；不同鸡舍的饲养员不得串舍；每次进出入鸡舍前进行严格而彻底的淋浴、消毒和更衣；接触可疑病鸡后要及时洗手、消毒、更换鞋子和工作服；参加断喙、转群、清理垫料、免疫接种等工作人员，在工作前后一定要严格消毒。

10. 车辆和物品的控制 鸡场入口应设置消毒池，进出车辆需经过消毒池消毒，并用表面活性剂消毒液进行喷雾消毒。

11. 控制传播媒介 鸡场要及时清扫、消毒，养殖场院内和鸡舍经常投放灭鼠饵料，喷洒杀虫剂以防虫害，减少或避免生物传播媒介。

12. 消毒 消毒是指以化学和物理手段杀灭饲养环境中的病原体，阻止外部病原体侵害鸡体，切断传播途径，预防和控制传染病的发生和蔓延。

13. 免疫接种 免疫接种成功与否直接关系到养鸡的成败。在肉鸡生产中采取何种接种方法，应根据疫苗的种类、性质及养殖环境的实际情况来确定，既要取得良好的免疫效果，又要省时省工。

14. 健康监测 通过随机检测、非随机监测、主动监测、被动监测等方式，采用临床、病理、流行病学和实验室等观察或检测方法，系统地收集群体中疾病的发生、流行、分布及相关因素等动态分布信息，经过分析，把握该疾病的发生发展趋势，提出应采取的适宜措施。

15. 加强饲养管理 有些疾病是由于营养物质不足或不平衡而直接造成的，因此要保证鸡只采食充足的营养，并进行良好细致的管理。

16. 减少应激刺激 对鸡的捕捉、转群、断喙、免疫接种、不适宜的光照、氨气浓度过高、过分拥挤、饲料的改变、过热或过冷等都是肉鸡难以避免的应激因素，这些应激因素常可引起鸡的抗病力下降而诱发其他的疾病，但是通过周密的设计和细心的管理来尽量避免或减轻鸡的应激，如尽量减少对鸡的捕捉和转群，在鸡舍内尽量轻手轻脚，保持垫料干燥，加强通风保持空气清新等，这些细微工作都是疾病综合防控措施中不可少的环节。

17. 病死鸡及废弃物的安全处理 对粪便、污水和病死鸡等废物必须进行适当的处理。最好的方法是进行焚毁，没有条件的鸡场也可采用深埋和腐烂处理。

18. 疾病的诊断与防治 肉鸡场应尽量对所有出现异常症状和死亡的鸡只进行临床检查、病理剖检和实验室诊断，及时进行治疗，避免疾病的扩散与蔓延，减少经济损失。

19. 发生传染病时的应急处理措施 肉鸡场应制定疫情处置应急预案，做好应急物品储备，定期进行应急处置技术培训和应急演练。在发生紧急事件时及时采取应急措施，确保肉鸡场的生物安全和工作人员安全，最大限度地减少疾病造成的危害和损失。

二、实行“全进全出制”

肉鸡养殖场应当采取“全进全出”的饲养方式，即在第一批出售、下批尚未进雏的2周左右休整期内，对鸡舍内的设备和用具进行彻底打扫、清洗、消毒与维修，再开始进下一批肉鸡。采用这样方式可有效地消灭舍内的病原体，切断病原的循环感染，同时也便于管理技术和防疫措施等的统一，有利于机械化作业，可有效提高鸡舍的利用率和劳动效率。肉鸡场的鸡舍准备流程见图5-1。

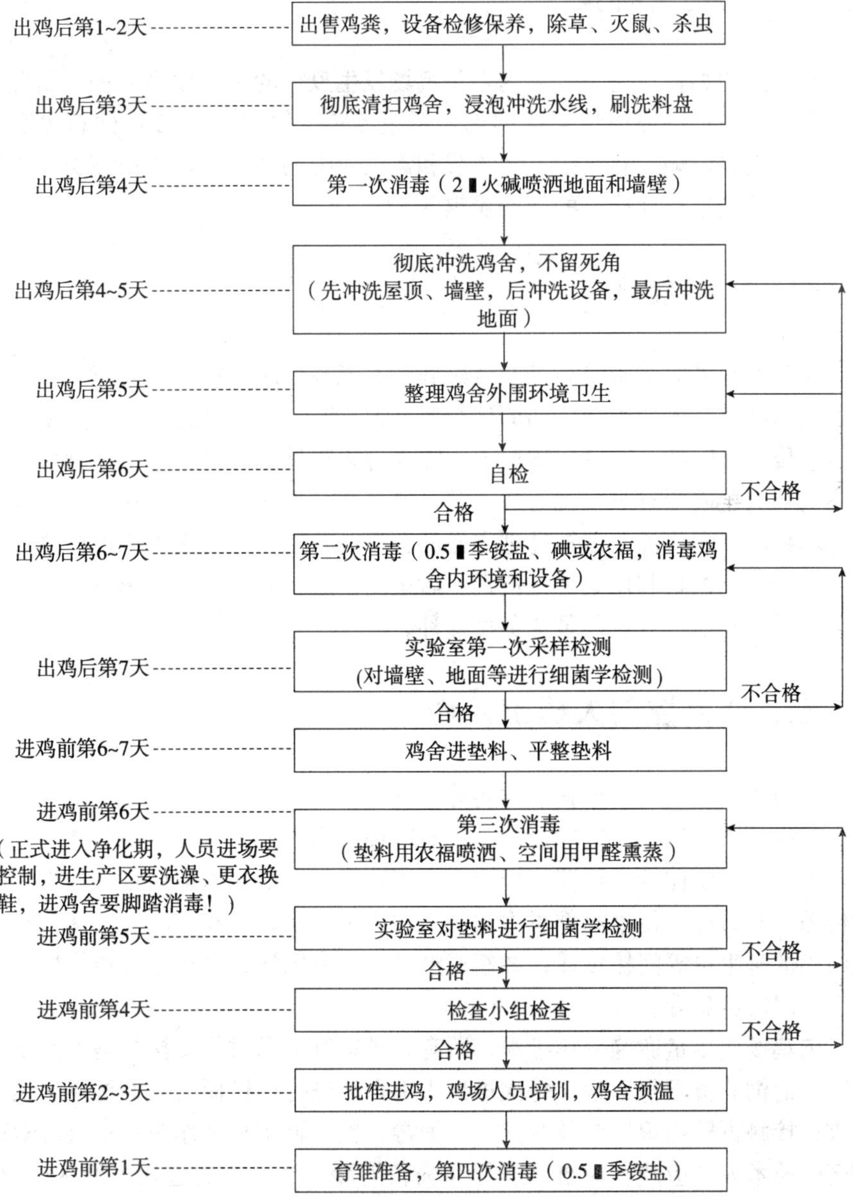

图 5-1　空舍期鸡舍准备流程

三、严把引种关

新引进的鸡将疾病带进场内，是鸡场发生疫病的主要原因之一。因此，必须避免从发病鸡场或疫情不明的鸡场引进雏鸡。雏鸡应来自有种鸡生产许可证，而且无鸡白痢、新城疫、禽流感和禽白血病的种鸡场，或由该类场提供种蛋所生产的经过产地检疫的健康雏鸡。

四、加强隔离

隔离就是采取措施使病鸡及可疑病鸡不能与健康鸡接触。肉鸡大多数是群饲，同群的鸡只接触密切，病原体很容易通过空气、饲料、饮水、粪便、用具等迅速传播。因此，在一般情况下，隔离应以鸡群或鸡舍为单位，把已经发生传染病的鸡群内所有鸡只视为病鸡及可疑病鸡，不得再与健康鸡接触。隔离应选择不易散播病原体、消毒处理方便的舍进行，工作人员出入应严格遵守消毒制度，粪便、饲料和用具等先消毒、后运出。对病鸡及可疑病鸡应加强饲养管理，及时投药治疗或进行紧急免疫接种。

五、严格控制人员出入场

饲养人员、邻居、饲料或兽药等销售人员、参观者等，可通过手、衣服和鞋黏带病原体、使用污染的设备、饲养管理大意、人自身感染或与邻居相互走访等方式将病原体携带至养殖场内。应当让所有人都知道他们是一种重要的疾病传播媒介。许多传染病都可由被污染的人员之手、鞋和衣服等直接传播或通过污染的寄生虫等间接传播，如新城疫、马立克氏病、禽霍乱、传染性支气管炎和沙门氏菌病等。

肉鸡场应尽量谢绝一切参观；所有人员在进出场时都要执行消毒制度；不同鸡舍的饲养员不得串舍；每次进出入鸡舍前进行严格而彻底的淋浴、消毒和更衣；接触可疑病鸡后要及时洗手、消毒、更换鞋子和工作服；检查鸡舍或生产区的技术人员应严格对自己进行冲洗和消毒，然后才能进入生产区的鸡舍；一般情况下每天只巡视一栋鸡舍或一个小生产区，如需检查另一栋鸡舍，则必须再次冲洗后才能进入；参加断喙、转群、清理垫料、免疫接种等工作人员，在工作前后一定要严格消毒；送检病死鸡的人员不能直接进入动物尸体处理间或兽医室，应将病死鸡放置鸡舍附近密封的容器内，由一人统一收集运送；兽医室、尸体剖检室、药房、疫苗室的工作人员一般不进入生产区。

六、严格控制进场的物品

1. 饲料 是最常见、易忽视、难防治的传染来源。饲料可因原料、生产加工、包装袋、运输贮存等环节而发生污染。有些饲料成分含有病原体，如肉骨粉、鱼粉中含有沙门氏菌等。因此，应加强检疫和消毒，建议使用植物蛋白原料、加某些人工合成必需氨基酸的无鱼粉饲料，并避免重复使用饲料包装。

2. 车辆 进出场的车辆一定要消毒，来鸡场的车辆一般都是同行业的，所以容易携带病菌感染鸡场。为此，进出车辆需经过消毒池消毒，进场车辆建议用表面活性剂消毒液进行喷雾。

3. 设备和器具 器械、用具常常携带病原微生物和寄生虫。易忽视消毒措施的设备有连续注射器、疫苗保温桶、运输小车等。因此，鸡场大门口应设置消毒池，加强进出入车辆的消毒，并注意各种器具的消毒。

七、加强环境卫生管理

清洁卫生的环境（包括鸡舍外的大环境和鸡舍内小环境），可以有效地防止各种原因引起的疾病暴发。生产中最常用和最普通的消毒法是用机械性的方法清除病原体，如清扫、冲洗和通风等。清扫、冲洗可以清除舍内的粪便、垫料、设备和用具上的大多数病原微生物。经常清除粪便、加强日常清扫和严格消毒，可防止病原体在场内和舍内的定居和蔓延扩散，降低鸡群的死亡率，充分发挥鸡的生产性能。彻底清扫和冲洗是一切消毒措施和程序的基础。这些方法不能达到彻底消毒的目的，必须配合其他消毒方法，才能将残留的病原菌彻底消灭干净。通风虽不能直接杀灭病原体，但能减少空气中病原菌的数量。

八、控制活体媒介物和中间宿主

（一）活体媒介物和中间宿主控制程序

▲采取堵洞、毒杀、粘捕等措施防鼠灭鼠。

▲定期清疏下水道、沟渠，平整洼地，清除室内外积水，控制蚊虫滋生。

▲实行垃圾的袋装化和垃圾收集运输密闭化，并做到日产日清。

▲填补缝隙以防蟑螂藏匿滋生。

▲待建或在建项目要做好防鼠防虫规划和设计。

▲生产过程中要定期检查（至少每周）防鼠灭鼠设施和毒饵，以及防虫设施是否正常，定期（至少每月）消毒或喷洒杀虫剂。

▲生产空置期（空舍期、停产期等）进行彻底清理和处置，有效杀灭各种鼠虫害。

▲管理好饲料、水源、各类废弃物、副产品及其他可供鼠虫食用的食物等，消除适宜鼠虫害生长的因子。

▲应使用有批准文号的杀虫剂；必须准确遵循药物的使用说明书。

（二）鼠、蚊、蝇、蟑螂控制标准

肉鸡养殖场内的鼠、蚊、蝇、蟑螂控制标准见表 5-1。

表 5-1　鼠、蚊、蝇、蟑螂控制标准

动物种类	控制标准
鼠	粉迹法：有鼠迹房间不超过 3% 鼠迹法：有鼠迹的房间不超过 2%，2000 米^2 的外环境鼠迹不超过 5 处 各场防鼠设施不合格处不超过 5%
蚊	舍内和场区外环境各种存水容器和积水中，蚊幼虫及蛹的阳性率不超过 3% 500 毫升水体内幼虫或蛹的平均数不超过 5 只
蝇	非生产房舍有蝇房间不超过 3%，每个阳性房间平均不超过 3 只 蝇类滋生地（如污水池）得到有效治理，幼虫和蛹的检出率不超过 3% 饲料车间和孵化车间不超过 3 只/100 米^2；鸡舍不超过 5 只/100 米^2
蟑螂	孵化场、鸡场非生产用房和清洗消毒后的鸡舍室内有蟑螂成虫或幼虫阳性房间不超过 3% 平均每间房大蠊不超过 5 只，小蠊不超过 10 只 有活蟑螂卵鞘房间不超过 2%，平均每间不超过 4 只有蟑螂粪便、蜕皮等蟑迹的房间不超过 5% 鸡舍生产期间舍内平均每 100 米^2 大蠊不超过 10 只，小蠊不超过 20 只，活蟑螂卵鞘不超过 10 只

第二节　引种与隔离

避免引入传染源是肉鸡养殖获得成功的重要基础保证。由新引进的鸡将疾病带进场内，是肉鸡场发生疾病的主要原因之一，因此应避免从发病鸡场或疫情不明的鸡场引进鸡雏。

一、严把引种关

引种前应对相关种鸡场进行考查，确定供种养殖场和肉种鸡品系，确保引种健康优良，避免从发病鸡场或疫情不明的鸡场引进雏鸡或种蛋。

（一）种鸡的标准

1. 健康 临床健康。

2. 无疫 最近6个月内，饲养区或引种区未发生禽流感（H5、H7、H9亚型）、新城疫、鸡马立克氏病、传染性法氏囊病、鸡传染性支气管炎、产蛋下降综合征、传染性喉气管炎等疫情。

3. 免疫 按规定对强制免疫病种进行免疫，免疫抗体合格率达到国家要求。

4. 无病 禽流感（H5、H7、H9亚型）和新城疫等重大动物疫病的病原学检测结果应全部为阴性；传染性法氏囊病、鸡传染性支气管炎、产蛋下降综合征、传染性喉气管炎、鸡马立克氏病、禽白血病病原学检测结果阴性；鸡白痢血清学检测阳性率≤0.2%。

肉种鸡主要疫病的具体检测方法及要求见表5-2。

表5-2 肉种鸡主要疫病检测方法及要求

疾病名称	检测方法和标准	要求
H5、H7、H9亚型禽流感	反转录聚合酶链式反应（RT-PCR）或荧光定量RT-PCR方法（GB/T 19438—2004）	应全部为阴性
新城疫	反转录聚合酶链式反应（RT-PCR）（新城疫诊断方法，GB/T 16550—2008）或荧光RT-PCR方法（新城疫检疫技术规范，SN/T 0764—2011）	应全部为阴性
传染性法氏囊病	酶联免疫吸附试验（ELISA）检测传染性法氏囊病病毒抗原（传染性囊病诊断技术，GB/T 19167—2003）	应全部为阴性
鸡传染性支气管炎	反转录聚合酶链式反应（RT-PCR）（鸡传染性支气管炎诊断技术，GB/T 23197—2008）	应全部为阴性
传染性喉气管炎	琼脂糖凝胶免疫扩散试验（鸡传染性喉气管炎诊断技术，NY/T 556—2002）	应全部为阴性
鸡马立克氏病	免疫琼脂扩散试验方法（鸡马立克氏病诊断技术，GB/T 18643—2002）	应全部为阴性
禽白血病	禽白血病酶联免疫吸附试验（ELISA）（禽白血病诊断技术，GB/T 26436—2010）	应全部为阴性
鸡白痢	全血平板凝集试验方法（鸡伤寒和鸡白痢诊断技术，NY/T 536—2002）	阳性率不超过0.2%

注：存栏2 000只以下，每次抽检30只；存栏在2 000～10 000只，每次抽检50只；存栏10 000只以上，每次抽检100只。

（二）种蛋的选择

1. 来源 种蛋应来自品种优良、生产性能高、健康无病、饲养管理良好、公、母比例适当的种鸡群。

2. 新鲜 种蛋保存时间一般在3～5天，最好不超过7天。

3. 大小 种蛋大小要适中，蛋重50～65克。

4. 形状 卵圆形，蛋形指数（横径/纵径）在0.72～0.75。

5. 蛋壳 蛋壳颜色要符合品种要求。蛋壳厚度在0.3～0.33毫米最好。

6. 品质 随机抽选几枚种蛋，将种蛋打开后置于平玻璃板上，新鲜的种蛋蛋白较浓、蛋黄隆起。也可用蛋白高度测定仪测量浓厚蛋白高度，计算哈氏指数。新鲜种蛋的哈氏指数应在80以上。

（三）健康雏鸡的标准

▲雏鸡大小和颜色均匀，外表清洁、干燥，绒毛松而长、有光泽。

▲眼睛圆而明亮，行动机敏、健康活泼。

▲腹部柔软，卵黄吸收良好。

▲脐部愈合良好且无感染。

▲肛门周围绒毛不粘连成糊状。

▲脚的皮肤光亮如蜡，不呈干燥脆弱状。

▲雏鸡无任何明显的缺陷，如拐腿、斜颈、眼睛缺陷或交叉喙等。

二、加强隔离

隔离是指将发现的传染源置于不能把疾病传染给健康动物的环境之中，切断传播途径，达到控制、扑灭疫情目的的一种疾病防治措施。

（一）适用对象

▲患疫病（包括寄生虫病）的动物。

▲有类似症状，以及与所发生动物疫病有直接或间接接触的动物。

▲实验室病原学检测呈阳性的动物。

▲从其他地区新引进的动物。

（二）主要措施

1. 动物隔离

▲坚持“全进全出”的方针，避免引入患病动物或带毒动物。

▲建立真正意义上的、独立运作的隔离区，重点对新进场动物及进场的各

种原料、物品、交通工具等进行全面的消毒和隔离。

▲隔离场所应选择便于采取处理措施，方便消毒，不易散布病原体的地方。

▲建立完善的人员管理制度、消毒隔离制度、物品隔离消毒制度等规章制度，并认真实施，切断一切有可能传播病原体的环节。

▲引进种用动物要慎重，绝对不能从有疫情隐患的单位引进。

▲新引进的动物要执行严格隔离，确属健康的才能混群饲养。

▲禁止养殖场的从业人员接触未经高温加工的相关动物产品。

2. 人员隔离

▲生产人员进入生产区时，应洗手，穿工作服和胶靴，戴工作帽，或淋浴后更换衣鞋。

▲工作服、胶靴和工作帽应保持清洁，定期消毒。

▲饲养员严禁相互串栋。

▲在外界有疫情发生的情况下，严禁生产人员外出。

▲外出人员返场时，必须经过严格的隔离和消毒后才能进场。

▲严禁所有人员接触可能携带病原体的动物及加工产品、贩运等人员。

（三）采取隔离措施时的注意事项

▲隔离期间应加强管理、精心管护，密切注意观察和监测，严禁无关人员、动物出入隔离场所。

▲疫区易感动物应与有症状的患病动物分开隔离。

▲废弃物应进行严格的消毒和无害化处理。粪便消毒后运到指定地点堆积发酵。

▲对隔离治疗痊愈后的病禽，观察一个潜伏期仍未出现症状的，消毒后转入正常饲养。

▲隔离区内的禽舍、场地、饲料及可能被污染的一切场所、用具，应随时进行消毒。

▲病禽终止隔离后，应对场地和用具进行彻底的终末消毒。

第三节　消　　毒

消毒是生物安全体系的中心内容和主要措施之一，可以防止外来病原体传入养殖场内，杀灭或清除外界环境中病原体，切断传播途径，从而预防和控制传染病的发生、传播和蔓延。

一、常用消毒方法

（一）物理消毒法

1. 机械消毒（清扫、冲洗） 打扫、洗刷、通风等措施，不能杀灭病原体，而是把附着在鸡舍、用具和地面上的病原体清除掉。与其他消毒法结合应用，可以提高消毒的效果。

2. 日光或紫外线消毒 阳光是天然消毒剂，其光谱中的紫外线有较强的杀菌能力，阳光照射引起的干燥也具有杀菌作用。阳光照射几分钟到数小时，即可杀灭一般的病毒和病原菌。紫外线消毒一般要求在 30 分钟以上。但应注意，其杀菌作用受到很多因素的影响，而且只对表面光滑的物体有较好的消毒作用。

3. 干燥消毒法 干燥可抑制微生物的生长繁殖，甚至导致微生物死亡。在实际生产中常用干燥方法保存草料、谷物等。

4. 热消毒法 可分为煮沸消毒法、蒸汽消毒灭菌法、高压蒸汽灭菌法和火焰灭菌法。

（1）*煮沸消毒法* 这种方法简单易行、经济实用且效果可靠，应用比较广泛。大多数病原体在100℃的沸水中数分钟内便可死亡。适用于金属器械、玻璃制品、棉织品、饮水瓶、饮用水及笼具的消毒。加入 2%碳酸氢钠，可防止金属生锈，提高沸点，增强消毒效果。

（2）*蒸汽消毒灭菌法* 又称为流通蒸汽消毒，是指在 101.01 千帕蒸汽压力下，用100℃的水蒸气进行消毒。适用于笼具、食物等不耐高热的物品的消毒。

（3）*高压蒸汽灭菌法* 是一种最有效的灭菌方法。在 102.97 千帕蒸汽压下，温度达到 121.3℃，维持 15～20 分钟，可杀死包括芽孢在内的所有微生物。适用于大多数耐热物品，包括：金属器械、笼具、饲具、垫料、饮水瓶、饮水、饲料等物品的消毒。高压蒸汽灭菌器就是根据这一原理制成，常用于注射器、培养基、生理盐水和敷料等耐高温、耐湿物品的灭菌。

（4）*火焰灭菌法* 火焰灭菌法是简单有效的消毒方法，粪便、垫草、垃圾、尸体、死胚蛋和蛋壳等都可用火焰加以焚毁，鸡舍地面、墙壁、鸡笼或其他金属物品等也可用火焰进行喷射、烧烤。

（二）化学消毒法

1. 刷洗法 用刷子蘸取消毒液进行刷洗，常用于料槽、饮水槽等设备、用具消毒。

2. 浸泡法 鸡舍内的一些小用具，如蛋盘、粪板等物品可放在一定浓度的消毒液中浸泡消毒。

3. 喷洒法 此法最常用，将消毒药配制成一定浓度的溶液，用喷雾器对准鸡舍墙壁、器具及其他设备表面进行喷洒消毒。路面的消毒也可采用此法。另外，鸡群也可定期喷雾消毒。

4. 熏蒸法 将消毒药经过处理后，使其产生杀菌性气体，用来杀灭一些存在于死角的病原体。为提高消毒的效果，一般采取密闭方式。

5. 撒布法 将粉剂型消毒药品均匀地撒布在消毒对象表面，如用石灰撒布在阴湿地面、粪池周围及污水沟等处进行消毒。

6. 擦拭法 用布块或毛刷浸蘸消毒药液，擦拭被消毒的物体，如对笼具的擦拭消毒。

（三）生物消毒法

生物消毒法是利用自然界中广泛存在的微生物在氧化分解污物（如垫草、粪便等）中的有机物时，所产生的大量热能来杀死病原体。在养殖场中最常用是粪便和垃圾的堆积发酵，比较经济，消毒后不失其作为肥料的价值。但只能杀灭粪便中非芽孢性病原微生物和寄生虫卵，不适用于细菌芽孢的消毒。

二、常用消毒剂

用于消毒的化学药品称为化学消毒剂。按照消毒剂的作用水平，可将其分为高、中、低水平消毒剂。高水平（高效）消毒剂是指可杀灭一切细菌繁殖体（包括分枝杆菌）、病毒、真菌及其孢子等，对细菌芽孢也有一定杀灭作用，达到高水平消毒要求的制剂包括戊二醛、过氧乙酸、二溴海因、二氧化氯和含氯消毒剂（漂白粉、次氯酸钠、次氯酸钙、二氯异氰尿酸钠、三氯异氰尿酸钠）等。中水平（中效）消毒剂是指仅可杀灭分支杆菌、真菌、病毒及细菌繁殖体等微生物，达到中效消毒要求的制剂，包括含碘消毒剂（碘伏、碘酊）、醇类及其复合消毒剂、酚类消毒剂等。低水平（低效）消毒剂是指仅可杀灭细菌繁殖体和亲脂病毒，达到消毒要求的制剂，包括苯扎溴铵、苯扎氯铵等季铵盐类消毒剂、醋酸氯己定、葡萄糖酸氯己定等双胍类消毒剂等，常见消毒剂的特性和作用见表 5-3。

表 5-3　常见消毒剂的特性和作用

特性	消毒剂种类							
	碱类	醛类	醇类	酚类	含氯类	碘制剂	季铵类	氧化类
杀灭无囊膜病毒	+++	+++	+++	无	无	++	无	++
杀灭有囊膜病毒	+++	+++	++	+++	+++	++	+++	++
杀灭细菌	+++	+++	+++	++	++	++	++	++
杀灭孢子	++	++	无	无	无	+	无	+
杀灭真菌	+++	+++	++	+++	++	++	++	+
存在有机物时的活性	+++	+++	++	+++	++	++	++	+
存在皂类物质时活性	有	有	有	有	有	有	无	有
残效	一般	一般	差	差	良	差	一般	差

注：+++高活性/优；++中等活性；+低活性。

（一）漂白粉

漂白粉是一种混合物，主要成分是次氯酸钙，还有氢氧化钙、氯化钙。有效氯含量在25%～30%。其为白色颗粒状粉末，有氯臭，溶于水，在光照、热、潮湿环境中极易分解。

1. 杀菌能力　革兰阳性和阴性细菌对含氯消毒剂均高度敏感，真菌和抗酸杆菌中度敏感。高浓度时，亲脂、亲水病毒及芽孢也敏感。

2. 应用　干粉可用于地面和排泄物的消毒；水溶液可用于饮水消毒、污水和粪便处理、用具擦拭消毒等。

可按每100升水中加入6～10克漂白粉用于饮用水的消毒；1%～3%的澄清液也可用于料桶、饮水器和器具的消毒；鸡舍、车辆和粪便的消毒可用10%～20%乳剂。

3. 注意事项

▲漂白粉对织物有漂白作用，对各类物品如金属制品有腐蚀性，操作时应做好个人防护。

▲应保存在密闭容器内，放在阴凉、干燥、通风处。

▲溶液pH越高，杀菌作用越弱。pH 8.0以上时，失去杀菌活性。

▲有机物明显影响其杀菌作用，尤其是消毒液浓度较低时。

（二）次氯酸钙（漂粉精）

次氯酸钙为白色粉末，比漂白粉易溶于水且稳定，含杂质少，受潮易分解。其有效氯含量为28%～32%。

应用和注意事项与漂白粉相同。

（三）二氯异氰尿酸钠（优氯净）

二氯异氰尿酸钠为白色晶粉，含有效氯60%～64.5%，性质稳定。其溶解度为25%，水溶液的稳定性较差。

1. 杀菌能力 杀菌谱广，对细菌繁殖体、病毒、真菌孢子及细菌芽孢都有较强杀灭作用。

2. 应用 与漂白粉相同。水溶液可用于喷洒、浸泡、擦拭消毒。可用于粪便和地面的消毒，也用于水槽、料槽、笼具、鸡舍的消毒和带鸡消毒。

干粉可用作污水和粪便的消毒，按每1米^{3}污水或粪便加入5克，即可消除粪便臭味；消毒场地10～20毫克/米^2；饮水消毒按每100升水加入3～5克，作用30分钟。

3. 注意事项 与漂白粉相同。

（四）三氯异氰尿酸钠

三氯异氰尿酸钠是一种极强的氧化剂和氯化剂，又名强氯精。其为白色结晶性粉末或颗粒，有刺激性气味，有效氯的理论含量为91.54%，实际产品一般含氯为85%～90%。

1. 杀菌能力 与二氯异氰尿酸钠相同。

2. 应用 200～400毫克/升用于环境消毒、带鸡消毒、饲养器具的消毒；每100升水加2～3克用于饮水消毒。

（五）过氧乙酸

过氧乙酸是透明液体，弱酸性，易挥发。其在贮存过程中易分解，尤其有重金属离子或遇热时极易分解。

1. 杀菌能力 杀菌作用强弱的顺序依次为细菌繁殖体、真菌、病毒、分支杆菌和细菌芽孢。

2. 应用 常用于鸡舍、地面、墙壁、料桶的喷雾消毒和鸡舍内空气消毒，还可用于耐酸塑料、玻璃等制品和用具的浸泡消毒。

舍内空气消毒时，用20%过氧乙酸溶液，按5～15毫升/米^3，进行熏蒸，密闭1～2小时；鸡舍、环境的喷雾消毒用0.1%～0.5%的水溶液；浸泡消毒用0.3%～0.5%溶液；饮水消毒及污水处理时，按0.01%添加到饮水或污水中，消毒0.5～1小时，可获较好效果。

3. 注意事项

▲性质不稳定，其稀溶液极易分解。因此，应于用前配制，配制的稀溶液应盛于塑料容器中，避免接触金属离子。

▲对多种金属和织物有强烈的腐蚀和漂白作用，使用时应注意。

▲接触高浓度过氧乙酸时，应采取人员防护措施。

▲物品用过氧乙酸消毒后，应放置1～2小时，待残留在物体表面上的过

氧乙酸挥发、分解后使用。

▲温度越高过氧乙酸的杀菌力越强，即使温度降至−20℃时，过氧乙酸仍有明显杀菌作用。

▲喷雾消毒时，空气相对湿度应在20%～80%。湿度越大，杀菌效果越好。

（六）新洁尔灭

新洁尔灭别名为苯扎溴铵、溴化苄烷铵。为一种季铵盐阳离子表面活性广谱杀菌剂，具有芳香味，呈淡黄色胶状，易溶于水，具有表面活性作用。

1. 杀菌能力 对化脓性病原菌有良好杀灭作用，对革兰阳性菌的杀灭作用要大于阴性细菌，对病毒和霉菌的效力差。

2. 应用 多用于鸡舍、器具设备的消毒。不适于消毒粪便、污水等。

器械消毒用0.1%水溶液；鸡舍等处的环境消毒用0.1%溶液喷雾和擦拭；可用0.1%溶液洗涤种蛋，消毒孵化室的表面、孵化器、出雏盘、料槽、饮水器和鞋等；浸泡消毒金属器械时，可加入0.5%亚硝酸钠，以防生锈。

3. 注意事项

▲极易被多种物体吸附，浸泡液的浓度可随消毒物品数量增多而逐渐降低，因此应该及时更换。

▲不得与肥皂或其他阴离子洗涤剂合用。

（七）氯己定

氯己定为阳离子双缩胍，呈碱性。其性质稳定，难溶于水。

1. 杀菌能力 具有相当强的广谱抑菌、杀菌作用，对革兰阳性和阴性菌的抗菌作用，比新洁尔灭等消毒药强，即使在有血清、血液等存在时仍有效。不适用于芽孢、分支杆菌及亲水病毒的消毒。

2. 应用 器械消毒用0.1%～0.5%水溶液，加入0.1%亚硝酸钠浸泡，隔2周换1次；鸡舍消毒用0.1%水溶液喷雾或拭擦。

3. 注意事项

▲在pH 5.5～8.0具有杀菌活性，偏碱时活性较佳，pH高于8.0时，则出现游离碱基沉淀。

▲阴离子去污剂、肥皂可与氯己定反应，使其失活。

▲有机物对氯己定杀菌活性有明显影响。

（八）二溴海因

二溴海因化学名为二溴二甲基乙内酰脲，是一种释放有效溴的消毒剂。其外观呈白色或淡黄色结晶粉末，含溴量54.8%。易溶于水，可用于饮水和各种物体表面的消毒。此类消毒剂具备杀菌谱广、杀菌能力强、作用速度快、稳定性好、毒性低、腐蚀性、刺激性小、易溶于水、对人和动物安全及价廉易得、对环境污染程度低等特点。

1. 杀菌能力 能杀灭细菌繁殖体、病毒、真菌、分支杆菌和芽孢等。

2. 应用 对一般物品表面，用0.5～1克/升二溴海因，均匀喷洒，作用30分钟；对致病性芽孢和结核分枝杆菌污染的物品，用1～2克/升浓度消毒液喷洒，作用60分钟；饮用水消毒时，用量一般为5～10毫克/升，作用30分钟；环境消毒可按0.5～1克/升二溴海因进行喷洒消毒。

3. 注意事项

▲应在使用时配制，并注意有效期。

▲浸泡消毒时宜加盖。

▲对金属有一定的腐蚀作用，必要时可添加少量防腐剂。

▲有机物对其杀菌作用有一定影响，一些金属离子可影响消毒效果。

（九）二氧化氯

二氧化氯的性质极不稳定，易溶于水而不与水反应，几乎不发生水解（水溶液中的亚氯酸和氯酸只占溶质的2%）；在水中的溶解度是氯的5～8倍。溶于碱溶液而生成亚氯酸盐和氯酸盐。具有广谱、高效、速效等特点，用于饮用水消毒时，不产生三卤化物，是一种较含氯消毒剂更安全的新型饮用水消毒剂。二氧化氯也被国际上公认为安全、无毒的绿色消毒剂，无“三致”效应（致癌、致畸、致突变），同时在消毒过程中也不与有机物发生氯代反应生成可产生“三致作用”的有机氯化物或其他有毒类物质。

1. 杀菌能力 能杀灭细菌繁殖体、病毒、真菌、分支杆菌和芽孢等。

2. 应用 适用于器械、饮用水及环境表面等消毒。常用消毒方法有浸泡、擦拭、喷洒等。二氧化氯用于水消毒，在其浓度为0.5～1毫克/升时，1分钟内能将水中99%的细菌杀灭。污染物品的消毒，用1克/升二氧化氯浸泡30分钟；对大件物品或其他不能用浸泡法消毒的物品用擦拭法消毒；对物体表面，可用0.5～1克/升二氧化氯均匀喷洒，作用30分钟进行消毒；饮水消毒时，可在饮用水中加入5毫克/升的二氧化氯，作用5分钟。

3. 注意事项

▲消毒效果易受有机物影响。

▲pH明显影响消毒效果，pH高时消毒能力下降。

▲消毒液应现配现用。

▲对金属有腐蚀性，对织物有漂白作用，消毒完成后应及时清洗。

（十）氢氧化钠

氢氧化钠又称苛性钠或火碱，是很有效的碱类消毒剂。其粗制品为白色不透明固体，有块、片、粒、棒等形状。

1. 杀菌能力 2%～4%溶液可杀死病毒和繁殖型细菌，30%溶液10分钟可杀死芽孢，4%溶液45分钟杀死芽孢，如加入10%食盐能增强杀芽孢能力。

2. 应用 主要用于场地、道路、地面、墙壁等消毒。2%～4%溶液用于鸡舍及用具的消毒。消毒1～2小时后，用清水冲洗干净。

3. 注意事项

▲对金属物品有腐蚀作用，消毒完毕要及时用水冲洗干净。

▲对皮肤和黏膜有刺激性，应避免直接接触人和鸡。

（十一）石灰

石灰以氧化钙为主要成分，加水即成氢氧化钙，俗名熟石灰或消石灰。其具有强碱性，但水溶性小，消毒作用不强。

1. 杀菌能力 1%石灰水杀死一般繁殖型细菌要数小时，3%石灰水杀死沙门氏菌要1小时，对芽孢和结核菌无效。

2. 应用 按2～6升/米^{2}喷洒10%～20%石灰乳，可对路面、鸡舍墙壁、地面、顶棚等进行消毒；用生石灰1千克，加水350毫升，制成消石灰粉末撒施，可对潮湿的地面、粪池及污水沟等进行消毒；在肉鸡场门口，放置浸透20%石灰乳的湿草包、湿麻袋片，可对鞋底、车轮等进行消毒。

（十二）甲醛

甲醛有福尔马林和多聚甲醛两种。福尔马林是含量为35%～40%（一般是37%）的甲醛水溶液，外观无色透明，具有腐蚀性，甲醛挥发性很强，开瓶后一下子就会散发出强烈的刺鼻味道。多聚甲醛为低分子量的为白色结晶粉末或固体颗粒，具有甲醛味，不溶于乙醇，微溶于冷水。甲醛气体可通过加热福尔马林或多聚甲醛获得，也可采用甲醛消毒液雾化法得到。

1. 杀菌能力 广谱杀菌剂，能杀死细菌、病毒和芽孢等。

2. 应用 多用于鸡舍、孵化室、种蛋的消毒，以及器械和尸体的消毒防腐。器械消毒为2%的福尔马林；种蛋消毒用福尔马林15毫升/米^3；孵化器消毒用30毫升/米^3。福尔马林毫升数与高锰酸钾克数之比为2∶1。一般按福尔马林30毫升/米^3、高锰酸钾15克/米^{3}和水15毫升/米^{3}计算用量。

3. 注意事项

▲应在密闭环境中进行，不得有甲醛气体漏出。

▲用甲醛消毒箱消毒物品时，不可用自然挥发法。

▲环境温度和湿度对消毒效果影响较大，消毒时应严格控制在规定范围。

▲被消毒物品应摊开放置，中间应留有一定空隙，污染表面应尽量暴露，以便甲醛气体有效地与之接触。

▲消毒后，可用抽气通风或用氨气中和法去除残留甲醛气体。按空间体积用氯化铵 5 克/米^3、生石灰 10 克/米^3、75℃热水 10 毫升/米^3，混合后放入容器内，即可放出氨气（也可用氨水来代替，用量按 25%氨水 15 毫升/米^3 计算）。中和 30 分钟后开始通风，通风 30～60 分钟后方可进入。

（十三）高锰酸钾

高锰酸钾俗名灰锰氧、PP 粉。其是紫黑色针状晶体，是一种强氧化剂，遇乙醇即被还原，在酸性环境中氧化性更强。水溶液不稳定，遇日光发生分解，生成二氧化锰，灰黑色沉淀并附着于器皿上。

1. 杀菌能力 为强氧化剂，遇有机物即放出新生态氧，杀菌力极强，但极易为有机物所减弱，故作用表浅而不持久。能杀死多种细菌和芽孢，在酸性溶液中杀菌作用增强。

2. 应用 常用本品来加速福尔马林蒸发而起到的消毒作用。还可用于饮水消毒，及除臭和防腐。常配成 0.1%的水溶液（紫红色溶液）饮用；给雏鸡饮用时可配成 0.01%的溶液（玫瑰红色溶液）；0.4%的溶液（深紫色溶液）可消毒饲槽等用具。

3. 注意事项

▲浸泡时间一定要达到 5 分钟才能杀死细菌。

▲配制水溶液要用凉开水，热水会使其分解失效。

▲最好能随用随配，配制好的水溶液通常只能保存 2 小时左右，当溶液变成褐紫色时则失去消毒作用。

（十四）碘伏

碘伏是碘与表面活性剂（如聚乙烯吡咯烷酮、聚乙氧基乙醇）的不定型结合物，具有广谱杀菌作用、刺激性小、毒性低、无腐蚀性（除银、铝和二价合金）和性质稳定、便于贮存等优点，而且碘伏的颜色深浅与杀菌作用成正比，便于判断其杀菌能力。

1. 杀菌能力 革兰阳性和阴性细菌对碘伏都高度敏感，抗酸杆菌，细菌芽孢、亲脂病毒及亲水病毒等都敏感。

2. 应用 可用于鸡舍、鸡体、用具、种蛋及饮用水的消毒。喷雾消毒鸡舍和鸡体用浓度 0.2%～0.5%；浸泡器具、种蛋等用 0.5%倍；饮水消毒用 10～20 毫升/升，连用 5 天。

3. 注意事项

▲稀释液不稳定，宜在使用前配制。

▲应避免接触银、铝和二价合金。

▲在酸性和中性条件下杀菌效果最佳，软水或硬水均可用来配制碘伏溶液。

（十五）百毒杀

百毒杀的主要成分是溴化二甲基二癸基烃铵。其为无色或微黄色澄清液体，振摇时有泡沫产生，有淡淡香味。不受有机物影响、不受硬水影响、不受酸碱度影响、无耐药性。

1. 杀菌能力　能完全杀灭各种细菌、病毒、支原体和霉菌等致病微生物。消毒杀菌后可覆盖物体表面，且效力维持10～14天之久。渗透力超强，能深入裂缝及各种有机物内杀灭各种病原体，低浓度瞬间消毒杀菌。

2. 应用　可用于带鸡喷雾消毒、饮水消毒、垫料消毒、冲洗水线、洗手等。可使用喷雾、冲洒、洗涤、浸泡等方式。带鸡消毒时稀释后进行喷雾，稀释倍数为1∶600倍，每天2次，连续3～5天；清理饮水管道时，按1∶2 000冲洗管线；平日饮水消毒用百毒杀1∶2 000～4 000倍稀释；种蛋器具的浸泡消毒按1∶600倍稀释使用。

（十六）农福

农福由从煤焦油中分馏、提炼出来的，高沸点的高、低分子量的煤焦油酸混合物，与有机酸和表面活性剂组成的配方消毒剂。其为深褐色，有醋酸和煤焦油气味，易溶于水。

1. 杀菌能力　对病毒、细菌、真菌、支原体等都有杀灭作用。

2. 应用　用于鸡舍及器具的消毒。1%～1.3%溶液用于舍内喷洒消毒；1.7%溶液用于器具、车辆洗涤消毒；常规喷雾消毒作1∶200稀释，每1米^{2}使用稀释液300毫升；多孔表面或有疫情时，作1∶100稀释，每1米^{2}使用稀释液300毫升；消毒池作1∶100稀释，至少每周更换1次。

三、常用消毒程序

（一）鸡舍消毒程序

1. 杀虫灭鼠

▲肉鸡出栏后1小时之内，鸡舍降温前立即用灭虫剂喷洒到鸡舍内鸡粪、垫料上及墙壁缝隙处，然后关闭鸡舍过夜。

▲清理完鸡粪后，再次向窗缝、门缝、墙缝、水泥缝、排水沟内喷洒灭虫剂。

▲在冲洗结束后，用火焰对以上缝隙处进行火焰喷烧，以杀死虫卵和幼虫。

▲肉鸡出栏后连续1周投药灭鼠。

2. 冲洗鸡舍前准备工作

▲将鸡舍内围栏、料盘、饮水器和设备等移到舍外，用消毒剂进行浸泡。

▲将鸡舍内残留的鸡粪、垫料、鸡毛、灰尘等进行彻底清扫。

▲将鸡舍周围3米内的杂草铲除干净，然后喷洒除草剂。

▲鸡舍内断电，将料线电机、风机电机、散热片电机、配电箱使用塑料纸、胶带进行密封包扎，防止冲洗过程中水进入。

▲将鸡舍内灯泡卸下，灯口包扎防水。

▲将水线拆开准备冲洗。

3. 鸡舍冲洗

▲检查冲洗设备高压冲洗机，并准备配套的水管、枪管和枪头，检查水量是否充足。

▲按照从上到下、从里到外的原则，即先屋顶、屋梁钢架，再墙壁，最后地面，力求冲洗仔细，干净，不留死角。

▲冲洗屋顶等高处时要踩着架子，每根角铁、每根钢丝绳、每根吊绳都要仔细冲洗两侧，要从一个方向直接冲洗到另一个方向。

▲冲洗风机时，要从里向外冲洗，连同风筒、防护网、头端外墙、大门一起冲洗干净。冲洗进风口时不要向里冲。

▲冲洗篷布里面时要放开吊绳将篷布展开，从屋顶开始，从上到下冲洗，最后吊起篷布冲洗篷布外面和散水。

▲冲洗每段水线内部时要从一侧开始冲洗，干净之后再从另一侧冲洗，即两侧均要高压冲洗；冲洗水线、料线外侧时两侧均要冲洗。

▲技术员跟踪冲洗过程并随时检查冲洗质量。要求冲洗完后，所有设备、墙角、进风口、地面等处无鸡毛、无鸡粪、无灰尘、无蜘蛛网、无污染物。

▲冲洗结束后由技术小组对冲洗质量进行检查。若未通过，按小组建议整改，直至检查合格才进行下一工序。

4. 鸡舍周围环境清理

▲将鸡舍周围残留的鸡粪、鸡毛、垫料、杂物等彻底清理。

▲对水帘循环水储蓄池进行清理、消毒。

5. 鸡舍消毒

▲第一次消毒在彻底清扫鸡舍后进行，使用2%火碱对地面和墙壁进行喷洒消毒。

▲第二次消毒在鸡舍冲洗合格之后进行，使用0.5%季铵盐类、碘制剂或农福对鸡舍环境和设备进行喷洒消毒。

▲第三次消毒在鸡舍进垫料之后进行，使用甲醛对鸡舍进行熏蒸消毒。

6. 设备冲洗消毒

▲料盘、饮水器、围栏等用消毒剂浸泡消毒后，刷洗干净、晾干。

▲钢丝绳用消毒剂擦拭消毒后，抹黄油保养。

▲不能用水冲洗设备，要用消毒液擦拭，然后熏蒸消毒。

▲料线要将内部余料清理干净，再将表面冲洗干净。

7. 水线浸泡冲洗

▲水线使用高压冲洗器冲洗后，组装起来，使用冰醋酸按照1∶100对水线进行浸泡12小时，之后使用清水冲洗干净。

▲在进鸡前3天对水线再次使用乙酸按比例1∶500进行浸泡12小时，然后使用清水冲洗干净。

▲在进鸡前2天对水线进行正常供水，然后逐个检查乳头式饮水器是否出水。如不出水则拆下进行处理，直至每个乳头都正常出水。

8. 垫料处理

▲鸡舍第二次消毒合格之后进垫料。

▲垫料铺设的厚度为夏季5～6厘米，冬季6～8厘米。

▲对垫料使用0.5%农福进行喷洒消毒处理。

▲平整垫料，要求垫料上不能混有铁丝、绳头、瓦块、砖头等杂物。

9. 舍外消毒

▲将鸡舍周围3米的杂草清除干净。

▲对鸡舍外环境、道路等使用2%火碱进行喷洒消毒。

10. 空舍期检查

▲清洗检查。每次清洗结束后，技术员要对清洗情况进行检查验收，不合格的要返工，不能直接进行下一个环节。

▲采样检查。根据流程要求的环节进行采样并检查细菌指标。具体指标见表5-4。

▲进行所有其他必需的保养和检查维修，包括道路、房屋、供水系统和储水池、电路、消防设施等。

表 5-4 鸡舍消毒效果评估标准

样本位置	建议样本数	细菌总数（个/米²）			沙门氏菌检测结果
		最佳标准	可接受量	最大可接受量	
栖架	4	0	5	24	无
墙壁	4	0	5	24	无
地面	4	0	30	50	无
料槽和水槽	1	0	5	24	无
产蛋箱	20	0	5	24	无
缝隙	2	0	5	24	无
排水沟	2	0	50	100	无
风扇叶	4	0	5	24	无

（二）带鸡消毒程序

1. 带鸡消毒程序

▲先清扫污物，包括鸡笼、地面、墙壁等处的鸡粪、羽毛、污垢、垫料及房顶、墙角蜘蛛网和舍内的灰尘。

▲关闭门窗，提高舍温 1～2℃。冬季带鸡消毒时应将药液温度加热到室温，喷雾时舍内温度应比平时高 3～5℃。

▲常用消毒药有 0.1%～0.25%过氧乙酸、0.1%～0.15%新洁尔灭、200 毫克/升三氯异氰尿酸钠、0.25%～0.5%碘伏、0.5%百毒杀和 0.5%农福。消毒液用量可按每 1 米³ 空间用 20～50 毫升计算，也可按每 1 米² 地面用 60～180 毫升。最好每 2～3 周更换一种消毒药。

▲消毒顺序一般按照从上至下，即先房梁、墙壁再笼架，最后地面的顺序；从后往前，即从鸡舍由里向外的顺序，如果采用纵向机械通风，前后顺序则相反，应从进风口向排风口顺着空气流动的方向消毒。

▲喷雾消毒时，喷头向上，距鸡体上方 50～60 厘米。

▲雾滴大小控制在 80～120 微米。消毒液要均匀喷雾在鸡只体表、笼具和地面上，以鸡羽毛微湿即可。

▲育雏期每周消毒 2 次，育成期每周消毒 1 次，发生疫情时每天消毒 1 次，连续 3～5 天。

▲消毒完成 15 分钟后，通风换气。

2. 注意事项

▲活疫苗免疫接种前后 3 天内不要进行带鸡消毒。

▲配制的消毒液要一次用完。

▲一般应在中、下午进行，暗光条件最好。

▲对雏鸡喷雾，药液温度要比育雏温度高3～4℃。

3. 带鸡消毒的合格标准 带鸡消毒后的微生物检测标准见表5-5。

表5-5 带鸡消毒后的微生物检测标准

检测标准	评价级别			
	优	良	中	差
地面（个/厘米^2）	0～100	101～500	501～1 000	1 001以上
舍内空气（个/厘米^3）	0～10	11～20	21～30	31以上
料槽外壁（个/厘米^2）	0～10	11～20	21～30	31以上
饮水器外壁（个/厘米^2）	0～30	31～100	101～500	501以上

（三）人员消毒程序

1. 人员进场程序

▲在鸡场入口设置喷雾装置。喷雾消毒液可采用0.1%新洁尔灭或0.2%过氧乙酸。所有进入鸡场的人员必须经过喷雾消毒。

▲所有进入生产区的人员必须淋浴洗澡。洗澡时，必须用洗发液清洗头发，用香皂或沐浴露清洗全身，尤其注意暴露在外的脸、耳朵、手臂、手和指甲的擦洗。

▲洗澡完毕，更换有区域标识的工作服和靴子，通过更衣室出口的消毒池进入生产区。

▲洗澡消毒程序必须是单向的，杜绝从污染区（外侧）返回净区（更衣室内侧）。

▲非生产区工作人员（场长、统计、厨师等），统一穿具有非生产区标识的工作服。工作服局限于工作时间穿着，不得穿出本场。

▲疫病流行期，非生产区工作人员从场外进场内时，必须淋浴洗澡，洗澡后，更换统一的工作服。

▲浴室地面每天先用清水冲洗干净，然后用拖把蘸取消毒液擦洗一遍。最后用清水冲洗干净。

▲更衣室墙壁，每周用消毒液擦洗一次，然后清水冲洗干净。

2. 人员出场程序

▲离开生产区时，所有人员需穿靴子经过浴室门口的消毒池，在浴室内淋浴洗澡，更换上自己的衣服后离场。

▲不得穿工作服离开生产区。

▲工作服和私人服装必须分开存放，避免交叉污染。

3. 人员进鸡舍程序

▲鸡舍门口设脚踏消毒池，水深 2～3 厘米。池内不要放草帘或麻袋片。

▲脚踏池内消毒液，每天至少更换一次。

▲需进入鸡舍的所有人员，必须脚踏鸡舍门前的消毒池，手经过清洗消毒后方可进入。

▲一般情况下不准从鸡舍侧门进入鸡舍。特殊情况必须从侧门进入鸡舍的，雨靴必须刷洗干净，脚踩消毒池，手经过清洗消毒后，方可进入鸡舍。

4. 人员出鸡舍程序

▲所有离开鸡舍的人员，出鸡舍前应清理掉鞋子上的垫料，然后脚踏消毒池出去。

▲发生疫情时，人员出鸡舍，不许从鸡舍侧门出。必须更换舍外靴子后，脚踏鸡舍门前的消毒池，并且手要经过清洗消毒后方可出去。

（四）车辆消毒程序

1. 车辆进场程序

▲鸡场大门口应设立车辆消毒池，宽 2 米、长 4 米，水深在 5 厘米以上。

▲消毒池用 2%～3%火碱溶液或其他消毒剂。夏季每天更换 1 次消毒液，冬季 2～3 天更换 1 次。如遇雨天、来人多等情况，应及时更换消毒液，确保消毒池清洁有效。

▲场区道路应硬化，两旁设排水沟，沟底硬化，有一定坡度，排水方向从清洁区流向污染区。

▲场区内净、污道分开，鸡雏车和饲料车走净道，毛鸡车、出粪车和死鸡处理走污道。

▲所有进入场内的车辆，必须先在场区门口指定位置将车轮、车体进行冲洗消毒。

▲进场车辆的驾驶人员在生产区不得下车。

▲如果有特殊情况需下车，驾驶员应进行喷雾消毒，然后穿上一次性工作服、一次性靴子和帽子后才能下车进入生产区，但绝不能进入鸡舍。

▲发生疫情时，所有非生产车辆禁止入场，如送菜的车辆或其他运送小物品的车辆，停在大门口外面，物品由非生产人员运送入场。

2. 车辆出场程序

▲所有出场的车辆，必须进行喷雾消毒，方可离场。

▲发生疫情时，所有出场的车辆，必须对车轮、车体进行冲洗消毒。

▲如驾驶员在场内下车过，在出场之前，换掉一次性鞋子和一次性工作服

并将其留在场内，然后经过消毒池后开出鸡场。

（五）物品消毒程序

1. 物品进出场消毒程序

▲所有进入场区的物品，必须用消毒剂进行喷雾或浸泡消毒。不能通过喷雾或浸泡消毒的物品，则要通过紫外灯消毒后才能带进鸡场。

▲注射器、针头、玻璃瓶等用具，应高温灭菌后才能进入鸡舍内使用。

▲正常情况下，出场的任何物品都要清理干净。

▲发生疫情时，所有出场的物品必须消毒后，方可出场。

▲药物、饲料等物料包装外表面的消毒：对于不能喷雾消毒的药物、饲料等物料的表面采用密闭熏蒸消毒。密闭消毒 3～8 小时。物料使用前除去外包装。

▲医疗器械消毒：使用过的各种器械，如注射器、针头等先用 0.5%碘伏浸泡刷洗后，再放入戊二醛溶液浸泡 12 小时以上，取出用洁净水冲洗晾干备用。也可直接进行高压灭菌处理。

▲活疫苗空瓶处理：每次使用后的活疫苗空瓶应集中放入塑料桶或塑料袋中进行高压灭菌处理。

2. 物品进出鸡舍消毒程序

▲进入鸡舍的物品，必须进行喷雾或消毒液浸泡。

▲免疫完成后，疫苗箱内外表面、防疫器械表面和多余疫苗的疫苗瓶表面，用酒精擦拭消毒后方可出鸡舍。

（六）垫料消毒程序

▲计算用水量，每吨垫料用水 100～200 升。

▲配制消毒液。可使用 1∶250 倍农福、1∶100 倍百毒杀液或 1∶1 000 倍新洁尔灭。

▲将垫料堆成堆，用高压冲洗机自上而下喷洒，均匀翻拌垫料，避免药液洒在地上，浪费药液。

▲为防止垫料霉变，勤翻垫料 3～4 次。

▲喷洒消毒后 24 小时开始通风干燥，使垫料干燥。

▲进雏后，在湿度较小情况下，可使用消毒液喷雾消毒垫料。

▲判断标准：使垫料含水量保持在 20%～25%。鉴定垫料含有过量水分时，握在手中成团，太干燥的垫料握在手中不成团。

（七）饮水系统清洗消毒程序

1. 分析水质　分析结垢的矿物质含量（钙、镁和锰）。如果钙、镁、锰含量高，就必须把除垢剂或酸化剂纳入清洗消毒程序。

2. 选择清洗消毒剂 选择能有效地溶解水线中的生物膜或黏液的清洗消毒剂。最佳产品是35%的双氧水溶液。在使用高浓度清洗消毒剂之前，应确保排气管工作正常，以便能释放管线中积聚的气体。

3. 配置清洗消毒液 为了取得最佳效果，请按照消毒剂标签上建议的上限浓度。可在大水箱内配制清洗消毒液，不经过加药器、直接灌注水线。灌注长30米、直径20毫米的水线，需要30～38升的清洗消毒溶液。

4. 清洗消毒水线 水线末端应设有排水口，以便在完全清洗后开启排水口、彻底排出清洗消毒液。

水线消毒程序：

▲打开水线，彻底排出管线中的水。

▲用消毒液灌入水线。

▲观察从排水口流出的溶液是否具有消毒液的特征，如带有泡沫。

▲一旦水线充满清洗消毒液，关闭排水口阀门；将消毒液保留在管线内24小时以上。

▲保留一段时间后，冲洗水线。冲洗用水应含有消毒药，浓度与鸡只日常饮水中的浓度相同。可在1升水中加入30克5%的漂白粉，制成浓缩消毒液，然后再以每升水加入7.5克的比例，稀释浓缩液，即可制成含氯3～5毫克/升的冲洗水。

▲水线经清洗消毒和冲洗后，流入的水源必须是新鲜、经加氯处理（离水源最远处的浓度为3～5毫克/升）。如果使用氧化还原电位计检查，读数至少应为650。

▲在空舍期间，从水源到鸡舍的管线也应得到彻底的清洗消毒。最好不要用舍外管线中的水冲洗舍内的管线。请把水管连接到加药器的插管上，反冲舍外的管线。

5. 去除水垢 水线被清洗消毒后，可用除垢剂或酸化剂产品去除其中的水垢。请遵循制造商的建议，常使用柠檬酸作为除垢剂。

使用柠檬酸去除水垢的程序：

▲取柠檬酸制成110克/升浓缩液。按照7.5克/升的比例，稀释浓缩液。用稀释液灌注水线，并将稀释液在水线中保留24小时。要达到最佳除垢效果，pH必须低于5。

▲排空水线。将漂白粉（5%）配制60～90克/升的浓缩液，然后稀释成7.5克/升消毒液。用消毒液灌注水线，并保留4小时。

▲用洁净水冲刷水线（应在水中添加常规饮水消毒浓度的消毒剂），直至水线中的氯浓度降到5毫克/升以下。

6. 保持水线清洁 水线经清洗消毒后，保持水线洁净至关重要。应制定一个良好的日常消毒规程。理想的水线消毒规程应包含加入消毒剂和酸化剂。该程序需要两个加药器，因为在配制浓缩液时，酸和漂白粉不能混合在一起。如果只有一个加药器，应在饮水中加入每升含有40克5%漂白粉的浓缩液，稀释比为7.5克浓缩液/升。最终目标是，使鸡舍最远端的饮水中保持3～5毫克/升稳定的氯浓度。

（八）种蛋消毒程序

1. 消毒时间

▲第一次消毒，大型种鸡场可在收集种蛋后立即进行；小型鸡场可在收集种蛋后每天集中进行一次消毒。

▲第二次消毒在入孵时进行，可在孵化器内连同孵化器一起进行消毒。

▲第三次消毒在入孵18天落盘到出雏器时进行。

2. 消毒方法

（1）*福尔马林消毒法*

▲用福尔马林与高锰酸钾混合熏蒸。每3米^{3}空间用15克高锰酸钾加30毫升福尔马林溶液熏蒸30～45分钟。方法是：将种蛋码好盘后放入消毒箱或孵化箱内，然后将高锰酸钾均匀地放在容器中（容量至少为所用福尔马林量的10倍），再倒进福尔马林，关紧门窗。

▲福尔马林直接熏蒸。用同上法相同的标准量将福尔马林加入适量水中，直接放在火炉上加热熏蒸。

▲福尔马林浸泡消毒。用1.5%溶液（即750毫升福尔马林倒入50升水中），浸泡种蛋2～3分钟即可。

（2）*新洁尔灭消毒法* 用0.01%新洁尔灭溶液（取5%新洁尔灭原液500毫升倒入25升清水中，搅拌均匀即成），用以喷洒种蛋表面即可。但此种溶液不可与碱、肥皂、碘和高锰酸钾混合。

（3）*高锰酸钾消毒法* 将种蛋浸泡在0.02%高锰酸钾溶液中1～2分钟（即50升水中加10克高锰酸钾，搅拌均匀，水温为40℃），沥干即可。

（4）*抗生素溶液浸泡清毒法* 将蛋温提高到38℃，经6～8小时，置于0.05%土霉素或链霉素溶液中（即50升水中加25克土霉素或链霉素拌均匀即可），浸泡10～15分钟即可。

3. 种蛋消毒评价标准（表 5-6）

表 5-6 消毒种蛋的细菌检测评价标准

级别及评价	蛋壳表面总菌落数（个）	采样圈内（3.5 厘米）菌落总数（个）	沙门氏菌检查情况
A（优良）	320 以下	60 以下	不得检出
B（良好）	321～640	61～120	不得检出
C（中等）	641～960	121～180	不得检出
D（较差）	960 以上	180 以上	—

（九）环境消毒程序

1. 场区环境消毒程序

▲生产区内道路、鸡舍周围、场区周围及场内污水池、排粪坑、下水道要定期消毒。

▲一般应采用 3%火碱水，朝地面喷洒。

▲消毒液的使用量应保证 30 分钟内不干。

▲消毒要全面彻底，不准留有死角，尤其是风机周围要重点消毒。

▲用火碱水喷洒时不要喷在屋顶、料塔等易被腐蚀的地方。

▲消毒后，应用清水将机器内的消毒液冲刷干净。

▲场区环境消毒应每周 1 次，春、秋、冬三季在白天进行，夏季在早 7：00以前、晚 6：00 以后进行。发生疫情时，应每天消毒 1 次。

▲对操作间、舍门口周围、风口、风机百叶窗及周围应使用 1∶500 百毒杀，每天消毒 1 次。

▲办公室、宿舍、厨房、冰箱等必须每周消毒 1 次。

▲卫生间、食堂餐厅等每周必须消毒 2 次。疫情暴发期间每天必须消毒 1 次。

2. 装鸡（苗）进出口消毒 每次进出鸡（苗）后，对道路、装卸场地、进出口、装卸工具等必须严格消毒。

3. 粪便等污物处理区消毒 将每天或定期清除出来的鸡粪、死鸡等通过污道运至专用污物处理区。每次工作结束后，必须消毒。

四、消毒注意事项与消毒记录

（一）消毒注意事项

▲消毒时，应首先清除消毒对象表面的有机物。

▲浓度要适当，温度和湿度要适宜，消毒方法要正确，消毒时间要保证。

▲不同消毒药品不能混合使用。

▲消毒剂要轮换使用。

▲稀释消毒药时使用杂质较少的深井水、自来水或白开水，现用现配，一次用完。

▲按疫病流行情况掌握消毒次数，疫病流行时加大消毒频率。

(二) 消毒记录

每次消毒后，应立即做好相关记录。记录应包括：消毒日期、消毒场所、消毒剂名称、消毒浓度、消毒方法、消毒人员签字等内容。

第四节　免疫接种

使用疫苗进行免疫接种是提高动物机体免疫力、预防动物疫病发生和流行的关键措施之一。动物接种疫苗后可以获得针对某种传染病的特异抵抗力，避免感染和发病。但是，采取哪一种免疫方法，应当根据疫苗的种类、性质以及养殖环境的实际情况来决定。

一、常用疫苗种类和贮存方法

(一) 常用疫苗

1. 禽流感疫苗　主要包括重组禽流感病毒H5亚型二价灭活疫苗(H5N1，Re-6株+Re-4株)，重组禽流感病毒灭活疫苗（H5N1亚型，Re-4株)，重组禽流感病毒灭活疫苗（H5N1亚型，Re-6株)，禽流感（H5+H9)二价灭活疫苗（H5N1 Re-6+H9N2 Re-2株)，以及禽流感-新城疫重组二联活疫苗（rL-H5)。

2. 新城疫疫苗　分灭活苗和活苗。活苗主要有Ⅰ系、Ⅱ系（B1株)、Ⅲ系（F系)、Ⅳ系（LaSota株）和克隆-30等。Ⅰ系为中等毒力疫苗对雏鸡的毒力较强，多用于2月龄以上鸡或紧急预防接种。Ⅱ系、Ⅲ系、Ⅳ系、克隆-30为弱毒疫苗，其中克隆-30、Ⅳ系的效果较好。灭活苗多为油佐剂苗，效力可靠、且免疫期长。

3. 马立克病疫苗　有两种类型的弱毒疫苗，一种为马立克病细胞结合性的活毒疫苗，又称冰冻疫苗，如SB1苗、814苗，保存条件要求严格，需液氮保存；另一种为病毒脱离细胞的火鸡疱疹病毒（HVT）疫苗，又称冻干疫苗，可以冻干，保存较易，可用于种鸡或肉鸡的日常免疫，但不能用作紧急预防。

4. 传染性法氏囊病疫苗 可分为弱毒苗和灭活苗两类，弱毒疫苗按其毒力大小又可分为三种，即高毒型（如 MS、BV 株）、中毒型（如 Cu-1、BJ836、B2 和 B87 株）和低毒型（如 D78、PBG98、LKT 和 K 株）。灭活苗具有不受母源抗体干扰、无免疫抑制风险等优点，主要用于种鸡。中等毒力活疫苗效力稍好，主要用于有母源抗体的雏鸡，以及法氏囊病流行严重地区；低毒力灭活苗主要用于无母源抗体的雏鸡。

5. 传染性支气管炎疫苗 有弱毒疫苗和灭活疫苗两种。目前，使用最广泛的弱毒疫苗是 H_{52} 和 H_{120} 株弱毒疫苗，两者均为马萨诸型。此外，还有其他血清型，如康涅狄格。H_{120} 毒力比较温和，对各种日龄的鸡均安全有效，主要用于幼龄雏鸡；H_{52} 毒力稍强，一般用于 21 日龄以上鸡。灭活疫苗用于 30 日龄以内的雏鸡时，可注射 0.3 毫升/只；成年鸡注射 0.5 毫升/只。

6. 鸡痘疫苗 一类是由鸽痘病毒制成的，另一类是由鸡痘弱毒病毒制成的。鸽痘弱毒苗是一种异源疫苗，适用于各种年龄的鸡，对 1 日龄雏鸡也没有不良反应，但免疫力差些，一般免疫期为 3～4 个月。鸡痘弱毒苗适用于 20 日龄后的鸡，用于雏鸡接种可能会引起严重的反应，免疫期 5 个月左右。

7. 传染性喉气管炎疫苗 含传染性喉气管炎病毒至少 $10^{2.7}$ EID^{50}/羽份（鸡胚源苗）或 $10^{2.0}$ EID_{50} 或 $10^{2.5}$ $TCID_{50}$/羽份（组织培养苗）。这种弱毒疫苗具有免疫期长、免疫效果好、使用方便等优点，但存在散毒的风险。一般采用点眼或滴鼻方式进行免疫接种，采用饮水免疫方式接种则完全无效，用喷雾方式接种可能会产生不良反应。

8. 鸡传染性鼻炎油苗 一般为鸡传染性鼻炎 A、C 二价灭活疫苗。含副鸡嗜血杆菌（A 型、C-Hpg-8 株），灭活前的细菌含量至少为 50 亿/毫升。胸部或颈背皮下注射：42 日龄以下鸡，每只 0.25 毫升；42 日龄以上鸡，每只 0.5 毫升。

（二）疫苗贮存方法

疫苗种类不同，要求的保存条件也不一样。一定要仔细阅读疫苗使用说明书或标签，严格按照要求保存疫苗。

1. 贮存设备 根据不同疫苗品种的贮存要求，选择相应的贮存设备，如低温冰柜、医用冰箱、医用冷藏柜、液氮罐等。

2. 贮存温度 不同疫苗要求不同的贮存温度。

（1）*活疫苗* 均应低温保存。国产冻干活疫苗一般应在－20℃以下保存，进口冻干活疫苗一般应在 2～8℃保存。细胞结合型马立克氏病疫苗则应在液氮中保存。

(2) 灭活疫苗　灭活疫苗在冷藏室 2～8℃保存，切勿冻结，不要暴晒。

(三) 疫苗贮存管理规范

▲疫苗应低温保存和运输，但应注意不同种类的疫苗所需的最佳温度不同。

▲所有疫苗必需按照说明书要求的温度条件进行保存、运输。

▲每台冰箱内应放 2 支以上的水银温度计，每天至少检查 2 次温度。

▲每台冰箱外贴一份温度记录表和疫苗存放记录表，由保管人员适时填写。

▲冰箱内应备有足够冰袋，以保证停电时温度不至升高到 12℃。

▲对疫苗应有专人保管，并造册登记，以免错乱。

▲不同品种、不同厂家、不同批次、不同有效期的疫苗要分开存放。

▲对容易混淆的，必须用记号笔在瓶上或包装盒上做明显标记字样。

▲每月清点整理一次冰箱。

▲疫苗存放过程中发现有过期或失效疫苗，应及时焚毁。

▲疫苗贮存过程中应避免高温和阳光直射，在夏季天气炎热时尤其重要。

▲电冰箱或冷藏柜内结霜（或冰）太厚时，应及时除霜，使冰箱达到确定的冷藏温度。

▲尽可能减少打开冰箱门的次数，尤其是天气炎热时更应注意。

▲存放疫苗的专用冰箱，禁止贮存食物。

▲稀释液可常温保存，但禁止结冰、阳光暴晒或温度过高。

二、免疫接种前的准备

(一) 免疫物品的准备

1. 疫苗和稀释液　按照免疫计划，准备所需疫苗和稀释液。检查核对并记录疫苗的名称、生产商、批准文号、生产批号、有效期和失效期等信息。检查疫苗瓶的外观，凡发现疫苗瓶裂、瓶盖松动、失真空、超过有效期或标签不完整、色泽改变等情况，一律不得使用。

不带专用稀释液的疫苗，稀释液可选用蒸馏水、无离子水或生理盐水作为稀释液。

2. 免疫接种的器械　不同种类注射器、针头、镊子、刺种针、点眼（滴鼻）滴管、饮水器、玻璃棒、量筒、容量瓶、喷雾器、镊子、煮沸消毒器、高压灭菌器、搪瓷盘、疫苗冷藏箱等。

3. 免疫接种器械的清洗与消毒程序

▲冲洗：将注射器、针头、点眼滴管等用清水冲洗干净。

▲玻璃注射器：将注射器针管、针芯分开，用纱布包好。

▲金属注射器：应拧松活塞调节螺丝，放松活塞，用纱布包好。

▲针头：成排插在多层纱布的夹层中。

▲将灭菌纱布包好的注射器、针头放入高压灭菌器中，121℃高压灭菌 15 分钟；或煮沸消毒，放钢精锅或铝锅内，加水淹没物品 2 厘米以上，煮沸 30 分钟，待冷却后放入灭菌器皿中备用。

▲灭菌后的器械若 1 周内不用，下次使用前应重新消毒灭菌。

▲严禁使用化学药品对免疫接种器械进行消毒。

4. 消毒药品 70%酒精、2%～5%碘酊、来苏水或新洁尔灭溶液、肥皂等。

5. 防护药品 防护服、胶靴、橡胶手套、口罩、工作帽和护目镜等。

6. 其他物品 免疫记录表、脱脂棉、纱布、冰块等。

（二）人员消毒和防护

免疫人员要穿戴防护服、胶靴、橡胶手套、口罩、工作帽。手指甲要剪短，双手要用肥皂水、消毒液洗净，再用 70%酒精消毒。按照相关程序进入鸡舍。

（三）检查待免疫接种鸡群的健康状况

接种前要了解待免疫接种鸡群的健康状况。检查鸡群精神、食欲，有无临床症状等。怀疑有传染病或鸡群健康状况不佳时应暂缓接种，并进行详细记录，以备过后补免接种。

（四）疫苗的预温和稀释

1. 疫苗的预温

使用前，从冰箱中取出疫苗，置于室温（15～25℃），以平衡疫苗温度。

2. 冻干疫苗的稀释

▲按疫苗使用说明书规定的稀释方法、稀释倍数和稀释剂来稀释疫苗。

▲稀释前先除去疫苗瓶和稀释液瓶口的火漆或石蜡。

▲用酒精棉球消毒瓶塞。

▲用注射器抽取稀释液，注入疫苗瓶中，振荡，使其完全溶解。

▲全部抽出，注入疫苗稀释瓶中，然后再抽取稀释液，一般冲洗 2～3 次；注入疫苗瓶中，补充稀释液至规定剂量即可。

▲在计算和称量稀释液用量时，应细心和准确。

▲稀释过程应避光、避尘和无菌操作，尤其是注射用疫苗应严格无菌操作。

▲稀释好的疫苗应尽快用完，尚未使用的疫苗应放在冰箱或冷藏包中冷藏。

▲对于液氮保存的马立克氏病疫苗的稀释更应小心，应严格遵照生产厂家提供的操作程序。

3. 吸取疫苗

▲轻轻振摇稀释好的疫苗，使其混合均匀。

▲用70%酒精棉球消毒疫苗瓶塞。

▲将注射器针头刺入疫苗瓶，抽取疫苗。

▲排除针管中的空气，排气时用棉球包裹针头，以防疫苗溢出，污染环境。

▲使用连续注射器时，把注射器软管连接的长针插至疫苗瓶底即可，同时插入另一针头供通气用。

三、免疫接种的方法

每种疫苗都有其最佳接种途径，弱毒疫苗应尽量模仿自然感染途径接种，灭活疫苗均应皮下或肌内注射接种。家禽接种的途径主要有滴鼻点眼、饮水、喷雾、刺种、皮下注射和肌内注射等。

（一）滴鼻点眼法

1. 适用范围 适用于一些预防呼吸道疾病的疫苗，如新城疫Ⅱ系（B1株）、Ⅲ系（F株）、Ⅳ系（LaSota株）、克隆-30株疫苗，传染性支气管炎疫苗（H_{120}、H_{52}、Ma5、28/86等），传染性喉气管炎疫苗等。常用于雏鸡的基础免疫。

2. 操作程序

▲稀释液的用量应尽量准确，最好根据自己所用的滴管或针头试滴，确定每毫升多少滴，然后再计算实际使用疫苗稀释液的用量。通常1滴约0.05毫升，每只鸡2滴，约需使用0.1毫升。

▲按上述方法稀释疫苗。

▲将疫苗倒入滴瓶内，将滴头安在瓶上，轻轻摇动。

▲把鸡头水平放在免疫者的身体前侧，一只手握住鸡体，用拇指和食指夹

住其头部，翻转头部，准备滴眼。

▲另一只手持滴管将疫苗滴入眼、鼻各1滴，操作顺序为先点眼后滴鼻，待疫苗进入眼、鼻后，将鸡放开。

▲滴嘴与鸡体不能直接接触，离鸡眼或鼻孔的距离为0.5～1厘米。

▲操作要迅速，还要防止漏滴和甩头。

▲一手只能抓1只鸡，不能一手同时抓几只鸡。

▲20日龄以下雏鸡，免疫人员可自我固定；20日龄以上鸡，需2人配合完成，1人保定鸡体，另1人固定鸡头进行免疫。

3. 注意事项

▲应注意做好已接种和未接种鸡之间的隔离。

▲为减少应激，最好在晚上接种，如天气阴凉也可在白天适当关闭门窗后，在稍暗的光线下进行。

▲疫苗不能提前配置，应现配现用，并且在1小时内用完。

▲应对每只鸡都免疫，确保产生的抗体水平整齐一致。

（二）饮水免疫法

1. 适用范围 适用于对消化道有侵嗜性的弱毒活疫苗，如传染性法氏囊弱毒苗、传染性支气管炎弱毒苗、新城疫弱毒苗等。

2. 操作程序

（1）操作准备

▲前7天：根据免疫程序，确定具体接种日期、安排人员、布置工作。

▲前6天：查看鸡群吃料、呼吸症状、粪便等。

▲前5～4天：用消毒剂在夜间消毒水线，如果饮水中长期使用酸化剂，则无需消毒水线。

▲前3天：检查并维修加药器、饮水乳头等相关设备。

▲前2天：喂维生素C连用2天（种鸡必需，商品肉鸡视情况选用），同时调试好加药器，并且记录1小时各加药器的吸水量（精确）。

▲前1天：喂维生素C后再次清洗水线加药器。准备好免疫用具：疫苗、稳定剂、吸药用桶（每栋1个，另需1个换药时用）、4个接排污水用提桶、4个滴口用小瓶。种鸡场还需调好开灯时钟（如果多栋同时进行，每舍开灯相差15分钟）。

（2）操作步骤

▲准备好免疫接种相关器材，要求所有与疫苗接触的物品（水线、水、桶等）要干净、无污染，且绝对不含消毒剂、洗涤剂等化学品。

▲免疫前30分钟称量好清水若干升（一般按3小时的实际用水量的总和），将按0.1%～3%加入脱脂乳或山梨糖醇等疫苗稳定剂。

▲配制疫苗前应再次核对并确认疫苗标识无误（名称、头份、有效期等）。

▲鸡舍开灯前15分钟，开始按免疫剂量配若干头份疫苗，混匀。

▲配制疫苗时应将疫苗瓶浸入水中再开启瓶盖。

▲该舍疫苗配好后即派人到后面水线末端排水，排水10分钟即停止排水；同时用加药器吸取配制的疫苗液，等待开灯鸡群正常饮用。

▲盖好接有排水的桶并移出鸡舍。

▲再同上步骤进行另一个鸡舍免疫：分取稳定剂，按鸡只羽份配制好疫苗，排水10分钟，开灯饮用。

▲开灯后15分钟从吸药桶中取疫苗水1小瓶（滴瓶）带入鸡舍，将蛋箱中的鸡滴口5滴，将地面上的鸡抱到乳头下喝水。

▲技术员观察各舍疫苗水吸完情况，待第一桶疫苗水快饮完时（约50分钟），配制第二桶，第二桶快饮完时配制第三桶（方法同上），每舍共饮3次疫苗，每次1羽份/只。

▲保证每只鸡都饮到含疫苗的水，疫苗水饮完后，再供给正常饮水。

▲种鸡饮水免疫一般在开灯喂料时进行，肉鸡于上午8：30～9：00吃料高峰时进行。

3. 注意事项

▲特别小心配制好疫苗的水要与尚未配疫苗的水分开，不能出错。

▲免疫后要观察鸡群（产蛋率、死淘情况、吃料快慢、临床表现等）。

▲用不含消毒剂的水将配疫苗用的桶清洗干净。

▲稀释疫苗不能使用金属容器；稀释疫苗的饮水不能用自来水。

▲饮水器数量要充足，以保证所有鸡能在短时间内饮到足够的疫苗。

（三）喷雾免疫法

1. 适用范围 适用于一些预防呼吸道疾病的弱毒活疫苗，如新城疫Ⅱ系（B1株）、Ⅲ系（F株）、Ⅳ系（LaSota株）、克隆-30株疫苗，传染性支气管炎弱毒苗（H_{120}、H_{52}、Ma5、28/86等）等。

2. 操作程序

▲准备专用喷雾设备。

▲免疫前应检查并调整舍内温湿度，温度16～25℃为宜，相对湿度以70%左右为宜。

▲计算疫苗剂量，应在1羽份的基础上增加1/3倍量。

▲使用蒸馏水或去离子水，用量为每1 000只鸡 250～500 毫升。

▲关闭鸡舍所有门窗，停止使用所有通风设备。

▲疫苗配制好后，立即喷雾。

▲晚上喷雾免疫时，应关灯（用手电筒照明）进行，或者将光线变暗或摇放卷帘。

▲喷雾免疫时应喷到所有地方，喷雾器距鸡 40 厘米高。

▲严格控制雾滴的大小，雏鸡雾滴直径为 20 微米，成鸡 10 微米。

▲喷雾免疫完后，使用蒸馏水冲洗喷雾器 2 次，每次 5～10 分钟。

▲喷雾免疫后开灯一段时间，促进鸡呼吸，以便鸡吸进疫苗。

▲喷雾免疫 10～15 分钟后，再启动排风设备。

3. 注意事项

▲清洗喷雾器的蒸馏水中应无消毒剂。

▲喷雾人员应戴防毒面具或眼镜。

▲菌苗喷雾免疫前后 7 天不能使用抗生素。

(四) 刺种法

1. 适用范围 适用于鸡痘弱毒疫苗的免疫。

2. 操作程序

▲按疫苗使用说明书对鸡痘疫苗进行稀释。

▲对成年鸡，应由两人配合完成。抓鸡人员一手将鸡的双脚固定，另一手轻轻展开鸡的翅膀，拇指拨开羽毛，暴露出三角区；免疫人员用特制的疫苗刺种针蘸取疫苗，垂直刺入翅翼内侧无血管处。

▲对于雏鸡，可由一人完成。左手抓住鸡的一只翅膀，右手持刺种针插入疫苗瓶中，蘸取稀释的疫苗液，在翅膀内侧无血管处刺针。

▲接种部位：鸡翅膀内侧三角区无血管处。

▲拔出刺种针，稍停片刻，待疫苗被吸收后，将鸡轻轻放开。

▲再将刺针插入疫苗瓶中，蘸取疫苗，准备下次刺种。

▲每次刺种前，都要将刺针在疫苗瓶中蘸一下，并保证每次刺针都蘸上足量疫苗。

▲经常检查疫苗瓶中疫苗液的深度，以便及时添加。

▲一般刺种后 7～10 天刺种部位会出现轻微红肿、结痂，14～21 天痂块脱落。这是正常的疫苗反应，无此反应，则说明免疫失败，应重新刺种。

3. 注意事项

▲要经常摇动疫苗瓶，使疫苗混匀。

▲稀释疫苗时，须使疫苗完全溶解，稀释好的疫苗要在1小时内用完。

▲刺种部位应在鸡翅翼膜内侧中央，而不能在其他部位，防止伤及肌肉、关节、血管。

▲勿将疫苗溅出或触及接种区以外的其他部位。

▲刺种时应保证刺种部位无羽毛，防止药液吸附在羽毛上，造成剂量不足。

▲刺种针的针槽内须充满药液。

（五）皮下注射法

1. 适用范围 适用于各种灭活疫苗和弱毒活苗的免疫接种。

2. 操作程序

▲注射灭活疫苗之前，应提前30～60分钟将灭活苗从冰箱内取出，置于室温下进行回温。

▲操作时，先使鸡只头朝前，腹朝下，用一只手的食指与拇指提起鸡只的头颈部背侧皮肤并向上提起。

▲另一只手持注射器由前向后从皮肤隆起处刺入皮下，注入疫苗。

▲颈部皮下注射部位宜在颈背部后1/3处。

3. 注意事项

▲免疫过程中应经常检查疫苗使用剂量是否准确，并检查疫苗使用量是否正确。

▲免疫操作过程中，应经常摇动疫苗瓶。

▲注意不能将针头丢在鸡舍内，并根据鸡龄不同选用适宜型号的针头。

（六）肌内注射法

1. 适用范围 适用于各种灭活疫苗和弱毒活苗的免疫接种。

2. 操作程序

▲注射灭活疫苗之前，应提前30～60分钟将灭活苗从冰箱内取出，置于室温下进行回温。

▲选用胸部肌内注射时，一般应将疫苗注射到胸骨外侧的表面肌肉内。注意进针方向应与鸡体保持45°倾斜向前进针，以避免刺穿体腔或刺伤肝脏、心脏等。对体型较小的鸡尤其要注意。

▲腿部肌内注射的部位通常应选在无血管处的外侧腓肠肌。进针方向应与腿部平行，顺着腿骨方向并保持与腿部30°～45°进针，将疫苗注射到腿部外侧腓肠肌的浅部肌肉内。

▲疫苗的注射量应适当，一般以每只0.2～1毫升为宜，并根据鸡龄不同选用适宜型号的针头。

▲针头插入的深度为0.5～1厘米，日龄较大的鸡为1～2厘米。

▲在将疫苗液推入后，针头应慢慢拔出，以免疫苗漏出。

▲在注射过程中，应边注射边摇动疫苗瓶，力求疫苗的均匀。

3. 注意事项

▲使用连续注射器注射时，应经常核对注射器刻度容量和实际容量之间的误差，以免与实际注射量偏差太大。

▲紧急接种时，应先注射健康群，再接种假定健康群，最后接种发病群。

（七）球虫免疫喷料法

1. 适用范围　适用于1～3日龄雏鸡球虫疫苗的免疫。

2. 操作程序

（1）准备

▲准备喷雾器。

▲每1 000羽份疫苗使用1升蒸馏水（根据喷雾器种类、饲料盘数量和喷的次数调整用水量）。

▲准备干净的大量筒，先加入助悬剂，然后倒入1 000羽份的疫苗搅拌均匀。

▲用小塑料棒搅动，使助悬剂和疫苗混合均匀，颜色微呈黄色。

▲将配好的疫苗倒入干净的喷雾器内，盖好。

（2）喷洒疫苗

▲计算需要喷洒疫苗的全天饲料用量。

▲将第一次所喂的饲料一次分完，不能断料，不能过多。

▲在鸡吃完第一次饲料2小时后，准备饲料喷洒疫苗。

▲将饲料盘全部拿出，摆放好，以便喷洒。用水试喷所有料盘，以调整喷洒均匀和人员行进的速度。

▲最少要喷洒2个来回，以便使所有的饲料都喷到疫苗。

▲喷洒时经常摇动喷雾器，避免疫苗沉淀。

（3）免疫后的管理

▲免疫后10～11天，在饮水中按0.6克/升中添加20%盐酸氨丙啉，连续饮用1～2天。也可添加在饲料中混饲。

▲球虫免疫后3周不能使用以下药物：土霉素、四环素、磺胺类药物。

▲从免疫后第4天开始，不要扩大围栏，以便使鸡能稳定地接触到排出的球虫卵囊。

3. 注意事项

▲球虫疫苗的最适保存温度是4℃，不能冷冻，也不能超过37℃。

▲免疫期间不能断料，免疫前使鸡多活动，以便能使鸡多吃饲料。

▲使用的球虫疫苗，要与当地球虫类型相同，以便产生足够的保护力。

四、免疫程序的制定

可用于肉鸡的疫苗种类繁多，免疫程序也是多种多样的。没有一种通用的免疫程序可适用于全世界各地或所有不同的情况。在制定免疫程序时，应重点考虑到以下几方面的因素：

▲本地区流行的主要疾病。

▲本场的发病史及目前仍有威胁的主要疫病。

▲鸡的用途及饲养期。

▲鸡的品种和日龄。

▲鸡群健康状况。

▲所用疫苗毒（菌）株的血清型、亚型或株。

▲疫苗的生产厂家。

▲疫苗的免疫剂量和接种途径。

▲不同疫苗之间的干扰和接种时间。

▲某些疫苗的联合使用。

▲血清学监测结果。

五、建议的免疫程序

（一）父母代肉种鸡免疫程序

父母代肉种鸡免疫程序可参见表 5-7。

表 5-7　父母代肉种鸡免疫程序

日龄	疫苗	用法及用量	
1	马立克疫苗（首选液氮苗）	皮下注射，出壳后 10～24 小时	1 羽份
7	新城疫和传染性支气管炎二联油乳剂疫苗；新城疫 IV 系＋传染性支气管炎 H_{120}＋肾型传支弱毒苗（HK）	皮下注射 滴鼻、点眼	0.25 毫升/只 1 羽份
15	鸡传染性法氏囊病弱毒苗	饮水	2 羽份
20	鸡传染性法氏囊病中等毒力苗	饮水	2 羽份

（续）

日龄	疫苗	用法及用量	
25	禽流感 H5N1 亚型禽流感灭活疫苗或 H5＋H9 油乳剂灭活苗	皮下注射	0.5 毫升/只
30	新城疫 IV 系＋传染性支气管炎 H_{52}	饮水或滴鼻	1～2 羽份
35	鸡传染性鼻炎油苗	皮下或肌内注射	0.5 毫升/只
	鸡痘弱毒苗	皮下刺种	1 羽份
42	禽流感 H5N1 亚型禽流感灭活疫苗或 H5＋H9 油乳剂灭活苗	皮下或肌内注射	0.5 毫升/只
	传染性喉气管炎弱毒疫苗	滴眼	1 羽份
60	新城疫油苗	皮下或肌内注射	0.5 毫升/只
90	鸡传染性鼻炎油苗	皮下或肌内注射	0.5 毫升/只
	鸡痘弱毒苗	皮下刺种	1 羽份
100	禽流感 H5N1 亚型灭活疫苗或 H5＋H9 油乳剂灭活苗	皮下或肌内注射	0.5 毫升/只
	传染性喉气管炎弱毒疫苗	滴眼	1 羽份
110	传染性脑脊髓炎油苗	皮下或肌内注射	0.5 毫升/只
120～130	新支减三联油苗或新减二联＋传染性支气管炎二价油苗	皮下或肌内注射	1 毫升/只
135	鸡传染性鼻炎油苗	皮下或肌内注射	0.5 毫升/只
145	鸡传染性法氏囊病油苗	皮下或肌内注射	0.5 毫升/只
以后	每 2 个月接种 1 次鸡新疫 IV 系弱毒苗	饮水、皮下或肌内注射	2～3 羽份
	每 3～4 个月接种 1 次禽流感油苗	皮下或肌内注射	0.5 毫升/只
300	鸡传染性法氏囊病油苗	皮下或肌内注射	0.5 毫升/只

（二）肉用仔鸡免疫程序

肉用仔鸡免疫程序可参见表 5-8。

表 5-8　肉鸡免疫程序

日龄	疫　　苗	用法及用量	
1	马立克疫苗（首选液氮苗）	皮下注射，在出壳后 10～24 小时内	1 羽份
4	鸡传染性支气管炎弱毒苗（H120＋肾传）	饮水或点眼	2 羽份
7	禽流感-新城疫重组二联活疫苗（rL-H5）	滴鼻点眼	1 羽份
11	传染性法氏囊病中等毒力苗	滴口或饮水	2 羽份
13	新城疫、传染性法氏囊病、鸡传染性支气管炎二价三联油乳剂疫苗	皮下注射	0.3～0.5 毫升/只
17	传染性法氏囊病中等毒力苗	滴口或饮水	2 羽份
21	禽流感-新城疫重组二联活疫苗（rL-H5）	滴鼻点眼	1 羽份

第五节　健康监测

肉鸡养殖场应通过随机检测、非随机监测、主动监测、被动监测等方式，采用临床检查、病理学检查和实验室检测等观察或检测方法，连续系统地收集鸡群疫病的发生、流行、分布及相关因素等动态分布信息，经过分析，预警鸡群健康事件发生的概率，把握疫病的发生发展趋势，提出并采取适宜的干预措施。

一、健康监测的基本内容

（一）生产状况监测

对生长发育及生产指标的检查和记录，这是鸡群管理中最重要和最基础部分，对于及时了解鸡群的生长发育、生产、健康和免疫力水平等，可提供准确而科学的基础信息。生产记录的内容一般应包括：

▲雏鸡来源情况，包括进雏日期、进雏数量、品种和雏鸡来源。

▲日常生产记录，包括日期、日龄、进雏数量、死亡数、存栏数、温度、喂料量、鸡群健康状况、体重、产蛋量（包括畸形蛋类别和数量）等（表5-9）。

▲消毒记录，包括消毒剂名称、用法、用量、消毒时间（表5-10）。

▲免疫接种记录，包括疫苗、剂量、免疫途径、接种日期、疫苗生产厂家、疫苗批号、操作人等（表5-11）。

▲用药记录，包括药物名称、剂量、用药途径、投药日期、生产厂家、生产批号等。具体记录表格的格式见表5-12。

表5-9　生产记录

栋舍号：　　　　进鸡日期：　年　月　日　　　　进鸡数量：　　只

日龄	日期	舍内温度（℃）	舍内湿度（%）	死亡数量（只）	淘汰数量（只）	存栏数（只）	平均体重（克）	喂料量（千克）	产蛋数（枚）	备注（用药、免疫和消毒情况）

表 5-10　消毒记录

日期	消毒场所	消毒药名称	生产厂家	批号	用药剂量	消毒方法	操作员（签字）

表 5-11　免疫接种记录

日期	栋舍号	存栏数量	免疫数量	疫苗名称	疫苗生产厂	批号及有效期	接种方法	接种剂量	免疫人员（签字）	备注

表 5-12　兽药使用记录

开始使用日期	栋舍号	存栏数量（只）	药品名称	生产厂家	批号	用量	用药途径	停止使用日期	备注（成分等）

（二）投入品监测

应定期检测饮水和饲料中的有害物质和微生物污染，如黄曲霉毒素、沙门氏菌等；定期检测饲料营养成分是否合理，如钙磷比例、蛋白质和氨基酸含量等。

1. 配合饲料和浓缩饲料的监测

▲新接收的饲料原料和各个批次生产的饲料产品，在进场后均应进行检查，并保留样品，样品应保留至该批产品保质期满后 3 个月或肉鸡出栏后 3 个月。

▲留样应设标签，载明饲料品种、生产厂商、生产日期、批次、接收日期

等事项，并建立档案由专人负责保管。

▲采购的肉鸡配合饲料、浓缩饲料和预混料，应使用已取得饲料生产许可证企业所生产的产品。

▲饲料标签应符合《饲料标签》（GB 10648—2013）的要求。

▲在保证产品质量的前提下，可根据工艺、设备、配方、原料等的变化情况，自行确定检验的批量。

▲感官要求：色泽一致，无发酵霉变、结块及异味、异臭。

▲产品成分分析保证值应符合饲料标签中所规定的含量。

▲有害物质及微生物允许量应符合饲料卫生标准（GB 13078—2001）。

▲不得使用含有违禁药物的肉鸡配合饲料、浓缩饲料和添加剂预混料。

2. 饲料添加剂的监测

▲新接收的饲料添加剂，在进场后均应进行检查，并保留样品，样品应保留至该批产品保质期满后 3 个月或肉鸡出栏后 3 个月。

▲留样应设标签，载明品种、生产厂商、生产日期、批次、接收日期等事项，并建立档案由专人负责保管。

▲饲料中使用的饲料添加剂产品应是取得饲料添加剂产品生产许可证的正规企业生产的、具有产品批准文号的产品。

▲饲料添加剂产品的使用应遵照产品标签所规定的用法、用量。

▲感官要求：应具有该品种应有的色、嗅、味和形态特征，无发霉、变质、异味及异臭。

▲有害物质及微生物允许量应符合饲料卫生标准（GB 13078—2001）。

▲饲料中使用的营养性饲料添加剂和一般性饲料添加剂产品应是《饲料添加剂品种目录》所规定的品种，或取得试生产产品批准文号的新饲料添加剂品种。

▲药物饲料添加剂的使用应按照《饲料药物添加剂使用规范》（农业部公告第 168 号）执行。

3. 饮用水的监测程序

▲每 3 个月或每 2 批鸡做 1 次水质检测。

▲同时，应将采集的饮用水样品，送实验室进行细菌学检测，重点监测细菌总数、大肠杆菌以及沙门氏菌。

▲每月清理 1 次水塔和输水管道。

▲每天清理 1 次饮水器和水槽。

▲水质应符合畜禽饮用水水质（《无公害食品　畜禽饮用水水质》，NY

5027—2008）标准的要求，总大肠菌群数应小于10个/100毫升（最大可能数法）。

（三）环境监测

采用常规的细菌学检测方法，可以正确评价鸡舍的消毒效果、环境污染状况、舍内空气质量、雏鸡绒毛和肠道带菌状况等卫生指标，同时还可准确地揭示某些病原体的污染程度。

1. 洁净鸡舍消毒效果监测程序

▲物品准备：工作服、工作鞋、帽子、2个塑料鞋套、棉拭子、含50毫升缓冲蛋白胨水培养基的灭菌试管或样品袋、记号笔、防毒面罩等。

▲用无菌棉拭子擦拭鸡舍的各个不同部位，每个部位3～5份。监测部位包括墙壁、风扇、水槽（或饮水器）及料槽（或料桶）、产蛋箱、门内侧、栖架等所有放置在舍内的物品。

▲将棉拭子放在无菌袋中，送实验室进行细菌培养。

▲离开鸡舍前，将采集样品时所穿塑料鞋套脱下，装入1个样品袋中，加入100毫升缓冲蛋白胨水，送实验室37℃培养24小时。

▲消毒效果不符合要求的，应重新进行消毒。具体消毒效果评估标准见表5-4。

▲只有达到消毒效果的鸡舍，方可引入雏鸡。

2. 孵化室卫生状况监测程序

▲物品准备：工作服、工作鞋、帽子、2个塑料鞋套、棉拭子、固体培养基、记号笔、防毒面罩等。

▲卫生状况监测样品：用无菌棉拭子擦拭孵化室的各个房间不同部位以及每个孵化器和出雏器，孵化室每个部位1份，每个孵化器和出雏器随机选取5个不同部位，每个部位1份。孵化室采样部位包括墙壁、风扇、地面、操作台面及其他部位。每月1次，对孵化室进行彻底消毒后采样。

▲绒毛样品：采集出雏器内残留的绒毛样品，每周应至少采集1次。

▲死胚蛋样品：采集死胚蛋样品，重点检测沙门氏菌。

▲病死雏样品：应取淘汰雏或7日龄内死亡的雏鸡，每个批次10只左右，采集其肝脏、盲肠和卵黄囊样品，送实验室进行细菌学检测。重点检测大肠杆菌和沙门氏菌。

▲将采集的棉拭子分别轻轻划在固体培养基表面，送实验室37℃培养24小时。计算培养基上的菌落总数。

▲卫生标准：符合表5-13的要求，且无沙门氏菌检出。

表 5-13 孵化室卫生评价标准

采样部位	要求	备注
绒毛样品	细菌总数应小于 1.0×10^4 个	取 0.5 克绒毛样品，与 50 毫升无菌蒸馏水充分混匀后，剧烈震荡 30 次或机械震荡 30 秒后，取 1 毫升倒在营养琼脂平板上，37℃培养 24 小时，进行计数。
孵化器内部、出雏器内部和孵化室墙壁、地面等部位	细菌总数应小于 50 个	将营养琼脂平板放置在采样部位暴露 15 分钟，37℃培养 24 小时，进行计数

3. 肉鸡养殖场环境微生物监测程序 肉鸡养殖场应当对舍内外环境、饮水、饲料等进行微生物监测，监测内容包括细菌总数、大肠菌数、霉菌总数和沙门氏菌数等（表 5-14）。

表 5-14 微生物监测采样点、监测频率和监测内容

检测项目	采样点	监测频率	检测内容
鸡舍内环境	料槽、饮水器外壁、地面、墙壁	1 次/月	细菌总数
鸡舍外环境	鸡舍外墙壁，进风口、出风口地面，道路	1 次/月	细菌总数
车辆、人员和物品	车辆轮胎、车身、人员衣服、鞋帽，蛋托等	1 次/月	细菌总数
饮水	水源、饮水乳头	1 次/月	细菌总数、大肠菌数
饲料	饲料原料、配合料	1 次/月	细菌总数、霉菌总数、沙门氏菌
种蛋	消毒后种蛋表面	2 次/月	细菌总数
孵化室	孵化室地面、墙壁、空气环境、进风口、出风口	1 次/月	细菌总数、霉菌总数、沙门氏菌
孵化器和出雏器	孵化器和出雏器的地面、墙壁，绒毛、死胚蛋等	2 次/月	细菌总数、霉菌总数、沙门氏菌

（四）临床和病理学监测

1. 肉鸡场临床监测内容

▲鸡群分布是否均匀，有无拥挤和扎堆现象。

▲采食和饮水情况。

▲粪便状态。

▲羽毛情况。

▲精神状态和运动情况等。

▲呼吸系统观察，包括呼吸频率、呼吸状态、呼吸音和鼻漏等。

▲消化系统观察，包括口腔黏膜、嗉囊、泄殖腔、排粪及粪便情况等。

▲运动情况观察，包括有无共济失调、角弓反张，以及骨骼和腿部发育等。

▲肉种鸡场还需要检查种鸡的产蛋量，以及畸形蛋的种类和数量等。

2. 病理学监测内容

正常情况下，每周应对每栋鸡舍病死鸡只进行剖检，检查其有无异常变化，病变的形态、大小和颜色等，特别是肝脏、肺脏、脾脏、胃肠道、气囊、心脏和生殖泌尿系统等。

(五) 血清学监测

主要是免疫抗体效价监测，即采用标准方法检测禽流感和新城疫等主要疫病的免疫抗体水平，了解鸡群健康情况及疫苗免疫效果，分析免疫抗体效价变化规律，以指导科学免疫接种工作。

日常生产中，采用的抗体监测方法有红细胞凝集抑制试验（HI）、琼脂扩散试验（AGP）、酶联免疫吸附试验（ELLSA）等。

1. 红细胞凝集抑制试验（HI）

(1) 应用范围　用于新城疫、禽流感、产蛋下降综合征的免疫抗体检测和疾病的辅助诊断。

(2) 免疫抗体合格标准　新城疫、禽流感免疫抗体的合格标准见表5-15。

表5-15　新城疫、禽流感免疫抗体的合格标准

疫病名称	抗体检测方法与标准	个体抗体水平的合格标准	群体免疫的合格标准	抗体滴度均值范围
新城疫	血凝抑制（HI）试验（新城疫防治技术规范）	抗体效价≥1∶32为免疫合格	合格个体数量占群体总数的80%以上	1∶128～1∶1 024
禽流感（H5）	血凝抑制（HI）试验（高致病性禽流感防治技术规范）	弱毒疫苗免疫后，抗体转阳≥50%为合格；灭活苗免疫后HI效价≥1∶16为合格	合格个体数量占群体总数的80%以上	1∶64～1∶256（灭活苗免疫）

2. 琼脂扩散试验（AGP）

（1）*应用范围*　常用于鸡传染性法氏囊病（IBD）的抗体检测和辅助诊断。

（2）*免疫抗体合格标准*　被检血清孔与抗原孔之间形成致密沉淀线者，或者阳性血清的沉淀线向毗邻的被检血清孔内侧弯者，此被检孔血清判为阳性；被检血清孔与抗原孔之间不形成沉淀线，此被检血清判为阴性。

3. 酶联免疫吸附试验（ELISA）

▲ELISA 方法是一种可以快速检测大量样品的方法，且每一份稀释的样品可以用于检测不同病原的抗体，因此被越来越多的用于鸡群的检测。

▲ELISA 方法检测鸡病包括新城疫、禽流感、传染性支气管炎、传染性喉气管炎、禽脑脊髓炎、淋巴白血病和网状内皮组织增生症等。

（六）病原学与分子生物学监测

1. 病原分离培养和鉴定　即用人工培养的方法将病原体从病料中分离出来。细菌、真菌和支原体等可选用适当的人工培养基，病毒培养一般可选用禽胚或组织培养等方法来进行，之后可用形态学、培养特性、生物化学、动物接种及免疫学等试验方法做出鉴定。

2. 分子生物学检测技术　常用的主要有聚合酶链式反应（PCR）、反转录-聚合酶链式反应（RT-PCR）、荧光 RT-PCR 等。

二、鸡群的健康监测程序

（一）监测程序的制定原则

▲1 日龄监测，掌握雏鸡母源抗体水平，确定免疫时机。

▲免疫当天监测，掌握免疫前鸡的抗体水平，便于确认免疫效果。

▲活苗免疫后 2 周，灭活苗免疫后 3～4 周，监测抗体水平，掌握免疫效果。

▲种鸡产蛋期每月监测 1 次抗体水平，掌握抗体的消长规律，便于确定最佳免疫时机。

▲鸡群发病当日及发病后 2 周监测，对比抗体水平变化情况，可作为疾病诊断的参考。

（二）健康监测程序

1. 肉种鸡健康监测程序（表 5-16）

表 5-16 肉种鸡监测方案

周龄	免疫抗体检测						病原学检测	
	母鸡血清样品数（份）	公鸡血清样品数（份）	新城疫	传染性支气管炎	传染性法氏囊病	H9 和 H5 亚型禽流感	样品数量（份）	新城疫病毒和禽流感病毒
11	30		血凝抑制试验（HI）	酶联免疫吸附试验（ELISA）	琼脂扩散试验（AGP）	血凝抑制试验（HI）	10	RT-PCR 或荧光 RT-PCR
18	30						10	
25	30	5					10	
35	30	5					10	
45	30	5					10	
55	30	5					10	

2. 商品肉鸡的健康监测程序（表 5-17）

表 5-17 商品肉鸡监测方案

检测日龄	抗体检测					病原学检测	
	血清样品数量（份）	新城疫	传染性支气管炎	传染性法氏囊病	H9 和 H5 亚型禽流感	样品数量（份）	新城疫病毒和禽流感病毒
1	30	血凝抑制试验（HI）	酶联免疫吸附试验（ELISA）	琼脂扩散试验（AGP）	血凝抑制试验（HI）	5	RT-PCR 或荧光 RT-PCR
21	30					5	
屠宰前	30					5	

(三) 监测注意事项

▲按照以上规定的时间采样并及时送至相关实验室进行检测。

▲采集的血样应具代表性，采样点均匀分布。

▲对检测结果要及时分析，评估免疫接种效果和鸡群健康状况。

▲不同群公鸡作补充混群时，需提前两周对禽流感和新城疫进行血清学检测，确认没有感染方可混群。

▲病原学检测样品应采集泄殖腔/咽喉双份拭子样品，或病死鸡组织样品。

三、样品采集与保存方法

(一) 样品采集的基本原则

▲采集病死动物有病变的器官组织。

▲采集样品的大小要满足诊断检测的需要，并留有余地，以备复检使用。

▲免疫效果检测时，一般以肉鸡免疫接种后14天为宜。

▲对病料的采集应根据所怀疑疾病的类型和病变特征来确定。

▲一般应在症状最典型时采取病变最明显的组织和器官。

▲供病原学检测的样品，须无菌操作采样，以“早、准、冷、快、足、护”为基本原则。

▲供病原学检测的样品，送检数量一般成年鸡3～5只或雏鸡6～10只。

▲需要进行血清学检测的，至少应采集30份样品。

（二）病变组织器官的采集方法

采取病料时，应根据发病情况或对疾病的初步诊断印象，有选择地采取相应病变最严重的脏器或最典型的病变内容物。如分不清病的性质或种类时，可全面采取病料。

1. 病理组织学检测样品

▲必须保持样品新鲜。

▲采样时，应在病灶及临近正常组织的交界部位取组织块。

▲若同一组织有不同的病变，应同时各取一块。

▲组织块切忌挤压、刮抹和水洗，应尽快送实验室检测。

2. 病原分离组织样品

▲病料应新鲜，无污染。

▲用于细菌分离样品的采集：首先以烧红的刀片烧烙组织表面，在烧烙部位刺一个小孔，用灭菌后的铂金耳深入孔内，取少量组织作涂片镜检或画线接种于适宜的培养基上。

▲用于病毒检测样品采集方法：必须用无菌技术采集，可用一套已消毒的器械切取所需器官组织块，每取一个组织块，应用火焰消毒剪镊等取样器械；组织块应分别放入灭菌容器内并立即密封，贴上标签，注明日期、组织名称。

（三）血液样品的采集及血清分离方法

1. 翅静脉（肱静脉）采血方法

▲助手一手抓住鸡翅膀，一手抓住鸡腿，使鸡呈侧卧姿势。

▲术者左手拉住上面鸡翅膀，暴露静脉，从翅膀肱骨区的腹面拔去少许羽毛，这样即在肱二头肌和肱三头肌间的深窝里见到翅静脉（肱静脉）。

▲用70%酒精或其他无色消毒液进行擦拭消毒。

▲一人操作时，可先将两翅向背部提起，然后用左手紧紧地将两翅抓在一起。

▲右手持装有5号针头的注射器呈30°进针，针头由翼根向翅膀方向沿静

脉平行刺入血管内，即可抽血。注射针应向血流的相反方向刺入。

▲应注意的是抽血时应缓慢，以防血管因急剧失血而干瘪，同时进针时切不可穿透血管壁以免形成血肿。

2. 成年鸡心脏采血方法

▲助手抓住鸡两翅及两腿，一手将鸡的两翅抓住，另一手将鸡腿伸直，最好是平放于平台或桌面上。

▲将鸡只右侧卧保定，使胸骨嵴向上，用手指把嗉囊及其内容物压离，露出胸前口。

▲在触及心搏动明显处，或胸骨嵴前端至背部下凹处连线的1/2处消毒。

▲将针头沿其锁骨俯角刺入，顺着体中线方向水平穿行，直至进入心脏。

▲针头角度约为45°，与对侧的肩关节呈正中方向，垂直或稍向前方刺入2～3厘米。

▲回抽见有回血时，即把针芯向外拉使血液流入采血针。

▲侧面穿刺时必须遵守一个总的规则，即应先在胸骨前端想象一条垂直线，使其与胸骨嵴构成直角，然后沿着这条想象的线进行触诊，此时可感觉到心跳，插入针头至适当深度。

▲采用仰卧保定采血时，将胸骨朝上，用手指压离嗉囊，露出胸前口，用装有长针头的注射器，将针头沿其锁骨俯角刺入，顺着体中线方向水平穿行，直到刺入心脏。

☞**注意：**应首先确定心脏部位，切忌将针头刺入肺脏；应顺着心脏的跳动频率抽取血液，切忌抽血过快。

3. 鸡的跖静脉采血

▲助手将鸡体侧卧或背卧保定，并将鸡腿伸直。

▲术者用酒精棉球消毒小腿内侧，使血管外露。在跖骨沟之间，将注射器针头对准跖静脉血管向心方向平行进针刺入。

▲如有回血，则表示已插入血管，然后抽取所需的血量。

▲刺入点宜选在脚上覆盖鳞片之间的空隙，避免在鳞片上强行进针，防止鳞片屑堵塞针头。

▲有些鸡的血管不易怒张，消毒后仍不显血管位置，此时可在靠跖骨边沿并与其平行处进针，也可抽到血液。

▲如冬天寒冷，尤其当鸡处于较为安静状态时，血液回流较慢，采血前最好沿血管方向来回按摩，促进血流加速，便于采血。

▲鸡的体温较高，血凝速度较快，因此在采血前注射器最好预先盛有抗凝

剂，防止中途发生凝固。

▲抽完后，用干棉球止血，即告结束。

▲若个别鸡只用干棉球不能达到止血目的，此时可用纱布条结扎针口处，稍候一会再松开即可止血。

▲如果要在24小时内每间隔1～2小时采集血液，一般无需每次穿刺，只要在原采血处用酒精棉球揩拭周围残留的血迹和原针口结痂，往往血液就会外溢，及时用干棉球擦，血液便在原处聚集成珠，可直接吸取。

▲有时虽未能渗出血液（要视两次采血间隔时间而定），间隔越短，结痂不坚硬就越易随揩拭而出血，亦可在消毒后用干棉球剥脱结痂，血液亦可流出，即使没有出血，可在原针口处进针，这样不致因采血次数多而过多地损伤组织。

4. 颈静脉采血法

▲这种方法常用于雏鸡。较大的鸡采血时需要一人辅助保定。

▲用左手拇指和中指夹住雏鸡的颈上部近靠头的位置，此时雏鸡的背部贴在手心上，爪向外；用无名指抵住颈中部；小拇指自然地托扶住雏鸡的身体；大拇指的位置在颈下部压住右侧颈静脉血管的向心端，防止血管滑动。

▲用右手取消毒棉对雏鸡右侧颈静脉进行擦拭消毒，即可看到明显可见的颈静脉。

▲右手持4～5号针头的注射器，用大拇指和食指夹住注射器的管芯头部，将注射器沿颈静脉平行方向从颈静脉中部刺入血管，然后用中指或无名指缓慢拉动注射器管筒芯部，将血液徐徐抽入注射器内。

▲抽完血液后，在刺入处放上酒精棉球压迫止血。

5. 血清的分离

▲将采集的血液密封于容器内（勿加抗凝剂），在室温下或37℃温箱中斜置1～2小时，使血液凝固收缩。也可以3 000转/分离心10～15分钟。

▲新鲜血样在刚采出后，不能立即放入冰箱。

▲待血清析出后，用注射器吸取血清，或用灭菌玻璃棒将血块剔出，将血清转移至干净的离心管中。

▲血清置4℃冰箱保存数小时后或过夜。

（四）样品的保存方法

1. 病理组织样品的保存

▲通常用10％福尔马林固定保存。冬季为防止冰冻可用90％酒精。

▲神经系统组织需固定于10％中性福尔马林溶液中。

▲在运送前可将预先用福尔马林固定过的病料置于含有30%～50%甘油的10%福尔马林溶液中。

2. 病原学检测样品的保存

▲用棉拭子蘸取的鼻液、脓汁、粪便等病料，投入灭菌试管内，立即密封管口，包装送检。

▲实质器官在短时间内（夏季不超过20小时，冬季不超过2天）能送检的，可将病料的容器放在装有冰块的保温瓶内送检。

▲短时间不能送到的，细菌学检测样品应置于灭菌液态石蜡或灭菌的30%甘油生理盐水中保存；病毒学监测样品应置于50%灭菌甘油生理盐水中保存。

3. 血清学样品的保存

▲采出的血液，冬季应放置室内防止血清冻结，夏季应放置阴凉之处并迅速送往实验室。

▲若在48小时内不能送检，则需加入硫柳汞（最终浓度为万分之一），或按比例每毫升血清加入1～2滴5%石炭酸生理盐水溶液，以防腐败。

▲运送时使试管保持直立状态，避免振动。

第六节　病死鸡及废弃物的处理

鸡场废弃物主要包括鸡粪、死鸡、污水、蛋壳、无精蛋、死胎、毛蛋、弱雏、死雏、疫苗药品及包装物等。其中以未处理的鸡粪及污水数量最大，病死鸡危害最重。这些废弃物可能携带病原体，如未经无害化处理或任意处置，不仅会造成严重的环境污染问题，还可能引起重大动物疫情，危害畜牧业生产安全，甚至引发严重的公共卫生事件。

一、病死鸡的安全处理方法

病死鸡的无害化处理，应按照《病害动物、病害动物产品生物安全处理规程》（GB 16548—2006），采用焚毁、化制、掩埋或其他物理、化学、生物学等方法进行，以彻底消除病害因素（图5-2）。

（一）病死鸡尸体的运送

1. 警戒隔离　对病死鸡尸体和其他无害化处理的地点应设置警戒线，进行隔离，以防止其他人员接近，防止家养动物、野生动物及鸟类接触染疫

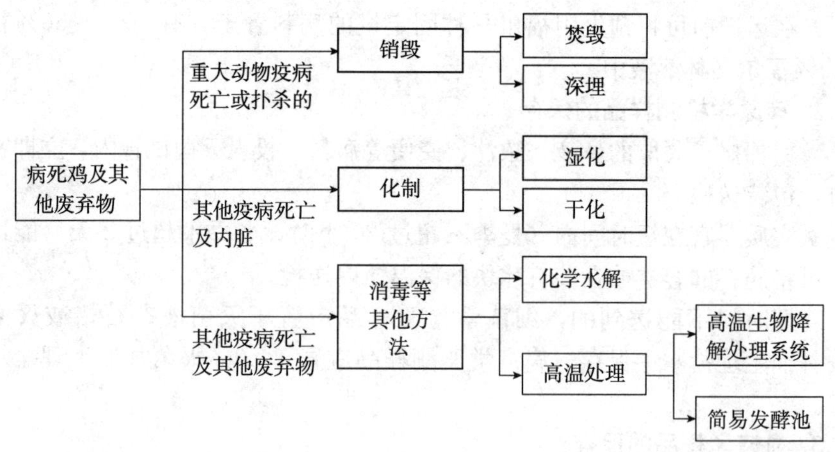

图 5-2　病死鸡尸体及其他废弃物的安全处理方法

物品。

2. 人员和工具的准备　尸体运送前，工作人员应穿戴工作服、口罩、护目镜、胶鞋及手套，做好个人防护。准备运送车辆、包装材料、消毒用品及装载工具等。

3. 装运　使用密闭、不泄漏、不透水的包装材料包装，运送的车厢和车底不透水，以免流出粪便、分泌物、血液等污染周围环境。装车完毕启运前要对运输车辆整体进行消毒处理，工作人员应携带有效消毒药品和必要消毒工具以及处理路途中可能发生的溅溢。

4. 运送后消毒　在病死鸡尸体接触过的地方，应用消毒液喷洒消毒。运送过尸体的用具、车辆应严格消毒。工作人员用过的手套、衣物及胶鞋等也应进行消毒。

（二）销毁

销毁适用于确认为高致病性禽流感、新城疫等染疫动物以及其他严重危害人畜健康的病害动物及其产品；病死、毒死或不明死因动物的尸体；经检测对人畜有毒有害的、需销毁的病害动物及病害动物产品；国家规定的其他应该销毁的动物和动物产品。

1. 焚烧法　焚烧法是一种高温热处理技术，即以一定的过剩空气量与被处理的有机废物在焚烧炉内进行氧化燃烧反应。废物中的有害有毒物质在高温下氧化、热解而被破坏，是一种可同时实现无害化、减量化、资源化的处理技术。是目前世界上应用广泛最成熟的一种热处理技术，优点是动物的骨灰无害，但是焚烧过程容易造成空气污染，而且运转经费昂贵。

（1）焚化炉　技术装备主要是焚烧炉＋尾气处理设备。病害动物焚烧炉主要由炉本体、二次燃烧室、主燃烧系统、二次燃烧系统、供风系统、烟道、引风装置、温度控制系统、储油罐及供油管路等部分组成；尾气处理设备有干法尾气处理和湿法尾气处理两种排放设备。

焚化炉的建造和运行成本较高，在不具备焚化炉的情况下，建议使用焚毁坑进行处理。

（2）焚毁坑　焚毁坑应远离公共场所、居民住宅区、村庄、动物饲养和屠宰场所、建筑物、易燃物品，地下不能有自来水管、燃气管道，周围要有足够的防火带，并且要处于主导风向的下方。

①十字坑法　按十字形挖两条沟，沟长 2.6 米、宽 0.6 米、深 0.5 米，在两坑交叉处的坑底堆放干草或木柴，坑沿横放数条粗湿木棍，将尸体放在架上，在尸体周围及上面再放些木柴，然后倒些柴油，从下面点火，直到尸体碳化为止。

②单坑法　挖一条长 2.5 米、宽 1.5 米、深 0.7 米的坑，将取出的土堆堵在坑沿的两侧。坑内用木柴架满，坑沿横架数条粗湿木棍，将尸体放在架上，然后焚毁。

③双层坑法　挖一条长、宽各 2 米、深 0.75 米的大沟，在沟的底部再挖一长 2 米、宽 1 米、深 0.75 米的小沟，在小沟沟底铺以干草和木柴，两端各留出 18～20 厘米的空隙，以便吸入空气，在小沟沟沿横架数条粗湿木棍，将尸体放在架上，然后焚毁。

（3）注意事项

▲使用焚毁法处理必须注意防火安全。

▲焚毁结束后，掩埋燃烧后的灰烬，并对地表环境进行喷洒消毒。

▲填土高于地面，场地及周围消毒，设立警示牌。

▲设置的焚毁炉地点应远离生活区及鸡场，并位于其下风向。

▲焚毁产生的烟气应采用有效的净化措施，防止烟尘、一氧化碳、恶臭气体等对周围大气环境的污染。

2. 深埋法　深埋法操作简易、经济，是处理病死鸡常用的方法。

（1）要求

▲掩埋地应远离学校、公共场所、居民住宅区、村庄、动物饲养和屠宰场所、饮用水源地、河流等地区。

▲鸡场一般应至少设置 2 个以上安全填埋井。

▲填埋井应为混凝土结构，深度大于 2 米，直径 1 米，并在井底铺上 2～

5 厘米生石灰或其他固体消毒剂，井口加盖密封。

▲掩埋前应对需掩埋的病死鸡尸体实施焚毁处理。

▲进行填埋时，在每次投入病死鸡尸体后，应覆盖一层厚度大于 10 厘米的熟石灰。所堆积的尸体距离坑口 1.5 米处时，先用 40 厘米厚的土层覆盖尸体，再铺上 2～5 厘米生石灰，不能直接覆盖在尸体上因为在潮湿的条件下熟石灰会减缓或阻止尸体的分解。

▲每次填埋后，应使用有效消毒药对周围环境和用具进行喷洒消毒。填满后，必须用黏土填埋后压实并封口。

▲掩埋场应标识清楚，并得到适当保护。

▲应对掩埋场地进行必要的检查，以便在发现渗漏或其他问题时及时采取相应措施。

(2) 注意事项

▲本方法适用于地下水位低的地区使用，但不适合在地下水位高的地区使用，以防造成地下水污染。

▲深埋处理地点主要选在生产区下风向的偏僻处。

(三) 化制

把动物尸体或废弃物在高温高压灭菌处理的基础上，再进一步处理的过程，如化制为肥料、肉骨粉、工业用油、胶等。化制分干化和湿化：适用于一般疫病动物及其产品的无害化处理。

1. 干化　将废弃物放入干化制机内，热蒸汽不直接接触化制的肉尸，而循环于夹层中。

2. 湿化　利用高压饱和蒸汽，直接与畜尸组织接触，当蒸汽遇到动物尸体及其产品而凝结为水时，则放出大量热能，可使油脂溶化和蛋白质凝固，同时借助于高温与高压，将病原体完全杀灭。经湿化机化制后动物尸体可制成工业用油，残渣制成蛋白质饲料或肥料，比较经济实用。

(四) 高温生物降解（发酵）

发酵是利用微生物强大分解转化有机物质的能力，通过细菌或其他微生物的酶系活动分解有机物质（如动物尸体组织）变成有机肥料的过程，以达到无害化处理的目的。动物尸体经高温发酵之后可杀灭各种病原和降解尸体及组织、降解产物可用于肥料、无废水排放。可采用立式处理系统或连续式（投料）处理系统。也可采用简易发酵池的方法。

1. 简易发酵池的要求

▲发酵池远离学校、公共场所、居民住宅区、村庄、动物饲养和屠宰场

所、饮用水源地、河流等地区。

▲发酵池为圆柱形，深 9～10 米，直径 3 米，池壁及池底用不透水材料制作（可用砖砌成后涂层水泥）。

▲池口高出地面约 30 厘米，池口做一个盖，盖上留一个小的活动门，用以投入病死鸡。

▲活动门平时落锁，池内有通气管。

▲当池内的尸体堆至距池口 1.5 米处时，封闭发酵。

2. 注意事项

▲使用发酵法处理病死鸡耗时较长，发酵时间在夏季不得少于 2 个月，冬季不得少于 3 个月。

▲种禽场或肉鸡场主要在生产区下风向的偏僻处进行发酵处理。

（五）化学水解

化学水解是针对动物尸体组织处理的特有方法。在高温和碱性催化剂作用快速分解化学反应，将动物尸体、组织水解为骨渣和无菌水溶液的处理过程。碱水解处理实际上是包括了化学灭菌和高温灭菌的组合。

经过一个周期的水解处理，病菌和寄生虫被完全杀灭。处理后生成的中性无菌水溶液，可排放或回收利用；固体物骨渣用作植物肥料。

二、医疗废弃物的处理方法

医疗废弃物是兽医人员在免疫接种、注射、样本采集和诊疗以及其他相关活动中产生的具有直接或间接感染性、毒性以及其他危害性的废弃物。对此类医疗废弃物进行安全管理、安全处置，可防止意外事故的发生，有效防止疾病传播，保护环境，保障人体健康。

（一）医疗废弃物的分类

医疗废弃物主要可分为五大类：

▲携带病原体具有引发感染性疾病传播危险的感染性废物。

▲诊疗过程中产生的病死鸡尸体等病理性废物。

▲能够刺伤或者割伤人体的锐器等损伤性废物。

▲过期、淘汰、变质或者被污染的药品等药物性废物。

▲具有毒性、腐蚀性、易燃易爆性的化学物品等化学性废物。

（二）医疗废弃物的处理

医疗废弃物处理应遵循相关法规要求，按照“无害化、减量化、资源化”

的原则进行妥善处理，保障生物安全。

1. 收集

▲医疗废弃物应单独收集，有效隔离，按照法律法规的相关规定处理，并做好记录。

▲特殊废弃物运输应进行有效包装，确保不造成污染。

▲棉签、棉球、一次性注射器的感染性废物应放入专用双层黄色垃圾袋密封。

▲注射器针头、盖玻片、破碎的玻璃试管等损伤性废物应放入专用利器盒然后放入黄色垃圾袋密封。

▲培养基、样本等感染性废物应先进行高压消毒后，再放入专用双层黄色垃圾袋密封中。

▲包装袋标有警示标志和贴有中文标签（产生单位、产生时间、类别、特别说明）装入专用周转箱内，送到医疗废物集中处置单位进行收运和处置。

2. 处理要求

▲感染性、病理性、药物性废弃物放入防漏带盖的包装容器后不得取出。做焚毁处理或做其他无害化处理，焚毁要合乎环保要求。

▲严禁使用破损的包装容器，严禁包装容器超量盛装，达到容器的3/4时，应当使用有效的封口方式。

▲操作、搬动或运送过程中发现容器有破损、渗漏等情况，应立即采取重新封装等措施并做相应消毒处理。

▲包装容器的外表面被感染性废物污染时，应当进行消毒处理或者增加一层包装。

▲含病原体的培养基、样品等高危险废弃物，应先进行压力蒸汽灭菌或者化学消毒剂消毒处理后，再按照感染性废物收集处置。

▲接触过病死鸡损伤性废物如注射器械、刀、剪、镊子或接种用器械等，应先用清水冲洗干净，其中玻璃注射器应将注射器针管、针芯分开，用纱布包好；金属注射器应拧松活塞调节螺丝，放松活塞，用纱布包好。针头、刀、剪、镊子成排插在多层纱布的夹层中，再进行煮沸或高压灭菌消毒。

▲对于使用完的药品、疫苗，其包装袋、瓶等废弃物使用后及时将包装物收集，使用0.5%的碘制剂浸泡1小时消毒后，集中焚毁处理。

▲洁净的破损手套、口罩、帽子、隔离衣、废物包装容器等，不得作为普通生活垃圾遗弃，应与实验废弃物一同处置。

▲使用消毒液消毒废弃物时，应使其与废弃物充分接触，不能有气泡阻

隔，并保证足够的作用时间。

▲对强酸、强碱等腐蚀性废液应分开收集，及时进行中和处理后排放下水道；对低浓度的酸、碱废液，可以用大量清水“无限稀释”后排放下水道。

▲对易燃易爆性、有毒有害性化学物品，尽可能正确详细标示内容物和组成成分，运送至指定的暂存地点储存。

第六章

疾 病 防 治

第一节 肉鸡疾病的流行特点与防治要点

作为养殖业经营者，应正确地认识和了解规模化肉鸡生产中疾病发生的现状及特殊的流行特点，以便制定有效的预防和治疗措施，减少由于疾病造成的经济损失。

一、肉鸡疫病流行特点

（一）肉鸡疾病的种类多，非典型疫病增多，防治难度大

由于肉鸡养殖业的迅猛发展以及流动频繁，疫病防控技术等原因，一些肉鸡疾病在各鸡场不断发生和流行。对我国养鸡业构成威胁和造成危害的疫病已达 80 余种，涉及传染病、寄生虫病、营养代谢病和中毒性疾病。鸡病中以传染病为最多，占鸡病总数的 75%以上，且防治难度增大，往往造成严重的经济损失，如新城疫（ND）、禽流感（AI）等。

（二）免疫抑制型疾病、机会性疾病增多

免疫抑制性疾病包括传染性法氏囊病（IBD）、马立克病（MD）、霉菌毒素、寄生虫病等，机会性疾病包括大肠杆菌病、链球菌病、沙门氏菌病、魏氏梭菌病、葡萄球菌病、弯杆菌病等。

（三）混合感染、继发感染、持续感染增加

有 50%以上的疾病都是病毒性疾病与细菌性疾病、寄生虫病混合感染或继发感染。如 ND+IBD+大肠杆菌病或沙门氏杆菌病混合感染，MD+淋巴白血病（LL）+网状内皮增生症（REV）+寄生虫病等。在一些养殖场出现三重感染［IBDV+MDV+REV，IBDV+传染性贫血（CAV）+REV］或四重感染（IBDV+MDV+CAV+REV）。出现大肠杆菌、沙门氏菌病、巴氏杆菌

病、慢病毒性疾病的持续感染，导致临床疾病既改变流行形式，也改变临床表现，呈现非典型。

（四）流行特点、病型非典型化

流行特征非典型现象，流行强度有些疫病由强变弱，即由大流行形式转变为地方流行性或散发性形式，如ND等；有些疫病由弱变强，即由散发、偶发变成常发、暴发甚至呈地方流行性，如葡萄球菌病、链球菌病、魏氏梭菌病等。易感年龄有些疫病发生改变，如雏白痢（雏→中雏）等。

在疫病的流行过程中，由于多种因素的影响，病原的毒力常发生变化（减弱或加强），出现亚型株，且变异速度明显加快，加上鸡群中免疫水平低或不一致，致使某些鸡病出现非典型变化，如非典型ND、IBD、传染性支气管炎（IB）等；

“一病多型”现象，如鸡IB，经典的传支是呼吸型、肠型、输卵管型，又出现了肾型、腺胃型等；大肠杆菌病，经典的是肠炎和败血症，后来报道了浆膜炎型、眼型，肿头、皮炎、脑炎、肉仔鸡腹水，目前大肠杆菌病病型已达11种之多。

（五）新病不断出现，诊断与防控困难

每隔几年会出现一种新的疾病，如大肝大脾病、J型白血病、高致病性禽流感等。

二、规模化肉鸡养殖场疾病防控策略

（一）预防为主、防重于治，注重肉鸡福利

▲控制场内外污染源，建设生物安全环境，构筑生物安全体系，把消毒、隔离、无害化处理作为重点，控制环境污染，实行生物安全措施及全进全出的饲养方式。

▲按照国家有关规定，制定适合本场的兽医防疫卫生措施。种鸡或雏鸡引入时，应对AI、ND、雏鸡白痢、白血病、败血支原体病（MG）、MD以及新出现的疫病等进行流行病学调查和监控。防止经蛋传递疫病的垂直传播，做好肉种鸡群的检疫净化。

▲加强饲养管理，加大对肉鸡动物福利投入，为肉鸡群提供一个舒适、安逸的环境条件，提高鸡群健康水平。

▲实施科学的免疫程序，做好疫病监测，应根据本地区和本场疫病的流行情况、疫苗苗株特点、母源抗体水平、检测手段等制定出符合本场疫病防控的

免疫程序，搞好重要疫病的监测与控制。

（二）免疫接种注意事项

详见本书第五章第四节的内容。

（三）免疫接种失败的可能原因分析

详见本书第五章第四节的内容。

（四）发生疫情时应采取的紧急措施

1. 隔离待诊 可疑传染病发生时应对发病鸡群立即隔离，尽快送患病鸡到兽医部门检查确诊。

2. 确诊后的措施

▲确诊为重大疫情以后，要迅速采取扑灭措施。

▲对非烈性传染病发病鸡场进行封锁，进行全面消毒。

▲对发病群体逐个检查，病鸡与可疑病鸡应隔离治疗，要专人专室管理。

▲没有发病的群体应进行紧急预防接种，或用抗生素及磺胺类药物预防。紧急免疫时，应该对养鸡场内所有易感鸡（不分年龄）都进行接种（不能用于紧急预防接种的疫苗除外），未感染鸡只应接种疫苗，越快越好，其所用的疫苗剂量应为正常剂量的1～2倍。

▲患病鸡群也可紧急接种或注射抗病高免血清、高免卵黄，也可用抗生素辅助治疗；治愈后的鸡只，应在用药后10～14天再用疫苗免疫一次。

3. 封锁 发病的鸡场必须立即停止出售其产品或向外调出种鸡，谢绝外人参观。等待患病鸡全部治愈或全部处理完毕，经过严格消毒后2周，再无疫情出现时，进行彻底消毒2次后方可解除封锁。

4. 病鸡处置 对传染病患病鸡或可疑传染病患病鸡，不能恢复的应全部淘汰。如果可以利用者，要在兽医监督下加工处理。病死鸡，其尸体必须采用深埋或焚烧等方法进行无害化处理，严防扩大传染源。

（五）送检病死鸡须知

1. 取样 若有病鸡，需选具有典型症状的患病鸡3～5只，或取患病鸡肝、心、肺、脾、淋巴结、胃肠等有病变器官送有关技术部门检验，供剖检诊断用。送检的病死鸡最好未经抗菌药物或杀虫药物治疗，否则会影响微生物学或寄生虫学检测。

2. 蛋样与粪样 对于产蛋、粪便异常的病鸡，可送10～20枚蛋、粪便少量，供分析用。

3. 血样 检查血清抗体时，则采取血液，分离血清，装入灭菌的小瓶及时送检。

4. 饲料样 若怀疑饲料或药物等有问题，可送检部分饲料或药物。

5. 样品处置 送检病死的鸡或病料，要求死亡时间不超过 6 小时（夏天）、12 小时（冬天），远离检验处的可采用冷藏箱（4～8℃）装运送检。装病料的容器上要编号，并详细记录，附有送检单。短途可派专人送检，长途可冷藏空运送检。

6. 细菌材料的保存 将采取的组织块，保存于饱和盐水或 30%甘油缓冲液中，容器加塞封固。送检时应防热。

（1）饱和盐水的配制 取蒸馏水 100 毫升＋氯化钠 38～39 克，充分拌匀溶解后用纱布过滤，高压灭菌后分装入无菌容器内备用。

（2）30%甘油缓冲液配制 纯净甘油 30 毫升，氯化钠 0.5 克，磷酸二氢钠 1 克，加蒸馏水到 100 毫升，混合后高压灭菌备用。

7. 病毒检验材料的保存 将采取的组织块，保存于鸡蛋生理盐水或 50%甘油生理盐水中，容器加塞封固。送检时应防热。

（1）鸡蛋生理盐水的配制 无菌取蛋黄、蛋清混合物 1 份，加灭菌生理盐水 1 份，摇匀后用纱布过滤，然后加热到 50～68℃，持续 30 分钟，在第 2 天，第 3 天各按照上述方法加热一次，冷却后分装备用。

（2）50%甘油生理盐水的配制 中性甘油 500 毫升，氯化钠 8.5 克，蒸馏水 500 毫升，混匀后分装，高压灭菌后备用。

8. 病理检验材料的保存 将采取的组织块，放入 10%的中性福尔马林液中或 95%酒精中固定，固定液的用量应为标本体积的 10 倍以上。送检时要防止冻结。

（1）10%福尔马林液的配制 福尔马林 10 毫升，加 90 毫升蒸馏水混匀后分装备用。

（2）10%中性福尔马林液的配制 福尔马林 120 毫升，蒸馏水 800 毫升，磷酸二氢钠 4 克，磷酸氢二钠 13 克，混匀后，调整 pH7.0 即可。

（3）95%酒精的配制 取无水酒精 95 毫升，蒸馏水 5 毫升，混匀即可。或用市售的 95%酒精。

9. 电镜检查的标本采取 应注意鸡只死亡后时间不得超过半小时，采取的组织 1 毫米^3 大小，固定于 2.5%戊二醛溶液中，4℃保存送检。

2.5%戊二醛溶液的配制：取 0.2 摩尔/升磷酸缓冲液 50 毫升（A 液：磷酸二氢钠 1.56 克，双蒸馏水 50 毫升；B 液磷酸氢二钠 7.16 克，双蒸馏水 100 毫升；A 液和 B 液分别混匀溶解后，取 A 液 19 毫升，B 液 81 毫升混匀后调整 pH 为 7.4，即为 0.2 摩尔/升磷酸缓冲液），双蒸馏水 40 毫升，25%戊二醛水溶液10毫升，此溶液pH为7.4，标本固定时间为1～2小时。

第二节 肉鸡疾病诊断与控制

一、疾病诊断的常规程序

1. 未发病的养殖场 日常技术资料分析（日常生产记录、疫情资料、潜在危害病因分析、潜在病因性分析）→日常剖检→血清学监测→潜在疾病病因分析→饲养管理改善、有效药物疫苗应用→预防疫情发生。

2. 对于已经发病养殖场 流行病学调查→技术资料分析→病理剖检→实验室诊断→对症治疗以及药物治疗性诊断→确定病因→饲养管理改善、有效药物或疫苗应用→疫情控制。

二、常用的临床诊断方法

（一）流行病学调查

▲发病时间、数量、地点，发病率和死亡率，以往疫情和近期周围鸡场的疫情。

▲对引进种蛋、种鸡的地区进行流行病学调查，重点了解经蛋和种鸡垂直传播的传染病，如沙门氏菌病、鸡白血病等。

▲了解饲料变化，有无霉变或营养缺乏，饲养环境是否符合要求，如饲养密度、通风、温度、湿度和光照等。

▲了解使用疫苗的种类、时间、方法、免疫效果检测情况，了解抗生素、驱虫药等近期的使用情况及其效果。

（二）临床症状检查

1. 健康肉鸡临床表现

▲对外界刺激反应灵敏，羽毛丰满光亮，脚趾骨粗壮。鸡冠、肉髯红润，采食及运动正常，肛门四周及腹下羽毛无粪便污染。

▲眼大有神，眼周围干净。站卧自然，行动自如，无异常动作。采食量和饮水量、体重随日龄的增长而有规律地增长。健康肉鸡的口腔和鼻孔无分泌物。肉种鸡的产蛋量随着日龄变化而变化。

2. 患病肉鸡临床表现

▲患病鸡精神差，对外界反应不灵敏，头低垂，厌食，饮水少；或蹲在角

落里，不爱活动，或常离群缩头呆立或扎堆。

▲患病鸡冠暗红黑紫或萎缩干燥，病鸡眼睛结膜潮红或苍白，眼睑紧闭，两翅膀下垂，羽毛蓬乱，或出现水样腹泻，肛门周围羽毛黏有粪便。

▲患病鸡消瘦，体重减轻。呼吸音异常，呼气粗，常发出“咯咯”或“呼噜”音。

（三）尸体剖检

1. 重大疫病或人兽共患病

▲对于可疑发生烈性传染病或人兽共患病如高致病性禽流感，禁止剖检，应立即通知当地动物疫病防控部门，采用专用车辆送到国家动物疫病诊断参考实验室检查。

▲一旦确诊为烈性传染病或人兽共患病，按照《中华人民共和国动物防疫法》进行处理。

2. 非烈性传染病 对于非烈性传染病的动物，可以在专用的解剖室进行剖检诊断，死亡鸡用专用焚烧炉焚烧处理。如果野外剖检，应选择远离鸡场、交通要道、居民区等处，尸体就地深埋或焚烧处理。

3. 剖检方法 剖检过程中应注意防护，防止疫病扩散和人员感染。一般剖检诊断方法如下。

（1）外部检查 对于活的病鸡，应重点检查：

▲病鸡的体温、皮肤的弹性和颜色。

▲眼、鼻是否有异常的分泌物（如脓性或血样），是否有皮肤肿胀。

▲触摸嗉囊，检查是否积有食物或液体。

▲检查口腔黏膜颜色和黏液有无异物、溃疡、假膜、肿物。

▲泄殖腔是否有脱肛、出血，是否有异常粪便（绿色粪便、水样粪便、血样粪便等）污染周围羽毛。

（2）病鸡处死

①颈静脉和动脉放血致死法 用刀切断颈部左侧或右侧的颈静脉和颈动脉，放血致死。

②心脏采血致死法 将鸡保定，将注射器针头通过胸前口或胸侧壁刺入心脏，抽血致死。

（3）剖检顺序及检查内容

①体表消毒与保定 将病死鸡全身的羽毛用消毒液（来苏儿或新洁尔灭）浸湿，切开腹部连接两侧腿部的皮肤，握住两大腿向外翻转，直至髋关节脱臼，将尸体平放在解剖盘上。

②剖开体腔

▲从泄殖腔（孔）至胸骨后端纵向切开体腔，再沿两侧肋骨中部剪断肋骨直到锁骨处。

▲在胸骨两侧的体壁上向前延长纵向切口，将两侧体壁剪开，然后一手压住鸡腿，另一手握住龙骨后缘向上拉，使整个胸骨向前翻转，露出胸腔和腹腔。

▲先检查胸、腹部两侧气囊膜是否透明，有无混浊、增厚或渗出物。再检查胸、腹腔内的液体是否增多或有渗出物，各内脏器官是否肿大或有无胶冻样或干酪样渗出物出现。

③摘除内脏器官

在胸腔，切断气管、食管及周围的联系，将心脏取出。在腹腔，先取出肝和脾脏，再取出胃、肌胃及肠管、肾脏、卵巢及输卵管、睾丸、法氏囊等。将下颌骨剪开并向下剪开食管和嗉囊，另将喉头、气管、气管叉和支气管剪开检查。

④检查相关组织器官

▲心血管系统、呼吸系统检查：看心包及心脏内外颜色，有无结节，心包液量和有无粘连。横剪鼻孔前的上颌，挤压鼻部，检查其内容物和鼻腔黏膜有无出血等。

▲消化系统泌尿系统检查：重点是肝脏、肾脏的体积大小、软硬、颜色，有无出血、肿大、坏死灶等。检查胃肠道黏膜及其内容物的变化和有无寄生虫等，腺胃乳头有无出血、溃疡等。

▲神经系统检查：先剥离头部皮肤和其他软组织，在两眼中点的连线做一横切口，然后在两侧作弓形切口至枕孔，除去顶部颅骨；分离脑与周围组织的联系，将脑全部取出。注意脑膜和脑实质有无充血、出血等变化。注意腰荐神经丛、坐骨神经丛和臂神经丛的颜色和粗细变化。

▲免疫系统检查：腔上囊、胸腺、盲肠扁桃体是重要的免疫器官，注意观察其是否有肿大、充血、出血、坏死等变化。

三、实验室诊断

（一）显微镜检查

1. 涂片镜检　适用于诊断鸡真菌病（如曲霉菌病等）和粪便寄生虫及其虫卵（如球虫、绦虫、蛔虫）检查等。

（1）真菌检测　取患病鸡的肺脏或气囊上的结节，置于载玻片上，用另一载玻片压碎、抹薄，必要时加一滴清水，在显微镜下观察有无特异的菌丝和孢子。

（2）寄生虫（球虫、绦虫等）检测　在病变肠段刮取黏膜及其内容物，或取新鲜粪便，肝脏球虫灶取白色结节，置载玻片上，加1～2滴生理盐水，涂片，压好盖玻片，在显微镜下观察有无卵囊或虫体。

2. 染色镜检　适用于细菌性传染病如禽霍乱、链球菌病、大肠杆菌病、葡萄球菌病等的诊断，分为制片、染色、镜检三个步骤。

（1）制片

①触片　用于器官的细菌检查，以无菌操作剪下一小块器官组织，将切面在载玻片上轻压一下，晾干，甲醇固定5分钟，或在酒精灯火焰上固定。

②涂片　用于检验血液或其他液体病料，用载玻片的一端蘸取少量病料，在另一无菌玻片上均匀推出一条薄的涂面，晾干，用甲醇固定5分钟或火焰固定。

（2）染色　常用的为美蓝染色和革兰氏染色。

①美蓝染色法：此方法简单快速，适合巴氏杆菌和葡萄球菌的染色。

▲以美蓝（亚甲蓝）的饱和酒精溶液30毫升加氢氧化钾水溶液（1∶10 000）100毫升，即配成染色液。

▲将染色液滴于以上触片或涂片上，约2分钟后倾去染液。

▲用水冲洗，用吸水纸吸干。

▲镜检，细菌被染成蓝色。

②革兰氏染色法　此方法适合革兰氏阴性菌和阳性菌的鉴别。染色步骤为：

▲用0.5%结晶紫水溶液滴于触片或涂片上，1分钟后以碘溶液（碘片1克、碘化钾2克、蒸馏水配成）冲去结晶紫，并保留碘液约1分钟。

▲以酒精洗去碘液并脱色。

▲用清水冲洗，用中性红溶液（中性红1克、1%醋酸2毫升、蒸馏水30毫升配成）复染2～4分钟。

▲用清水冲洗，用吸水纸吸干。

▲在油镜下观察。

③姬姆萨-瑞氏染色法　此方法适合细菌（球菌、杆菌）、组织细胞的染色。

▲涂片以姬姆萨-瑞氏混合染色液，染色1分钟。

▲加入等量的缓冲液混合染色5分钟。

▲自来水冲洗，用吸水纸吸干。

▲在油镜下观察。

（二）凝集试验

用于鸡白痢、伤寒、慢性呼吸道病、传染性滑膜炎等疾病的诊断、检疫和净化。

1. 试验方法

▲取洁净玻片，用红色或蓝色玻璃铅笔在上面画几个 3.5 厘米见方的格子，以阻挡诊断液和血液扩散。

▲一般诊断液都加染料染成蓝紫色，略有沉淀。

▲将抗原充分振荡均匀，以洁净滴管吸取 1 滴（约 0.05 毫升），滴在玻片上 1 个方格的中央（滴成圆珠，勿使扩散）。

▲同时，将被检鸡翅下静脉刺破，用消毒过的铂金耳蘸取血液（约 30 微升），加到诊断液上，用火柴杆或棉签杆的一端搅拌均匀。

2. 结果判断 抗原和血液混合后，于 2～10 分钟出现明显的颗粒凝集或块状凝集可判断为阳性；如在 2～10 分钟内不出现凝集，则判断为阴性。上述反应以外，不易判定为阳性或阴性的，可判为可疑。

也可按下列标准记录反应强度：

＋＋＋＋：出现大的凝集块，液体完全透明。

＋＋＋：有明显凝集片，液体几乎完全透明，即 75％凝集。

＋＋：有可见凝集片，液体不甚透明，即 50％的凝集。

＋：液体混浊，有小的颗粒状物，即 25％凝集。

－：液体均匀混浊，即不凝集。

3. 注意事项

▲检测抗原应保存于 8～10℃冷暗干燥处，用时要充分振荡均匀。

▲试验在 20℃以上室温进行。

▲每次试验须用标准阳性血清和阴性血清作对照。

（三）琼脂扩散试验

琼脂扩散试验可用于鸡传染性法氏囊病、鸡马立克病、鸡传染性脑脊髓炎等疾病的诊断。

1. 试验方法 先制板：

▲取精制琼脂粉 1 克、氯化钠 8 克、1％硫柳汞 1 毫升，加蒸馏水至 100 毫升，水浴融化，调整 pH 为 7.0～7.4。

▲用纱布夹薄层脱脂棉过滤。

▲向直径 8 厘米的玻璃平皿中注入 15 毫升，自然冷却凝固，即制成琼脂

平板。

▲用时以薄壁金属管在琼脂板上打孔，每组 6 个孔，中央 1 个孔，直径 5 毫米，周围 5 个孔，直径4毫米，中央孔与周围孔距离（孔边与孔边）4 毫米，孔深至底。每个平皿的琼脂板上可打孔数组。打好孔后，将平皿底部在垫有石棉网的电炉上稍加热，使琼脂平板略微融化，封住孔底，即可进行加样试验。

2. 结果判断 将平皿置 37℃温箱内，经 24 小时后观察，一般观察 3 天，如在中央孔与周围孔之间出现白色沉淀线，与对照孔之间不出现沉淀线，则为阳性，否则为阴性。

（四）血凝抑制试验（HI）

HI 用于新城疫等疾病的免疫水平检测，可应用标准病毒诊断抗原来检查被检血清中的相应抗体。HI 检测可确定新城疫疫苗免疫的效果，为合理制定或修订免疫计划提供依据。

1. 试验方法 取一块 96 孔血凝板，按以下步骤操作：

▲制备 4 个单位抗原。按 HA 试验测出的病毒诊断用抗原血凝价除以 4 即为 4 个单位血凝素的稀释度。

▲稀释待检血清。第 1、2、3 排 1～12 孔各加生理盐水 50 微升，于第 1 排第 1 孔中加入 50 微升待检血清，反复吹吸 3～5 次混匀后，取 50 微升至第 2 孔混匀，吸取 50 微升至第 3 孔，依次稀释至第 12 孔，弃去 50 微升，经倍比稀释，血清的稀释倍数为 21～212 倍。

▲第 2、3 排 1～12 孔各加 4 个单位抗原 50 微升，微量振荡器振荡 2 分钟混匀；室温下静置 20 分钟；第 1、2、3 排 1～12 孔各加 1%鸡红细胞 50 微升，微量振荡器振荡 2 分钟混匀。室温下静置 10～30 分钟，观察结果。

2. 结果判断

▲合理采样：在小群，采样数占总数的 3%～10%；在大群，采样数不低于 0.1%～0.5%。

▲不同疫苗免疫时，血清或卵黄 HI 抗体滴度与疫苗免疫后的抗体滴度见表 6-1。

表 6-1 不同疫苗免疫后的抗体滴度

疫苗选择	免疫后天数	HI 抗体滴度
Ⅱ系、Ⅳ系、C30、N79	10～15	1∶16～28
Ⅰ系	10～15	1∶32～256
油苗	20～25	＞1∶256

▲根据抗体水平确定首免日龄，可用下列公式推算：

首免日龄=4.5×（1日龄HI的对数值-4）+5。

例如：当HI为1∶32时，首免日龄为9.5天；

当HI<1∶16时，首免日龄为1日龄。

▲鸡群免疫水平合格判断标准见表6-2。

表6-2　鸡群免疫水平判断标准

鸡群类别	HI（抗体）滴度	被检鸡只的标准合格率（%）
初生雏鸡	1∶5	100
1月龄以下雏鸡群	≥1∶20	>85
1月龄以上中鸡群	≥1∶20～40	100
成年鸡群	≥1∶40～80	100

以上鸡群认为是具有抗新城疫（ND）的能力，若低于以上标准，应加强ND免疫，如果用ND弱毒疫苗免疫后7～15天，ND油剂苗免疫10～25天后，被检鸡HI抗体水平提高2个滴度以上，可认为免疫成功，否则免疫失败，应立即补充免疫。

▲通过抗体水平变化，检测强毒感染可能。如果一个鸡群在发病前HI抗体平均值为5～6log2，2周后采血测定HI效价平均值为9～10log2，就可证明该鸡群已感染了新城疫强毒。

（五）胶体金免疫层析快速检测（GICA）

GICA适用于禽流感、新城疫、传染性法氏囊病、鸡传染性支气管炎、鸡传染性贫血等疾病的快速抗原和抗体检测。方法如下：

▲按照说明采集血清或相关组织样品，将检测卡从铝箔包装袋内取出，平放于桌面上。

▲取2～3滴制备好的样品液（约100微升）逐滴滴入试剂卡的加样孔中，10分钟内判定结果。

在检测抗原时，若样本为血清，有时其浓度过高会造成层析流动缓慢，可加1～2滴稀释液，适当推动样品顺畅地流动，能得到较好的反应结果；如果是检测抗体，则需要按要求稀释一定倍数。

（六）细菌分离与药敏试验

以大肠杆菌药敏试验为例。

1. 细菌分离、培养

▲取患病鸡病料无菌操作画线接种于麦康凯琼脂平板上，置于37℃恒温

培养箱中，培养 18～24 小时，观察单个菌落的生长情况。

▲选取红色、圆形、湿润的典型菌落接种到普通琼脂斜面上，进行纯培养（37℃，24 小时）。

▲取纯培养物分别接种于普通琼脂平板、麦康凯琼脂平板、伊红-美蓝琼脂平板、三糖铁琼脂斜面和营养肉汤中，37℃培养 18～24 小时。

△观察是否有典型的大肠杆菌菌落（如在伊红-美蓝琼脂平板上形成圆形、边缘整齐、隆起、呈紫黑色带金属光泽的菌落）。

△大肠杆菌菌落在麦康凯琼脂平板上形成玫瑰红色、圆形、湿润、中央隆起、中等大小的菌落等。

▲取纯培养物进行涂片，革兰氏染色，大肠杆菌为革兰氏阴性、两端钝圆、散在或成对的小杆菌。

2. 细菌生化鉴定 取大肠杆菌纯培养物分别接种于葡萄糖、乳糖、麦芽糖、甘露醇等各种糖发酵管中，置于 37℃恒温培养箱中，培养 18～24 小时，观察发酵管的反应情况；取纯培养物分别做 MR 试验、VP 试验、硫化氢试验和靛基质试验。大肠杆菌分离菌株均能发酵葡萄糖、麦芽糖、乳糖、甘露醇，产酸产气；能产生靛基质，不产生硫化氢；MR 试验为阳性，VP 试验为阴性。

3. 纸片法抑菌试验 选择药敏纸片：硫酸黏菌素、盐酸环丙沙星、乳酸诺氟沙星、氟苯尼考、沙拉沙星、盐酸左氧氟沙星、痢菌净和头孢噻啉等中西药物。

▲取纯大肠杆菌培养物，无菌接种于营养肉汤培养基中，培养 16～18 小时得到幼龄菌液。

▲取幼龄菌液 0.2 毫升于普通营养琼脂平板表面，用 T 形涂布棒涂匀，待其稍干后，用无菌镊子将药敏试纸均匀等距贴在培养基表面，置 37℃恒温培养箱中。

▲培养 18～24 小时，观察并记录抑菌圈的直径（包括滤纸片），以抑菌圈直径大小作为判定细菌对药物敏感性的标准，以敏感、中敏或耐药的形式解释结果。

4. 抑菌标准（参考）

▲无抑菌圈为抗药。

▲抑菌圈直径小于 10 毫米为低度敏感。

▲抑菌圈直径在 10～15 毫米为中度敏感。

▲抑菌圈直径在 15～20 毫米为高度敏感。

▲抑菌圈直径在 20 毫米以上为极敏感。

第三节　主要肉鸡疾病及其防治措施

一、病毒性传染病

（一）新城疫

1. 简介　鸡新城疫（ND）是由鸡新城疫病毒引起的一种急性高度接触性传染病，常呈败血症经过。主要侵害鸡，其他禽类也可感染。病鸡表现呼吸困难（呼吸型或肺脑炎型）、下痢（腹泻型）、神经症状（神经型），死亡率达90%以上，传播迅速，是养鸡业中危害较大的传染病之一。该病最早发现于印度尼西亚，之后在世界各地广泛流行。

2. 诊断

（1）临床症状

①最急性型　多见于流行初期，突然发病，常无特征性症状即突然死亡。

②急性型　病鸡体温43～44℃，精神萎靡，食欲不振，口渴，羽毛松乱，闭目缩颈似昏睡。冠、髯暗红或黑紫色。嗉囊充满液体或气体，倒提时常有大量酸臭液从口中流出。呼吸困难，粪稀薄，呈黄绿色或黄白色。产蛋鸡出现产蛋下降或停止，软壳蛋增加，褐壳蛋颜色变浅。病程延长时出现咳嗽。后期体温下降，不久即死亡，病程为2～5天。肉种鸡出现采食量下降，产蛋波动和下降，产蛋下降20%～40%。后期排出稀绿色粪便、精神沉郁、死亡率增加。

③亚急性或慢性型　尤其在免疫鸡群群中，病鸡以腹泻、轻微呼吸道症状和神经症状为主。一般10%～30%病鸡遗留头颈扭曲，病死率15%～45%。产蛋鸡主要表现产蛋率下降和呼吸道症状。病鸡表现为病程长，死亡率较低。

（2）剖检特征　气管、腺胃乳头或乳头间有鲜明的出血点，腺胃与肌胃的交界处呈带状出血，小肠黏膜上有枣核样出血或溃疡。

（3）实验室诊断

▲无菌采取鸡的脑或脾脏，加4倍生理盐水磨碎，吸取上清液，加抗生素处理后，接种于9～10日龄鸡胚的尿囊腔，每胚0.2毫升，36～72小时后胚胎即死亡。

▲打开鸡胚，吸取尿囊液与1%鸡红细胞悬液做血细胞凝集试验，同时用已知抗鸡新城疫血清处理后做血细胞凝集抑制试验，即可确诊。

▲也可采用免疫胶体金诊断试纸检测卡，如病原检测阳性，即可快速诊断。

3. 预防控制方法 对于鸡新城疫的防治，需要采取综合性防控措施，即杜绝传染源。

▲应开展经常性的消毒灭菌，加强检疫，定期进行免疫接种，建立免疫监测等。

▲积极预防和治疗鸡的免疫抑制性疾病（IBD、MD、LL 等）。

▲确保鸡群免疫器官和免疫功能处于正常状态，免疫接种才有效。做好鸡群抗体水平监测工作，制定科学的免疫程序。

▲对于雏鸡应视其母源抗体水平来确定首免日龄，一般应在母源抗体水平低于 1∶16 时进行首免，确定二免、三免日龄时也应在鸡群 HI 抗体效价衰减到 1∶16 时进行，才能获得满意的效果，可以采用点眼、滴鼻、喷雾、饮水的接种方法。

▲鸡场一旦发生鸡新城疫，应立即对全群鸡进行紧急预防接种：

△对发病鸡群实行严格封锁，隔离消毒，病鸡、死鸡均应淘汰，并做深埋或烧毁处理。

△未发病的鸡立即采用鸡新城疫Ⅱ系或Ⅳ疫苗滴鼻，疫苗按常规稀释，滴鼻免疫。也可采用鸡新城疫Ⅰ系疫苗作紧急防疫接种，按常规方法稀释，成年鸡每只肌内注射 1～2 毫升，雏鸡每只肌内注射 0.2～0.3 毫升，注射免疫2～4 天病情即可得到控制。

△可用抗鸡新城疫血清或高免卵黄注射液防治，有一定疗效。

（二）禽流感

1. 简介 禽流感又名真性鸡瘟、鸡疫、欧洲鸡瘟，是由 A 型流感病毒（Avian Influenza Virus，AIV）引起的禽类（家禽和野禽）的一种急性传染病，给全世界造成巨大的经济损失，同时对人类的公共卫生也造成了相当大的危害。可以引起鸡从呼吸系统病变到全身败血症的一种高度接触性、急性传染病。鸡、火鸡、鸭等家禽及野鸟均可感染。禽流感是目前兽医和公共卫生所面临的最重要威胁之一。

禽流感病毒是人流感病毒株形成的最庞大基因库，禽流感可直接感染人，陆续有人感染禽流感病毒死亡的病例报道。高致病性禽流感（HPAI）已被国际兽医局动物流行病组织（OIE）列为 A 类传染病，并被列入国际生物武器公约动物传染病名单。

2. 诊断

（1）临床诊断 根据禽流感病毒的致病性强弱，可将禽流感分为高致病性禽流感（HPAI）、低致病性禽流感（LPAI）和无致病性禽流感（NPAI）三种。

▲高致病性的禽流感如 H5N1，可以引起致死率极高的急性出血性感染，可引起鸡的急性死亡，死亡率可以高达 100%。表现为鸡突然发病，体温升高，鼻腔分泌物增多、鼻窦肿胀，眼结膜充血、流泪，头颈部水肿，鸡冠和肉髯、脚鳞片瘀血、肿胀，出血。母鸡产蛋率大幅度下降或停产。

▲低致病性的禽流感如 H9 或 H7，只能引起少量死亡或不死亡，呈极低的呼吸道和消化道感染。在肉种鸡，主要表现为发病慢、传播快，基本不出现死亡，产蛋率下降较缓慢，一般经 7～10 天产蛋率可以从 90%下降到 10%，有的鸡群甚至绝产。

（2）实验室诊断　由于 A 型流感病毒引起的禽流感，其病理变化因感染病毒毒株毒力的强弱、病程长短和禽种的不同而异。因感染禽的种类、年龄、性别、并发感染情况及所感染毒株的毒力和其他环境等不同而表现出的症状差异很大。长期以来，禽流感的诊断一直依赖于病原的分离和鉴定。近年来，相继建立了禽流感琼脂扩散试验（AGP）、血凝抑制试验（HI）、神经氨酸酶抑制试验（NI）、间接酶联免疫吸附试验（ELISA）等血清学诊断技术。

☞**注意：**以上检测均应在国家规定的参考诊断实验室进行。

3. 预防控制方法

▲高度致病性的禽流感病毒已在多个区域的多物种中广泛存在，依靠简单的扑杀和生物隔离已经不可能控制和消灭本病，合理使用的疫苗和严密的疫情监测将是未来很长一段时间内控制动物 H5N1 亚型禽流感的主要策略，也是可能消灭本病的前提条件。

▲加强肉鸡的饲养管理，提高机体抵抗能力，控制其他飞禽进入养鸡场。实行严格消毒，做好免疫接种或严格扑杀，是国内外预防和控制鸡流感的主要措施。3 日龄肉雏鸡颈部皮下注射 0.3 毫升禽流感 H5、H9 二价灭活疫苗，以获得特异性免疫力。可以用中药抗病毒药物和抗生素加强免疫空白期的鸡群保健工作。

▲发生疫情处理方法：肉鸡场发生禽流感或疑似高致病性禽流感时，应按照国家防疫法规和地方政府的应急处理预案进行控制，积极上报疫情，立即采取紧急措施，尽快控制和扑灭疫情。

（三）鸡传染性法氏囊病

1. 简介　由传染性法氏囊病病毒引起 2～6 周龄雏鸡的一种急性、高度接触性、免疫抑制性传染病。一年四季均可发生，本病是严重威胁肉鸡业的重要传染病之一，常造成巨大经济损失。一方面由于鸡只死亡、淘汰率增加、影响增重造成直接经济损失。另一方面可导致免疫抑制，使鸡对多种疫苗的免疫应答下降，造成免疫失败，使鸡群对其他病原体的易感性增加。

2. 诊断

▲主要剖检特征是法氏囊肿胀、出血、坏死，胸肌、腿肌出血（图 6-1），腺胃、肌胃交界处条状出血；法氏囊病理组织学特征为淋巴滤泡内的淋巴细胞坏死消失，间质充血、出血、水肿、白细胞浸润。

▲采取感染症状明显期的法氏囊病料作为抗原，进行血清学诊断（琼脂扩散试验）。

▲采取病料，使用传染性法氏囊病（IBD）抗原免疫胶体金诊断试纸条进行快速诊断检测。

3. 预防方法

(1) 加强饲养管理及卫生措施　保持进雏时间的合理间隔，实行全进全出的饲养制，减少和避免各种应激因素。

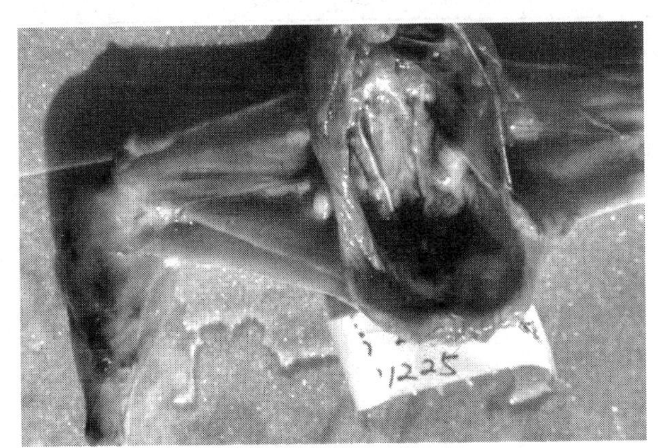

图 6-1　鸡传染性法氏囊病，腿部肌肉出血
（马吉飞供图）

(2) 免疫接种　通过有效的免疫接种，使鸡群获得特异性抵抗力，这是防制传染性法氏囊炎的最重要的措施。

①雏鸡的免疫　根据雏鸡的母源抗体水平确定雏鸡的首免时间。雏鸡出壳后每间隔 3 天用琼脂扩散法（AGP）或 ELISA 法测定雏鸡的母源抗体水平，当雏鸡群的 AGP 抗体阳性率达到 30%～50%时，可以对雏鸡进行首免；首免后 7～10 日龄进行二免。如果没有检测条件，可采用 12～14 日龄进行首免，20～24 日龄进行二免。所用的疫苗为中等毒力疫苗。

②种鸡的免疫　为了提高雏鸡的母源抗体水平，还应在 21～23 周龄和 42～44 周龄时各进行 1 次 IBD 油乳剂苗的免疫。

③免疫程序　10～14 日龄、28～30 日龄各用弱毒苗饮水或滴鼻，饮水剂量 2～4 头份；140 日龄和 300 日龄各用灭活苗肌内注射。也可在 7～10 日龄时皮下注射灭活苗 0.3～0.5 毫升。

④传染性法氏囊病免疫检测标准（供参考）　鸡群的合理抽样率为小群

占3%～10%，大群不低于0.1%～0.5%。采用琼脂扩散试验法（AGP）法氏囊免疫判断，1日龄鸡血清进行检测母源抗体阳性率（%）确定首免日龄，免疫后母源抗体阳性率应达到75%～80%以上为合格，首免日龄的确定见表6-3。

表6-3 传染性法氏囊病首免标准

母源抗体阳性率（%）	首免日龄	母源抗体阳性率（%）	首免日龄
20	立即免疫	40	10日龄
60	15日龄	60～80	17日龄
80～100	18～28日龄		

4. 控制方法 发病鸡群可以采用如下控制措施：

▲降低饲料中的蛋白含量到15%，饮水中加5%的糖或补液盐或电解质多维，减少各种应激。

▲对鸡舍和养鸡环境进行严格的消毒，如有机碘制剂、氯制剂等。

▲发病早期每只鸡用IBD高免血清0.5～1毫升或高免蛋黄1～2毫升匀浆及时注射，一次皮下注射或肌内注射，有较好的防治效果。当有细菌病或继发感染、混合感染时，按照药敏试验结果选择敏感的抗生素控制。

（四）鸡传染性支气管炎

1. 简介 鸡传染性支气管炎（IB）是由传染性支气管炎病毒（IBV）引起的一种急性、高度接触性呼吸道疾病，以气管啰音、咳嗽和打喷嚏为特征。IB的高度传染性和IBV众多的血清型，使免疫预防复杂化并提高了防控成本。通过呼吸道感染、肾脏损伤引起商品肉鸡、肉种鸡的生长性能下降、死淘率升高、产蛋量及蛋壳质量下降等，造成严重的经济损失。

2. 诊断 本病感染鸡，无明显的品种差异。各种日龄的鸡都易感，但5周龄内的鸡症状较明显，死亡率可达15%～19%。

（1）呼吸型 临床表现主要为呼吸道症状，患病鸡张口呼吸、咳嗽、喷嚏、甩头，有气管啰音或喘鸣声，气管内有水样或黏稠状透明的黄白色渗出物。

（2）生殖型 患病鸡的卵巢可能正常，输卵管有透明液体渗出物，导致输卵管堵塞，还可见输卵管前端萎缩或发育不全。成熟卵泡无法进入输卵管形成蛋，坠落到腹腔中，形成卵黄性腹膜炎，在产蛋鸡可见输卵管子宫部水肿，卵泡变形、出血。严重感染的鸡群平均发病率为15%～30%。

（3）肾型 发病初期有轻微呼吸道症状，随后呼吸道症状消失，出现羽毛逆立，精神沉郁，排米汤样白色粪便，鸡爪干枯。剖检表现为是机体严重脱水，肾和输尿管以及泄殖腔中可见白色石灰样的尿酸盐。

（4）*腺胃型* 剖检特征是病鸡腺胃肿大，呈圆球形，乳头糜烂或消失，可挤出白色脓性分泌物，肠道黏膜出血、溃疡。

3. 预防控制方法

（1）*预防方法* 由于IBV的血清型众多，各养殖场的IBV野毒也差异较大，因而在弱毒疫苗的使用上要注意毒株的选择与匹配，对新的血清型传支疫苗要慎用。

▲要控制好IB，首先要引进没有受到IBV感染的雏鸡，要做好孵化场的防疫卫生工作，防止孵化场受到污染，保护1日龄雏鸡不受IBV侵害，确保雏鸡质量。同时，做好育雏前期的各项防疫隔离措施，做好上下批次的隔离，防止上下批次的疾病传播。关注幼雏期和开产期两个关键时期，确保鸡群不受IBV感染。最终才能使肉种鸡群顺利开产、上高峰，发挥其理想的生产性能。

▲接种疫苗是目前预防IB的1项主要措施。目前，用于预防IB的疫苗种类很多，可分为灭活苗（如肾型本地分离株）和弱毒苗（如荷兰的H_{120}、H_{52}株）两类。弱毒苗H_{120}对14日龄雏鸡安全有效，免疫3周保护率达90%，严重污染区可提前到1日龄用弱毒苗H_{120}免疫。H_{52}对14日龄以下的鸡会引起严重反应，不宜使用，但对大日龄的鸡却安全，H_{52}于30～45日龄开始接种。

（2）*治疗方法* 对IB目前尚无有效的治疗方法。为控制病毒和细菌感染：每10～20千克水加入强力霉素原粉1克，任其自饮，连服3～5天；或每千克饲料拌入板蓝根冲剂30克。呼吸型IB可以采用平喘止咳的中药如：双花、连翘、板蓝根、甘草、杏仁、陈皮等中草药复方制剂进行治疗。对肾病变型IB，采用口服补液盐、0.5%碳酸氢钠、维生素C、肾肿解毒药等。

（五）鸡传染性喉气管炎

1. 简介 鸡传染性喉气管炎是由疱疹病毒引起的一种急性、接触性上部呼吸道传染病。本病传播快，通过呼吸道及眼结膜而感染，死亡率较高，在我国较多地区发生和流行，危害养鸡业的发展。

2. 诊断

（1）*主要症状与病变特征* 病情较重的病鸡抬头伸颈喘气，咳嗽，打喷嚏，咳出含有血样的渗出物。

（2）*剖检特征* 可见喉部、气管黏膜肿胀、出血和糜烂。在病的早期患部细胞可形成核内包含体。病情较轻的鸡患结膜炎，流泪，流鼻汁，眶下窦肿胀，很少死亡，但产蛋率下降。

3. 预防控制方法

（1）*预防方法*

①无本病流行地区　最好不用弱毒疫苗免疫，更不能用自然强毒接种，它不仅可使本病疫源长期存在，还可能散布其他疫病。

②本病流行的地区　可以接种鸡传染性喉气管炎弱毒疫苗，滴鼻、点眼或涂擦泄殖腔黏膜免疫。易感鸡接种疫苗后可获得保护力半年至1年不等。母源抗体可通过卵传给子代，但其保护作用甚差，也不干扰鸡的免疫接种，因为疫苗毒属于细胞结合性病毒。

③自然感染区　鸡自然感染鸡传染性喉气管炎病毒耐过后可产生坚强的免疫力，可获得至少1年以上，甚至终生免疫。但是耐过的康复鸡在一定时间内带毒、排毒，所以要严格控制易感鸡与康复鸡接触，最好将病愈鸡淘汰。病愈鸡不可和易感鸡混群饲养。

（2）*治疗方法*　目前尚无特异的治疗方法。发病肉鸡群可以投服抗菌药物，对防止继发细菌感染有一定作用，降低死亡率。做到早发现、早隔离、早诊断、早治疗，重点关注80日龄以上肉种鸡群的呼吸道症状发生进展。对病鸡慎重选择抗体注射疗法，药物选择（对因、对症、营养、中西结合）：牛黄解毒丸、喉症丸、多西欣、氯化铵、三原清、麻杏石甘散、多种维生素，或其他清热解毒利咽喉的中药液或中成药物。

（六）鸡脑脊髓炎

1. 简介　鸡脑脊髓炎（AE）又称传染性脑脊髓炎、流行性震颤，由鸡脑脊髓炎病毒引起的雏鸡神经系统损伤为主的传染病，发病率一般在20%～40%，死亡率高。本病可经蛋垂直传播，也可经病鸡粪便排毒引起水平传播，在我国发病率明显上升，成为危害肉鸡业的主要传染病之一。

2. 诊断

▲患病鸡的特征为快速震颤和共济失调，震颤的主要部位是头部，此外还会出现腿麻痹的症状。

▲成年种鸡无神经症状，主要表现一过性产蛋下降，产蛋率下降一般达到10%～20%，孵化率下降，胚胎多数在19日龄前后死亡。

▲随机采取患病鸡血液，分离血清，用已知的AE抗原进行琼脂扩散实验（AGP）试验，出现阳性沉淀线即可确诊。

3. 预防控制方法

（1）*预防方法*

▲免疫接种所使用的疫苗有鸡脑脊髓弱毒活疫苗和鸡脑脊髓炎油乳剂灭活

疫苗两种。

▲非疫区种鸡于开产前1个月注射油乳剂灭活苗。疫区可在鸡10～12周龄经饮水或滴鼻、点眼接种弱毒苗，在开产前1个月再注射油乳剂灭活苗。也可经饮水免疫接种弱毒活疫苗，1～2羽份/只；第二次免疫于后备肉种鸡16周龄，经饮水免疫接种弱毒活疫苗，2羽份/只。同时，可经肌内注射接种油乳剂灭活疫苗0.5～1毫升/只。通过上述免疫接种，免疫期可达1年以上，必要时可在种鸡产蛋中期再肌内注射油乳剂灭活疫苗一次。

(2) 治疗方法

▲雏鸡发病后无治疗价值，一旦确诊，淘汰病鸡或整个鸡群。

▲对于未发病鸡群，隔离饲养并投服抗生素控制细菌感染，维生素E和B族维生素、谷维素等可以保护神经和改善症状，可用抗AE卵黄抗体或血清进行治疗，每只0.5～1毫升，每天1次，连用2天。种鸡发病时可以用油乳剂灭活疫苗做紧急免疫注射进行控制。

(七) 鸡白血病

1. 简介 鸡白血病是由多种亚型鸡白血病病毒引起的一种肿瘤性传染病，可引起感染鸡免疫抑制和多组织器官发育迟缓、萎缩以及肿瘤等，造成较严重的经济损失。本病的死亡率很高，对种鸡群的危害性特别严重。该病最早发现于我国一些肉鸡群中，近几年在蛋鸡中也出现报道，并呈上升和暴发趋势。该病病原禽白血病病毒在鸡群中具有A、B、C、D、E、J等多种亚型，引起的病型包括淋巴细胞性白血病、成红细胞性白血病、成髓细胞白血病、骨髓细胞瘤、鸡纤维肉瘤、肾母细胞瘤、骨化石病、血管瘤等。

2. 诊断 各型白血病中以淋巴细胞性白血病最常见。它的特征是造血组织发生恶性的、无限制的增生，在全身很多器官中产生肿瘤性病灶。各病型的主要特征如下：

(1) 淋巴细胞性白血病 患病鸡肝、脾和法氏囊以粟粒型、结节型和弥漫型等形式形成肿瘤，肝和脾肿大最明显。

(2) 骨髓性白血病 在肋骨和肋软骨接合处，胸骨内侧有奶油状肿瘤形成，下颌骨、鼻腔的软骨上，头骨的扁骨（头盖骨）也常受到侵害，发生异常的隆起。

(3) 成红细胞性白血病 患病鸡软弱、消瘦，常见毛囊出血。

(4) 内皮瘤 患病鸡皮肤上可见单个或多个肿瘤，瘤壁破溃后常出血不止。

(5) 肾真性肿瘤病 患病鸡常因肾肿瘤的长大而压迫坐骨神经出现瘫痪的

病状。

(6) 骨化石病　患病鸡的胫骨增厚常呈“穿靴”样的病状。

(7) 肉鸡J亚群白血病　为新ALV～J引起的肉用型鸡的一种肿瘤性疾病，又称为骨髓细胞瘤，主要侵害肉鸡造血器官。

3. 预防控制方法　本病无疫苗和有效药物用于预防。应该着重做好以下工作。

▲净化种鸡场，建立无白血病的种鸡群。在祖代鸡和父母代鸡场控制垂直传播，采用血清学或病毒分离的方法，经常检出淘汰鸡群中的病鸡和可疑病鸡，实施净化；通过严格的隔离、检疫和消毒措施，防止水平传播，逐步建立无白血病的种鸡群。

▲幼鸡对白血病的易感性最高，必须与成年鸡隔离饲养，防止水平传播。

▲患病鸡没有治疗价值，应淘汰，进行无害化处理。

(八) 鸡马立克病

1. 简介　鸡马立克病（MD）是由马立克病病毒引起免疫抑制性疾病和传染性肿瘤疾病，对养鸡业危害巨大。据报道，在一些地区未免疫地区，肉仔鸡皮肤型和内脏型MD损失达0.5%以上。特别是近年超强马立克病病毒（vvMDV）和超特（超）强马立克病病毒（vv+MDV）的出现，给养禽业带来了较大的经济损失，严重威胁着全球养禽业的发展。

2. 诊断　本病主要感染鸡，鸡的易感性与年龄、性别和品种有密切关系，雏鸡最易感，随年龄的增长，易感性降低。母鸡比公鸡易感。高密度饲养的肉鸡群感染机会更多。幼龄被感染的商品肉鸡症状较轻，但是其生长速度已明显低于同龄的健康鸡群。临床上主要有以下四种类型：

(1) 神经型　患病鸡特征姿势是一肢伸向前方，一肢伸向后方，形成“劈叉”姿势，有的表现一侧或两侧翅膀下垂。

(2) 眼型　患病鸡主要特征是眼部肿胀，虹膜呈环状或斑点状褪色为灰白色。瞳孔边缘不整齐。

(3) 皮肤型　患病鸡主要特征为皮肤羽毛囊肿大，形成小结节或瘤状物。

(4) 内脏型　患病鸡特征为消瘦，在内脏器官发生肿瘤。

▲采集病鸡羽毛根，进行琼扩法血清学检查以确诊。

3. 预防控制方法　目前，对于MD没有有效的治疗药物。控制MD的最好方法是对初生雏鸡接种疫苗，在美国肉鸡全部要接种MD疫苗，即使是生长期最多只有60天的白羽肉鸡，做到如下：

(1) 严格检疫、消毒，净化鸡群　控制办法应以防疫、检疫、消毒为主。

可用琼扩法作血清学检查，血清学检出的阳性病鸡，全部淘汰。

（2）疫苗免疫

①胚胎免疫　在胚胎 18 日龄免疫接种 HVT 冻干苗。

②1 日龄免疫　鸡雏出壳后 1 日内，接种 HVT 冻干苗，注射后 14 天产生免疫力，免疫期为 1 年。

③超强毒 MDV（vvMDV）的预防　多价疫苗免疫：在许多情况下，血清Ⅰ型、Ⅱ型和Ⅲ型 MD 苗单用时都不能抵抗超强毒的感染，可以使用合并二价或三价苗，二价苗有 SB-1＋Fc-126，Z4＋FC-126，814＋FC-126，HVT＋301/B，CVI988/Rispens，三价苗有 HVT＋SB-1＋R2/23 疫苗，提高协同免疫效果。

（九）鸡大肝大脾病

1. 简介　大肝和大脾病（BLSD）肝炎一脾肥大综合征于 1991 年在加拿大被首次报道，该病的病原目前尚不清楚，不过人们倾向于是一种病毒，但是目前还未分离到确切的 BLS 传染因子。主要发生在白羽肉种母鸡，如艾维茵和 AA＋等品种，也可感染产棕壳蛋的母鸡。

2. 诊断　本病主要发生在性成熟后，一般从 20 周龄左右开始发病，持续到 58 周龄左右。死亡率在 1％左右，并持续数周。主要表现为脾脏和肝脏肿大，产蛋减少，死亡率增加。组织学变化表现为先出现淋巴增殖期，再发生淋巴细胞样坏死。

3. 预防控制方法

▲鉴于本病的病原尚未搞清，体外培养尚未获得成功，流行病学不太清楚，尚无有效的预防和治疗措施，只能通过强化鸡舍管理、鸡场清洁和消毒来减少感染率和发病率。

▲朱凤先等用当地病料自制组织灭活苗进行鸡大肝大脾病的预防接种，有效地控制了该病的发生。结果表明，对未发病鸡群进行预防接种，保护率达 100％，7 天后鸡群发病率明显降低，10 天后鸡群呈现稳定状态，接种保护率 95.67％，但是未见有使用商品化疫苗的报道。

（十）鸡病毒性关节炎

1. 简介　鸡病毒性关节炎（AVAS）又名病毒性腱鞘炎、腱滑膜炎，是由呼肠孤病毒（ARV）引起的一种禽类传染病，主要发生在肉用型或肉蛋兼用型禽类。但危害性非常严重，可导致鸡跛行，使胫和跗关节上方腱索肿大，趾屈腱鞘肿胀，最终站立不稳，运动失调，蹲坐，生长停滞，饲料利用率低，屠宰率下降，淘汰率增高，常给广大养殖户造成巨大的经济损失。

2. 诊断 主要症状为患病鸡表现食欲减退、跛行、贫血、消瘦，胫关节、趾关节及连接的肌腱肿胀；后期出现单侧或两侧性腓肠肌腱断裂，足关节扭转弯曲，严重时瘫痪。慢性病例腓肠肌腱明显增厚和硬化，并出现结节状增生、关节硬固变形，表面皮肤呈褐色。

3. 预防控制方法 对该病目前尚无有效的治疗方法。该病毒以水平方式和垂直方式传播，主要采取以下措施：采用全进全出的饲养管理制度；严格鸡场的兽医卫生管理制度，防止本病传入；最有效的消毒剂是碱性溶液（如草木灰、氢氧化钠等）和0.5%有机碘液。病鸡群及时淘汰，不从被本病感染的种鸡场引进雏鸡，种鸡场应净化。

（1）*肉种鸡免疫* 1～7日龄和4周龄分别接种（皮下注射或饮水免疫）1次弱毒苗，16～20周龄注射油化乳剂灭活苗，产生的母源抗体可使雏鸡在3周内不受感染，雏鸡在2周龄，接种弱毒疫苗即可。应与马立克病、传染性法氏囊病弱毒苗的免疫相隔5天以上，以免发生干扰。

（2）*肉雏鸡免疫* 在1日龄以多价弱毒疫苗接种1次。

（十一）鸡包涵体肝炎

1. 简介 鸡包涵体肝炎（IBH）是一种由腺病毒引起的传染疾病，常见于肉鸡群暴发，发病年龄多为3～8周龄。IBH通常继发于其他疾病（如鸡传染性贫血）引起的免疫缺陷。

2. 诊断

▲临床症状特征为突然发作，死亡率急剧上升，并在第3～4天达到顶峰，第6～7天返回到正常范围内。死亡率通常在10%以下，但有时可达到30%。

▲其特征病变为病鸡的肝脏肿大、营养不良，呈黄色，质地易碎，出现大量斑点型或条纹状的出血，出现营养不良性渐进性坏死，并伴有核内包含体，许多病例心包积液。

3. 预防控制方法

▲该病仍无有效疫苗可供使用，临床一般采取病死鸡的组织经灭活后制成组织苗给种鸡免疫后可使后代获得较高的母源抗体以抑制发病。

▲对发病鸡做好隔离、淘汰和消毒工作，改善饲养条件。

▲饲料中添加维生素C和维生素K，配合抗生素使用可降低损失。

▲鸡舍用0.1%～0.3%次氯酸钠或次氯酸钾喷雾或用福尔马林熏蒸消毒，粪便加0.5%生石灰堆积发酵，饮水用漂白粉消毒。

▲本病的传播途径主要是通过种蛋垂直传播，所以种鸡场应加强对本病的预防，以防对商品肉鸡造成危害。

二、细菌性传染病

(一) 肉鸡大肠杆菌病

1. 简介 鸡大肠杆菌病是由埃希氏大肠杆菌引起的多种病的总称，包括大肠杆菌性肉芽肿、腹膜炎、输卵管炎、脐炎、滑膜炎、气囊炎、眼炎、卵黄性腹膜炎、脑炎等病型，死亡率10%～60%。随着集约化肉鸡业的迅速发展，大肠杆菌病已成为主要的细菌性传染病之一，给肉鸡饲养业造成重大经济损失。

2. 诊断 由于病型多，注意与其他疾病鉴别诊断。常见病型及特征如下：

(1) 卵黄囊炎 肉鸡多于1周内发病，具有高发病率和高死亡率的特点。剖检除具有卵黄囊炎病变外，也可伴发脐炎、心包炎、肝周炎病变。

(2) 气囊炎 剖检可见气囊混浊增厚，气囊内有淡黄色干酪样渗出物。

(3) 腹水症 患鸡腹围增大，大部分鸡腹泻，饮水增加，腹腔内充满黄棕色液体，心包积液，肝脏肿大，表面有灰白色纤维蛋白渗出物附着；十二指肠出血最为明显，部分患鸡伴有气囊炎和腹膜炎。

(4) 败血症 多发于肉鸡中雏，剖检病鸡全身肌肉发绀，肝脏出血呈紫黑色或铜绿色，肠道呈严重弥漫性出血，尤以十二指肠最为严重，同时伴有气囊炎、肝周炎、心包炎。

(5) 肺炎型大肠杆菌病 可发生于肉鸡各生长阶段，秋冬季节多发，剖检患鸡肺脏局部或全部有出血、瘀血、水肿呈鲜红色，严重时呈紫红色或暗黑色，也见肺脏与胸壁粘连。

(6) 关节炎 多发于15～40日龄肉仔鸡，患鸡腿软、用膝走路，即以跗关节着地，多为单侧患有腿软，关节部位皮肤上有大小不一的水疱，随病程发展形成脓疱。

(7) 肝周炎与心包炎 肝脏和心脏心包膜上有白色纤维蛋白渗出物附着，即俗称的“包肝”、“包心”现象。肝脏变性，质地坚实，心脏心包膜混浊增厚，严重时心包膜与心外膜粘连。

3. 预防控制方法 大肠杆菌属于条件性致病菌，其广泛存在于自然界，当出现饲养管理不良、气候骤变、鸡舍卫生条件差或在感染免疫抑制性疾病后，肉鸡群抵抗能力下降，此时易引起发该病或与其他疾病并发。鸡大肠杆菌病是养鸡场常见的传染病，病原菌主要经消化道传染。因此应搞好环境卫生消毒工作，严格控制饲料、饮水的卫生和消毒，做好各种疫病的免疫，做好舍内通风换气，定期进行带鸡消毒工作。避免种蛋黏着粪便，对种蛋和孵化过程严格消毒。

（1）疫苗预防　采用疫苗免疫预防是防治鸡大肠杆菌病的有效措施之一。选用当地鸡场分离的致病性大肠杆菌制成油乳剂灭活苗，对雏鸡（如10日龄肉鸡）进行免疫注射，可以有效地降低发病率和死亡率。对于种鸡需进行两次免疫，第一次为4周龄，第二次为18周龄。

（2）药物控制　由于大肠杆菌病极易产生抗药性，在一个鸡场发生后很难根除，应采集病料分离致病菌株，筛选敏感药物轮换用药，及时加以治疗是控制本病的重要措施。肉鸡用药的时间一般为3～7天，3天为小疗程，5天为中疗程，7天为大疗程。每一种药物应至少连用3天，以控制大肠杆菌的耐药性，在使用抗生素治疗后，应用中药和微生态制剂调理胃肠道环境，提高鸡只抵抗力。

（二）鸡白痢

1. 简介　幼雏鸡沙门氏菌是通过种蛋或孵化等感染所引起的一种多发和常发传染病，该病目前在南方某些地区的幼雏中有加重的趋势。个别养殖户鸡群的发病率可达到50%以上，死亡率高达30%以上。

2. 诊断

（1）胚胎感染　种蛋感染沙门氏菌后，一般在孵化后期或出雏器中可见到已死亡的胚胎和即将垂死的弱雏鸡。

（2）雏鸡　在5～7日龄时开始发病，病鸡精神沉郁，怕冷喜欢扎堆，嗉囊膨大充满液体，排出一种白色似石灰浆状的稀粪，并黏附于肛门周围的羽毛上。

（3）育成鸡　多见于40～80日龄的鸡，本病突然发生，鸡群中不断出现精神不振、食欲差和下痢的鸡只，死亡率达10%～20%，剖检肝脏肿大、质脆易碎，被膜下有出血点或灰白色坏死灶。心脏、肌胃和肠管、脾脏可见黄白色结节，严重时可使心脏变形。

（4）成年鸡　多呈慢性或隐性感染，产蛋量明显下降，产蛋高峰不高，维持时间短，种蛋的孵化率和出雏率均下降，剖检可见卵泡萎缩变形、变色，常形成卵黄性腹膜炎，输卵管膨大、阻塞。公鸡睾丸萎缩变硬、变小。

3. 预防控制方法

（1）净化种鸡群　本病传染源主要为病鸡和带菌鸡，应挑选健康种鸡建立健康鸡群，坚持自繁自养，慎重地从外地引进种蛋。对健康鸡群，每年春秋两季对种鸡定期用血清凝集试验全面检测及不定期抽查检测。淘汰阳性鸡及可疑鸡。检疫净化鸡群非常重要，通过血清学试验，检出并淘汰带菌的种鸡，第一次检查于60～70日龄进行，第二次检查可在16周龄时进行，以后每隔1个月检查1次，发现阳性鸡及时淘汰，直至全群的阳性检出率不超过0.5%为止。

（2）*治疗* 由于沙门氏菌易产生耐药性，最好先作药敏试验；不具备条件进行药敏试验时，可首先用庆大霉素、新霉素、卡那霉素、氟哌酸、百病清等，按其使用说明饮服或混料喂服，可获得较好的疗效。应通过药敏实验选择敏感药物。

（三）鸡葡萄球菌病

1. 简介 鸡葡萄球菌病是由金黄色葡萄球菌等引起鸡的一种接触性传染病，现今鸡葡萄球菌病的发病率呈现逐年增高的趋势，诱发因素是患有某些疾病和饲养管理不善、环境条件差、鸡痘等，会使鸡患病。40～60日龄的鸡多发，死亡率较高。严重危害养鸡业。葡萄球菌病是造成肉鸡生产力低下、死淘率较高的重要疾病之一。

2. 诊断 金黄色葡萄球菌侵害家鸡的主要部位是骨骼、腱鞘及腿关节，其次是皮肤、气囊、卵黄囊、心脏、脊髓和眼睑，并能引起肝脏和肺脏的肉芽肿。常见病型如下：

（1）*脐炎和卵黄囊炎* 脐部发炎、肿胀，呈紫红色或紫黑色，脐孔周围皮下有暗红色或黄色渗出液，感染时间较长病鸡的渗出物呈脓性或干酪样渗出物。卵黄吸收不良，呈污黄色、黄绿色或黑色，内容物稀薄、黏稠或呈豆腐渣样，有时可见卵黄破裂和腹膜炎。肝脏肿大，有出血点。

（2）*葡萄球菌败血症* 病鸡胸部、前腹部羽毛稀少甚至脱落，皮肤呈紫黑色水肿，羽毛脱落，皮下出血，有的出现自然破溃。局部皮下肌肉尤其是胸腹部和腿内侧肌肉出现散在的出血点、出血斑或条纹状出血，胸肌出血较为明显。病鸡肝脏肿大，有出血点，病程稍长的病鸡有不同数量和大小的白色坏死点；脾脏肿大，有白色坏死；肺脏出血、水肿。

（3）*浮肿性皮炎* 皮肤蓝紫发黑，流出紫红色或茶绿色腥臭液体。

（4）*胸部皮下囊状水肿* 病鸡的胸腹部甚至大腿皮下发生浮肿、积聚数量不等的血液及渗出液，外观呈紫红色或紫黑色，有波动感，局部羽毛脱落。有时自然破裂，流出茶色或浅紫红色液体，污染周围羽毛。

（5）*胚胎感染* 鸡胚的头部皮下水肿，出现胶冻样浸润，呈黄色、红黄色或粉红色。头部与胸部皮下出血。卵黄囊充血或出血，内容物稀薄，呈淡黄色，有血丝出现。脐部发炎，肝脏有出血点，胸腔内积有暗红色混浊液体。

（6）*关节炎* 关节液增多，皮下出现水肿，腱鞘积有脓液。病程较长病鸡的渗出物为干酪样，关节周围出现组织增生，关节畸形，胸部囊肿，内有脓性或干酪样物质。

3. 预防控制方法

▲注意避免发生外伤，消除感染隐患，鸡舍内安装的网架结构应该安全合理，地板网的安装要整齐严密，不可有过大的缝隙和毛刺。地板上不可以有尖锐物体。断喙、断趾、注射和免疫刺种时要做好局部消毒。

▲坚持定期消毒，对鸡舍、种蛋和孵化器、用具及周围环境进行严格消毒。保持清洁卫生，鸡舍环境和带鸡消毒可用0.3%过氧乙酸喷雾，种蛋和孵化用具可用福尔马林熏蒸消毒。

▲加强饲养管理，提高鸡群的抗病力。供给全价平衡饲料，要特别注意补充维生素和无机盐，以提高鸡群的健康水平。平时保持鸡舍通风干燥，光照应当强弱适中，适时断喙，防止啄羽、啄肛。

▲鸡葡萄球菌病多继发于鸡痘，应做好鸡痘疫苗的免疫接种。

（四）鸡坏死性肠炎

1. 简介　鸡坏死性肠炎是由产气荚膜梭菌引起的以鸡小肠壁出血和黏膜坏死为特征的一种传染病，又称梭状芽孢杆菌肠炎、菌群失调症或小肠细菌生长过度症，死亡率一般在5%以下，严重的可达30%。在对家禽造成危害的细菌病中仅次于大肠杆菌病、沙门氏菌病和葡萄球菌病，位居第四。

2. 诊断　剖检特征：剖开腹腔，可闻到一股腐尸臭味。眼观最特征的病变在小肠，尤其是空肠和回肠，部分盲肠也可见到病变。小肠因充气而明显膨胀，是正常肠管的2～3倍。肠内含有灰白色或黄白色的渗出物，有的充满了泡沫样棕色稀状物。

☞**经验：**在很多情况下本病与球虫病同时发生，很难在症状上鉴别，必要时可以用显微镜鉴别。

3. 预防控制方法

▲对病鸡立即淘汰或隔离，以免扩大病群。要选用高效消毒剂，如氯制剂、碘制剂等杀灭芽孢。从日粮中去掉鱼粉，加碳水化合物酶等酶制剂可降低食糜黏度，所以能减少发病。避免日粮和饲喂方式的突然改变，打乱肠道活动。逐步换料和逐步加料，以便鸡群逐渐适应，使应激降到最低。

▲在防治梭菌时，对球虫、梭菌应同时预防，否则很难收到好的效果，可以选用二甲硝咪唑、安来霉素等高效、低毒、无停药期的药物。

▲目前，国内外常用的治疗药物主要为抗生素，如林可霉素、杆菌肽、土霉素、青霉素以及酒石酸泰乐菌素饮水等，对本病有良好的治疗作用。杆菌肽、林可霉素、青霉素、酒石酸泰乐霉素、阿伏霉素、维吉尼霉素拌料具有预

防和治疗的双重作用。

三、其他传染病

（一）鸡败血支原体感染

1. 简介 鸡败血支原体（又被称为鸡毒支原体、鸡霉形体）感染是世界范围内常见的鸡慢性呼吸道病（CRD），由于肉鸡饲养密度大，并且对本病易感，同时由于易激发大肠杆菌感染，不但造成肉鸡的生产性能下降，而且由于抗生素的长期使用造成了药物的残留，对肉鸡产品的安全形成了很大的威胁。

2. 诊断 常用的诊断方法有平板凝集试验（PA）、血凝抑制试验（HI）、酶联免疫吸附试验（ELISA）；在有条件的实验室，也可使用分子生物学诊断方法如DNA探针法和PCR（聚合酶链式反应）法等确诊本病。

3. 预防控制方法

（1）*种群净化* 鸡毒支原体既可以水平传播，也可以经卵垂直传播。预防鸡败血支原体感染，应采取淘汰感染种鸡防垂直传播和采取疫苗、药物防水平传播相结合的措施。种鸡群在4月龄时抽检10%，若全为阴性，以后每隔90天抽检5%。检测方法用PA、HI或ELISA、PCR等。鸡败血支原体阳性种鸡群则需间隔2周检测1次，淘汰所有阳性鸡。

（2）*加强饲养管理* 首先鸡场的布局要合理，有严格的卫生、防疫、消毒制度；其次要采用全进全出的饲养模式，控制人员流动，加强车辆管理。

（3）*免疫预防* 目前使用的疫苗有油佐剂灭活苗及弱毒苗。油佐剂灭活苗能较好地防止鸡群气囊炎的发生和种蛋产量的下降，但免疫期短，还难以抵抗鸡败血支原体在气管中定居，而弱毒菌却能克服这些缺点。中国兽药监察所用弱毒株F-36制成的活疫苗接种鸡，免疫保护率达80%，免疫期可达9个月。

（4）*药物控制* 鉴于鸡败血支原体不同菌株对抗生素敏感性和抗药性存在差异，因此最好对本场分离的支原体做药敏试验，选用高效药物进行治疗。可以选择的抗生素药物包括林可霉素、红霉素、螺旋霉素、泰乐菌素、泰妙菌素、北里霉素、利高霉素、多西环素、大观霉素、卡那霉素以及氟喹诺酮类药物等。

（二）球虫病

1. 简介 球虫病是肉鸡业中危害最严重的疾病之一，近年来肉鸡球虫病发生又有了许多新特点，临床表现也趋向于非典型化。虽然人们已使用或正在使用超过20种抗球虫药物来防治球虫病，但是由于存在抗药性、药物残留等问题，常常困扰着广大肉鸡养殖企业和养殖户。

2. 诊断

(1) 临床症状　发病初期，病鸡精神委顿，羽毛蓬乱，怕冷扎堆，缩头闭眼，饮水增加，食欲减退。排水样粪便，内混有血丝和气泡，严重者粪便呈鲜红色，有时全是血液或血块。后期鸡冠、肉髯和眼结膜苍白，两翅下垂，站立不稳。一般发病 2～3 天内衰竭死亡，死前有抽搐、甩头、拍翅等神经症状。

(2) 剖检　肉鸡可见十二指肠，小肠前段、中段，盲肠有不同的病变。十二指肠、小肠有点状出血，肠黏膜增厚或者脱落。盲肠变粗，内有血样内容物，盲肠壁增厚。

(3) 球虫检测　常见且危害较大的球虫是柔嫩艾美球虫、堆型艾美球虫、毒害艾美球虫、巨型艾美球虫等 4 个种，可以用饱和盐水漂浮法或粪便涂片查到球虫卵囊或取病死鸡肠黏膜触片或刮取肠黏膜涂片查到球虫，均可确诊。

3. 预防控制方法

(1) 加强饲养管理　鸡场制定针对球虫的科学消毒计划，供给雏鸡富含维生素的饲料，在饲料或饮水中增加维生素 A 和维生素 K，保持鸡舍干燥、通风和鸡场卫生，可用沸水、热蒸汽或 3%～5%热碱水、杀球虫药物等处理用具和环境。

(2) 推广网上平养、全进全出模式　可以减少鸡群接触粪便感染的机会，这是控制球虫病最理想的饲养模式。

(3) 免疫预防　球虫疫苗的种类很多，各有特点，球虫各种属间无交叉免疫保护。由于弱毒系的球虫疫苗的致病性较强毒系的安全，所以现在使用的鸡球虫多数由致弱虫株制成。使用球虫疫苗后，2～3 周就可以产生针对各种球虫的免疫力，可以对鸡群提供更好的保护作用。

(4) 药物防制　迄今为止，国内外对鸡球虫病的防制主要是依靠药物，应注意抗药性和药物残留的限制，可以采用交叉用药、穿梭用药等模式控制球虫。在 7 日龄首免后，选择地克珠利、妥曲珠利等配合鱼肝油将球虫在生长前期杀死。同时，进行辅助治疗，如用次碳酸铋、活性炭、白陶土等收敛剂，补充维生素 A、维生素 E 保护肠道黏膜，利用维生素 K_3、安络血等药物进行止血，采用硫酸安普霉素、丁胺卡那霉素、新霉素等抗菌药物，防止细菌性疾病的继发或并发，使用抗厌氧菌药物防肠毒症、坏死性肠炎的发生。补充体液、消除自体中毒，调节体内电解质及酸碱平衡。

四、其他病

（一）维生素E-硒缺乏症

1. 简介 硒和维生素E的生物学功能相似且相互有协同作用，具有很强的抗氧化作用。硒缺乏症是导致机体抗氧化机能障碍，以渗出性素质、肌肉营养不良、脑软化和胰脏变性为特征的疾病。缺硒具有地区性（吉林、青海、四川等省）、季节性（冬春两季）、群体选择性（幼龄多发）。

2. 诊断

（1）临床症状　患病鸡多在2～5周龄发病．表现为精神不振，重症鸡在2～4天死亡，病程为7～10天，不愿活动，强迫活动时步态不稳，站立时两腿叉开。

（2）剖检变化　腿部、腹部、颈部、胸部皮下弥漫蓝绿色胶冻样水肿物或淡黄绿色纤维蛋白凝结物。颈、腹及股内侧皮肤可见瘀血斑。腹腔可见大量淡黄色液体，心包积液，心脏扩张。肝脏呈鲜红色，肠道呈出血性肠炎变化。

3. 预防控制方法 按照营养需要标准，合理配制日粮，注意日粮中硒的添加，可用亚硒酸钠-维生素E针剂或粉剂拌料，参考用量为每千克饲料中硒0.1～0.15毫克、维生素E 10毫克以上。

（二）肉鸡腹水综合征

1. 简介 肉鸡腹水综合征又称肉鸡肺动脉高压综合征（PHS）。PHS是一种由多种致病因子共同作用引起的以右心肥大扩张和腹腔内积聚大量浆液性淡黄色液体为特征，并伴有明显的心、肺、肝等内脏器官病理性损伤的非传染性疾病。

2. 诊断 患病鸡以腹部膨大，触摸有波动感，腹部皮肤变薄发亮，严重的发红（图6-2）。剖检腹腔内有大量淡黄色或清亮透明的液体，有的混有纤维素沉积物；心脏衰竭，心包积液以及肝脏、肾脏发生病变。

3. 预防控制方法 因肉鸡腹水综合征的发生是多种因素共同作用的结果，故在2周龄前必须从卫生、营养状况、饲养管理、减少应激和疾病以及采取有效的生产方式等各方面入手，采取综合性防治措施。

（1）预防方法

▲选育抗缺氧，心、肺和肝等脏器发育良好的肉鸡品种。

▲加强鸡舍的环境管理，解决好通风和控温的矛盾，保持舍内空气新鲜，氧气充足，减少有害气体，合理控制光照。另外保持舍内湿度适中，及时清除

舍内粪污，减少饲养管理过程中的人为应激，给肉鸡提供一个舒适的生长环境。

▲提供低能量和低蛋白营养水平，早期进行合理限饲，适当控制肉鸡的生长速度。此外，可用粉料代替颗粒料或饲养前期用粉料，同时减少脂肪的添加。

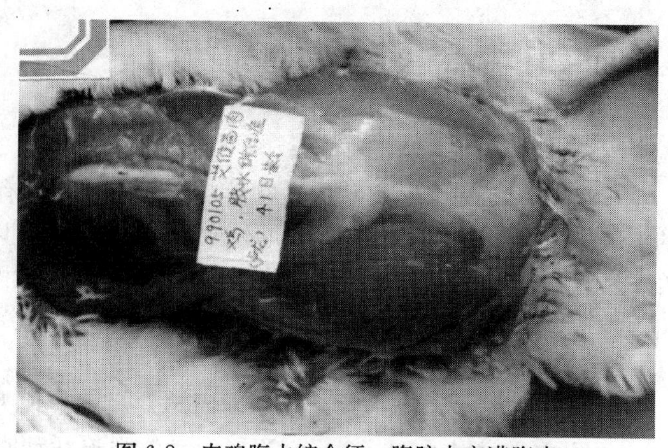

图 6-2 肉鸡腹水综合征，腹腔内充满腹水

（马吉飞供图）

▲料中磷水平不可过低（>0.5%），食盐的含量不要超过 0.5%，钠离子水平应控制在2 000毫克/千克以下，饮水中钠离子含量宜在1 200毫克/升以下，否则易引起腹水综合征。在日粮中适量添加碳酸氢钠代替氯化钠作为钠源。

▲饲料中维生素 E 和硒的含量要满足营养标准或略高，可在饲料中按 500 毫克/千克的比例添加维生素 C，以提高鸡的抗病、抗应激能力。

（2）*治疗方法*。一旦病鸡出现临床症状，单纯治疗常常难以奏效，多以死亡而告终。但以下措施有助于减少死亡和损失：

▲从病鸡腹腔抽出腹水，然后注入青、链霉素各 2 万单位，经 2～4 次治疗后可使部分病鸡恢复基础代谢，维持生命。

▲给病鸡皮下注射 1 次或 2 次 1 克/升亚硒酸钠 0.1 毫升，或服用利尿剂。

▲应用脲酶抑制剂拌料，用量为 125 毫克/千克饲料，可降低患腹水综合征肉鸡的死亡率。

（三）肉鸡猝死综合征

1. 简介 肉鸡猝死症又称急性死亡综合征（SDS）或暴死症。是近些年危害肉鸡生产的 1 种常见营养代谢性疾病，目前是肉鸡生产危害最严重的疾病之一。发病日龄多为 8～21 日龄，几乎每天都有突然死亡的雏鸡，死亡率 0.5%～1%。

2. 诊断

▲本病全年均可发生，但以冬夏季多发。肉鸡 3 日龄即可发生，2 周龄前肉鸡发病率呈直线上升趋势，3 周龄和 8 周龄左右为两个发病高峰期。生长

快、体重大的肉鸡发病率高，公鸡的发病率高于母鸡。

▲病鸡表现为共济失调，并发展为强直性惊厥并迅速死亡，肌肉组织苍白，消化道充满内容物；心脏稍肿大，心房积血，心室紧缩呈长条状；肺脏充血、水肿；肝脏稍肿大。

3. 预防控制方法 本病的发生与营养不平衡（如蛋白质含量低、能量含量高、缺乏维生素等）、遗传及个体发育等因素有关。环境中的应激因素（如光线强烈、光照时间长、高温高湿、通风不良）等均可促进本病的发生。

▲加强通风，限制饲喂。经常对鸡舍进行通风换气，改善舍内环境。为避免肉鸡生长过快而导致猝死的发生，有必要对其采取限饲。用粉料代替颗粒料喂鸡，控制肉鸡过快的生长。

▲合理配制日粮，控制光照，减少应激，保持饲料中蛋白与能量的平衡，饲喂高蛋白的饲料，这样可防止脂肪代谢障碍。同时，在饲料中合理添加维生素A、维生素D、维生素E、维生素K及氯化胆碱，促进脂肪消化吸收。在饲料中添加生物素目前被认为是降低肉鸡猝死的有效方法。另外，还应注意添加钠、钾、钙、磷等矿物质元素，以维持肉鸡体内的酸碱平衡。添加抗应激药物减少猝死症的发生。

（四）肉鸡低血糖-尖峰死亡综合征

1. 简介 肉鸡低血糖—尖峰死亡综合征（HSMS）是一种主要侵害肉仔鸡的疾病，其病原尚未确定，但可以肯定的是该病的发生与某些病毒（如沙粒病毒样粒子）、种鸡、孵化、出雏和光照有关。在肉鸡饲养发达地区，特别是养殖比较集中的地区，HSMS 发病率相当高，可达 25%～30%，死亡率为 5%～10%。

2. 诊断

（1）临床症状 发病初期，鸡群无明显变化，采食、饮水、精神都正常，随着疾病的发展，患鸡出现食欲减退、大声尖叫、转圈、身体歪斜、头部震颤、共济失调、四肢外展，最后出现瘫痪、昏迷直至死亡。饲养管理好的快速生长的公鸡最易受侵害。国际上诊断 HSMS 的主要依据是：

▲8～18 日龄肉仔鸡发病（头部震颤、共济失调和瘫痪等），并出现尖峰死亡。

▲感染严重鸡血糖水平介于 200～800 毫克/升。

▲肝脏有坏死点和呈米汤样白色腹泻。

（2）病理变化 肝脏稍肿大，偶见出血和坏死。胸腺、法氏囊萎缩；肾脏轻微肿胀，输尿管内有尿酸盐沉积；腺胃与肌胃交界处有出血带，多呈黑褐色；十二指肠黏膜出血，直肠和盲肠内积液；血浆颜色变淡呈黄白色。

3. 预防控制方法

▲国内外研究资料表明，HSMS 目前尚无特异性治疗方法，只有采取减少应激（过热、过冷、氨气过浓、通风不良、噪声、断料、停水）和加强糖原分解等辅助性手段来减缓症状。

▲由于饲养管理不当，应激可引发本病，因此应尽量减少应激。对于病鸡应单独饲养。将鸡舍的温度降低 0.5～1℃，或降低湿度，同时加大通风量，增加鸡舍风速。严格控制光照强度及时间。

▲大群肉鸡可以饮用 5%的葡萄糖水和多维电解质可有效减少死亡。使用黄芪多糖等药物调节机体的免疫力，减轻免疫抑制给鸡群带来的损害。使用抗生素（如林可霉素或阿莫西林等）控制继发感染。

（五）肉鸡脂肪肝综合征

1. 简介 脂肪肝综合征（FLS）是一种多发于肉用仔鸡及肉种鸡，主要由于能量摄入过高而某些微量营养成分不足或不平衡，造成机体内代谢机能紊乱，而导致肝脏脂肪过度沉积及出血症状、死亡率增高的脂类代谢性疾病。随着我国肉鸡饲养业的迅猛发展，集约化养殖规模不断扩大，全国各地均有 FLS 发生的报道，且呈逐年增多的趋势，给肉鸡饲养业造成了很大的危害。

2. 诊断

▲一般情况下，该病死亡率不超过 6%，但有时可高过 20%，血脂平均为 36.74 毫克/毫升，明显高于正常值（4.50～16.00 毫克/毫升）。病理组织学检查见肝脏弥漫性脂肪变性。

▲本病的判断标准为腹腔内脂肪异常沉积，肝肿大色黄、触之有油腻感，低倍镜下每个视野有 1/3 的肝细胞发生脂肪变性或中倍镜下每个视野有 1/2 的肝细胞发生脂肪变性，肝脂肪含量（以肝干重计算）超过正常对照的 20%。

3. 预防控制方法

▲调整日粮中的蛋白能量比，产蛋率高于 80%时蛋白能量比以 60 为宜，产蛋率在 65%～80%时，蛋白能量比以 54 为宜，降低日粮的能量水平及增加粗纤维的含量，每千克日粮添加 0.05～0.10 毫克的生物素足以防止死亡以降低 FLS 发生率。

▲日粮中添加足量的维生素、微量元素和矿物质等，或病情严重时每吨饲料加入肌醇 900 克，连用 2 周，或添加钙或在饮水中添加乳酸钙，可以补充机体钙总摄入量 4%左右，以降低 FLS 发生率和死亡率。

▲尽可能避免某些传染病（如禽霍乱、包涵体肝炎等）和中毒病（如霉菌

毒素、抗生素等）对肝功能的损害，以防引起肝脏的脂肪变性。

第四节　常用兽药使用规范

随着经济的发展和生活水平的提高，人们日益关注食品安全问题。加强兽药饲料管理工作，向无公害方向发展是保障肉鸡产品质量安全的核心。兽药残留不仅关乎人类的身体素质，也与我国动物产品在国际上的市场份额息息相关。

一、非正常使用兽药导致残留的原因

▲不良的生态环境和不合理的畜群结构导致抗菌药物的大量使用。

▲不规范使用兽药导致的兽药残留。

▲长期或超量使用动物促长剂和驱虫剂及不执行休药期规定，使药物成分在鸡只屠宰前未能全部排出体外。

▲一些养殖者法律意识淡薄。

▲人用抗生素滥用于肉鸡生产中带来的公共卫生问题。

▲假劣兽药的使用加剧产生残留。

二、正确使用药物防治细菌病、寄生虫病

要切实执行国家制定的有关兽药的法律、法规、规章和质量标准，强化兽药监督管理，养殖场要建立完善的兽药使用档案，对饲养过程中，投入量最多的饲料、水、兽药等，严格监控，建立重点限控和禁用药物使用档案管理。

▲肉鸡主要有病毒病、细菌病、寄生虫病和代谢病，其中病毒病种类多，危害大，主要靠免疫和消毒控制，至今没有特效药物可治。

▲发生疫情后应及时确诊，平时应注意本地区的疫病流行情况；注意观察畜禽的饮水，饲料的消耗量，有条件的应进行免疫检测、病原分离鉴定、药敏试验，以选择敏感药物进行预防和治疗。

▲应选择高效、价廉、易买到、副作用小的药物，了解药物性能及有效成分含量。

▲药物不分贵贱，有效的就是好药，不一定用最新的药或最贵的药。

▲除应用特效药物治疗疫病外，配合其他药物使用更有效，如在饲料或饮

水中添加多种维生素、葡萄糖、矿物质等，如口服补液盐。

▲需要两种以上药物同时使用时，应注意药物的配伍禁忌。

▲应选择信誉良好、质量保证的厂家产品，并到守法经营的销售单位购买。

▲依据动物特点用药。如应注意鸡对磺胺类、呋喃类药物、敌百虫、食盐、喹乙醇敏感，用药时应注意用量及用药持续时间，以免引起中毒。

▲种鸡产蛋期间不能使用的药物有磺胺类、呋喃类、氨茶碱、丙酸睾丸素、金霉素，以及抗球虫药物，这些药物可降低产蛋量或有药物残留。

▲投药时应看清标签，不使用失效药物，如发现药物变色、混浊、结块，应慎用。

▲长期使用同一种药物会使病原菌产生抗药性，应加大剂量使用或换用另一种药物交替使用。

▲防止消毒药以及周围农田喷洒农药或污水渗漏造成的污染。

三、肉鸡养殖中应禁用、慎用、限用的药物

由于各国在肉鸡养殖中的限用药物上有一定的差异，对出口肉鸡应按照出口国的要求。在生产中，对选用的一切药品，包括抗球虫药、抗生素、消毒药，必须经化验室药残分析。对高残留的兽药应限制生产或禁止生产，对非法生产者应加强监管、坚决打击。

▲肉鸡整个饲养阶段禁用的药物包括克球粉、磺胺嘧啶、万能肥素、球虫净（尼卡巴嗪）、磺胺喹噁啉、前列斯汀、螺旋霉素、灭霍灵、氨丙啉等。同时，禁止使用一切人工合成的激素类药物。

▲肉鸡 30 日龄内可用的磺胺类药物（30 日龄后禁用）包括磺胺二甲嘧啶、复方敌菌净、磺胺二甲基嘧啶、复方新诺明等。

▲屠宰前 14 天应禁用的药物包括青霉素、卡那霉素、链霉素、庆大霉素、新霉素等。

▲屠宰前 14 天根据病情可选用的药物包括土霉素、强力霉素、北里霉素、四环素、红霉素、痢特灵、金霉素、泰乐霉素、快育灵、百病消、氟哌酸、禽菌灵等。

▲防治肉鸡球虫病可选用的药物包括球痢灵、氯苯胍、盐霉素、加福、球杀死等。

▲屠宰前 7 天停用一切药物，所用饲料不得含有药物成分。

第七章

粪 污 处 理

第一节 粪污处理的主要模式和标准

一、基本原则

在我国，仅依靠单一的末端治理方案并不能完全解决畜禽养殖业存在的环境污染问题，污染防治应综合考虑。应在借鉴国内外先进经验和环境保护理念的基础上，以改善环境质量为宗旨，以资源利用最大化和污染排放最小化为主线，从我国畜禽养殖现状出发，融合清洁生产、资源化利用、生态农业和有机农业，通过合理规划、防治结合、综合治理，做好畜牧业的产前、产中和产后的各项工作。概括起来应遵循以下几大原则。

（一）资源化原则

资源化利用是粪污处理的核心内容，畜禽粪便是一种“放错了位置的资源”，经过适当处理，可以变废为宝，将其转化成为肥料，饲料、燃料等，具有很大的经济价值。

1. 肥料化 畜禽粪污中含有大量的有机物及丰富的氮、磷、钾等营养物质，在传统农业中，畜禽粪肥一直被视为“庄稼宝”，通过农田自然消化，既可节约化肥用量、降低农业生产成本，又可维护土壤肥力、不造成环境污染。随着畜禽养殖规模化、集约化的发展，产生的大量粪便可经干燥、发酵、防霉、除臭、杀菌等处理，加工成优质、高效的有机复合肥料，这是畜禽粪污处理最重要的利用方式。

2. 饲料化 对于畜禽粪便的饲料化研究较多的是鸡粪，由于鸡的消化道较短（仅为体长的 6 倍左右），饲料在鸡的消化道中通过的时间也短，饲料中大部分营养物质没被吸收就排出体外，所以鸡粪里含有较高的营养价值，可通过青贮、干燥处理后作为饲料。但是粪便成分复杂，含有吲哚、尿素、病原微生物、寄生虫等，易造成畜禽间交叉感染或传染病的暴发，存在较大的风险。

还可利用蝇蛆、蚯蚓等对畜禽粪便转化，生产出优质蛋白质饲料，用来饲喂鸡、鸭、鱼等，经济效益也较高。

3. 能源化 将畜禽粪污转化成能源的方式主要有两种：

▲将粪便直接干燥后燃烧。

▲对于大规模养殖场，粪污经固液分离后，固体制作肥料，液体厌氧发酵产生沼气作燃料。

（二）无害化原则

畜禽粪污的无害化，指通过工程技术处理，使粪污达到不损害人体健康，不污染周围自然环境的一种处理方法，即利用自然界中存在的各种微生物，通过自身的新陈代谢，将畜禽粪污氧化分解，使其得到净化。畜禽粪污常见的无害化处理方法有干燥处理、堆肥化处理和污水的生物处理等。

（三）减量化原则

减量化原则是畜禽粪污治理的重要前提条件。在污染物利用和治理之前，首先要采取各种措施削减污染物的排放总量。畜禽养殖场应通过调整养殖结构、改进生产工艺、改善饲料加工方法等多种技术措施来减少粪污的排放，采用科学合理的饲料配方、先进的清粪工艺和饲养管理技术，提高资源利用率、减少污染物排放，以降低对人类和环境的危害。

二、处理模式

在畜禽粪便、尿液及冲洗污水等的收集、储存、运输期间都有可能产生环境污染，进入水体则易形成面源污染。主要畜禽粪尿理化性状见表 7-1。

表 7-1 主要畜禽粪尿理化性状（%）

种类	水分	N	P_2O_5	K_2O	CO_2	MgO	总炭	pH
牛粪	80.1	0.42	0.34	0.34	0.33	0.16	9.1	7.8
牛尿	99.1	0.56	0.01	0.87	0.02	0.02	0.25	9.4
猪粪	69.4	1.09	1.76	0.43	1.35	0.50	1.30	6.6
猪尿	98.0	0.48	0.07	0.16	0.24	0.04	—	7.6
蛋鸡粪	63.7	1.76	2.75	1.39	5.87	0.73	14.5	7.9
肉鸡粪	40.4	2.38	2.65	1.76	0.95	0.46	—	—

资料来源：段微微，《畜禽粪便好氧堆肥技术研究》。

（一）粪便

1. 主要来源 畜禽的食物残渣、排泄物。

2. 基本特性 由于粪内含有粪胆色素和尿胆素，一般正常鸡粪便呈棕色、圆柱形，因饲料成分不同，粪便也有变化。鸡粪主要含水分、蛋白质、脂肪、无机物、未消化的植物纤维、脱水后的消化液残渣、维生素，以及少量从肠道脱落的细胞等。未经处理的粪便可产生多种恶臭物质，恶臭刺激嗅觉神经，严重影响人畜的呼吸机能；有些恶臭物质如硫化氢、氨气等,还具有强烈的毒性。

3. 处理模式 规模化养殖场畜禽粪便处理模式主要可分为还田模式、自然处理模式和工业化处理模式。

（1）还田模式 畜禽粪便还田作肥料是一种传统的、最经济有效的处理方法，可以使畜禽粪便不污染周围环境，达到零排放。畜禽粪污的还田使用，既可以有效地处理污染物，又能将其中有用的营养成分循环于土壤-植物生态系统中。通过微生物和植物的作用，将粪便中的有机物及无机物转化成可供植物生长所需的各种营养物质，促进植物生长的同时，还可以提高土壤肥力，改善土壤特性，其模式图见图 7-1。

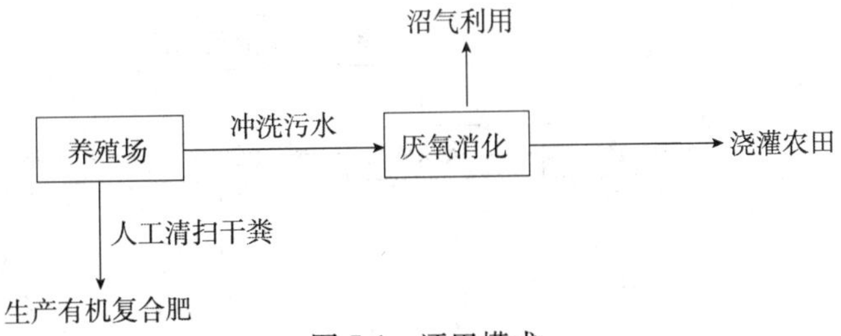

沼气利用
养殖场
冲洗污水
厌氧消化
浇灌农田
人工清扫干粪
生产有机复合肥

图 7-1　还田模式

（邓良伟，《规模化畜禽养殖场废弃物处理模式选择》）

（2）自然处理模式 这种模式主要采用土壤处理系统、氧化塘、人工湿地等自然处理系统对养殖场粪污进行处理，其模式图见图 7-2。其优点是投资较少，不需要复杂的设备，能耗少，运行管理费用也低。适用于离城市较远、土地宽广，地价较低的地区，最好是滩涂、荒地、林地或低洼地。

沼气用作燃料
养殖场
粪水
格栅
厌氧处理
自然处理
达标排放
干粪
残渣
干粪出售或生产有机复合肥

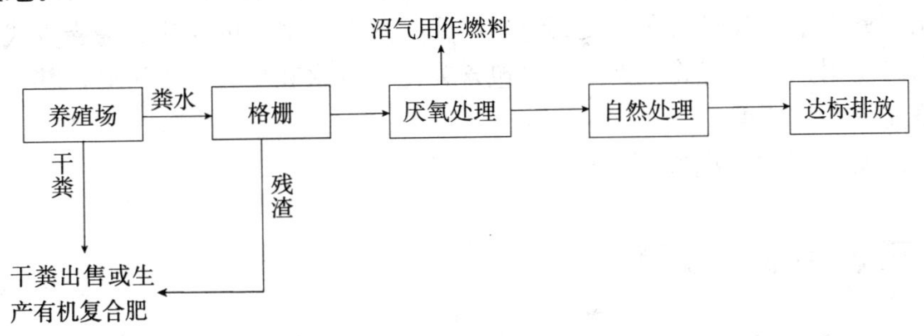

图 7-2　自然处理模式

（邓良伟，《规模化畜禽养殖场废弃物处理模式选择》）

(3) 工业化处理模式　主要有厌氧处理法、好氧处理法及厌氧+好氧组合法三种。这种模式粪污处理系统由预处理、厌氧处理、好氧处理、后处理、污泥处理及沼气净化、贮存与利用等部分组成，其模式见图 7-3。

▲厌氧生物处理能直接处理高浓度畜禽养殖场废水，并回收能源。

▲好氧生物处理技术主要有活性污泥法、接触氧化法、生物转盘、氧化沟、膜生物法等工艺。

不论哪一种处理模式均需要较为复杂的机械设备和要求较高的构筑物，所以工业化处理模式适用于大城市近郊、经济发达、土地紧张、没有足够的农田消纳养殖场粪污的地区。

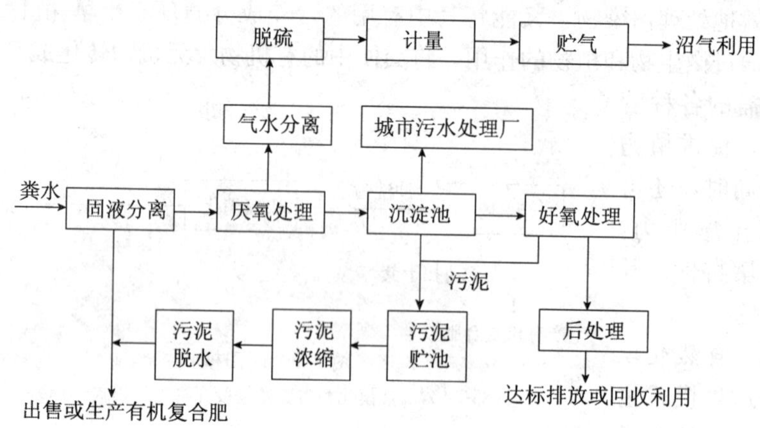

图 7-3　工业化处理模式

(邓良伟,《规模化畜禽养殖场废弃物处理模式选择》)

(二) 废水

1. 主要来源　畜禽尿、一部分畜禽粪和畜禽舍冲洗水。

2. 基本特性　排放量多，流动性大，流入水中的粪便量和冲洗水量直接影响畜禽粪水的有机物含量。其组成特征一般与畜禽舍的结构、清粪方式及冲洗水的使用方法等有关。粪污废水包含粪便、粪水和臭气三重污染，其造成的污染显得尤为严重。

3. 处理模式　同粪便处理模式。

三、标准、规范

(一) 养殖场污染治理及粪污处理标准、规范

我国的畜禽养殖业污染物排放按《畜禽养殖业污染物排放标准》(GB

18596—2001）执行。

▲畜禽养殖场的水污染物排放分别执行表 7-2、表 7-3 和表 7-4 的规定。

▲畜禽养殖场必须设置废渣的固定储存设施和场所，储存场所要有防止粪液渗漏、溢流措施。

▲用于直接还田的畜禽粪便，必须进行无害化处理。

▲禁止直接将废渣倾倒入地表水体或其他环境中。

▲畜禽粪便还田时，不能超过当地的最大农田负荷量。

▲避免造成面源污染和地下水污染。

▲经无害化处理后的废渣应符合表 7-5 的规定。

▲集约化畜禽养殖场恶臭污染物的排放执行表 7-6 的规定。

▲畜禽养殖场应积极通过废水和粪便的还田或其他措施对所排放的污染物进行综合利用，实现污染物的资源化。

表 7-2　集约化畜禽养殖场水冲工艺最高允许排水量

种类	猪［米^3/（百头·天）］		鸡［米^3/（千只·天）］		牛［米^3/（百头·天）］	
季节	冬季	夏季	冬季	夏季	冬季	夏季
标准值	2.5	3.5	0.8	1.2	20	30

表 7-3　集约化畜禽养殖场干清粪工艺最高允许排水量

种类	猪［米^3/（百头·天）］		鸡［米^3/（千只·天）］		牛［米^3/（百头·天）］	
季节	冬季	夏季	冬季	夏季	冬季	夏季
标准值	1.2	1.8	0.5	0.7	17	20

表 7-4　集约化畜禽养殖场污染最高允许日均排放浓度

控制项目	五日生化需氧量（毫克/升）	化学需氧量（毫克/升）	悬浮物（毫克/升）	氨氮（毫克/升）	总磷（以 P 计）（毫克/升）	粪大肠菌群数（个/100 毫升）	蛔虫卵（个/升）
标准值	150	400	200	80	8.0	1 000	2.0

表 7-5　畜禽养殖场废渣无害化环境标准

控制项目	指标
蛔虫卵	死亡率≥95%
粪大肠菌群数（个/千克）	≤10^5

表 7-6　集约化畜禽养殖场恶臭污染物排放标准

控制项目	标准值
臭气浓度（无量纲）	70

（二）养殖场粪便及沼渣、沼液综合利用标准、规范

1. 养殖场粪便及沼渣、沼液的综合利用标准　沼渣和沼液分别指畜禽粪便及生产废弃物经沼气发酵后制取的固形物和液体部分。包括沼渣、沼液中总氮、总磷（P_2O_5）和总钾（K_2O）含量之和，通常以质量百分数计。沼液和沼渣作为沼肥能改良土壤，提高土壤有机质含量，生产有机蔬菜，沼渣可用来种菇，沼液可用作种植业肥料等。

2. 沼渣、沼液施用技术规范（NY/T 2065—2011）　对沼肥的理化性状要求：

▲颜色为棕褐色或黑色。

▲沼渣水分含量 60％～80％；沼液水分含量 96％～99％。

▲沼肥 pH 为 6.8～8.0。

▲沼渣干基样的总养分含量应≥3.0％，有机质含量≥30％；沼液鲜基样的总养分含量应≥0.2％。

3. 主要污染物允许含量　主要污染物指沼肥中所含的重金属、病原菌、寄生虫卵等有害物质。

（1）*沼肥重金属含量、蛔虫卵死亡率和大肠杆菌值允许范围*　其指标应符合《有机肥料标准》（NY 525—2002）和《城镇垃圾农用控制标准》（GB 8172—1987）规定的要求（表 7-7）。

表 7-7　城镇垃圾农用控制标准值

编号	项　目	标准限值
1	杂物（％）	3
2	粒度（毫米）	12
3	蛔虫卵死亡率（％）	95～100
4	大肠菌值	10^{-2}～10^{-1}
5	总镉（以 Cd 计，毫克/千克）	3
6	总汞（以 Hg 计，毫克/千克）	5
7	总铅（以 Pd 计，毫克/千克）	100
8	总铬（以 Cr 计，毫克/千克）	300
9	总砷（以 As 计，毫克/千克）	30
10	有机质（以 C 计，％）	10

（续）

编号	项　目	标准限值
11	总氮（以N计,%）	0.5
12	总磷（以P_2O_5计,%）	0.3
13	总钾（以K_2O计,%）	1.0
14	pH	6.5～8.5
15	水分（%）	25～35

（2）*沼肥的卫生指标*　其应符合《粪便无害化卫生标准》（GB 7959—1987）规定的要求（表7-8）。

表7-8　沼气发酵的卫生标准

项　目	卫生标准
密封贮存期	30天以上
高温沼气发酵温度	(53±2)℃持续2天
寄生虫卵沉降率	95%以上
血吸虫卵和钩虫卵	在使用的粪液中不得检出活的血吸虫卵和钩虫卵
粪大肠菌值	常温沼气发酵10^{-4}；高温沼气发酵10^{-2}～10^{-1}
蚊子、苍蝇	有效地控制蚊蝇滋生，粪液中无孑孓，池的周围无活的蛆、蛹或新羽化的成蝇
沼气池粪渣	需经无害化处理后方可用作农肥

注：①表中标准也可用于三格化粪池和密闭贮存方法处理粪便效果的卫生评价；
②在非血吸虫病和钩虫病流行区，血吸虫卵和钩虫卵可以不检。

第二节　典型的粪污处理解决方案

一、粪污有机肥生产技术及案例分析

（一）工艺简介及适用范围

1. 工艺简介　粪便堆肥处理过程可以有效地杀灭粪便中的病菌和病原体，减少蚊蝇滋生，还可以减少粪便中含有的氨气、硫化氢等有害气体的排放，减少大气污染。加工制成的高效优质有机复合肥料，具有易于被作物吸收、营养全面、肥效长等特点，可起到提高作物产量和品质、改良土壤、防病抗逆等作用。

堆肥化是指在一定的水分、温度、固相碳氮比（C/N）和通风等人工控制条件下，通过微生物的作用，实现固体有机废物无害化、稳定化的过程。堆肥化的产物称为堆肥。堆肥化是一种有机肥料生产方式，也是一种固体废物的生物处理方式。实际上，让粪便还田是一种形成农牧良性循环，维持生态平衡的有效措施。

根据处理过程中起作用的微生物对氧气要求的不同，粪污处理可分为好氧堆肥和厌氧堆肥两种。其中好氧堆肥化工艺因具有运行费用低、见效快、二次污染小等优点，得到普遍的推广和应用。

近年来，堆肥逐渐趋于工业化，按照有无发酵装置，可将堆肥分为开放式堆肥和发酵仓式堆肥。

（1）*开放式堆肥* 主要有条垛式堆肥、被动通风条垛式堆肥和强制通风静态垛系统三种方法。具有设备简单、运行费用低、产品稳定性好等优点，缺点包括堆肥周期较长、不能满足连续好氧堆肥条件、易受气候条件的影响等。

（2）*发酵仓式堆肥* 这种方式是控制通风和水分条件，它有固定的堆肥发酵装置，使物料在部分或全部的容器内进行生物降解和转化。发酵仓式装置有多种，如立式堆肥塔、卧式堆肥发酵滚筒、筒仓式堆肥发酵仓等。该法采用连续进出料，原料在装置内完成中高温发酵。其优点是发酵时间短，一般几天到几周，能有效杀灭病原菌，防止异味，成品质量高，但一次性花费较大。

2. 适用范围 畜禽粪便如猪粪、鸡粪、牛粪等（粪便中的重金属含量不能超过国家标准，不能含有有毒的化学物质），以及作物秸秆或其他废弃物如蔗糖渣、锯末等，均适宜制作微生物活性较高的堆肥。

（二）技术原理和工艺流程

1. 技术原理 主要是通过微生物对有机物的分解实现的，即在微生物作用下，通过高温发酵使有机物矿质化、腐殖化和无害化而变成腐熟肥料。其堆肥基本原理见图 7-4。这个过程是：

▲可溶性有机物首先通过微生物的细胞壁和细胞膜，被微生物吸收。

▲固体和胶体有机物则先附着在微生物体外，由微生物分解胞外酶将其分解为可溶性物质，再渗入细胞。

▲同时微生物通过自身的代谢活动，将一部分有机物用于自身增殖。其余有机物被氧化成简单无机物，并释放能量。

▲微生物发生各种物理、化学、生物等变化，逐渐趋于稳定化和腐殖化，最终形成良好的肥料。

2. 工艺流程 传统的好氧堆肥工艺为：

▲在水泥地、水泥槽或铺有塑料膜的泥地上，将畜禽粪便堆成长条状，高和宽分别控制在 1.5～2 米和 1.5～3 米，长度视场地大小和肉鸡等畜禽养殖量而定。

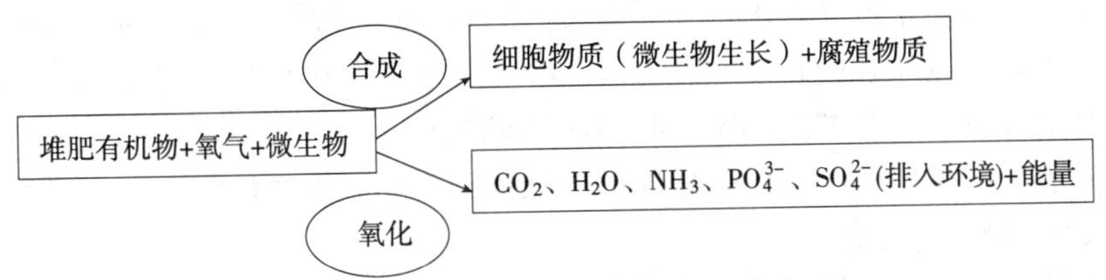

图 7-4　堆肥基本原理

（王倩，《畜禽养殖业固体废弃物资源化及农用可行性研究》）

▲将粪便疏松地堆积一层，测得堆温达 60～70℃时，保持 3～5 天。

▲将粪堆压实，并在其上再加鲜粪一层，如此直到高 1.5～2 米为止，然后用泥塑或塑料薄膜密封。

▲加入填充料使堆粪含水量 60%～70%，碳氮比 25～30：1，要翻堆以供氧散热和发酵均匀。为加快发酵速度（促成好氧发酵），可在堆肥中采用一些通风设备，如在垛底铺设通风管，这样密封 2 个月后可达到完全腐熟。

（三）结构设计与运行参数

1. 结构设计　畜禽粪便等有机废物堆肥化的生产技术环节应包括：原料贮存及预处理、堆肥接种、一次发酵、陈化（二次发酵）、后处理加工、堆肥质量检验、厂区环境、质量控制。其工艺流程见图 7-5。

堆肥化的结构设计可根据实际情况进行，下面主要讲述堆肥发酵设备的结构设计。堆肥一次发酵是实现有机物料无害化的过程，常用的工艺有条垛式和槽式两种类型。

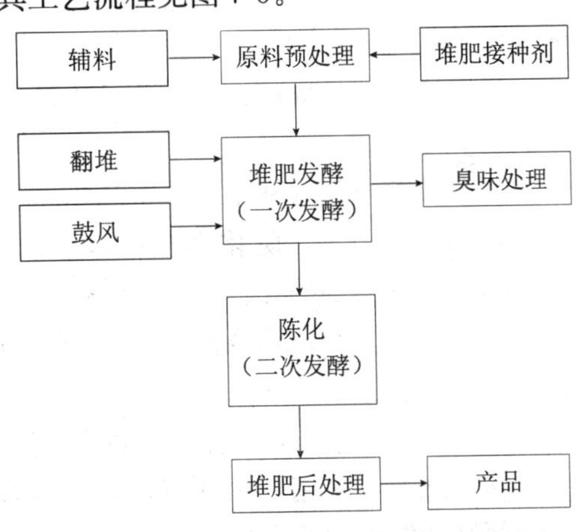

图 7-5　固体有机废物堆肥化工艺流程示意

(1) *条垛式发酵*　一般采用堆体形状。堆体底部宽控制在 1.2～3 米，以 2 米左右为宜；堆高控制在 0.8～2 米，以 1.2 米左右为最适宜；长度不限。各条垛间距为 0.8～1 米。

(2) *槽式发酵*　是在长而窄的被称为“槽”的通道内进行堆肥发酵，将可控通风和定期翻堆相结合的一种好氧堆肥发酵工艺。

▲设置发酵槽，槽的壁上部铺设导轨，便于翻堆机行走。

▲槽底部铺设曝气系统，向槽内发酵物料通风充氧，主要由高压风机、通风管道组成，通风管的口径 75 毫米，6 米宽的槽至少应铺设三条通风管道，管道上钻有小孔，通过高压风机向槽底送风充氧。

▲槽内设搅拌机，搅拌机是通过机械搅动将物料搅拌均匀，促进热量和水分挥发并将物料在槽内缓慢移动。

常见的设备包括链板式和驳齿式，主要由行走底盘部分、链板（搅拌齿）、液压升降部分、传动部分及电控部分组成。

2. 运行参数

（1）条垛式翻堆机　根据条垛的大小、形状及位置决定设备选型。主要设备的技术参数为最大允许堆高 2 米、堆宽 3 米，前进/后退速度可达 5～15 米/分，生产能力每小时不小于 600 米^3。

（2）槽式发酵设备　发酵槽尺寸通常为长×宽×高＝（60～100）米×（4～9）米×（1.5～2）米，高压风机的风压为4 266.3千帕、风量 6.3 米^3/分、配套动力 5.5 千瓦。搅拌机行走速度为 0～6 米/分，工作幅宽 3～6 米，翻堆高度 1～2 米。

（四）施工与安装要求

1. 设计施工要求

▲堆肥厂应根据建设区的常年主导风向进行合理的厂区规划，尽量减少各功能区之间的相互影响。

▲在保证相对独立的情况下，各生产车间应有机衔接，降低物料在相邻工艺段间的无效流动。

▲原料储存及预处理车间要求满足 7～15 天的原料存放量，一次发酵面积不小于1 512米^2/万吨，陈化面积不小于1 080米^2/万吨，成品存储面积要求满足 60～90 天的存放周期。

▲厂房四周均设环形通道，道路宽 4 米以上，空中不设低于 4 米的障碍物，满足消防车通行要求。

▲根据生产工艺特点，生产车间和库房均要求为大跨度、大空间。

▲结构选型应采用传力明确、构件简单的结构形式，选用合适的开间模数，以便结构构件的标准化、通用化。

▲生产车间、原料库、成品库可采用轻钢排架结构，其他建构筑物可采用砖混结构。

▲生产车间应符合 DJ 36—1992 的设计卫生要求；电力装置应符合 GBJ 63—1994 的接地设计要求；采光设计要求应符合 GB 50033—1991 的要求。

2. 主要设备及电气安装要求

(1) 主要设备

①主体设施　主要包括原料储存及预处理设备、发酵设备、后处理设备、成品储存设备和除臭设备。

②原料储存及预处理设施　主要包括地磅、贮料仓、进料斗、起重机、破包机、撕碎机、分选机、混合搅拌机等机械设备。

③发酵设施　主要包括与好氧发酵工艺相匹配的设备。

④后处理加工设施　主要包括对发酵稳定后的堆肥物料进一步处理所需要的输送、破碎、筛分、混合、造粒、烘干、冷却、包装等机械设备。

⑤其他设施　脱臭装置、污水导排与处理装置、配电与控制装置等。

(2) 安装要求

▲施工人员在安装前应认真做好施工准备，熟悉有关图纸、资料及施工验收规范，做好材料准备工作。

▲根据设备图纸及电缆电线的走向确定核对孔洞的预留和铁件的预埋工作。

▲现场安装好后，盘柜等应采取防潮措施，避免水或其他杂物入内，影响电气设备绝缘。

(五) 处理能力与效果

对于一个年出栏 10 万只肉鸡的养殖场，其粪尿排泄量可达每年 5.5×10^3 吨（表 7-9），其中所含的氮、磷、钾均可转化为有效肥料。

表 7-9　万头（只）畜禽 1 年粪尿排泄量（吨）

项目	排泄量	粪尿中养分含量			折合成肥料数量		
		氮	磷	钾	硫胺	过磷酸钙	硫酸钾
猪	1.83×10^4	75.3	42.1	137.3	377	232	275
牛	10.95×10^4	416.1	197.1	350.4	2 081	1 084	701
肉鸡	5.5×10^2	8.9	80.5	4.7	45	47	9

资料来源：李如治，《家畜环境卫生学》。

畜禽粪污的堆肥化处理可将粪污等堆肥原料“浓缩”，使肉鸡场粪污减量化，同时也减少了运输成本。堆肥过程中的高温能使堆肥原料中的病原菌及有害生物大部分被杀灭，从而使粪污无害化。从堆肥的整个过程来看，肉鸡粪污的堆肥化处理其实就是在人工控制条件下，选择合适的温度、水分、C/N 和通风等条件有利于微生物的发酵，从而对有机物进行生物降解，使有机物由不稳定状态转化为稳定的腐殖质，对环境尤其土壤环境不构成危害。粪污经过堆肥化处理后成为很好的有机肥，通过还田利用实现废物资源化及生态化。具有良好的环境效益和社会效益，促进了养殖业的可持续发展。

（六）运行管理

1. 发酵温度 温度除了影响微生物的活动外，另一重要作用就是杀灭堆料中的病原菌、寄生虫卵和杂草种子。所以对于堆体的温度有一个合适的范围，不能太高，堆肥化是有氧参与的放热反应，若不加控制，温度可达 70℃以上，而超过 70℃会使微生物的活性急速降低；若温度过低微生物的活性较弱，会使发酵时间延长。美国环保局（EPA）规定，堆肥化深度灭菌的标准是：对于条垛系统温度大于 55℃的时间至少 15 天，且在操作过程中至少翻动 5 次；对于强制通风静态垛和发酵槽系统，料堆内部温度大于 55℃的时间必须达到 3 天以上。一般堆肥温度应控制在 45～70℃，最适宜温度为 55～65℃。

2. 水分调节 水分是微生物繁殖和活动的重要因素，堆肥的水分含量应控制在 50％～70％，对猪、牛粪等含水量较大的畜禽粪便，不宜直接进行高温好氧堆肥，需要加入吸湿性强的填充料以降低混合堆料的水分含量。

3. 碳氮比调节 固相碳氮比（C/N）是堆肥过程中影响堆肥腐熟度的重要因素之一。C/N 过低或过高均不利于好氧菌的生长和繁殖，一般认为初始 C/N 在 25∶1～30∶1 或 30∶1～35∶1 较为适宜。如果 C/N 中 C 低可加入一定量的米糠、木屑、秸秆等 C 源物质等进行调节，如 C/N 中 C 高应适当的加入氮源，如氮肥等，使其 C/N 介于 25∶1～35∶1。理论上有机质完全变成腐殖质后 C/N 应为 10，而事实上堆料中还含有很多难以生物降解的有机物，不可能在堆肥过程中完全转化为腐殖质。所以，一般认为腐熟的堆肥 C/N 在 10∶1～20∶1。

4. 供氧量调节 通风供氧是堆肥成功的关键因素之一，一般认为堆体中的氧含量保持在 5％～15％比较适宜。氧含量低于 5％会导致厌氧发酵而产生恶臭，氧含量高于 15％则会使堆体冷却，导致病原菌的大量存活。

堆肥的供氧量调节主要包括翻堆、抽气及强制通风，以及翻堆与强制通风相结合等方式。人工翻堆虽然简单，但占地面积大，供氧不均。抽气的优势在于可以将废气在排入大气前进行处理，减少二次污染。而强制通风，则有利于热量和水分的散失。不同的堆肥物料其所需氧气量存在较大差异。

5. pH 调节 pH 是影响堆肥中微生物生长的重要因素之一。通常 pH 在 3～12 都可以进行堆肥。但有研究发现，堆肥初期堆体过高或过低的 pH 都会严重抑制堆肥反应的进行，因为这是微生物（尤其是细菌和放线菌）生长最适的 pH 为 6.5～7.5，所以认为有机固体废物发酵过程的适宜 pH 为 6.5～

7.5。如果原料 pH 过高，可加入新鲜绿肥、青草，它们分解会产生有机酸，使 pH 降低，如果 pH 过低，可向堆料中加入少量的石灰调节原料的 pH 达到 6.5。

6. 原料及成品贮运 原料贮存应有原料贮存车间，贮存车间内根据不同的原料特性分类进行存放；含水率较低的干物料应避雨存放；含水率高的湿物料不宜长期存放，尽可能减少臭气和渗滤液的产生，防止对环境二次污染；使用量大的物料尽量不贮存或者少量贮存，保证尽可能短的贮存期。

有机肥料成品可用覆膜编织袋或塑料编织袋衬聚乙烯内袋包装，贮存于阴凉干燥处，在运输过程中应防潮、防晒、防破裂。

7. 工程管理 管理工作是保证和提高工程质量的重要环节。坚持预防为主，提高工程的质量。不定期地开展质量抽查工作，全面监控堆肥化生产过程的质量动态，严格把好过程控制关。成品质量必须符合设计及验收标准，验收人员对成品规格、数量及外观质量进行验收。对于在工程运行中出现的问题，要明确责任部门，并即时上报进行处理。

（七）成本效益

1. 成本分析 建一个相应规模的工厂化堆肥厂，设备总投资20万元，包括格栅、板式给料机、均匀布料机、鼓风机、翻料机与造粒机等；土建构筑物费用50万元（1 000米^2），包括粪污垃圾堆放库房、一次发酵车间厂房、一次发酵仓池体、二次发酵车间、复合肥生产车间、成品库房及机修间等，合计70万元。

据测定，一个年出栏100 000只肉鸡的养殖场，如采用干清粪工艺每年约生产粪尿5 500吨，直接堆肥至少可生产有机肥3 000吨。堆肥过程中需要加入稻草，1 吨稻草价格为 250 元，加上运输与粉碎费用，估计 1 吨稻草粉的价格为 300 元，使用量大约为1 000吨，其堆肥经济效益分析见表 7-10。

表 7-10 养殖场废弃物联合堆肥经济效益分析（以 10 万只肉鸡场为例）

项目	费用（万元/年）	备　注
折旧	7	70 万×10%=7 万元（按 10 年进行折旧）
维修费	0.2	
电费	2.68	30 千瓦×5 小时/天×365 天×0.49 元/千瓦时
工资	12	6 人×20000元/（人·年）
秸秆原料费	30	1000 吨×300 元/吨
销售、管理、财务等费用	8	
总成本	59.88	
单位成本（元/吨）	199	$5.98\times10^4/3000$

2. 效益分析 目前，市面上有机肥价格 500 元/吨左右，堆肥的氮、磷、钾养分远高于其他有机肥，其价格应高于 500 元/吨，暂按 600 元/吨计算，则每吨可获利润 100 元左右，年利润达 55 万元。若将堆肥产品配制成有机-无机复混肥，每吨售价可达1 000元，其效益更为可观。

由上表可知，堆肥的成本主要在于秸秆原料和销售、管理、财务等费用，如果能控制好这几项费用，整个粪污处理过程就有较大赢利。同时，也增强了这种堆肥工艺在经济上的可行性。采用堆肥的方法，目的是解决养殖场粪污的问题，养殖户不需承担其他额外的处理费用，即使没有盈利，只要不亏损，在实际上都是可行的，采用此工艺处理养殖场粪污，其社会效益和环境效益较之经济效益更为明显。

（八）技术特点

堆肥是一系列微生物活动的复杂过程，包含着堆肥材料（堆肥的基本材料是畜禽粪便和填充物，填充物主要有秸秆和废纸）的矿质化和腐殖化过程。堆肥化处理畜禽粪便是一种高效、经济、简捷的技术手段，可以无害化、减量化、稳定化、资源化处理畜禽粪便，控制条件及方法容易操作，成本较低。

（九）典型案例

天津于桥畜禽粪便堆肥厂建成于 2008 年 10 月，工程投资近1 000万元，设计日处理畜禽粪便 50 吨，堆肥时间只有 14 天，不受气温影响，可周年生产，堆肥产品可用于生产有机肥。

二、粪污沼气化利用技术及案例分析

（一）工艺简介及适用范围

1. 工艺简介 粪污沼气化利用技术是指以畜禽粪污为主要原料的厌氧消化来制取沼气、防治污染的全套技术。沼气发酵是一个极其复杂的过程，在厌氧条件下将畜禽粪便、秸秆、污水等各种有机物密闭在沼气池内，利用发酵微生物分解转化产生沼气的过程。沼气（主要成分是甲烷）是一种清洁的替代能源，具有比较高的热量，每单位重量产生的热能大约为石油的 1.2 倍。利用微生物将废弃物中的有机质分解转化产生的沼气，是一种可再生的生物能源，制备容易，资源丰富，可以补充能源的不足；沼渣和沼液可扩大肥源，提高肥效。

2. 适用范围 主要用于处理禽畜粪便和有机废水。

（二）技术原理和工艺流程

1. 技术原理 主要是利用微生物的发酵作用，根据发酵微生物作用的不同分为三个阶段（图 7-6）。

▲首先是发酵性细菌群利用它所分泌的胞外酶，如蛋白酶、纤维酶、淀粉酶和脂肪酶等，把禽畜粪便、作物秸秆等大分子有机物分解成能溶于水的单糖、氨基酸、甘油和脂肪酸等小分子化合物。

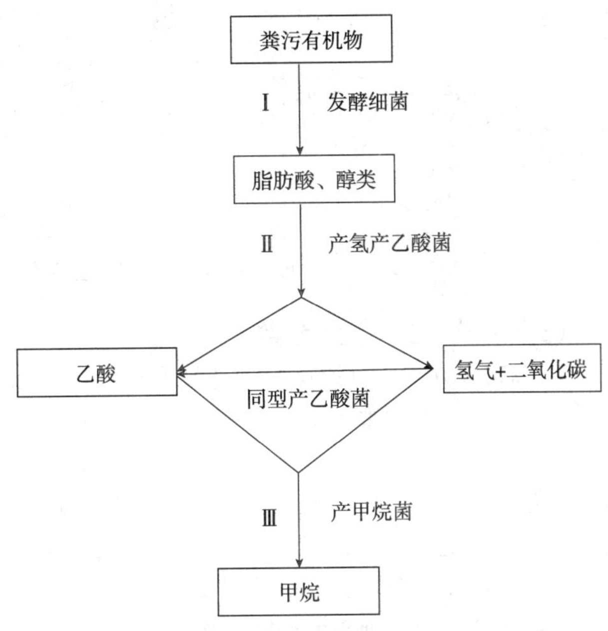

图 7-6　沼气形成的厌氧消化三个阶段
（杨阳，《UASB 反应器处理猪场废水的试验研究》）

▲第二阶段是通过三个细菌群体（发酵性细菌、产氢产乙酸菌、耗氧产乙酸菌）的联合作用。先由发酵性细菌将液化阶段产生的小分子化合物分解为乙酸、丙酸、丁酸、氢和一氧化碳等；再由产氢产乙酸菌把发酵性细菌产生的丙酸、丁酸转化为产甲烷菌可利用的乙酸、氢和一氧化碳；耗氧产乙酸菌群体利用氧和一氧化碳生成乙酸，还能代谢糖类产生乙酸，它们能将多种有机物转变为乙酸。

▲第三阶段主要由食氢产甲烷菌、食乙酸产甲烷菌等产甲烷细菌群，它们利用第二阶段所产生的甲酸、乙酸、氢和一氧化碳小分子化合物生成甲烷。食氢产甲烷菌可把氢和二氧化碳转化成甲烷，即 $4H_2+CO_2 \rightarrow CH_4+2H_2O$；食乙酸产甲烷菌是对乙酸脱羧产生甲烷，即 $2CH_3COOH \rightarrow 2CH_4+2CO_2$。在厌氧消化的过程中，由乙酸形成的 CH_4 约占总量的 2/3，由 CO_2 还原形成的 CH_4 约占总量的 1/3。

2. 工艺流程　其主要工艺流程见图 7-7。养殖场粪污通过排水沟流到调节池，调节池前设置格栅，以清除污水中较大的杂物，进行前处理。人工清出的粪便运到调节池内，与污水搅拌后流入计量池中，计量池内的泵也定时定量的将物料送到厌氧消化器。经厌氧发酵产生的沼气经过脱水、脱硫、脱杂净化后进入贮气柜，以供给生产或生活所需；沼渣可作为有机肥料；沼液可作为农田的液体有机肥料。

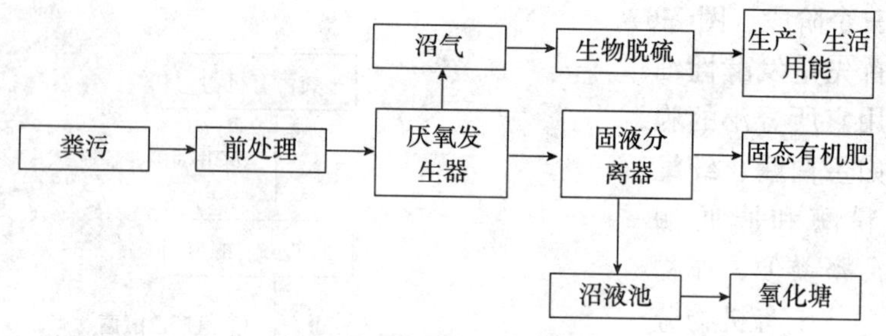

图 7-7　沼气工程工艺流程

（三）结构设计与运行参数

1. 结构设计　厌氧消化器的选择和设计应根据粪污种类、工程类型和工艺路线来确定，其主要反应器有升流式厌氧固体反应器、全混合厌氧消化器和塞流式反应器。对于升流式厌氧固体反应器其结构一般采用立式圆柱形，有效高度可达 6～12 米，厌氧消化器内的溢流管可采用倒 U 形管，布水方式应合理，布水器距池底的距离不大于 1 米，消化器应设有取样口和测温点，在设计上要有防止超正、负压的安全装置及措施，池体侧面下部应设检修人孔、排泥管，入孔中心与池外地平的距离介于 0.6～1 米。

2. 运行参数　理论上讲，每千克 COD_{cr} 可产生 0.35 米^3 甲烷，其运行参数见表 7-11。

表 7-11　中温发酵厌氧消化器主要运行参数

序号	项目	升流式厌氧回体床	全混合厌氧消化器	塞流池
1	温度（℃）	35	35	35
2	水力滞留期（天）	8～15	10～20	15～20
3	TS 浓度（%）	3～5	3～6	7～10
4	COD_{cr}去除率（%）	60～80	55～75	50～70
5	COD_{cr}负荷（千克/米^3・天）	5～10	3～8	2～5
6	投配率（%）	7～12	5～10	5～7

（四）施工与安装要求

1. 设计施工要求　沼气工程的设计在选址上应符合养殖场整体布局的规划和要求，位于畜禽养殖场主导风向的下风侧，结合地形、气象和地质条件等因素，构筑物的间距应紧凑合理，并满足施工、设备安装与维护、安全的要求，厌氧消化器、贮气柜、输气管道要注意防火要求，同时应设置废渣等物料堆放及停车的场地。其水压式结构见图 7-8。

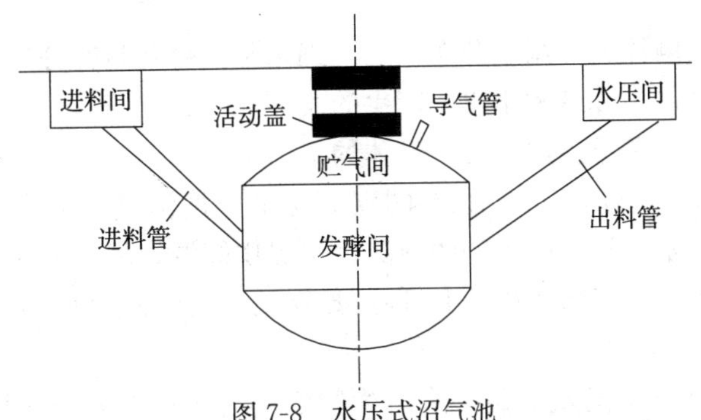

图 7-8 水压式沼气池

（马洪儒，《沼气示范村厌氧发酵技术综合利用及环境效应研究》）

2. 主要设备及电气安装要求

▲前处理设备主要有格栅、固液分离机、泵。

▲厌氧消化设备包括升流式固体反应器（USR）、全混合厌氧消化器（CTSR）、塞流式反应器（PFR）、升流式厌氧污泥床（UASB）、复合厌氧反应器（UBF）。

▲沼气净化系统包括气水分离器、砂滤、脱硫装置。

▲沼气贮存系统包括贮气柜、流量计等。

安装均按相应的要求进行。沼气工程供电应按三类负荷设计，厂区内设置操作控制间、独立的动力和照明配电系统。

（五）处理能力与效果

畜禽粪污沼气化利用技术是一种能减少和降解有机污染物，同时又能回收能源的生物处理方法。

▲可以很好地解决养殖场粪污排放问题，从而解决对环境造成的污染。

▲畜禽粪便污水属高浓度有机废水，含有丰富的有机物质，通过沼气发酵，解决农村生活用能，减少了对森林资源的破坏，可以将残留物的综合利用、生态环境保护与农业生产活动有机结合起来，有利于养殖业的可持续发展，对保护生态平衡是一种良好的途径。

（六）运行管理

1. 发酵温度 沼气发酵与温度有密切关系，一般来讲，池内发酵液温度在10℃左右，只要其他条件达到要求（如酸碱度适宜，沼气发酵菌较多）就可以发酵，产生沼气。在一定范围以内（15～40℃）随着温度的增高，产气量和产气率都相应的增高。

2. 搅拌 微生物发酵过程中对沼气池进行搅拌能有效地提高产气速度和

处理效率。

▲使消化器内原料的温度分布均匀，细菌和发酵物料充分接触，加快发酵速度，提高产气量，并有利于除去产生的气体。

▲搅拌还破坏了浮渣层，便于气体的逸出。

3. 碳氮比调节 沼气发酵原料的碳氮比是根据沼气微生物所需的营养物质而定的。碳元素为沼气微生物的新陈代谢提供能源，又是形成甲烷的主要物质，氮元素是构成沼气微生物细胞的主要物质。沼气发酵原料的碳氮比例为15～30∶1，即可正常发酵。

4. 厌氧条件 沼气发酵是一个微生物学的过程，在发酵过程中，产甲烷菌的特点是在严格的厌氧条件下生存和繁殖，有机物被沼气微生物分解成简单的有机酸等物质。产酸阶段的不产甲烷微生物大多数是厌氧菌，在厌氧的条件下，把复杂的有机物分解成简单的有机酸等；而产气阶段的产甲烷细菌是专性厌氧菌，不仅不需要氧气，并且氧气对产甲烷细菌具有毒害作用。因此，沼气发酵时必须创造严格的厌氧环境条件。

5. pH 调节 沼气发酵细菌在 pH6～8 范围内均可发酵，但是其最佳范围值为6.8～7.5。当pH 高于 8.5 或低于 6.5 时，对沼气发酵都有一定的抑制作用。畜禽粪污和其他有机废弃物中含有许多 pH 缓冲作用的物质。因此，在发酵过程中，一般是不需要进行调节。

6. 原料及成品贮运 畜禽粪污处理系统应设置一定容量的消化池或调节池，沼气贮存系统应包括贮气柜和流量计等。根据沼气的不同用途来确定贮气柜的容积。沼渣和沼液需进一步做固液分离，需要沉淀池和干化场来进行处理。

7. 工程管理 在投配污泥、搅拌、加热及排放等项操作前，应首先检查各种工艺管路闸阀的启闭是否正确，严禁跑泥、漏气、漏水；每次蒸汽加热前，应排放蒸汽管道内的冷凝水；消化池放空清理应采取防护措施，池内有害气体和可燃气体含量应符合规定；操作人员检修和维护加热、搅拌等设施时，应采取安全防护措施；应定期检查一次消化池和沼气管道闸阀是否漏气。

（七）成本效益

1. 成本分析 设备投资包括发酵池、脱硫塔及管道、贮气罐等，合计约20 万元；人工成本需要工人 3 人，每人工资为20 000元/年，合计为60 000元/年。

2. 效益分析 由于肉鸡粪的干物质（DM）含量大约是 60%，鸡粪的产气率是每千克干物质 0.3 米^3，1 吨鸡粪的产气量为：1000×60%×0.3＝180（米^3）。产生的沼气还需用于维持发酵罐的温度，按照沼气的热值 21 千焦计算，每吨物料烘干过程中需要的沼气量为60%～80%。每1米^{3}沼气可产生电能约2千瓦时，则每吨鸡粪可发电总量为：60×2=120（千瓦时）。

按每度电费为0.49元，每吨鸡粪产生的产值为：120×0.49=58.8（元）。一个年出栏10 000只肉鸡的养殖场，粪便产量可达550吨，产生的价值为：550×58.8=32（万元），当年即可收回成本。如果用沼渣来制备有机肥料，效益更为可观。

（八）技术特点

沼气发酵生产工艺技术特点是原料适应性广，要求较高的进料浓度，适合多种原料混合发酵；采用搅拌技术和热电联产技术工艺，输出热能满足原料升温要求，产气率高，热能的回收利用可保障工程在寒冷地区正常运行。在沼液、沼渣的利用上，大中型沼气工程的沼肥利用基本选择生态还田的利用模式，随着我国肉鸡养殖业集约化程度的提高，大型养殖小区的建立，特大型沼气工程将是一个发展方向。

（九）典型案例

1988年建成的杭州浮山养殖场沼气工程，位于杭州市西郊，采用厌氧消化技术处理畜禽粪便，既可开发生物质能源，治理污染，又可作为肥料。先后建成的300米^{3}鸡粪和500米^{3}猪粪沼气工程。建成投运以来，运行正常，日产沼气720米^3，可用于227户村民和两个食堂的生活燃料，每年可节约原煤520吨；沼液可用于养鱼，还可用于农作物的基肥和追肥来使用，从而减少化肥用量，降低生产成本，提高粮食产量与品质；沼渣含有丰富的有机质和氮磷钾元素，具有改良土壤的作用，大部分用作果园和花卉肥料，形成了以沼气为纽带良性循环的生态农业。

三、生态床养殖技术及案例分析

（一）工艺简介及适用范围

1. 工艺简介 生态床养殖技术是基于控制畜禽粪便排放与污染的一种养殖模式，对于肉鸡舍需要进行特殊的工艺设计，主要做法是添加有机垫料，而垫料包括按比例配制好的秸秆、锯末屑、稻壳粉和发酵粉等，形成一个发酵床（生态床），然后肉鸡在上面生活，排泄出的粪不需要进行人工清理，利用其生物特性，使粪和垫料充分混合，通过发酵床微生物的分解发酵，使鸡粪中的有机物质得到充分的分解和转化。在微生物的作用下，可在垫料上将粪便迅速降解、消化，达到零排放的目的。其大棚式生态养殖工艺见图7-9。

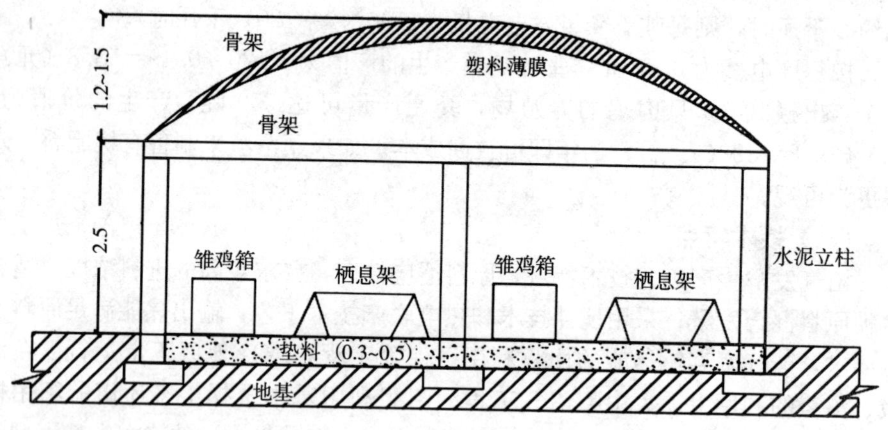

图 7-9　大棚式生态养殖工艺（米）

2. 适用范围　适合各种畜禽养殖，尤其是猪、鸡。

（二）技术原理和工艺流程

1. 技术原理　生态床养殖技术是基于微生物发酵原理，通过参与垫料（一定比例的锯末、秸秆、稻壳、谷壳等）、发酵剂和畜禽粪污协同发酵作用，将畜禽的粪污等养殖废弃有机物得到充分分解和快速转化，消除恶臭；同时微生物菌群能将垫料、粪便合成可供畜禽尤其是禽类食用的糖类、蛋白质和维生素等营养物质，增强畜禽抗病能力，促进畜禽健康生长；发酵后的粪尿和垫料可作为有机肥还田，真正实现了生态经济系统内物质和资源循环利用，是一种环保、安全、有效的养殖方法。

2. 工艺流程　其工艺流程主要集中于发酵床及垫料的制作，垫料包括菌种的采集、活性剂的制备、有机垫料的选择；发酵床的制备分地下式发酵床和地上式发酵床两种，地下式发酵床要求向地面以下深挖 30～50 厘米，填满制作好的有机垫料，再将畜禽放入，就可以生长发育；发酵床的床面不能过于干燥，湿度必须控制在 50%，禁止使用化学药品和抗生素类物品等。

（三）结构设计与运行参数

1. 结构设计　发酵床养殖鸡场建造结构见图 7-10。

由图 7-10 可知，对于肉鸡生态床养殖，应做到多利用自然资源，如阳光、空气、气流、风向等环境温热元素，少使用如水、电、煤等现代能源或物质；多利用生物性、物理性转化，少使用化学性转化。鸡舍的环境，主要指温度、湿度、有毒有害气体、光照以及其他一些影响环境的卫生条件等，是影响鸡只

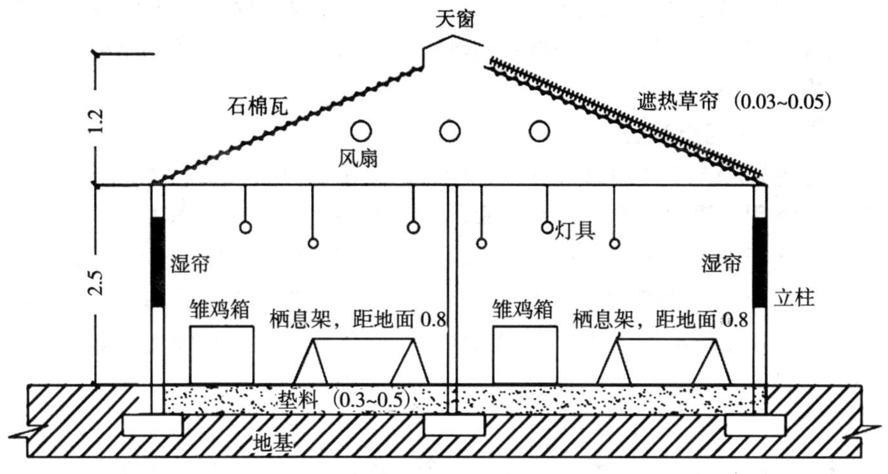

图 7-10　发酵床养殖鸡场建造示意（米）

生长发育的重要因素。对于发酵床要考虑床位的位置、发酵菌种、原料、面积大小。

2. 运行参数　发酵床有关参数见图 7-11。

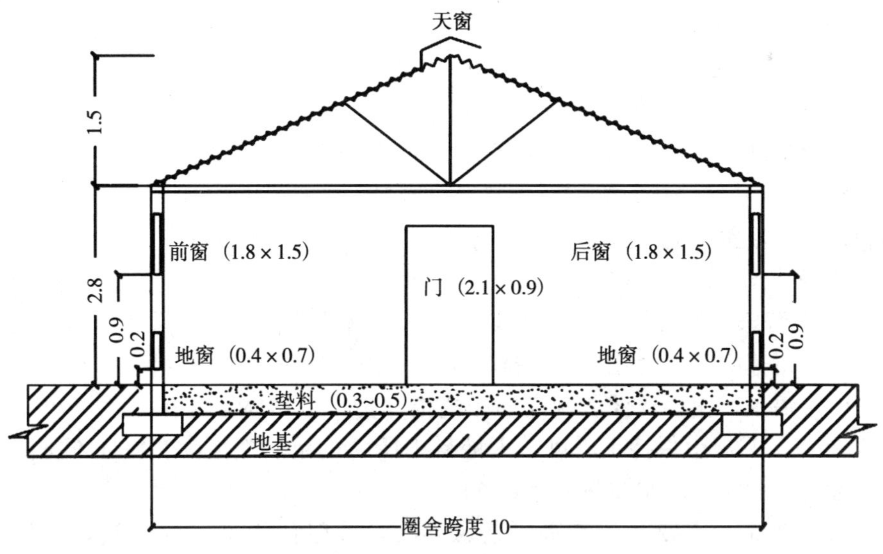

图 7-11　发酵床有关参数（米）

发酵床根据实际情况设置，朝向：鸡舍结构最好坐北朝南，屋檐高度为2.6～3.5米，圈舍跨度以8～10米为宜，屋顶要设置保温隔热材料，采用自动料槽和自动饮水器时，自动饮水器乳头朝向禁止朝向发酵床，防止饮水器跑水浸泡发酵床垫料。

（四）施工与安装要求

生态养殖场主要建筑参数的设计应考虑：满足养殖肉鸡生物学特性要求和生产工艺流程；满足鸡舍各环境因素的设计参数；符合建筑模数，便于选用建筑构件，便于施工。发酵床要考虑采用地上还是地下，无论是地上式、地下式，其床面到槽池底部的深度都应保持60～100厘米，在发酵槽池内部四周用砖垒砌，再用水泥砂浆抹面，发酵床底部为自然地面，其长度和宽度根据鸡舍的跨度、长度和饲养的肉鸡种类、饲养密度而确定。

（五）处理能力与效果

发酵床就是在养殖过程中给肉鸡一个自然生态的原始生存环境，发酵床技术可以改善肉鸡的生长环境，提供适合肉鸡生长发育的温度，保障肉鸡的福利待遇；肉鸡采食微生物发酵产生的菌体蛋白后，不但降低了疫病的发生率，节约了抗生素等药物治疗费用，而且可使饲料转化率提高、料肉比降低，提高了鸡肉品质和风味；对于肉鸡场周围环境达到了无臭、无味、无害化的目的，是一种无污染、无排放、无臭气的新型环保生态养殖技术，具有良好的经济效益、生态效益和社会效益。

（六）运行管理

1. 禽舍设计 禽舍是发酵床养肉鸡技术成功与否的重要环节。一方面应保证发酵床随太阳的升起和降落都能接受到光照；另一方面禽舍应通风透气（垫料微生物发酵分解肉鸡粪尿会产生一定量的气体，只有通风透气，才能保持舍内空气新鲜，有利于垫料微生物和肉鸡的生长）。所以禽舍的走向坐北朝南、充分采光、通风良好。

2. 发酵床 发酵床的运行其实是一种好氧堆肥方式，其原理是运用土壤微生物，迅速降解、消化肉鸡的排泄物。

（1）温度　美国环保署制定的相关指标指出，堆体温度在55℃条件下保持3天或50℃以上保持1周可杀灭堆料中所含的致病微生物、保证堆肥的卫生指标合格和满足堆肥腐熟的重要条件。

（2）翻堆　主要目的是进行通风换气，一般认为堆体的含氧量保持在8%～18%为宜。

（3）垫料含水率　适宜的含水率为50%～60%，当含量小于40%时，不利于有机物的分解和微生物的生长；水分含量超过65%，由于厌氧发酵会导致堆肥时间延长。

（4）碳氮比（C/N）合适的C/N为微生物的生长提供了合适的营养，是保证堆肥能够快速有效的发酵分解的关键因素，一般认为C/N在25∶1～30∶1为宜。

（5）pH　一般情况，pH在3～12均可进行堆肥，最适pH为7～8，这时微生物繁殖速率和有机质分解速率最大，可获得最大堆肥速率。

（6）填充料　对于肉鸡养殖场来说，填充料最好选择能够提供碳源、调节堆体孔隙度、物料温度、湿度和改善堆体结构等作用的材料，如粗米糠、木屑、稻草等。

（7）菌种　人工添加高效微生物菌剂可以调节菌群结构、加快堆肥的升温速度、缩短发酵周期，从而提高堆肥质量。

（8）发酵床　分地下式发酵床和地上式发酵床两种。地下式发酵床要求在地面以下。深挖30～50厘米，填满制成的有机垫料。在地下水位低的地方，可采用地上式发酵床。地上式发酵床是在地面上砌成，要求有一定深度，再填入已经制成的有机垫料即可。

3. 管理　必须要先驱虫，因为发酵床是由活性微生物制成，使用过程中若应用化学药物和抗生素药品，会影响微生物的生长繁殖甚至杀死微生物；同时要注意其饲养密度，饲养密度应适宜。

（七）成本效益

发酵床养鸡首先降低了鸡舍投入的成本，如1栋300米^{2}的大棚需资金约10 000元，而相同面积砖瓦结构的则需要40 000元，主要节省了砖瓦、水泥、沙石等建筑材料费用。在饲养过程中降低了药物投入和死亡率，改善了料肉比，改善了饲养环境，减少了劳力，发酵床养鸡不需要重、强劳动力，采用自动供水、1天只喂1次饲料、不清扫粪，整个饲养过程只需很短时间就可完成。

（八）技术特点

发酵床养殖技术追随自然农业理念，基本上可以做到畜禽粪污的零排放、无污染。采用发酵床养殖技术后，垫料中土壤微生物可迅速有效地降解、消化畜禽的排泄物，使有机物质得到即时的分解和转化，减少了臭味的产生；发酵床内环境优越，在冬季，有机垫料发酵分解产生的热量会使发酵床的表面温度始终保持在15℃左右，适合畜禽的活动和生长发育，增强了畜禽的体质和抵抗各种疾病的能力，提高了畜禽的福利；由于生态发酵床养殖模式不需用水冲洗圈舍，节约水资源，降低劳动强度，禽粪尿等被发酵菌种分解转化为可被禽食用的有机物和菌体蛋白质，从而减少了对饲料的消耗。发酵床养殖与传统养殖相比，减少了投入，改善了生产，提高了效益。

（九）典型案例

南京秦邦吉品农业开发有限公司成立于2007年，占地千余亩，拥有养殖设施30 000米^2，年产值2 000万元。其建立的规模化生态健康养殖示范基地，利用自然生物菌种与鸡舍结构设计并建造了发酵床养殖大棚，彻底地解决了鸡舍内的粪便污染，杜绝鸡群的疾病和抗生素的使用，运用“生物农业”解决了传统养殖和现代养殖无法克服的关键问题——肉鸡舍的粪便、空气污染、大量使用抗生素的问题。减少和避免了肉鸡的应激，提高了肉鸡的福利和产品品质。

四、养殖场废水深度处理及案例分析

（一）工艺简介及适用范围

1. 工艺简介 养殖场废水的处理方法，按其原理可分为物理、化学和生物方法。单独使用某一种方法很难达到处理目的。由于生物处理不产生二次污染，在养殖场废水的处理中比较受青睐。生物处理按照其形式可分为自然生物处理、好氧处理和厌氧处理。但在实际中养殖场废水的处理一般都需要使用多种处理方法相结合的工艺进行。采用厌氧处理＋好氧处理是一种比较理想的方法，对于养殖场高浓度的有机废水，通过采用厌氧＋好氧联合处理［如采用升流式厌氧污泥（UASB）＋序批式活性污泥法（SBR）］，既克服了厌氧处理达不到要求的缺陷，又克服了好氧处理能耗大与占地面积大的不足，具有投资少、运行费用低、净化效果好、能源环境综合效益高等优点。根据废水资源化的利用途径，厌氧＋好氧工艺可有多种组合形式。

2. 适用范围 养殖场废水，主要有肉鸡残余的粪便、饲料残渣和冲洗水等，还有一部分生活废水。

（二）技术原理和工艺流程

1. 技术原理 废水经过厌氧生物处理，在无氧条件下，借助厌氧微生物的新陈代谢作用分解废水中的有机物，并使之转变为小分子的有机物（主要是甲烷、二氧化碳、硫化氢等），作为能源利用。然后通过好氧生物处理，微生物在氧气充足的条件下，分解废水中的有机物，将其中的有机物和氮（尤其是氨态氮）、磷去除。然后其排出的废水可作为农田液肥、农田灌溉用水和水产养殖肥水。

2. 工艺流程 （图 7-12）。

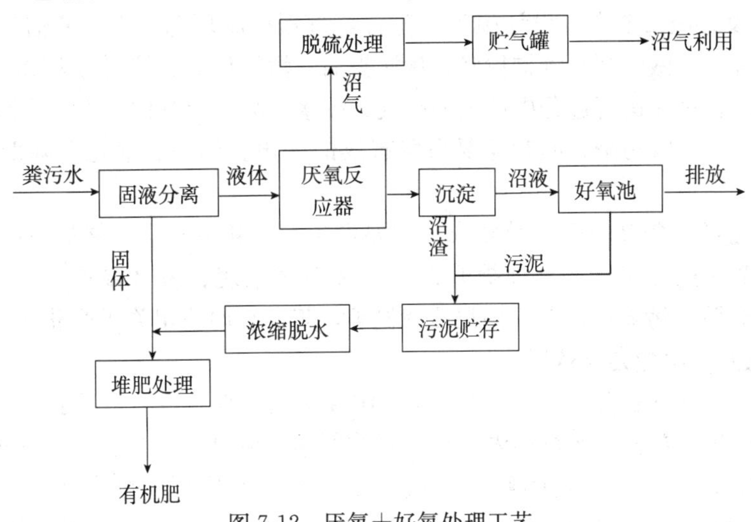

图 7-12 厌氧＋好氧处理工艺

（吴根义，《畜禽养殖废水厌氧氨氧化脱氮处理研究》）

由上图可知，废水通过筛网过滤后达到固液分离，固体部分进行堆肥化处理，液体部分通过厌氧反应器进行厌氧处理，产生作为能源利用的沼气，经厌氧处理后其废水中有机物浓度降低，其沼液通过好氧池，在好氧池中进行好氧生物氧化，对 COD_{cr}、总磷、高浓度氨氮进行消化后，使排放的水能达到畜禽养殖行业排放标准，沼渣经过贮存、浓缩脱水后和以前分离的固体部分进行堆肥，生产有机肥。

（三）结构设计与运行参数

1. 结构设计 有机废水由池底进入反应器，向上流过有颗粒状污泥组成的污泥床，和污泥发生厌氧反应，产生的沼气被收集在反应器顶部的集气室内，废水经三相分离器分离后流出，从而实现废水中有机物的降解。SBR 工艺结构简单，操作灵活管理方便。一个完整的运行周期由五个阶段组成，即进水阶段、反应阶段、沉淀阶段、排水阶段和闲置阶段。从第一次进水到第二次进水称为一个工作周期。

2. 运行参数 水温（常温为 20～25℃，中温为 30～35℃，高温 50～55℃），COD∶N∶P＝200∶5∶1，控制废水的上升流速在每小时 0.1 米以下，废水中氨氮浓度应小于每升 800 毫克，进水 pH 为 6.5～7.8。SBR 运行程序：进水为 1 小时，曝气为 4 小时（进水同时曝气），沉淀为 1 小时，出水为 1 小时，闲置为2小时（整个周期为8小时，两池交替使用）。

（四）施工与安装要求

1. 设计施工要求 设计施工应符合全过程控制理念，实行清洁生产，工艺流程合理，做到利于维护检修，从源头消减污染负荷、控制污染物的产生并减少排放。对在运行过程中产生的废气、废水、废渣及其他污染物的治理与排放，应防止二次污染，同时还要采取有效的隔声、消声、绿化等降低噪声的措施。

2. 主要设备及电气安装要求 主要设备有三相分离器、格栅、固液分离机、调节池搅拌机、调节池提升泵、SBR布气系统、SBR鼓风机、调节池、SBR提升泵、污泥螺杆泵、污泥压滤机等，其安装均按相关要求进行。

（五）处理能力与效果

厌氧＋好氧联合处理适合对产生高浓度有机废水养殖场的污水处理。反应器内活性污泥在整个运行期内具有良好的凝聚沉降性能，也具有较好的活性。产生的甲烷可获得较高的经济价值。经该系统处理后，可有效去除COD、BOD、NH_3-N等成分含量，出水水质可以达到《畜禽养殖业污染物排放标准》（GB 18596—2001）。还可以通过氧化塘，根据氧化塘出水水质，可以在池塘内投加浮萍等水生植物，并且可以适当养鱼，从而获得较好的经济价值。

（六）运行管理

对于厌氧＋好氧联合处理养殖场有机废水，由于采用的工艺不同所以其运行管理也有差异，其主要目的是使除磷脱氮效果得到有效的实施，增加了运行管理的灵活性和出水水质的稳定性。具体管理可另行参考，下面仅作简要阐述。

▲UASB反应器宜设置两个系列，使其具备可灵活调节的运行方式，便于分别培养污泥和启动。反应器的最大单体体积应小于2 000米^3；有效水深应在4～8米，废水的上升流速宜小于每小时0.5米；可采用圆形或矩形，对于圆形反应器的高径比应在1～3∶1，矩形反应器的长宽比宜小于4∶1；建筑材料宜采用钢筋混凝土、不锈钢、碳钢等材料，需进行防腐处理，混凝土结构宜在气水交界面上下1.0米处采用环氧树脂防腐，碳钢结构需采用防腐材料等。

▲SBR工艺过程中的各工序可根据水质、水量进行调整，灵活运行，要耐冲击负荷，池内有滞留的处理水，对污水有稀释、缓冲作用，有效抵抗水量和有机污物的冲击，运行效果稳定，污水在理想的静止状态下沉淀，需要时间短、效率高，出水水质好。主体设备只有一个序批式间歇反应器，无二沉池、

污泥回流系统，调节池、初沉池也可省略，布置紧凑、占地面积省。

（七）成本效益

工程投资包括基本土建费用、设备费用以及设计、安装、运行、人力成本等费用。

1. 土建费用 主要构筑物有格栅井、调节池、UASB、SBR、污泥浓缩池；公共设施包括泵房和操作间。所有构筑物采用钢筋混凝土结构，泵房和操作间采用框架结构。项目建成后处理能力为 80 米^3/天，所需费用约为 120 万元。

2. 设备费用 设备主要有泵、风机、污泥压滤机、UASB 内三相分离器和布水系统等，合计费用大约为 50 万元。

3. 其他费用 包括管道、阀门、电缆、电控系统、设计费、安装费、调试费等，费用约 20 万元。

4. 运行费用 包括能耗（主要是电费）电费为 40 元/天；约需 3 人，每人每年约20 000元，合计为60 000元；设备维修费用按设备投资的 5%计，维修费为 2.5 万元。

5. 合计费用 约 200 万元。

项目运行后，可以大大减少废水中 COD、BOD 及氨氮的排放，经该工艺处理后，减少了污水排放，水质达到《畜禽养殖业污染物排放标准》，环境效益显著。

（八）技术特点

本技术具有污泥浓度高、易形成颗粒污泥、耐 COD 负荷冲击、可间歇式操作等特点。厌氧反应器的 COD 去除率可达 60%～70%；而且在厌氧阶段动力的消耗以及剩余污泥的生长较少，节约了大量的动力消耗以及处理剩余污泥的费用，在能耗上占有较大的优势。对于畜禽养殖场废水中 COD、BOD 及氨氮具有较高的去除率，且能耗较其他工艺相比具有较大的优势。较好地实现了废水回收再利用，减少废水的排放和化学物质对环境的释放。不仅实现处理过程的无害化，而且实现处理过程的资源化，提高资源的利用率，有效地保护和改善生态环境，促进畜禽养殖环境与经济的可持续协调发展，因此具有较广阔的应用前景。

（九）典型案例

深圳市新龙达石井养殖场是深圳市新龙达实业有限公司的二级企业，建立于 1997 年 1 月，养殖场废水处理设计采用厌氧＋缺氧＋好氧生物脱氮除磷＋生物接触氧化＋混凝沉淀组合方法，废水经过固液分离、调解池、初沉池、厌氧消化池、传统活性污泥曝气池、二沉池、生物接触氧化池、药剂混合池、斜板沉淀池、砂滤池、pH 调解池、排放池，污泥通过干化场得到干化。废水处理系统正常运行后处理水可以达到污水综合排放标准中规定的二级以上标准。

第三节　粪污管理与生态补偿

一、国内外规模化养殖场粪污管理政策机制

（一）国内规模化养殖场粪污管理政策机制

1. 立法法规、管理标准和技术规范　对于环境污染问题，我国在政策和立法上表现出了很大的关注。

▲1984 年颁布了《中华人民共和国水污染防治法》。

▲1986 年颁布了《中华人民共和国土地管理法》。

▲1988 年颁布了《中华人民共和国水法》和《中华人民共和国水污染防治法实施细则》。

▲1989 年颁布了《中华人民共和国环境保护法》。

▲但对于畜禽养殖污染防治的研究开展较晚，2001 年我国颁发了畜禽养殖业的行业标准《畜禽养殖业污染物排放标准》（GB 18596—2001）和国家环保局《畜禽养殖业污染防治管理办法》以及《畜禽养殖业污染防治技术规范》。

▲上海市政府于 1995 年出台了《上海市畜禽养殖业环境管理条例》，这是我国第一部地方性畜禽养殖业环境污染的管理法规。对集约化、规模化的畜禽养殖场和养殖区的污染物排放制定了相应的标准，规范了畜禽养殖场的选址、场区布局与清粪工艺、畜禽粪便贮存、污水处理、固体粪肥的处理利用、饲料和饲养管理、病死畜禽尸体处理与处置、污染物监测等污染防治的基本技术要求。促进了养殖业生产工艺和技术进步，维护了生态平衡。

2. 规模化养殖场粪污管理办法　下面这些管理办法同样适用规模化养殖场的粪污管理，通过采取这些办法，做到规模化畜禽场污染物的减量化、无害化和资源化。在《畜禽养殖污染防治管理办法》中规定：

▲第十三条　畜禽养殖场必须设置畜禽废渣的储存设施和场所，采取对储存场所地面进行水泥硬化等措施，防止畜禽废渣渗漏、散落、溢流、雨水淋失、恶臭气味等对周围环境造成污染和危害。畜禽养殖场应当保持环境整洁，采取清污分流和粪尿的干湿分离等措施，实现清洁养殖。

▲第十四条　畜禽养殖场应采取将畜禽废渣还田、生产沼气、制造有机肥

料、制造再生饲料等方法进行综合利用。用于直接还田利用的畜禽粪便，应当经处理达到规定的无害化标准，防止病菌传播。

▲第十五条　禁止向水体倾倒畜禽废渣。

▲第十六条　运输畜禽废渣，必须采取防渗漏、防流失、防遗撒及其他防止污染环境的措施，妥善处置贮运工具清洗废水。

（二）欧盟规模化养殖场粪污管理政策机制

多年来，欧洲联盟（简称欧盟）在畜禽养殖业粪污处理过程中，采取多种鼓励措施、法律法规约束手段、生态补偿事项和自觉参与执行体制。通过对畜牧场的合理布局和污染防治、多元化管理渠道和标准、严格限定粪污的使用量和使用时间等手段使畜牧业得到可持续发展。

▲在欧盟的相关农业法规中对在农场中安装农业生产设施、废弃物排放、肥料施用与销售均作了严格的规定。如对畜禽养殖废弃物的管理中规定，废弃物应集中到可以回收或者处理的地方，或废弃物能够安全贮存达到 6 个月以上。

▲挪威为防止畜禽污水污染水资源，其环保部于 1973 年、1977 年、1980 年发布了许多法规，规定在封冻和雪覆盖的土地上禁止倾倒任何畜禽粪肥。

▲德国对耕地使用的氮磷钾总量进行限制，如对氮的控制是每公顷不超过 290 千克。

▲荷兰为了保护环境，在 1971 年，就规定了直接将粪便排到地表水中为非法行为，从 1984 年，不再允许养殖户扩大养殖规模。

▲英国规定粪污废水最大用量一般是每公顷土地 50 $米^3$，且每周不能超过 3 次；对于粪便的施用量和施用时间均有限定。英国的畜牧业远离大城市，与农业生产紧密结合，畜禽粪便经过处理后，全部作为肥料来使用。

▲在瑞典，凡使用农药、化肥等可能造成环境污染的农业生产投入品都必征税或收费，废弃的牛奶、焚烧畜禽产生的灰分以及农田沟渠产生的污泥这些农业废弃物是允许直接施用于农田的，但要求场区管理人员定期查看天气预报，检查风向和附近房屋的位置，不可在已预测有降雨的 24 小时内施用粪肥，如果没有足够的土地来消化畜禽粪尿，规模化的畜禽养殖必须有一定的粪污处理设施，对畜禽养殖生产的废弃物进行处理，做到达标排放。

▲奥地利鼓励建设消化能源作用与畜禽粪便的沼气工程，不鼓励消化有机废弃物的沼气工程。

二、养殖场粪污管理与生态补偿模式

生态补偿制度作为环境保护领域一项重要的制度得到世界各国政府的高度重视。生态补偿是以保护和可持续利用生态系统服务为目的，以经济手段为主调节相关者利益关系的制度安排。农业生态补偿不同于农业生态补贴等惠农措施，农业生态补偿不是国家对农（渔）民的扶助，而是国家对农（渔）民应尽的法律义务。一般来说，生态补偿的方式有：政策补偿、资金补偿、实物补偿，技术补偿和教育补偿几种。

（一）沼气工程建设与生态补偿

1999 年，农业部制定了《全国沼气建设国债项目管理办法（试行）》，规定对农村沼气建设给予补偿。

▲对农村沼气项目以“一池三改”为基本单元，即户用沼气池建设与改圈、改厕和改厨同步设计、同步施工。

▲一个“一池三改”基本建设单元，中央投资补助标准为：西北、东北地区每户补助1 200元，西南地区每户补助1 000元，其他地区每户补助 800 元。补助对象为项目区建池农户。

▲中央投资主要用于购置水泥等主要建材，沼气灶具及配件等关键设备，以及支付技术人员工资等。

（二）“企业＋养殖专业合作社＋农户”园区建设与生态补偿

对现代农业示范园区进行扶持。以保护生态环境、促进人与自然和谐为目的，根据生态系统服务价值、生态保护成本、发展机会成本，综合运用行政和市场手段，调整生态环境保护和建设相关各方之间利益关系。

（三）“生态床”式养殖与生态补偿

对“生态床”式养殖模式进行技术扶持，政策引导。培育资源市场，坚持“谁开发谁保护、谁受益谁补偿”的原则，因地制宜选择生态补偿模式，充分发挥市场机制作用。

第八章

经 营 管 理

第一节　产前决策

"管理就是决策。"

——赫伯特·西蒙（Herbert Simon），美国著名管理学家。

一、市场调查

▲市场调查是了解市场和认识市场的过程。

▲市场调查是进行市场预测、决策和制订计划的基础。

▲市场调查是搞好生产经营和产品销售的前提条件。

肉鸡场经营管理者在进行市场调查时，要对一定范围内的养鸡数量、价格、产品需求及经营利润情况等信息进行有目的、有计划、有步骤的搜集、记录、整理与分析，为制定政策及进行科学的经营决策提供依据。

（一）市场调查方法

调查方法的合理与否对结果的影响很大。主要调查方法概括为：

1. 访问法　访问法是由访问者向被访问者提出问题，通过被访问者的口头回答或填写调查表等形式来收集市场信息资料的一种方法。访问法是最常用的市场调查方法。

2. 观察法　观察法是人们为认识事物的本质和规律，通过感觉器官或借助一定的仪器，有目的、有计划地对自然条件下出现的现象进行考察的一种方法。观察法是最基本、最常见的一种获取经验事实的方法。

3. 实验法　实验法是调查人员有目的、有意识地通过改变或控制一个或几个市场影响因素的实践活动，来观察分析市场现象在这些因素影响下的变动情况，认识市场现象的本质和发展变化规律的市场调查方法。

4. 文案法 文案调查法又称资料查阅寻找法、间接调查法、资料分析法或室内研究法。它是利用企业内部和外部现有的各种信息、情报，对调查内容进行分析研究的一种调查方法。

（二）市场调查程序

为使调查符合科学方法的要求，在进行调查时要尽可能依据一定的程序（图 8-1）。

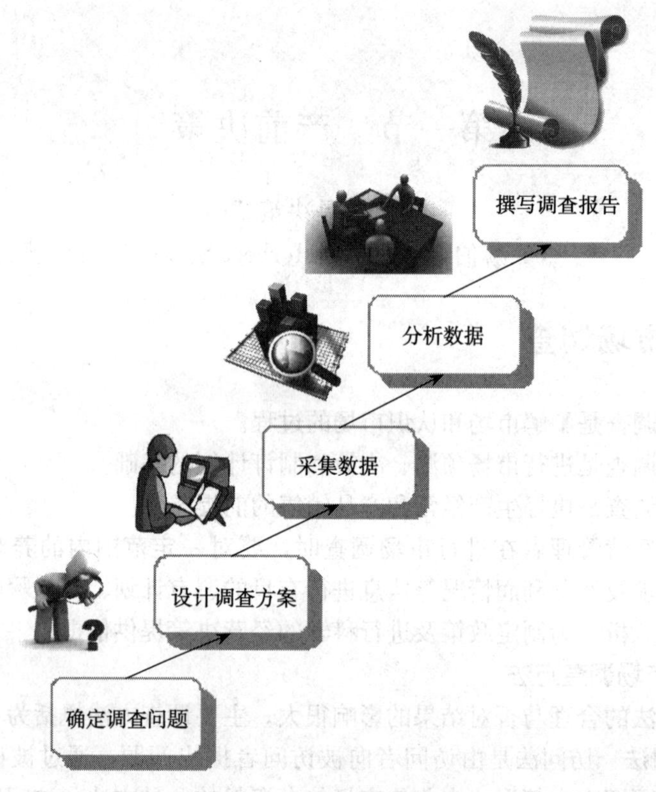

图 8-1 市场调查的程序

（三）市场调查内容

1. 产业政策 肉鸡产业的发展离不开各级政府惠农政策的引导和支持，养殖场经营管理者要及时了解把握政策导向。可向当地畜牧主管部门了解产业发展政策，关注食品安全、标准化建设、家禽产品进出口及全产业链绿色通道等信息。

2. 行业总体概况 了解所在地区肉鸡行业发展现状，包括肉鸡发展的总体市场容量、市场规模、竞争格局、进出口情况等，如经营涉及的地域面积、人口数量、交易市场规模和数量、竞争厂家及经销商等。

学习和借鉴主要竞争厂家和经销商的经营情况对了解当地行业发展情况，提高自身的经营管理水平，有着相当重要的作用，调查内容可包括主要竞争厂家的日宰杀量、年宰杀量，主要经销商的经营者、联系电话、日销售量等信息。

3. 消费需求 了解消费者的消费需求、消费心理、消费态度、消费习惯等情况，而且还可以对肉鸡产品质量、种类、价格等方面进行了解，以此为基础对市场进行分析。

4. 原辅材料市场供应 了解肉鸡生产所需的原材料及辅料市场供应情况，如饲料、鸡苗、疫苗、药品、设备及维修材料，各种生产工具及低值易耗品等的价格和供应情况。

5. 燃料及动力供应 电力、水利及燃料动力是事关养殖场生产运转的重中之重。应了解本地区燃料供应能力及价格，科学设计、合理利用，建设节能化养殖舍，保证生产顺利开展。

6. 交通及通信 交通和通信设施的畅通是现代化肉鸡养殖场的生命线，应保证鸡场坐落于交通便捷、通信稳定的地区，以免对场区生产、销售及员工生活带来不便。

（四）市场调查结果分析

1. 国内市场分析

（1）饲料转化率高 采用现代生物技术培育的肉鸡具有生长速度快、适应性强、抗逆性好、生产周期短等特点。

①分析 生产1千克优质肉鸡，仅需要2千克左右的饲料，饲料转化率明显优于饲养的其他物种。

由于饲料成本占到整个肉鸡产品成本的70%以上，所以肉鸡本身具备的高饲料转化率决定其产品成本低，在市场上也就具有竞争优势。我国人口众多、耕地少、人均占有粮食有限，想更多食用动物性食品，需要用有限的饲料资源换取更多的肉类食品。

②结论 发展饲料转化率高的肉鸡业，适合中国国情。

（2）营养丰富 鸡肉具有高蛋白、低脂肪、低胆固醇、适口性好等特点，符合合理改善膳食结构的要求，受到广大消费者的青睐。

①分析 随着人们生活水平的提高，消费者更讲究营养卫生、追求健康长寿。鸡肉的不饱和脂肪酸含量高于猪肉、牛肉（图8-2），可食用比例也较高

(图 8-3)。

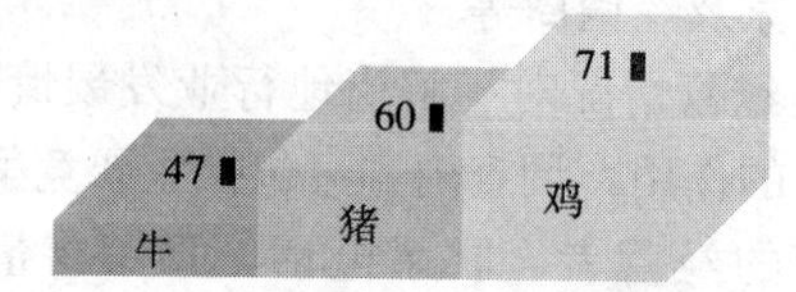

图 8-2 肉类产品中不饱和脂肪酸含量对比

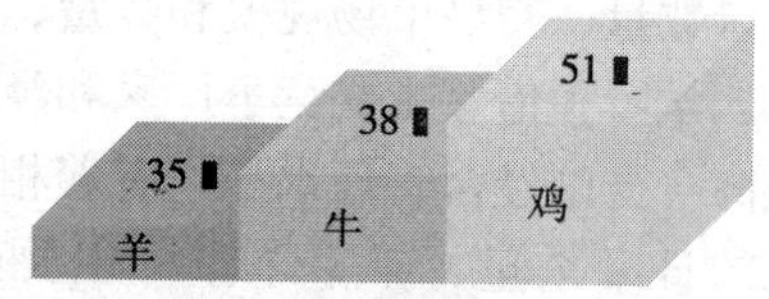

图 8-3 肉类产品可食比例对比

②结论　禽肉在营养上具有有益健康的优势。鸡肉还易于加工成各类食品，特别是方便速食食品，适合现代社会人们快生活节奏的需要。肉禽的兴起正在改变人们传统的食肉格局。

(3) 消费需求量大　与其他肉类产品尤其是猪肉产品相比，我国家禽产品的消费需求呈现上升趋势。

①分析　产量：1984—2011 年，全国禽肉和猪肉产量占肉类总产量百分比见图 8-4。总体上看，猪肉产量呈下降趋势，禽肉产量呈上升趋势。

20 世纪 90 年代以来，我国家禽产品消费总量基本保持上升趋势。全国城镇人均消费猪肉呈下降趋势。

②结论　2008 年鸡肉消费总量1 195万吨为 1990 年的 4.9 倍，表明消费食用禽肉已成为一种消费趋势。

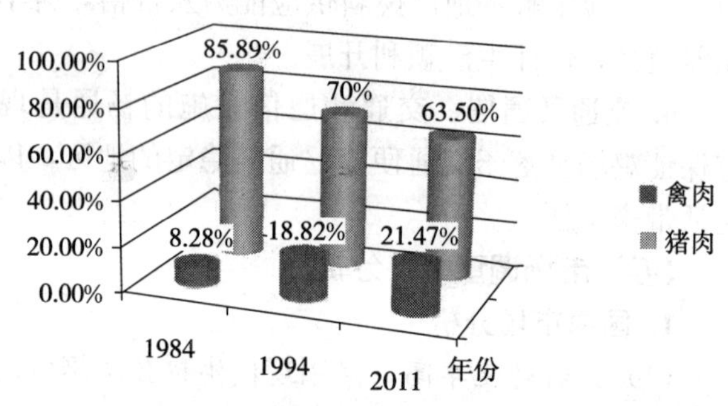

图 8-4 不同年份我国肉类产品中禽肉与猪肉所占比例

(4) 消费前景广阔

①分析　根据世界银行和联合国粮食及农业组织的调查分析，人均 GDP 在5 000美元左右可作为肉类消费的临界点，当低于5 000美元时，肉类消费增速最快。我国 2011 年人均 GDP 为7 400美元，已经越过了快速增长的时期。不过从消费量的增长潜力来看，我国人均肉类消费尚有空间。到 2012 年年底，我国人均年消费禽肉量已到达 7.19 千克，比 1985 年增加了 4.6 倍，25 年间年均增长 6.32%，远远快于猪肉 1.6%和牛羊肉 4%的年均增长速度。同期，城镇和农村居民的人均禽肉消费量分别增加了 3.2 倍和 4.1 倍，年均增长率分别为 4.7%和 5.75%。尽管我国禽肉消费发展迅速，相比其他肉类产品增长最为明显，但与世界发达国家相比，我国禽肉人均消费量仍然较低，差距仍然很

大，消费增长潜力还很大。另据美国食品及农业政策研究所预计，到2015年中国的鸡肉人均年消费量将达到10.0千克。

②结论　随着我国人口增加、居民收入增加、购买力增强及城市化水平提高，对鸡肉的消费需求必将增加。

2. 国外市场分析　优质肉鸡不仅在国内深受消费者喜爱，而且也有国际市场。日本已从我国江苏省进口优质肉鸡；法国也已兴起了大规模地面圈养生长速度相对较慢、售价较高的黄羽优质“品牌鸡”；南非、沙特阿拉伯、瑞士、新加坡等国也从我国进口优质禽肉。我国地方鸡种遗传资源丰富，与国外肉鸡相比具有较优的肉质风味。国外中餐馆较多，仅美国就有约2.8万家，荷兰等西欧国家的中餐馆已渗入到小至100户左右人家的小镇。这些中餐馆若使用快大型肉鸡制作中国菜，其品味无法显示出中国饮食文化的特色。所以，出口具有中国特色的优质鸡为原料的加工品，有较大的市场潜力。

3. 市场动态分析

(1) 饲料市场价格的变化　肉鸡生产成本中70%以上为购买饲料的支出，饲料价格对肉鸡生产的经济效益起决定性的作用。因此，养殖者应密切关注饲料价格的变化。在肉鸡饲料原料中，以玉米、大豆（豆粕）等谷物为主，谷物的丰收与歉收直接影响饲料价格的波动。

(2) 肉鸡市场价格的变化　肉鸡或鸡肉的市场价格变化比鸡蛋市场价格的变化大得多。我国多年来的情况基本是：肉鸡市场大约每2年出现一次低谷。养殖户若能通过市场调查与分析，掌握市场价格的变化规律，预测到价格低谷和高峰，则能在市场竞争中处于有利地位。

(3) 消费趋势的变化　优质肉鸡的消费市场对特定优质肉鸡的偏爱与否，除肉质风味外，主要取决于鸡的外观，如羽色、肤色和脚、胫色等，而这种偏爱因不同地区、不同民族的饮食文化和消费习惯而异，是相对固定的。但是，由于消费群体的结构在不断变化，如年轻一代消费群体的消费习惯不同于年老一代消费群体，又如不断增加的较高收入消费群体的消费方式不同于较低收入消费群体，同一地区、同一民族的消费模式又是相对变化的。因此，生产者应密切关注消费趋势的转变。

(4) 利用网络跟踪动态的市场　利用网络上的信息，养殖者可以及时掌握肉鸡市场的变化，如登陆“中国家禽业信息网”http：//www.zgjq.cn，可以了解全国各地有关肉鸡市场变化的信息。

二、市场预测与决策

任何一个鸡场管理者都必须是在对有关市场情况有充分了解的基础上，才能有针对性地制定策略或修订策略。只有通过实际市场调查所做出的科学、准确的预测，才能作为鸡场管理部门和鸡场负责人决策的客观依据。

（一）市场预测

市场预测又称销售预测。它是在市场调查的基础上，对产品在未来一定时期和一定范围内的市场供求变化趋势做出估计和判断。市场预测的主要内容包括以下几点。

1. 市场需求预测 是指通过对消费者的购买心理和消费习惯的分析，以及对国民收入水平、收入分配政策的研究，推断出社会的市场总消费水平。

▲市场需求预测是市场研究中最重要的一部分，也是最复杂的一部分。其内容包括：

△对某一种或几种产品潜在需求的预测。

△对潜在供应的估计。

△对拟设中的产品市场渗透程度的估计。

△某段时间内潜在需求的定量和定性特征。

▲除了全部和大部分供出口的产品以外，对产品的潜在需求主要以国内市场为基础进行预测。

2. 销售量预测 是指企业在一定的市场环境和一定的行销计划下，对该企业某产品在一定的区域和期间内的销售量或销售额期望值的预计和测算。

3. 产品寿命周期预测 产品寿命周期预测应从供求两个方面综合分析影响产品生命周期的因素。

▲并在此基础上,对某产品所处生命周期的不同阶段可能延缓的时间,以及各阶段之间的转折点,特别是需求和销售的饱和点做出定性、定量的推断和估计。

▲影响产品寿命周期的主要因素有：

△购买力水平的高低。

△商品本身的特点起决定性的影响。

△消费心理、消费习惯、社会风尚的变化对某些流行商品的影响很大。

△商品供求与竞争状况。

△科学技术的发展，新技术、新工艺、新材料的推广应用对产品的成本、定价都有重要影响。

4. 市场占有率预测 市场占有率预测是指在一定市场范围内，对本企业的产品销售量或销售额占市场销售总量或销售总额的比例的变动趋势预测。市场占有率预测，是对一定市场范围未来某时期内，企业市场占有变动趋向做出估计。预测期分为短期和长期两种。预测方法可分为：

（1）定性预测法

①高级经理意见法 高级经理意见法是依据销售经理（经营者与销售管理者为中心）或其他高级经理的经验与直觉，通过一个人或所有参与者的综合意见算出销售预测值的方法。

②销售人员意见法 销售人员意见法是利用销售人员对未来销售进行预测。有时是由每个销售人员单独做出这些预测，有时则与销售经理共同讨论而做出这些预测。预测结果以地区或行政区域汇总，逐级汇总，最后得出企业的销售预测结果。

③德尔菲法 德尔菲法又称专家意见法，是指以不记名方式根据专家意见做出销售预测的方法。至于谁是专家，则由企业来确定，如果对专家有一致的认同是最好不过的。德尔菲法通常包括召开 1 组专家参加的会议。第 1 阶段得到的结果总结出来可作为第 2 阶段预测的基础。通过组中所有专家的判断、观察和期望来进行评价，最后得到共享具有更少偏差的预测结果。

④购买者期望法 许多企业经常关注新顾客、老顾客和潜在顾客未来的购买意向情况，如果存在少数重要的顾客占据企业大部分销售量这种情况，那么购买者期望法是很实用的。这种预测方法是通过征询顾客或客户的潜在需求或未来购买商品计划的情况，了解顾客购买商品的活动、变化及特征等. 然后在收集消费者意见的基础上分析市场变化，预测未来市场需求。

（2）定量预测法

①时间序列分析法 时间序列分析法是利用变量与时间存在的相关关系，通过对以前数据的分析来预测将来的数据。在分析销售收入时，大家都懂得将销售收入按照年或月的次序排列下来，以观察其变化趋势。时间序列分析法现已成为销售预测中具有代表性的方法。

②回归分析法 各种事物彼此之间都存在直接或间接的因果关系。同样的，销售量亦会随着某种变量的变化而变化。当销售与时间之外的其他事物存在相关性时，就可运用回归和相关分析法进行销售预测。

（二）产前决策

正确的决策应建立在科学预测的基础上，鸡场管理者通过对大量的经济信息进行分析，遵循合理的决策程序，确定决策的对象和目标，并根据决策目标提出可行方案，从而在经营方向、生产规模、饲养方式等方面选出最优方案。

1. 经营方向的决策 从事养鸡生产，首先需要确定饲养哪个品种的鸡，即本场的终端产品是什么。

实际上在进行市场调查和预测时，生产者就应知道以下问题的答案：

▲养肉鸡或是蛋鸡？

▲养肉种鸡或是商品肉鸡？

▲养快大型肉鸡或是优质肉鸡？

产前决策，就是要在市场调查预测的基础上具体进行决策，也就是说对市场调查的生产经营项目进行最后选定，而且更具有可操作性。

如初步选择饲养肉鸡，那么要确定品种：

▲养快大型白羽肉鸡还是优质黄羽肉鸡？

如选择饲养黄羽肉鸡，那么还要确定代次：

▲祖代、父母代还是商品代？

如选择饲养快大型鸡，那么还要确定品种：

▲养罗斯 308、科宝 500 或 AA＋？

2. 市场规模的决策 生产规模决策应依据资金、技术、管理水平、劳动力、设备及市场等各要素的客观实际，既要考虑规模效益，又要兼顾自身管理水平是否可行。

▲适宜生产规模的确定，主要决定于投入产出效果和固定资产利用效果。

▲生产规模并非固定不变，而是相对而言。

▲要随着科技进步、饲养方式、劳动力技术及工资水平、企业经营管理水平的提高，资金和市场状况及社会服务体系的完善程度而发生相应的变化。

3. 饲养方式的决策

（1）密闭式饲养 可以人工方式为鸡创造适宜的环境，最大限度地发挥鸡的生产性能，管理也相对方便。但这种方法投资大、耗能多、要求设施设备条件高。

（2）开放式或半开放式饲养 该方式受自然环境影响大，鸡的生产性能难以完全发挥，且生产性能表现极大的不稳定性。但其投资小、节能，且资金效率高。决策者应依据所在地的气候条件、管理水平、资金等具体情况综合考虑，因地制宜。

三、经营计划编制

经营计划实际上是产前决策的具体化，是将产前的各项决策应用于实际生产的各个环节。因此，鸡场经营计划的编制应遵循相应的产前决策，计划的编制也要具体、详尽、可操作性强，以确保决策的顺利实施和经营目标的实现。

（一）产品生产计划

1. 年、季度生产计划 鸡场的年度生产计划和季度生产计划包括：

▲鸡的品种。

▲养殖数量。

▲所需劳动力。

▲饲料品种和数量。

▲年内预期的经济指标。

▲种蛋、种雏、商品鸡等的预计产量。

饲养肉种鸡的鸡场还要根据各阶段的生产安排，制订鸡群周转计划。

2. 鸡群周转计划 鸡群周转计划是制订饲料计划、劳动用工计划、资金使用计划、生产资料及设备利用计划的依据。其必须根据产量计划的需要来制定。

制订鸡群周转计划时，要确定鸡群的饲养期。肉种鸡的饲养期一般划分为

▲雏鸡：0～4 周龄。

▲后备鸡：5～23 周龄。

▲种鸡：24～66 周龄。

鸡群周转计划可制成表格（表 8-1）。

表 8-1 鸡群周转计划

年 月 日

群别	计划年初数（只）	月份											
		1	2	3	4	5	6	7	8	9	10	11	12
0～4 周龄													
后备鸡													
种公鸡													
淘汰种公鸡													
产蛋种母鸡													
淘汰种母鸡													
肉用仔鸡													
总 计													

▲鸡群周转计划的制定应依据生产工艺流程、鸡舍等设施设备条件、生产技术指标要求，并以最大限度地提高设备利用率和生产技术水平，获得最佳经济效益为目标。具体内容包括：

△确定鸡场年初、年终及各月各类鸡的饲养数量。

△计算全年饲养数量。

△确定全年鸡群淘汰、补充的数量，并根据生产指标确定各月淘汰率和数量。

3. 种鸡进雏计划 按鸡群周转计划，选择适宜的进雏时期，培育后备鸡。进雏数量应根据成年母鸡饲养量和淘汰量来确定。正常情况下，雏鸡雌雄鉴别准确率97%以上，育雏率95%以上，育成率90%以上，转群淘汰率为2%。因此：

进雏数量×97%×95%×90%×98%＝入舍成母鸡数，即：

进雏数量＝入舍成母鸡数÷（97%×95%×90%×98%）

4. 种鸡育雏计划 根据种鸡周转计划，制订全年育雏计划。年度育雏计划表参见表8-2。

表8-2 年度育雏计划

批次	育雏日期	品种名称	饲养员	育雏只数	转群日期	育雏天数	成活数（只）	成活率（%）	备注
……									

5. 孵化计划 应根据本场的生产情况和雏鸡订购情况，制订全年孵化计划。年度孵化计划表参见表8-3。

表8-3 年度孵化计划

批次	入孵日期	品种来源	入孵蛋数（枚）	受精蛋数（枚）	受精率（%）	出雏总数（只）	孵化率（%）	健雏率（%）	备注
……									

6. 商品肉鸡生产计划 应根据商品肉鸡出售日龄、体重、鸡舍条件等确定。

（1）年生产量测算

▲例如：6周龄出售平均体重2.5千克，成活率96%，每1米^{2}饲养9只，

每批鸡 6 周饲养期＋2 周清扫、消毒、空舍时间，共 8 周（56 天）为一个饲养周期。

▲采用全进全出制，1 年可生产的批次＝365÷56＝6.5。

▲入雏数＝9×6.5＝58.5［只/（米^2·年)］。

▲出栏体重＝58.5×2.50×96%＝140.4［千克/（米^2·年)］。

▲全场年饲养商品鸡数＝58.5×全场鸡舍地面面积。

▲全场年生产商品鸡重量＝140.4×全场鸡舍地面面积。

（2）商品肉鸡年度生产计划表　商品肉鸡年度生产计划表参见表 8-4。

表 8-4　商品肉鸡年度生产计划

批次	进雏日期	品种名称	饲养员	进雏数（只）	出栏日期	饲养天数	出栏数（只）	出栏率（%）	备注
……									

7. 饲料计划　饲料供应计划应根据各类鸡耗料标准和鸡群周转计划，计算出各种饲料的需要量。若自己加工饲料，可根据饲料配方计算出各种原料的需要量。饲料或原料要有一定的库存量（能保证 1 个月的用量），并保持其来源的相对稳定。但贮存料不宜过多，以防止因饲料发热、虫蛀、霉变而造成不必要的损失。

原料供应计划表参见表 8-5。

表 8-5　原料供应计划

月份	月计划饲养量（只）	月计划用料量（千克）	各种原料供应量（千克）						
			玉米	小麦	麸皮	豆粕	鱼粉	预混料	合计
1									
2									
3									
……									
合计									

饲料供应计划表参见表 8-6。

表 8-6　饲料供应计划

月份	月计划饲养量（只）	月计划用料量（千克）	饲料供应量（千克）				总计
			育雏料（小鸡料）	育成料（中鸡料）	出栏料（大鸡料）	种鸡料	
1							
2							
3							
……							
合计							

（二）产品销售计划

产品销售计划是以鸡场获取最大利润为最终目标，在市场调研和预测的基础上，根据市场需求，对预期内的经营目标和经营活动的事先安排。

1. 生产经营计划　包括：

▲产品销售计划。

▲成本利润计划。

▲产品生产计划。

▲饲料需求计划。

▲资金使用计划。

市场经济条件下的产品销售计划是一切计划之首，其他计划都必须依据销售计划来制定。所有鸡场都必须坚持“以销定产，产销结合”。制订销售计划时既要根据市场和可能出现的各种风险因素，科学合理地进行安排，也要大胆地去开拓市场，千方百计扩大销路，扩销促产。扩大销售的途径很多，关键在于要树立市场观念，走“人无我有，人有我新，人新我优，人优我转（产）”的路子。

2. 销售计划　包括：

▲销售量计划。

▲销售渠道计划。

▲销售收入计划。

▲销售时间计划。

▲销售方针策略。

3. 种鸡场销售计划　包括：

▲种蛋或种雏销售计划。

▲商品蛋销售计划。

▲淘汰鸡销售计划。

▲鸡粪销售计划。

销售计划中的产品销售量，原则上不能大于鸡场生产能力。

现以雏鸡销售计划为例进行讨论：

（1）时效性　雏鸡是一种时效性非常强的特殊商品，在一定的时间段内它具有商品价值，离开特定时间段后，价值将消失并成为负担。所以，制定雏鸡销售计划很关键。

（2）预订金　特别要强调预订金的收取问题，应按每只雏鸡价格的30%～50%收取预订金，在所签订的供雏合同书中要明确违约的责任。但违约后不要100%扣预订金，应有一定的返还比例。因为实践中100%扣预订金会导致养殖从业者不要雏鸡却不通知孵化场，这样还是孵化场的损失大。应采用高收预订金、适当返还的方法，使风险共担，减轻孵化场的压力。

（3）灵活销售　在雏鸡销售计划安排上，可以订雏鸡大户与小户结合、距离远和距离近的客户结合的办法，来减轻因雏鸡数量或质量问题对孵化场产生的压力。当雏鸡数量不足时，可每户都少供雏或有一两户到下批计划中再供雏。对远距离客户要尽可能照顾。每批外销雏鸡最好安排3～5个用户，这样一旦发生问题可以对比说明，找出问题所在。

（三）产品利润计划

市场销售计划有了，但产品卖出去能否赚钱，赚多少钱，也就是利润高低，这是鸡场经营者最为关心的问题。如果产品售出去赔钱，销售再多也没有意义。所以这就需要根据市场雏鸡（种鸡）、饲料、劳动力、饲养技术水平、劳动生产力水平等各种成本构成因素，对单位成本及总体生产成本等支出进行测算，做出计划，并根据市场预测价格计算出相应的计划收入，进而用收入减支出即是计划产品利润。

▲肉鸡的生长和鸡只自身价值的变化规律：

日增重在生长高峰前是递增趋势，达到生长高峰后呈递减趋势。但日耗料却始终处于不断增长的状态，这样导致饲料转化率一直呈递减趋势，特别是在生长高峰过后，下降的速度更明显。

▲由于这些内在的规律使鸡只自身的价值呈如下变化：

△生长前期　　日收入＜日成本

△在某一日龄达到平衡　　日收入＝日成本

△随日龄增长日　　收入＞日成本

△日龄达到另一日龄后　　　　　　　　　　　　日收入＜日成本

说明饲养商品肉鸡的价值存在这样一个动态变化过程：

日收入小于日成本→日收入等于日成本→日收入大于日成本→日收入小于日成本。

肉鸡日收入和日成本的变化关系见图 8-5。

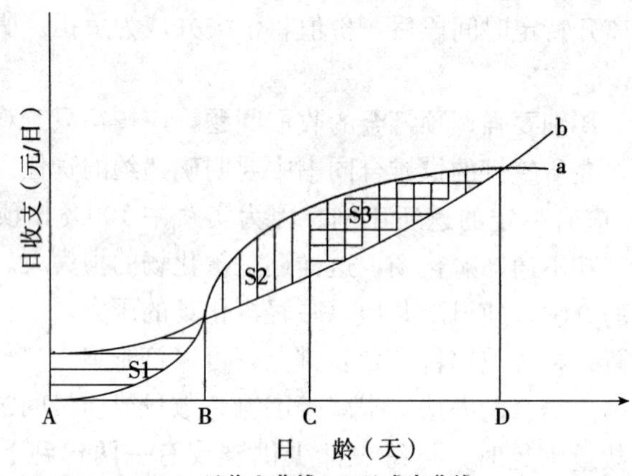

a:日收入曲线　b:日成本曲线

图 8-5　肉鸡日收入曲线和日成本曲线变化关系

在图 8-5 中：A—B 日龄阶段为日收入小于日成本，面积 S1 表示亏损值。

B—D 日龄阶段为日收入大于日成本，面积 S2＋S3 表示盈利值。

C 日龄时 S2＝S1，总收入＝总支出，此时体重为保本体重。

C—D 日龄阶段为盈利阶段，S3 为净盈利值。

D 日龄时最为关键，肉鸡此时出栏，获得的经济效益最佳。

D 日龄后继续饲养下去，总利润会逐渐减少。

首先可通过肉鸡保本日增重来确定肉鸡最佳出栏日龄。肉鸡保本日增重与肉鸡当日耗料量、饲料价格、累积饲料费用占总成本比率以及活毛鸡价格有关。从图 8-5 中可看出保本日增重的日龄有 2 个，B 日龄与 D 日龄，我们当然是要计算 D 日龄。具体为：

1. 肉鸡保本日增重

保本日增重［千克/（只·天)］＝当日耗料量［千克/（只·天)］×饲料价格（元/千克）÷累积饲料费用占总成本比率（%）÷活毛鸡价格（元/千克）

还可通过讨论肉鸡的生产成本和保本体重来确定肉鸡最佳出栏体重和日龄。肉鸡的生产成本与本批肉鸡总饲料费用、饲料费用占总成本比率以及可销售总重有关，具体为：

2. 肉鸡成本

肉鸡成本（保本）价格（元/千克）＝本批肉鸡总饲料费用（元）÷饲料费用占总成本比率（%）÷可销售总体重（千克）

3. 肉鸡保本体重　肉鸡的保本体重与加权平均料价、平均耗料量、饲料费占总成本的比率以及活毛鸡售价有关，具体为：

肉鸡保本体重（千克/只）＝加权平均料价（元/千克）×平均耗料量（千克/只）÷饲料费占总成本的比率（%）÷活毛鸡售价（元/千克）

新建场成本利润计划需要经过一段时间，或一个生产周期的试运行后，根据本场生产实际进行调整。此计划制定后通过鸡场的各项责任制和经营管理制度得以落实，从而可以实现成本控制，并不断降低生产成本，提高鸡场经济效益，避免经营活动的盲目性，做到经营计划管理。

第二节　生产管理

一、劳动管理

（一）劳动管理的主要内容

▲职位分类。

▲岗位责任制。

▲管理机构设置。

▲制定科学合理的劳动定额。

（二）鸡场劳动管理组成

鸡场劳动管理组成是指鸡场在生产经营活动中对劳动力的计划、组织、指挥、协调和控制等一系列活动，包括：

▲劳动力的合理安排与使用。

▲劳动计划的制定与执行。

▲劳动定额与定员管理。

▲组织劳动的分工与协作。

▲建立与完善劳动组织。

▲计算与分配劳动报酬。

▲进行劳动监督和考核。

▲维护劳动纪律。

▲建立劳保福利和劳动奖惩制度。

▲劳动者政治思想教育和业务培训。

鸡场的劳动管理要贯彻执行按劳分配的原则，使劳动报酬与劳动者完成的劳动数量和质量相结合。做好鸡场的劳动管理工作，可以充分调动和保护劳动者的积极性，提高鸡场的劳动生产率，从而达到高产和高效的目的。

（三）鸡场科学的劳动管理制度

鸡场科学的劳动管理制度主要包括：

▲考勤制度。

▲劳动纪律。

▲劳动竞赛制度。

▲生产责任制。

▲奖惩制度。

▲劳动保护制度。

▲劳动保障及福利制度。

▲技术培训制度。

上述制度的建立还要符合下列要求：

▲要符合鸡场的劳动特点和生产实际。

▲内容要具体化，用词准确，简明扼要，质和量的概念必须明确。

▲要经全场职工认真讨论后通过，并经场领导批准后公布执行。

▲必须具有一定的严肃性，一经公布，全场干部职工都必须认真执行，不得搞特殊化。

▲必须具有连续性，应长期坚持，不断在生产中对其完善。

（四）鸡场合理的劳动组织

鸡场为了充分合理的利用劳动力，不断提高劳动生产率，建立健全劳动组织。一般应遵循以下原则：

1. 建立与生产实际相适应的劳动组织　根据实际条件和生产要求，确定劳动组织的形式及规模不同的生产部门。不同技术装备水平和不同管理条件的鸡场，应分别建立不同形式的劳动组织，使其与自身的生产力发展水平相适应。

2. 充分发挥劳动分工与协作的优越性　劳动分工与协作是劳动组织的基础，分工是为使每个劳动者明确在各自的岗位上应负的责任，协作则是使各项工作相互紧密联系，形成集体力量。只有在分工基础上进行协作，才能人尽其才，有利于劳动者主动提高劳动技能，有利于发挥劳动分工和协作的优越性。

3. 建立劳动组织，使其与健全的生产责任制相适应 实行责任制是劳动管理的重要措施，与鸡场劳动组织有着密切的关系，两者互为条件，在组织生产中共同发挥作用。

根据鸡场经营范围和规模的不同，各鸡场建立劳动组织的形式和结构也有所不同（图 8-6）。

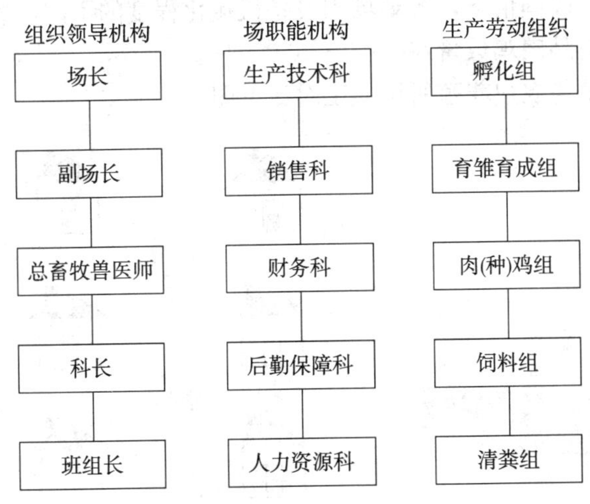

图 8-6　鸡场组织形式示例

对各部门各班组人员的配备要依个人的劳动态度、技术专长、体力和文化程度等具体条件，合理进行搭配，科学组织，并尽量保持人员和所从事工作的相对稳定。

（五）鸡场合理的劳动定额

劳动定额是科学组织劳动的重要依据，是鸡场计算活劳动消耗和核算产品成本的尺度，也是制订劳动力使用计划和定员定编的依据。制定劳动定额必须遵循以下四个原则：

1. 劳动定额应先进合理，符合实际，切实可行 劳动定额的制定，必须依据以往的经验和目前的生产技术及设施设备等具体条件，以本场中等水平的劳动力所能达到的数量和质量为标准，既不要过高，也不能太低，应使一般水平劳动者经过努力能够达到，先进水平的劳动者经过努力能够超产，只有这样劳动定额才是科学合理的，才能起到鼓动与激励劳动者的作用。

2. 劳动定额应达到数量和质量标准的统一 劳动定额的指标要达到数量和质量标准的统一。如确定一个饲养员饲养鸡数量的同时，还要确定鸡的成活率、出栏体重、饲料报酬、水电消耗、燃料消耗和药品费用等指标。

3. 劳动定额应公平合理 不论养鸡还是搞孵化或者清粪，各项劳动定额应公平合理。

4. 劳动定额应简单明了便于应用 劳动定额各项指标的制定应简单明了，既便于劳动者操作和执行，也便于管理者考核和应用。

在我国现阶段国情下，各鸡场因设备机械化程度的不同，每名饲养员当班期间可管理的商品肉鸡数量在4 000～40 000只。

机械化养殖与农户养殖所用人工对比见图 8-7。

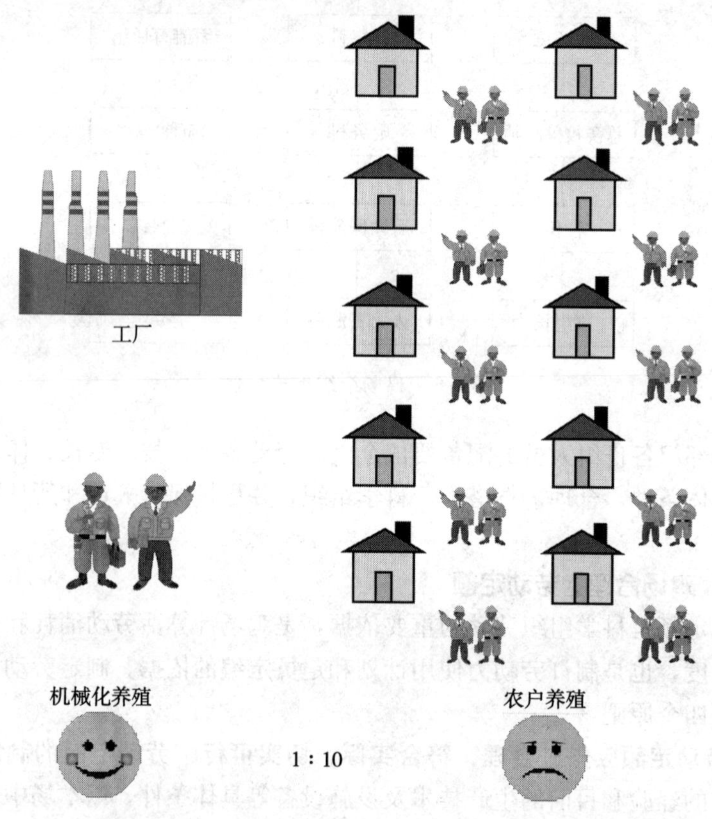

图 8-7 机械化养殖与农户养殖所用人工对比

通过图 8-7 的对比可以看出，如果饲喂、饮水、清粪、通风都实行机械化，商品肉鸡饲养员仅负责给料机上料、观察鸡群、捡死鸡、管理暖风炉等，1 名饲养员每天 12 小时当班内可管理 3 万～4 万只商品肉鸡（每天需要 2 人）；

若不具备机械化条件，所有工作都需人工完成，1名饲养员每天12小时当班内可管理3千～4千只商品肉鸡（每天需要2人），两者相差约10倍。

（六）全面落实鸡场生产责任制

全面落买鸡场生产责任制，使责、权、利三者相统一。根据各场实际情况和工作内容，责任制可因地制宜，采取多种不同形式，以有利于调动职工积极性和责任感，提高鸡场经济效益为原则而定。

（七）及时兑现劳动报酬

对劳动者应得的劳动报酬，要按照签订的劳动合同或责任书内容以科学的计酬标准严格考核，及时兑现，奖罚分明，以调动职工的劳动积极性。

（八）做好职工思想工作

鸡场管理要以人为本，对全场职工在生活上关心，政治上帮助，工作上支持，遇事多与职工商量，充分发挥群众智慧和才能，以不断增强鸡场的凝聚力，使大家心系鸡场、以场为家，形成上下齐心协力的生产场面。

二、成本控制

产品的生产过程同时也是生产的消耗过程。

鸡场生产过程的耗费主要三方面，一是如饲料、水电、能源、药品疫苗类；二是如饲养员等劳动对象类；三是如生产设备、工具和车辆的劳动手段类。

成本管理就是对产品成本进行预测、计划、控制、核算和分析等业务活动，是鸡场管理工作中的重要组成部分，其目的是用尽可能少的耗费取得最优经济效果。成本控制指的是在生产经营活动中，对构成成本的每项具体费用的发生和形成，进行严格的监督、检查和控制，把实际成本限定在计划规定的限额以内，达到全面完成计划的目的。成本控制一般分为三个阶段。

（一）计划阶段

成本控制的计划阶段是成本发生前的控制，主要是确定成本控制标准。

（二）执行阶段

成本控制的执行阶段是成本形成过程中的控制，用计划阶段确定的成本控制标准来控制成本的实际支出，把成本实际支出与成本控制标准进行对比，及时发现偏差。

（三）考核阶段

成本控制的考核阶段主要是将实际成本与计划成本对比，分析研究成本差异发生原因，查明责任归属，评定和考核成本责任部门业绩，修正成本控制的设计和成本限额，为进一步降低成本创造条件。

三、销售管理

产品销售管理包括：

▲销售市场调查。

▲营销策略及计划的制订。

▲促销措施的落实。

▲市场的开拓。

▲产品售后服务。

前面已对市场调查及销售计划的制订进行了讨论。这里重点讨论如何通过加强销售管理，将产品更多地销售出去。

市场营销需要研究消费者的需求状况及其变化趋势。在保证产品质量并不断提高的前提下，要利用各种机会、各种渠道刺激消费、推销产品。主要应做好以下几方面工作。

（一）加强宣传、树立品牌

有了优质的产品，还需要加强宣传，将产品推销出去。广告已被市场经济所证实，是一种良好的促销手段，应该很好地利用。一个好鸡场，首先必须对鸡场形象及其产品包装（含有形和无形）进行策划设计，并借助广播电视、报刊等各种媒体做广告宣传，以提高企业及产品的知名度，在社会上树立起良好的形象，创造产品品牌，从而促进产品的销售。

（二）加强营销队伍建设

加强营销队伍建设，一是要根据销售服务和劳动定额，合理增加促销人员，加强促销力量，不断扩大促销辐射面，使促销人员无所不及和无所不在；二是要努力提高促销人员业务素质。促销人员的素质高低，直接影响着产品的销售。因此，要经常对促销人员进行业务知识的培训和职业道德、敬业精神的思想教育，使他们以良好的业务素质和精神面貌出现在用户面前，为用户提供满意的服务。

（三）积极做好售后服务

鸡场的售后服务是企业争取用户信任，巩固老市场，开拓新市场的关键。因此，各鸡场要高度重视，扎实认真地做好此项工作。要学习海尔集团的管理经验，打服务牌。在服务上，一是要建立售后服务组织，经常深入用户做好技术咨询服务；二是对出售的产品如种雏、种蛋等要提供防疫程序及相关技术资料和服务跟踪，规范售后服务，并及时通过用户反馈的信息，改进鸡场的工作，加快鸡场的发展。

第三节　经济活动分析

一、成本分析

产品成本是一项综合性的经济指标，它反映了企业的技术实力和整个经营状况：鸡场饲养的品种是否优良、饲料质量的好坏、饲养技术水平高低、固定资产利用的优劣、人工耗费的多少等，都可以通过产品成本反映出来。因此，鸡场通过对产品成本的分析，可以发现成本变化的原因，合理地降低成本，提高产品的竞争力。

（一）成本分析的基础工作

1. 原始记录　原始记录是产品成本分析的重要依据，直接影响着产品成本计算的准确性。因此，应对鸡场的饲料、燃料动力的库存与消耗，原材料、低值易耗品的领退与耗费，生产工时的使用，鸡群变动、鸡群周转、鸡只死亡淘汰、产出产品等原始记录认真、如实、及时地进行登记。

2. 定额管理制度　鸡场要制定各项生产要素的耗费标准，即定额管理。不管是饲料、燃料动力，还是费用工时、资金占用等，都应制定先进、切实可行的定额。定额的制定应建立在生产实际的基础上，对经过十分努力仍然达不到的定额标准或不需努力就很容易达到的定额标准，要及时予以修订。

3. 物资管理制度　财产物资的实物核算是其价值核算的基础，做好各种物资的计量、验收、保管、收发和盘点工作，是加强成本管理、正确分析成本的前提条件。

（二）成本的构成

1. 饲料费　指饲养过程中耗用的自产和外购的配合饲料和各种饲料原料。凡是购入的按购买价格加运费计算，自产饲料一般按生产成本（含种植成本和加工成本）进行计算。

2. 劳务费　从事养鸡生产管理的所有劳动，包括饲养、清粪、肉种鸡集蛋、防疫、捉鸡、消毒、购物运输等所支付的工资、资金、补贴和福利等。

3. 新母鸡培育费　从种雏鸡出壳养到160天的所有生产费用。如购买育成新种母鸡，按购买价格计算；如自己培育种母鸡则按培育成本计算。

4. 医疗费 指用于鸡群的药品及生物制剂，消毒剂及检疫费、化验费、专家咨询服务费等。但已包含在其他成本中的，如育成新母鸡成本中的费用、配合饲料中的药物及添加剂费用，不能重复计算。

5. 固定资产折旧维修费 指鸡舍、养鸡设施和专用机械设备等固定资产的基本折旧费及修理费。根据鸡舍结构和设施与设备质量、使用年限来计损。如租用土地，应加上土地租佣金；土地、鸡舍等都是租用的情况下，只计租金，不计折旧。

6. 能源费 指饲料加工、鸡舍供暖、排风、供水、供气等消耗用的燃料和水电费用，这些费用按实际支出的数额计算。

7. 利息 指对固定投资及流动资金一年中支付利息的总额。

8. 税金 指用于养鸡生产的土地、建筑设备及产品销售等1年内应交税金。

9. 其他费 包括低值易耗品费用、保险费、通信费、交通费、搬运费等。

以上9项构成了鸡场的生产成本，从构成成本的比例来看，饲料费、新母鸡培育费、劳务费、折旧费、能源费和利息六项数额较大，是成本项目构成的主要部分，应当重点控制。

（三）成本的计算方法

1. 初生雏费 每只出售的肉鸡所负担的初生雏费为：

初生雏费＝初生雏的单价÷出售率

出售率＝出售肉鸡只数÷入雏只数

可见，出售的肉鸡所负担的初生雏费与雏价和出售率密切相关。

2. 饲料费 肉鸡每单位体重的饲料费为：

饲料费＝饲料转化率×饲料价格

可见，饲料费随饲料转化率和其价格变动而变化。

3. 药品费

药品费＝药品费用总额÷出售只数

药品费用总额为每批肉鸡所用防疫、治疗、消毒、杀虫等所用药品费的总和。

4. 劳务费

指肉鸡的生产管理劳动的所用花费，包括入雏、给温、给水、给料、疫苗接种、观察鸡群、提鸡、装笼、清扫、消毒、运输、购物等，所用劳动费用之和。

5. 能源费

能源费＝能源费用总额÷出售只数（或出售总体重）

能源费用总额为每批肉鸡整个饲养过程所耗水、电、燃料费。

6. 利息

利息费＝年息总数÷出售批数÷出售只数（或出售总体重）

年息总数是指用于支付固定投资（所借长期贷款）及流动资金（短期贷款）的年利息总数。

7. 折旧费 为更新建筑物和设备的提留。一般来讲，砖木结构舍折旧期为 15 年，木质的 7 年，简易的 5 年，器具、机械按 5 年折旧。

8. 修理费 是为保持建筑物和设备完好而提取的修理费。通常为每年折旧额的 5％～10％。

9. 税金 主要是肉鸡生产所用土地、建筑、设备、生产、销售应交的税金，也要摊在每只鸡或每千克体重上。

10. 其他费 除上述各项直接、间接费之外的费用，统归为其他费用，包括保险费、贮备金、通信费、交通费、搬运费等。

二、利润分析

▲鸡场收入与支出之差即为利润。

▲正常情况下，种鸡场的利润为产值的 15％～20％。

▲当然，经营管理比较好的鸡场以及市场价格高时，利润会更高。反之，利润较低甚至出现亏损。

▲利润分析是对鸡场的盈利进行观察、记录、计量、计算、分析和比较等工作的总称。

▲利润是企业在一定时期内以货币表现的最终经营成果，是考核企业生产经营好坏的一个重要经济指标。

（一）利润计算公式

利润＝销售产品价值－销售成本

（二）利润分析经济指标

1. 销售收入利润率

销售收入利润率＝产品销售利润÷产品销售收入×100％

表明产品销售利润在产品销售收入中所占的比例。比例越大，经营效果越好。

2. 销售成本利润率

销售成本利润率＝产品销售利润÷产品销售成本×100％

是一项反映生产消耗的经济指标，在禽产品价格、税金不变的情况下，产品成本越低，销售利润越多，其值越高。

3. 产值利润率

产值利润率＝利润总额÷总产值×100％

该指标反映实现百元产值可获得多少利润，用以分析生产增长和利润增长比例关系。

4. 资金利润率

资金利润率＝利润总额÷流动资金和固定资金的平均占用额×100％

把利润和占用资金联系起来，反映资金占用效果，具有较大的综合性。

三、提高经济效益的主要措施

提高鸡场的经济效益，应从鸡场内部、外部各种生产经营条件变化的分析入手，不断提高鸡场适应市场的应变能力和竞争力，通过降低生产成本、提高产品质量、拓宽销售渠道等方面着手，采取措施的类型可分为生产管理措施、经营管理措施。

（一）生产管理措施

1. 适度规模饲养 养鸡场的饲养规模应依市场、资金、饲养技术、设备、管理经验等综合因素全面考虑，既不可过小，也不能太大。养殖规模过小，不利于现代设施设备和技术的利用，效益微薄；规模过大，规模效益比较高，但超出自己场的管理能力，也难以养好鸡，结果得不偿失。所以应依自身具体情况，选择适度规模进行饲养，才能取得理想的规模效益。一般规模化的商品肉鸡场，每批出栏量 6 万～20 万只较为符合我国现状。

2. 选择优良品种 品种是饲养业的关键，是影响养鸡生产的第一因素。鸡场应因地制宜，选择适合自己饲养条件和饲料条件的生产性能优良、适销对路的品种。

3. 先进的工艺流程 先进科学的饲养工艺流程可以充分地利用鸡场饲养设施设备提高劳动生产率，降低单位产品的生产成本，并可保证鸡群健康和产品质量，最终可显著增加鸡场的经济效益。

4. 良好的饲养管理 有了良种，还要有良法，才能充分发挥良种鸡的生产潜力。因此，要及时采用最新饲养技术，抓好肉鸡不同阶段的饲养管理，不可光凭经验，抱着传统的饲养管理技术不放，而是要对新技术高度敏感，跟上养鸡业技术进步，只有这样鸡场才能不断提高经济效益。

5. 适宜的养殖环境 为鸡群的生长创造适宜的环境条件，适当调节鸡舍内的温、湿度及光照，保证充足全面的营养，减少应激发生，充分发挥鸡群生产性能。

6. 科学的防疫免疫 鸡场要想不断提高产品产量和质量，降低生产成本，增加经济效益，前提是必须保证鸡群健康。鸡群健康是正常生产的保证。因此，鸡场必须制定科学的免疫程序，严格防疫制度，不断降低鸡只死淘率，提高鸡群健康水平。

（二）经营管理措施

1. 实行生产责任制 各种人工费用占生产成本的10%左右，应加强控制。将饲养人员的经济利益与其饲养数量、产量、质量、物资消耗等具体指标挂起钩来，并及时兑现，以调动全场生产人员的劳动积极性。此外，必要时可购置设备减轻劳动强度，提高劳动生产率。

2. 提高资金利用效率 加强采购计划制订，合理储备饲料和其他生产物资，防止长期积压。及时清理回收债务，减少流动资金占用量。合理购置和建设固定资产，把资金用在生产最需要，且可能产生最大经济效果的项目上，减少非生产性固定资产开支。加强固定资产的维修、保养，延长使用年限，设法使固定资产配套完备，充分发挥固定资产的作用，降低固定资产折旧和维修费用。

3. 开拓产品销售市场 研究市场、把握市场、不断地开拓市场，应作为鸡场的一项重点工作常抓不懈。

4. 合理降低饲料费用 养鸡成本中，饲料费用占总成本的70%以上。因此，降低饲料费用是降低成本的关键。合理降低饲料费用，要在选料和喂料上下功夫。

（1）选料

▲配方科学。在满足生产需要的前提下，尽量降低饲料成本。

▲选择质优价廉的饲料。鸡场在购买全价饲料和各种饲料原料时要货比三家，选择质量好、价格低的饲料。自配饲料一般可降低日粮成本，当饲料原料特别是蛋白质饲料廉价时，可购买预混料自配全价料；蛋白质饲料价高时，购买浓缩料自配全价料成本低。充分利用当地自产或价格低的原料，严把质量关，控制原料价格，并选择可靠有效的饲料添加剂，以实现同等营养条件下的饲料价格最低。玉米是鸡场主要能量饲料，可占饲料比例60%以上，直接影响饲料的价格。在玉米价格较低时可贮存一些，以备价格高时使用。

▲按照计划采购的各种饲料要妥善保存，减少饲料积压，防止霉变和污染。

(2) 喂料

▲减少饲料消耗。根据不同饲养阶段使用不同的饲料配方进行分阶段饲养。不同季节和出现应激时调整营养等科学饲养技术，在保证正常生长和生产的前提下，合理制定给料时间、给料量、给料方式，尽量减少饲料消耗。

▲减少饲料浪费。一方面要合理设计食具，做到食具结构合理、放置高度适宜，不同饲养阶段选用不同型号的饲具。尽量避免鸡采食过程中抓、刨、弹、甩等浪费饲料的行为发生。每次投料不宜过多，饲喂人员投料要准、稳，减少饲料散落。另一方面要及时给种鸡断喙。断喙要精准，第一次断喙不良的鸡可在12周左右补断。

第四节　经营模式分析

一、公司＋农户经营模式

▲“公司＋农户”顾名思义是将“大公司”与“小农户”联结起来。

▲这种经营模式始于20世纪80年代。30年来，它在农民学习生产技术、规避市场风险和规模经营增收等方面发挥了积极作用。它把分散的养鸡户组织起来，共同参与肉鸡业的建设与发展，大家共同分享肉鸡业发展的成果。

▲这种组织形式对解决“小农户”与“大市场”和“大科技”的矛盾和对接起到了关键作用。

▲“公司＋农户”不是简单的相加，这里面包含着产业转换、分工协作、要素配置、优势互补、规模经济、利益分享等丰富内涵。

▲关键：新的生产力形成肉鸡安全生产的模式。

▲关于“公司＋农户”模式的内涵，目前有两种见解：

△一种见解认为，它不仅指企业与农户以签约形式建立互惠互利的供销关系，还包括合资、入股的紧密型联合，也包括不受合同约束的松散型联合。

△另一种见解也是指以具有实力的加工、销售型企业为龙头，与农户在平等、自愿、互利的基础上签订经济合同，明确各自的权利和义务及违约责任，通过契约机制结成利益共同体，企业向农户提供产前、产中和产后服务，按合同规定收购农户生产的产品，建立稳定供销关系的合作模式。

（一）“公司＋农户”经营模式的特征

“公司＋农户”经营模式日趋成熟，主要表现出以下几个特征。

1. 此种模式促使企业与农户结成风险共担、利益均沾的共同体 一般认为，“公司＋农户”是指公司与农户之间通过签约形式建立固定供销关系的经营模式，这里所说的供销关系，是指互惠互利的供销关系。

结合肉鸡生产的自身特点，“公司＋农户”也就是龙头企业与不同组织形式的农户签订生产合同，他们各自承担的责任与分工为：

▲农户在交付一定数目的保证金后，负责投资建场，提供自身优势资源劳动力，按照公司要求从事肉鸡饲养管理工作，在规定期限内上交给企业出栏肉鸡。

▲公司负责提供鸡苗、饲料、药品、技术指导，并做到保证全额回收成品鸡，保证在正常饲养条件下农户的合理利润，与农户结成风险共担、利益均沾的共同体。

2. 优惠的放养政策为“公司＋农户”的经营模式保驾护航 为了使“公司＋农户”的经营模式能够良性运行，各龙头企业纷纷制定自己的优惠政策：

▲垫付全部饲料、药品和疫苗的费用，垫付的资金等鸡只出栏后统一扣回。

▲免费规划设计鸡场。

▲提供“五统一、三固定”的配套服务。

△五统一：统一供雏、统一供料、统一供药、统一防疫，统一回收（图8-8）。

△三固定：固定鸡雏价格、固定饲料价格、固定回收毛鸡价格。

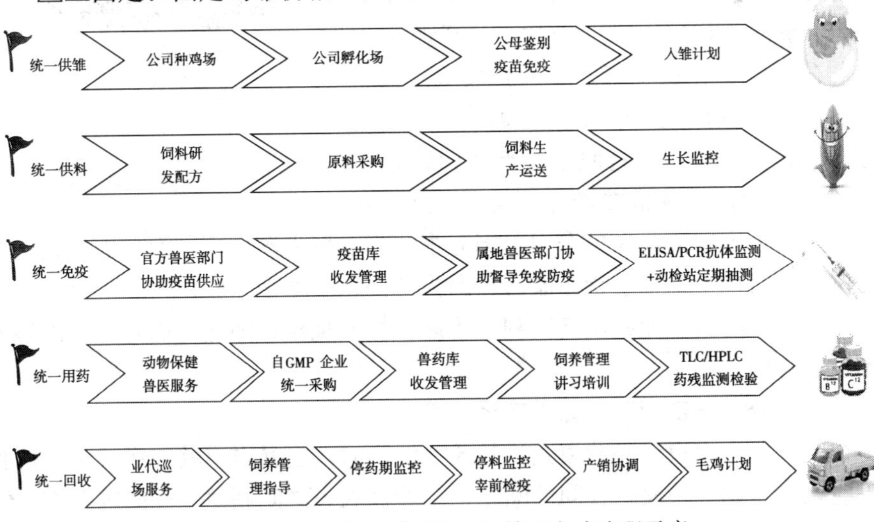

图8-8 肉鸡养殖“五统一”管理方式流程示意

▲给予鸡舍建设补贴。

▲无偿提供鸡苗。

▲适当赊欠鸡苗款、饲料款。

▲给予运费补贴。

▲自然灾害情况下的损失补助。

▲提供贷款担保。

▲享受“四提供、两保证”的服务。

△“四提供”：提供鸡苗、饲料、药品和技术指导。

△“两保证”：保证按保护价回收毛鸡，保证养殖户在正常饲养条件下的合理利润。

通过以上这些优惠政策，企业承担了较大的资金风险和市场风险，而农户只承担较小的养殖风险，这样从根本上调动了农户的积极性，为“公司＋农户”经营模式的良性运行打下了坚实基础。

3. 农户的组织形式呈现多样化特点

目前，农户的组织形式大体分为三类（图 8-9）。

▲散户约占 70％。

▲通过合作社组织起来的农户约占 20％。

▲通过村行政主管部门组织起来的农户约占 10％。

图 8-9　农户组织形式示意

随着农户组织形式的不同，“公司＋农户”的经营模式也随之衍生出“公司＋基地＋农户”、“公司＋合作社＋农户”的新模式。需要指出的是，“公司＋基地＋农户”的模式中，基地除了一部分为乡、村行政主管部门组织建设的外，还包括公司独资或与个人合资建设的，它的标准化程度较高，在整个肉鸡饲养中起到示范带动作用，而且也为龙头企业的肉鸡出口创汇保证了货源质量。因为“公司＋基地＋农户”和“公司＋合作社＋农户”的组织化程度高，利于管理和扩大规模，因此它们是今后肉鸡养殖的发展方向。

（二）“公司＋农户”经营模式运行策略

在“公司＋农户”经营模式日趋成熟的同时，也暴露出其在运行中所遇到的一些难题，如农户履行合同的问题、企业和农户之间利益分配问题、农户饲养环境条件较差、鸡肉药残超标问题等。面对以上这些共性问题，企业也在积极地探索，主要有以下几种解决方法。

1. 完善管理制度，引入保险机制 一些企业为进一步保障农户的养殖利润，在已有的养殖奖励金的基础上，又成立了新的养殖风险互助基金会，农户每只鸡需交纳一定的互助保险费就能参会，当遭受自然灾害损失或疫病损失时，参会农户能够从中得到补偿，减少损失。只有农户相信公司，才会把钱交给公司，才会相信在其遭受灾害，无力恢复再生产时，公司能帮助其恢复生产。而公司只有真正保护农户的利益，把农户看成是自己公司的一部分，从农户的角度考虑，一荣俱荣，一损俱损，才能获得农户的认同，并真心拥护公司的运作模式。

2. 选择适宜品种，推广先进模式 根据农户的实际情况，引导他们养殖适宜的品种。例如，对饲养管理水平较低、养殖基础设施较差的农户，引导他们饲养具有良好的抗病性能的品种，对养殖条件相对较好的农户推荐饲养生长速度快、料肉比高的品种。除此之外，针对网上平养尤其是简易网上平养较难保证鸡肉产品质量、鸡肉产品中药物残留问题；商品肉鸡养殖户的硬件建设落后，鸡舍条件差、设备简易、防疫体系不健全等问题，可试验推广适宜农户饲养的商品肉鸡笼养新模式。

3. 推出优惠政策，鼓励标准化养殖 针对当前养殖户鸡舍建设不合理、饲养设备简易、鸡舍通风条件差、防疫体系不健全、鸡只长期处于亚健康状态、用药过度、药残超标等问题，企业可推出优惠政策，鼓励农户使用新技术、新设备，从硬件设备上多投资，扩大规模，提升规模效益。只有农户的硬件设施、饲养规模、科学的饲养管理意识及技术上升到一个新的水平，农户才会欣然接受标准化健康养殖新模式，才会积极主动地履行合同，寻求自身新的发展。

4. 积极开拓市场，提升产品质量 产品质量就是企业的形象，各龙头企业以品牌求发展，以品牌赢市场，在肉鸡产品加工过程中，严格进行质量控制。在产品加工、搬运、速冻、储藏、包装、运输、销售等方面，多数企业已建立“冷链加工”，可使鸡肉在加工、储藏、运输等环节始终处于规定的低温环境下，以此来保证鸡肉产品的质量。市场销售份额逐年扩大是企业发展的根本动力，良好的产品质量可为企业赢得更多的合作机会，购货合同的签订也为养殖户产品销路带来了保障。

二、合作社经营模式

合作社是劳动群众自愿联合起来进行合作生产、合作经营而建立的一种合作组织形式。合作社经营模式在实际经营活动中演化出多种形式。

（一）“合作社＋农户”经营模式

这类组织模式中，农户主要通过自己的合作社把产品销往市场，具有鲜明的“民办、民营、民受益”的特点。

（二）“合作社＋基地＋农户”经营模式

这类模式合作社一般都有一定数量的生产基地，合作社通过生产基地，指导农户生产，并按标准收购或代销社员产品。

（三）“龙头企业＋合作社＋农户”经营模式

这类合作社一般由农业产业化龙头企业发起。企业占合作社股份的绝大部分，社员交纳一定数量的会费，以劳动或产品入股。合作社的法人代表多数由龙头企业负责人兼任。合作社架起了龙头企业与农民之间的桥梁，成了企业的生产车间。

（四）“合作联社＋农户”经营模式

这种组织模式由从事相关产业的不同合作社组成，形成产、加、销一体化经营的联合体，并在产业链的各环节上带动社员和农户。

（五）“合作社＋农场”经营模式

这种组织模式的养殖主体是优秀农场主，农场所有权、使用权隶属于农场主本人；合作社提供鸡场融资、建设、鸡苗、饲料、技术、用药、毛鸡销售等全方位服务，合作社发放肉鸡“大合同”政策，农场由合作社统一管理，保证肉鸡养殖健康安全。

由于这种经营模式与中央2013年发布的“1号文件”中所大力提倡的发展家庭农场政策相符。下面就来详细介绍一下“合作社＋农场”模式的主要特点。

1. 农场主申请加入合作社程序及标准化鸡舍的新建 加入合作社的农场主一般为有一定养殖经验、信誉好的优秀规模养殖户，已有（新建）鸡舍须是标准化万羽鸡舍。若干个鸡舍组成养殖小区，一个小区内的农场主一般为夫妻、亲戚、朋友、邻居等。申请人员符合条件加入合作社的，由合作社市场服务人员负责沟通、考察、把控，经理批准。鸡舍建设过程中，合作社提供建议和支持，使鸡舍规格、标准、设施实现标准化、现代化、自动化，工程质量由农场主监督。

2. 发放“保值”大合同，统一鸡苗、饲料、用药、销售、财务、服务 为实现统一管理服务，合作社发放“保值”合同，锁定鸡苗、饲料、毛鸡等价格，合作社承担市场行情风险，引导农场主将精力放在养鸡上，实现专心养鸡、快乐养鸡、幸福养鸡。

合作社严格控制鸡苗质量，有专人负责鸡苗订购、安排事宜。每批鸡苗购进前先由合作社对种鸡进行全面了解，时刻跟踪种鸡场状况，同时对鸡苗进行抗体监测；入舍后，密切跟踪鸡苗状况，观察整体状态，确定是否大批量引进。

▲鸡苗：必须选用健康雏鸡，虽然多花点钱，却保证了质量，保障了养殖的成功。

▲饲料：合作社对不同农场的饲料实行相对统一的价格计算，极大地刺激了农场料的销售，使用农场料后，成活率、胴体合格率、效益明显提高，出栏时间明显缩短。合作社成立了毛鸡营销部，由专人与屠宰企业联系销售，专人在出栏现场协调处理相关事宜。

3. 分工明确，所有人员有连带责任，市场服务人员工资与养殖效益直接挂钩 农场主需要做哪些事情，服务人员需要做哪些事情，两者应分工明确。

▲合作社业务人员，相当于教练，身体力行地服务，保证把鸡养好。

▲合作社技术服务团队，技术人员有养鸡、市场服务经验。

▲市场技术服务人员，每人负责一定数量的鸡舍，其工资与养殖效益挂钩，激励服务人员将重点放在对饲养管理的服务上。如在育雏期，规定服务人员协助农场主必须做到预温、铺布、加湿、密闭等八件事，并将所做的每件事拍照记录，在月底会上互相交流经验，并由合作社存档。定期召开技术研讨会，详细研讨饲养管理细节，对每一个环节，制定具体的操作标准，任何一个人都可以准确无误地使用和操作。

三、公司＋农户经营模式的流程

（一）农户

1. 建档 农户经龙头提出申请后，在养殖公司管理部门建档，审核通过后为合同农户建立合同编号，录入龙头名称、农户名称、合同批次及出雏信息。

2. 入雏凭证 已通过的合同农户在入雏之前需要填写入雏凭证（表 8-7），由三方责任人（农户、龙头、公司业务代表）共同确定入雏时间、雏鸡数量、雏源等信息后，再由放养部录入数据库。

表 8-7　入雏凭证

合同编号：　　　　　　　　　　　日期：　　　　　　　　　　　归档编号：

合同户姓名		合同户地址	
入雏时间		入雏数量	
雏源			
备注			

客户签字：　　　　　　　　龙头签字：　　　　　　　　业务助理签字：

3. 购买饲料　合同农户凭农户名称、合同编号、合同批次购买该养殖企业饲料厂的饲料。饲料厂根据农户名称相对应录入饲料购买信息，开具销售发票后，录入对应的发票号。

通过规范化的统一管理标准，建立从饲料来源管理、饲料生产监控及农户饲料使用定向记录实现饲料的全程追溯。饲料追溯体系由三个部门共同完成：饲料厂生产部、饲料品管部和饲料营业部。

（1）**生产部**　饲料厂生产部每天将前一天生产合同料的饲料名称、生产批次及负责人等信息录入到“饲料生产批次记录”中（表 8-8）。

表 8-8　饲料生产批次记录表

饲料编号	饲料名称	饲料批次号	饲料厂编号	饲料厂名称	负责人	生产日期

饲料厂生产部在初次录入相关信息有变化时，还需要填写或维护“饲料厂基本资料”（表 8-9）及“饲料主数据表”（表 8-10）。

表 8-9　饲料厂基本资料

饲料厂编号	饲料厂名称	饲料厂地址	厂长	生产负责人	质检负责人	认证标准

表 8-10　饲料主数据

SAP 物料号	饲料编号	饲料名称	料期	饲料厂编号	饲料厂名称	录入人	录入日期

（2）**品管部**　饲料品管部将饲料的化验指标录入到“饲料检测记录”（表 8-11）中。不符合标准的饲料产品无法上市销售，在源头上保证了合同农户饲

养的鸡只吃到的都是合格、有营养的饲料，规避了鸡只吃到不良饲料带来的风险。

表 8-11　饲料检测记录

编号	日期	饲料批次	饲料编号	饲料名称	饲料厂名称	生产日期	送检人
化验指标							

（3）营业部

▲龙头来饲料厂提货时，将合同户名称、购买饲料品种及购买量等信息提交到营业部，信息对应并审核通过后由营业部开提货单。

▲凭提货单到饲料厂仓储科领料，付货员在提货单上标上该料的生产批次号，在出厂时将提货单底联交给门卫或地磅员（依各厂作业方式而定），底联最后再交给饲料营业部。

▲由营业部在系统中调出“用料记录”发送到放养部后，由放养部填写“合同编号”和“合同批次”在传回营业部。

▲饲料厂营业部根据传回的表单，填写“饲料批次”，并将数据导到“用料记录”中（表 8-12）。

▲由生产部、品管部和营业部进行数据的记录和审核，放养部配合记录。

表 8-12　用料记录

销售单号	销售日期	合同编号	合同批次	农场主

4. 填写养殖手册　入雏后的合同农户将获得一份“农户饲养手册”，手册作为农户交鸡时不可或缺的凭证之一，在公司业务代表指导下，如实准确填写以后，才能获得被收购资格。

5. 完善养殖记录　合同农户在鸡只的饲养过程中，必须按天进行养殖记录的登记，包括：饲料用料量、死淘数和存栏量以及免疫记录、用药情况等。其中，免疫记录包括鸡只的日龄、疫苗的名称、接种量、生产厂家、接种途径和药剂批号。用药记录包括鸡只的日龄、用药的起止日期、药物名称、所含主要成分、使用方法及剂量。

（二）公司

1. 交毛鸡　鸡只到出栏期后，公司按照合同农户养鸡时间和状况进行评估和安排，对于饲养情况良好的农户安排进入交鸡计划中，由放养部填写交毛鸡通知单（表 8-13）和计划屠宰时间。

表 8-13　交毛鸡通知单

合同户	
预计数量	
交毛鸡日期	
待宰时间	
地址	

主管：　　　　　　　　　　　　　　　　　　　　　　　　填表人：

2. 药残检测　毛鸡到达前 3～5 天，公司进行药残检测，填写药残检测记录表（表 8-14），毛鸡入场前对鸡只健康状况及饲养手册进行检查。同时，填写检查表，对不合格的鸡只不予以收购。

表 8-14　合同鸡药残检测记录

检测日期	户名	样品类型	检测项目				
			呋喃唑酮	呋喃它酮	氯霉素	喹诺酮	磺胺类
			标准<1 微克/千克	标准<1 微克/千克	标准<0.5 微克/千克	标准<100 微克/千克	不得检出

3. 屠宰加工　合格的鸡只进入生产车间后开始屠宰和加工。在此环节，由生产科每日填写日屠宰记录表。

4. 操作验证　品控部门同时填写操作验证记录日报表，监测胴体冷却、胴体消毒和冷却池水温记录表和金属探测检查。

5. 生成可追溯号码　每批次鸡只宰割加工后，在系统中录入交鸡合同农户名称、合同编号、合同批次，并在表单中选择产品的品项，输入生产日期，系统自动生成此批鸡只的可追溯号码。一个合同农户对应一份合同，一个批次的每个品项可追溯码都是唯一的。

6. 上市销售　合格的同批次产品将被批准入库及上市销售，此时填写加工厂鸡产品入库单。

7. 运输记录与质量监控　产品获得订单后，对外销售时填写装车记录及质量监控日报表。

CANKAOWENXIAN

参考文献

边炳鑫．2005. 农业固体废物的处理与综合利用［M］．北京：化学工业出版社．

邓良伟．2001. 规模化猪场粪污处理模式［J］．中国沼气，19（1）：29-33.

段微微．2010. 畜禽粪便好氧堆肥技术研究：硕士学位论文［D］．吉林：东北师范大学．

樊航奇，张敬．2014. 蛋鸡饲养技术手册（第二版）［M］．北京：中国农业出版社．

费恩阁．1995. 动物传染病学［M］．长春：吉林科学技术出版社．

封天祥．2009. 鸡病诊断要点［J］．四川畜牧兽医（2）：45-46.

甘孟候．1999. 中国鸡病学［M］．北京：中国农业出版社．

康相涛，崔保安，赖银生．2007. 实用养鸡大全（第二版）［M］．郑州：河南科学技术出版社．

李国学．2000. 固体废物堆肥化与有机复混肥生产［M］．北京：化学工业出版社．

李如治．2003. 家畜环境卫生学［M］．北京：中国农业出版社．

李守军，樊航奇．1998. 优质肉鸡饲养技术问答［M］．北京：中国农业出版社．

李晓婷．2010. 养殖废水处理研究与应用：硕士学位论文［D］．江西：南昌大学．

梁智选．1998. 实用禽病防治指南［M］．北京：中国农业出版社．

刘治西．2007. 现代化鸡场肉鸡疾病的控制［J］．家禽科学（9）：6-95.

栾世杰．2013. 药敏试验在治疗鸡大肠杆菌病上的应用［J］．农村养殖技术（4）：59-61.

马洪儒．2006. 沼气示范村厌氧发酵技术综合利用及环境效应研究：硕士学位论文［D］．北京：中国农业大学．

秦长川，李业福．2003. 肉鸡饲养技术指南［M］．北京：中国农业大学出版社．

秦峰．2006. 粪便处理与处置技术［M］．北京：化学工业出版社．

孙为东，王权．2010. 新兴养鸡致富 1000 问［M］．上海：上海科学技术文献出版社．

汪国刚．2008. 畜禽粪便沼气化系统研究：硕士学位论文［D］．辽宁：大连理工大学．

魏刚才，刘保国．2010. 现代实用养鸡技术大全［M］．北京：化学工业出版社．

谢三星，孙跃进．2008. 家禽多种病原混合感染症［M］．合肥：安徽科学技术出版社．

辛翔飞．2011. 肉鸡产业化经营模式的国际经验及借鉴［J］．农业展望（10）：31-35.

徐曾符．1981. 沼气工艺学［M］．北京：农业出版社．

许剑琴，刘风华，马广鹏．2011. 生态养肉鸡［M］．北京：中国农业出版社．

杨宁，单崇浩，朱元照．1994. 现代养鸡生产［M］．北京：北京农业大学出版社．

杨宁．2002. 家禽生产学［M］．北京：中国农业出版社．

叶歧山，崔力兵．2008. 鸡病防治实用手册（第三版）［M］．合肥：安徽科学技术出版社．

曾凯 . 2005. 肉鸡疾病防制水平与动物福利状况的调查和分析［J］. 中国兽医杂志，41（5）：58-61.
张桂枝 . 2010. 规模化肉鸡场大肠杆菌的分离鉴定及药敏试验［J］. 中国畜牧兽医，37（2）：180-182.
张敬，江乐泽 . 2009. 无公害散养蛋鸡［M］. 北京：中国农业出版社 .
张敬，隋苗 . 2012. 蛋鸡安全生产技术指南［M］. 北京：中国农业出版社 .
张克强，高怀友 . 2004. 畜禽养殖业污染物处理与处置［M］. 北京：化学工业出版社 .
张秀美 . 2008. 肉鸡健康养殖新技术［M］. 济南：山东科学技术出版社 .
张子仪 . 2000. 中国饲料学［M］. 北京：中国农业出版社 .
朱信凯 . 2007. 中国肉鸡产业经济研究［M］. 北京：中国农业出版社 .
［美］B. W. 卡尔尼克 . 高福，苏敬良译 . 1999. 禽病学（第十版）［M］. 北京：北京农业大学出版社 .

图书在版编目（CIP）数据

规模化肉鸡场生产与经营管理手册/张敬，马吉飞主编．—北京：中国农业出版社，2014.6（2015.3重印）
（现代畜牧业生产实用新技术丛书）
ISBN 978-7-109-19131-0

Ⅰ.①规…　Ⅱ.①张…　②马…　Ⅲ.①肉鸡－饲养管理－技术手册　Ⅳ.①S831.9-62

中国版本图书馆CIP数据核字（2014）第085359号

中国农业出版社出版
（北京市朝阳区麦子店街18号楼）
（邮政编码100125）
责任编辑　王森鹤　颜景辰

北京万友印刷有限公司印刷　　新华书店北京发行所发行
2014年7月第1版　　2015年3月北京第2次印刷

开本：720mm×960mm 1/16　　印张：25.25
字数：430千字
定价：50.00元